A：ハクサンハタザオ
Arabidopsis halleri subsp. *gemmifera*
①伊吹山での野外個体（撮影／永野聡一郎）
②花の形態（撮影／森長真一）
③茎。トライコームはほとんど見られない（撮影／森長真一）

B：イブキハタザオ
Arabidopsis halleri subsp. *gemmifera*
①伊吹山での野外個体（撮影／永野総一郎）
②花の形態（撮影／森長真一）
③茎。トライコームが密生する（撮影／森長真一）

C：オウシュウミヤマハタザオ *Arabidopsis lyrata* subsp. *petraea*
①アイスランドでの野外個体（撮影／P. Vergeer）
②北西ヨーロッパの集団間でみられる葉形態の変異（撮影／田中健太　シェフィールド大学栽培室植栽）
③北西ヨーロッパの集団間でみられる葉形態の変異（撮影／P. Vergeer　リーズ大学栽培室植栽）

D：シロイヌナズナ
Arabidopsis thaliana
（撮影／森長真一）
愛知県岡崎市での野外個体

口絵1　シロイヌナズナに近縁な野生植物（第1～4章参照）

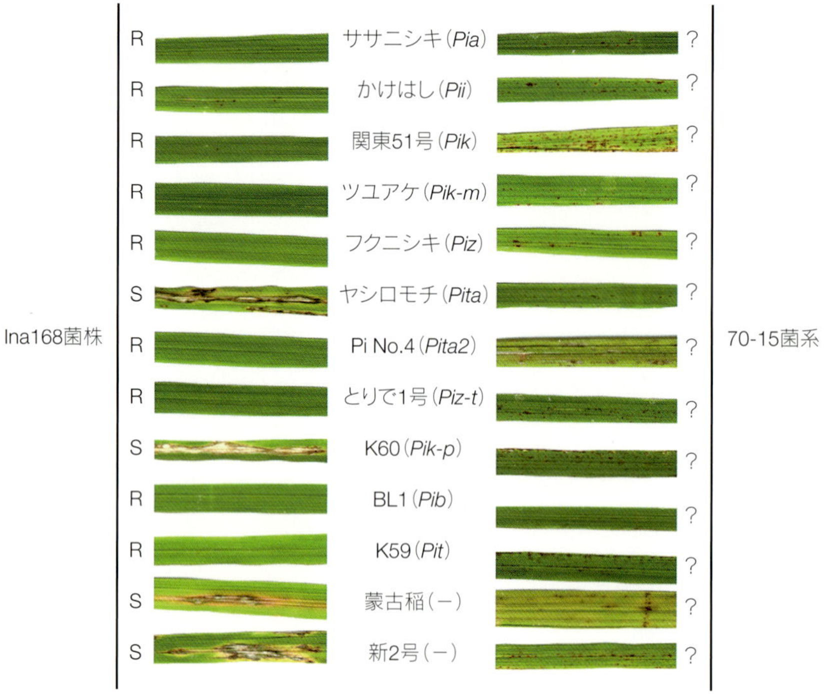

口絵 2　イネ判別品種にイネいもち病菌を摂取した際の病斑（Yoshida *et al.*, 2009 より転載。URL: www.plantcell.org　Copyright: American Society of Plants Biologists.）（第 7 章参照）

いもち病菌の非病原力遺伝子を判定するために開発された判別品種にいもち病菌株を接種し，茶や黄色の病斑の発現から非病原力遺伝子の保有状況を把握する（撮影／藤澤志津子）

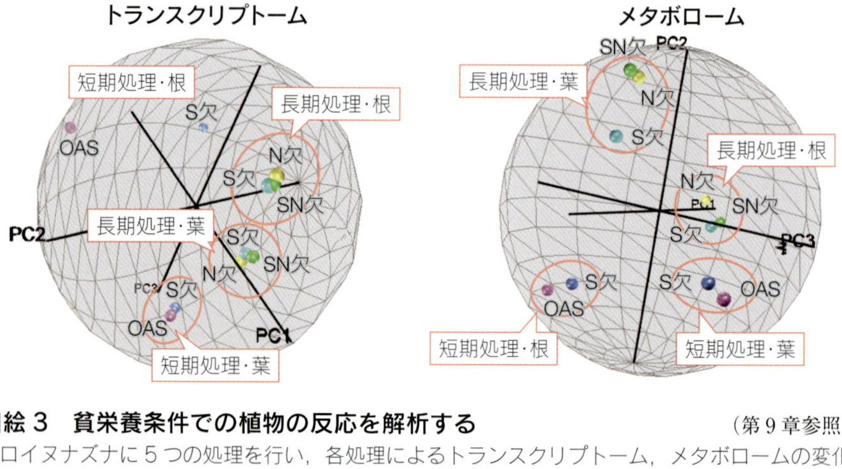

口絵 3　貧栄養条件での植物の反応を解析する（第 9 章参照）

シロイヌナズナに 5 つの処理を行い，各処理によるトランスクリプトーム，メタボロームの変化の全体的傾向をとらえる。S 欠は培地中の硫黄が，N 欠は窒素が不足している条件を示す。

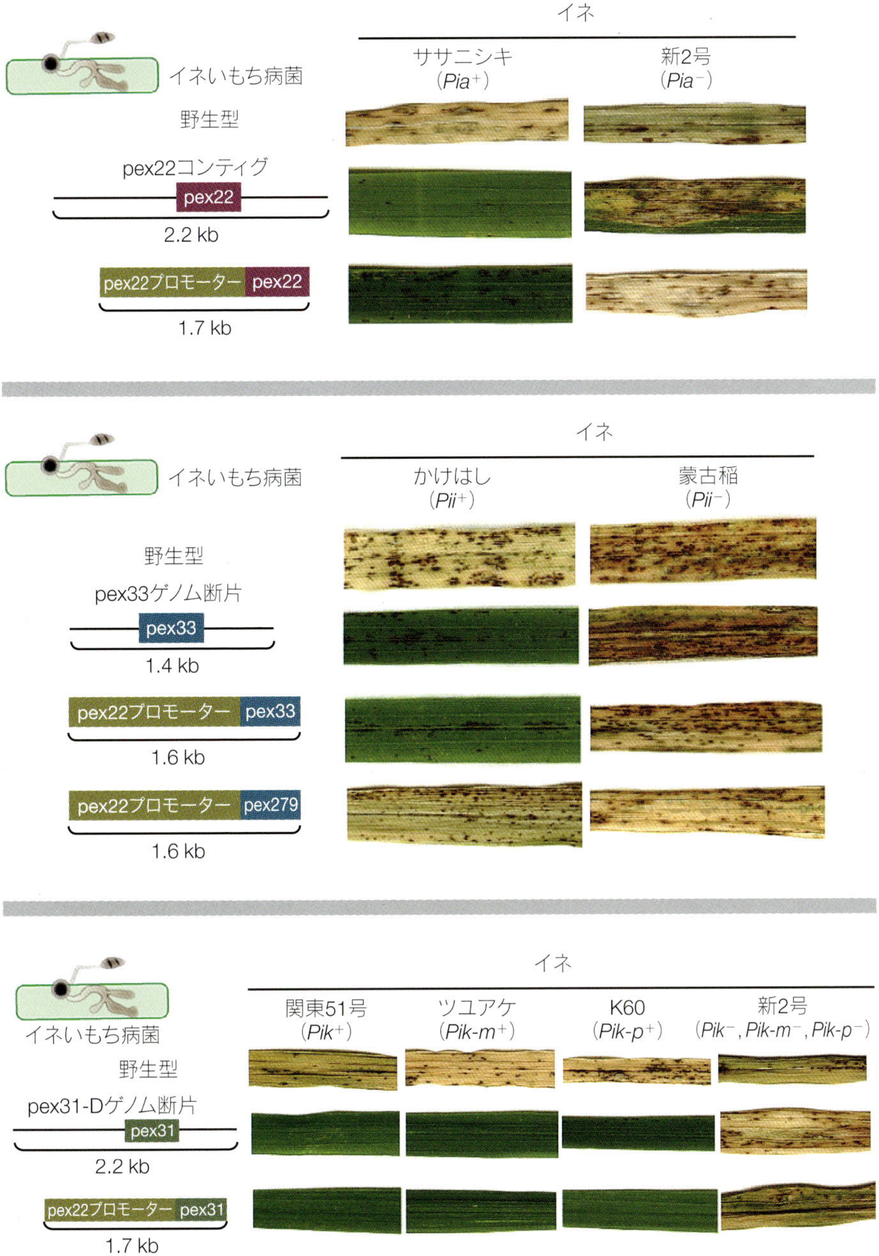

口絵 4　形質転換いもち病菌をイネ品種に接種した結果　（第 7 章参照）

非病原力遺伝子を導入したいもち病菌をさまざまなイネ品種に接種し，導入遺伝子の効果を調べる（撮影／藤澤志津子）

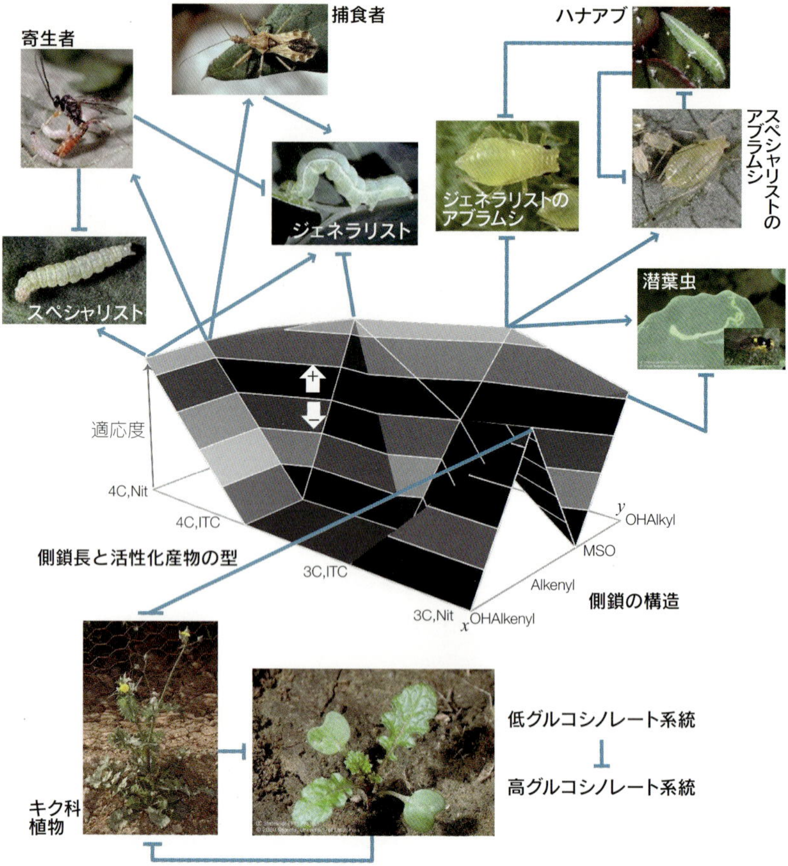

口絵 5　複数の生物間相互作用とグルコシノレートに関するでこぼこの適応度地形

（第 8 章参照）

口絵 6　ウツボカズラ属 3 種の捕虫嚢（ピッチャー）（第 5 章参照）

1　*Nepenthes albomarginata*

2　*Nepenthes ampullaria*

3　*Nepenthes gracilis* のピッチャーの内部。アリが主要な被食者

ゲノムが拓く生態学

遺伝子の網羅的解析で迫る
植物の生きざま

種生物学会　編

責任編集　永野 惇・森長 真一

文一総合出版

Ecology in the Post-genomic Era
- Omics Reveals the Life of Plants -

edited by
Atsushi J. NAGANO and Shin-Ichi MORINAGA
The Society for the Study of Species Biology (SSSB)

Bun-ichi Sogo Shuppan Co.
Tokyo

種生物学研究　第34号
Shuseibutsugaku Kenkyu No. 34

責任編集　永野　惇（京都大学生態学研究センター）
森長　真一（東京大学大学院総合文化研究科）

はじめに

もし，あなたが生物の野外での生態や進化に興味があるとしたら，「遺伝子やゲノムなんて遠い世界の話」と思っていないだろうか。もし，あなたが生物の持つ分子レベルの精緻な仕組みに興味があるとしたら，「野外にいる生物やその進化なんて関係ない」と思っていないだろうか。こんな断絶が起こってしまいかねないほどに，現代の生物学はさまざまな分野に分かれている。その中で生態学，進化学など，野外での研究を中心とする分野をここでは仮に野外生物学とよぶことにしよう。他方，生化学や，細胞生物学，分子遺伝学など，実験室での研究を中心とする分野を分子生物学とよぶことにしよう。両者は視点が異なっていても，どちらも生物のことをより深く知りたいという意味では目的を共有している。だとすれば，互いの進歩を共有し，利用し合えないのはとても“もったいない”ことではないだろうか。

本書はそんな“もったいない”状況から一歩踏み出す足掛かりとなることを目的としている。目指す目標は，野外生物学と分子生物学の両方の知識や技術を駆使して，分子レベルの仕組みから野外での生態･進化にいたるまで，総合的に理解することだ。まだまだ遠い目標だが，何事もはじめの一歩を踏み出すことが大切である。一歩踏み出すことで，お互いに何を考えているのか，何ができて，何ができないのかが見えてくる。そうなれば，分野を異にする人々で互いに協力して二歩，三歩と進んでいけるだろう。幸いにして，本書に寄せられた原稿はどれも無味乾燥な解説ではなく，情熱や人間臭さがちりばめられている。著者がその研究を始めるにいたった経緯や，進めていくうえでの苦労，発見の喜びや，今後の発展への夢が語られている。読み終えた頃にはきっと，はじめの一歩を踏み出したくなっていることと思う。

第一部では，主として野外生物学を専門としてきた著者によって，分子生物学あるいはオミクス（網羅的解析）を生態学に応用した研究例を紹介している。第二部では，主として分子生物学を専門としてきた著者らによって，現在の分子生物学における到達点と，野外生物学への展開の可能性が述べられている。ただし，コラムに関してはあえて逆に，第一部には分子生物学を専門とされる方によるものを，第二部には野外生物学を専門とされる方によるものを配した。これによって互いの関連の深さを感じられるものと期待している。第三部は，オミクスを中心とした技術解説である。野外生物学者を対象とした初めての日本語の解説だろう。専門外の読者に向けて書かれているため，オミクスを専門としない分子生物学者にとってもわかりやすい解説となっている。

モデル生物（シロイヌナズナ・イネ）やその近縁種における研究を中心として本書は構成されている。これは，これまでの生態学と名のつく本にない特徴だ。近年のシーケンシング技術の進歩は目が回るほど速い。そのため，モデル生物とその近縁種で用いられているような手法の多くは，近い将来，いわゆる非モデル生物でも利用可能になる可能性が高い。読者の皆さんには，モデル生物だけの特別なことと思わずに，他の生物種でも可能になったらどうだろうと想像をふくらませてほしい。そして，本書がその想像を実現する手助けとなれば，これほどうれしいことはない。

ご多忙の中，執筆をご快諾いただき，情熱にあふれた原稿をお寄せくださった執筆者の方々，匿名で査読にご協力いただき，貴重なコメントをお寄せいただいた査読者の方々，企画・出版にあたりご尽力いただいた種生物学会和文誌編集委員会，文一総合出版の諸氏に御礼申し上げる。

永野　惇
森長真一

ゲノムが拓く生態学
遺伝子の網羅的解析で迫る植物の生きざま

目　次

はじめに ……………………………………………………………… 3

第1部　野外生物学からのアプローチ

第1章　遺伝子から迫る局所適応：ハクサンハタザオとイブキハタザオのゲノム変異と進化 ……………… 森長真一 9

第2章　野外生態系を舞台にオミクスをどう活かすか？：オウシュウミヤマハタザオの分布と適応 ……… 田中健太 25

コラム1　QTL 解析の実践：押さえておきたい 3 つのキーワード「連続分布」「分散」「遺伝率」 ……………… 最相大輔・堀清純 51

第3章　シロイヌナズナにおける自家和合性の起源：進化生態学と分子集団遺伝学の出会い ……………… 土松隆志 63

第4章　季節を測る分子メカニズム：遺伝子機能のイン・ナチュラ研究 ……… 相川慎一郎・工藤洋 89

コラム2　エピジェネティクス ……………… 中村みゆき・木下哲 109

第5章　メタゲノミクスを用いた微生物の多様性と機能の評価：ウツボカズラを例として ………… 竹内やよい・清水健太郎 123

第2部　分子生物学からのアプローチ

第6章　ゲノムに刷り込まれた生殖隔離機構 ……………… 木下哲 141

第7章　全ゲノム情報と関連解析が解き明かすイネいもち病菌の感染機構 ……………… 吉田健太郎 157

第8章　オミクスを組み合わせて適応を担う遺伝子・システムを見つけ出す ……………… **Daniel Kliebenstein** 181

コラム3　遺伝子が生物群集のあり方を決める？ ……………… 川越哲博 207

第 9 章　メタボロミクスがもたらす新たな可能性
―モデル植物の分子生物学を超えて ……………… 平井優美 *217*

第 10 章　遺伝子共発現データベース ATTED-II：
共にはたらく遺伝子を探そう ……………………… 大林武 *241*

第 3 部　オミクスを使いこなそう：技術解説

第 11 章　生態学者のための DNA マイクロアレイ入門
…………………………………………………… 永野惇・大林武 *275*

第 12 章　次世代シーケンサーの原理と機能
―ゲノムは簡単に読めるのか― ………… 菅野茂夫・永野惇 *293*

コラム 4　次世代の先にあるもの　超高速シーケンシングを目指して
…………………………………………………………… 永野惇 *317*

第 13 章　植物代謝研究におけるメタボローム解析技術
―ワイドターゲットメタボロミクスの開発―
…………………………………………………… 澤田有司・平井優美 *329*

第 14 章　ゲノムワイドな多型情報を利用した分子集団遺伝学：
特に自然選択の検出について ………………………… 土松隆志 *345*

用語解説 ………………………… 島田貴士・中野亮平・廣田峻・深野祐也 *363*

編集委員 *2*

執筆者一覧 *369*

索引 *370*

第1部

野外生物学からのアプローチ

野生生物は絶えず変化する環境の中で巧みに生きている。その生きざまを明らかにしてきたのが野外生物学だ。1990年代に普及したPCR法は野外生物学にも広く浸透し，遺伝マーカーを用いた集団構造の解析から，その生きざまを描き出してきた。さらに，昨今のゲノム解析技術の発展によって，より広くそして深く遺伝子を観ることが可能となりつつある。今まさに，遺伝子の網羅的解析と機能解析から，野生生物の生きざまを見つめ直す時代が訪れている。

第1章　遺伝子から迫る局所適応：ハクサンハタザオとイブキハタザオのゲノム変異と進化

森長真一（東京大学大学院総合文化研究科）

1．偶然の出会い

2005年の初夏，昨今の登山ブームに乗って，日本百名山の1つ伊吹山に登った。伊吹山を選んだのは，初心者向きの山であり，当時住んでいた愛知県岡崎市から1時間ほどで行けるからという，実に単純な理由だった。まさか，この登山という名の息抜きをきっかけに，新しい研究テーマに出会うとは思いもよらなかった。

登山当日，麓から登り始めてしばらくすると，標高380 m付近で白い花をつけた植物を見つけた。無知な私にはアブラナ科の植物であることぐらいしかわからなかったし，さして気にとめることもなかった。その後，日頃の運動不足とそれにともなう体力不足がたたったためか，地図にあるコースタイムの1.5倍もの時間をかけて，標高1200 mの8合目にたどり着いた。

景色ばかりに気をとられていたとき，ふと足元をみると，また白い花をつけたアブラナ科の植物を見つけた。麓付近の植物とは明らかに違うのだが，なんだかとてもよく似ている。山頂の売店で図鑑を買い，ようやくにして知り得た2つの植物は，それぞれハクサンハタザオとイブキハタザオという名前であった（図1）。いつもならここで興味が尽きてしまうのだが，その後しっかり調べてみると，和名は異なるものの，これらの植物には同じ学名（*Arabidopsis halleri* subsp. *gemmifera*）がつけられていた。しかも，すでにゲノムが解読されているシロイヌナズナ *Arabidopsis thaliana*（The Arabidopsis Genome Initiative, 2000）に最も近縁な植物の1つであることを知った（Mitchell-Olds, 2001）。

当時の私は，アブラナ科タネツケバナ属のコカイタネツケバナ *Cardamine kokaiensis* を使って，花の表現型可塑性の研究を行っていた（森長，2007b; Morinaga *et al.*, 2008）。その過程で，シロイヌナズナに近い植物であれば，そ

図1　ハクサンハタザオ（a）とイブキハタザオ（b）
植物体全体の写真は東北大学・永野聡一郎さんのご厚意により掲載。

のゲノム情報を利用することで，適応を担う遺伝子の研究ができるという確信を得ていた。私は，互いに似ているけれども非なる植物ハクサンハタザオとイブキハタザオを使って，適応の研究を行うことを決意した。

2.　野外生物学と分子生物学の蜜月

近年の分子生物学の発展にともなって，微生物に限らず，私たちにもなじみ深い生物のゲノムも解読され始めている。動物ではヒトはもちろんのこと，カイコ，ウニ，メダカ，トラフグ，ニワトリ，チンパンジーなど，植物ではシロイヌナズナを皮切りに，イネ，ブドウ，ポプラなど，その種数も年々増えてきている（吉川，2009）。さらに，これらのゲノムが解読された生物を用いた野外生物学的研究も行われ始めている（Feder & Mitchell-Olds, 2003）。一方で，野外生物学的な研究が進んでいる生物のゲノム解読も進められており，いうなれば，野外生物学と分子生物学は蜜月を迎えつつある。

このような研究が発展しつつあるのは，「野外の生物とその生物の持つ形質がなぜそこに存在しているのか，あるいは存在できるのか」という問いに，遺伝子の機能や数，遺伝子間の相互作用などから答えを得たいという意図がある。つまり，適応の遺伝的背景の解明である。適応の遺伝的背景を解明する意義はいくつもあり，扱う現象によってさまざまである（Mitchell-Olds *et al.*, 2007; Stinchcombe & Hoekstra, 2008）。たとえば，適応形質の平行進化は生物に共通して見られる現象であるが，その機構はその形質を司る遺伝子を調べることで，初めて明らかにできる（たとえば Colosimo *et al.*, 2005）。このような試みは，進化生態機能ゲノム学（Feder & Mitchell-Olds, 2003; Mitchell-

Olds *et al.*, 2008）や生態ゲノム学，エコゲノミクス（Van Straalen & Roelofs, 2006; Ouborg & Vriezen, 2007; 森長，2007a）とよばれており，ゲノム情報の蓄積とともに，この数年で飛躍的に発展してきている。

一方で，ゲノムが解読された生物はいまだ限られているため，それらの生物のみを使って，野外環境への適応機構を解明しようとすることには限界がある。そこで，ゲノムが解読された生物とその近縁種に注目が集まっている。特に植物においては，シロイヌナズナ *Arabidopsis thaliana* の近縁種である *Arabidopsis lyrata*，*Arabidopsis halleri*，*Arabidopsis suecica*，*Arabidopsis arenosa* などを対象にした野外生物学的研究が進められてきた（Mitchell-Olds, 2001; Shimizu, 2002; Clauss & Koch, 2006）。またそれに呼応する形で，シロイヌナズナ種内の複数系統のゲノムが解読され（Clark *et al.*, 2007; 2010 年 6 月 23 日の時点では以下のページで公開：http://1001genomes.org/index.html），さらに最近では *Arabidopsis lyrata* subsp. *lyrata* のゲノムも解読されている（2010 年 6 月 23 日の時点では以下のページで公開：http://genome.jgi-psf.org/Araly1/Araly1.home.html）。

私が伊吹山で出会ったハクサンハタザオとイブキハタザオは，まさにシロイヌナズナのゲノム情報を最大限に利用できる植物の 1 つ *A. halleri* の一亜種であった。さらには，それぞれが低標高帯と高標高帯に分かれて生育しており，野外において適応を担う遺伝子（適応遺伝子）の研究を行うことのできる格好の生物であったのだ。生育環境の違いにかかわる適応遺伝子を明らかにすることができれば，適応遺伝子の固定の程度からそれぞれの環境に対するその生物の適応の程度を把握することができる。つまり，その生物が今どのような進化的状態にあるのかを明らかにできるのが適応遺伝子の解析である。果たして，野外の生物は最も適応している状態なのだろうか。ハクサンハタザオとイブキハタザオは，この問題に答えを与えてくれることになった。

3. ハクサンハタザオとイブキハタザオ

ハクサンハタザオ（*Arabidopsis halleri* subsp. *gemmifera*（Matsum.）O'kane & Al-Shehbaz，異名として *Arabis gemmifera* Matsum.; 図 1-a）は，モデル植物であるシロイヌナズナ *Arabidopsis thaliana* と 500 ～ 1000 万年ほど前に分岐した最も近縁な系統の 1 つである。自家不和合性の多年生草本で，極

東ロシア・中国・韓国・台湾・日本などに分布している（Al-Shehbaz & O'kane, 2002）。

一方，イブキハタザオ（*Arabidopsis halleri* subsp. *gemmifera* O'kane & Al-Shehbaz，異名として *Arabis gemmifera* var. *alpicola* H. Hara; 図 1-b）は，ハクサンハタザオから二次的に進化し高標高環境へと適応した生態型だと考えられ，日本の伊吹山（1377 m）と藤原岳（1120 m）の高標高帯においてのみ大きな集団が知られている。形態的な特徴として最も顕著なのはトライコームであり，イブキハタザオには葉や茎全体を覆うトライコームがびっしりと生えているが，伊吹山のハクサンハタザオにはほとんど見られない。また，それ以外にも多くの形質に違いが見られる（後述）。

伊吹山は標高 1377 m であるが，保水性の低い石灰岩を基盤とした山である。さらには日本海から吹きつける寒冷な季節風によって，山頂付近は高山帯あるいは亜高山帯に類似した冷涼かつ乾燥した環境となっており，1927 年には 11.82 m の積雪を記録し，これは山岳気象観測史上世界第1位である。また，山頂付近にはエゾフウロ，エゾハタザオ，グンナイフウロなど亜高山帯によく見られる植物が多数生育している。さらには，このような環境は伊吹山内においても植物の分化をうながしたと考えられ，コイブキアザミ，ルリトラノオ，イブキコゴメグサ，イブキレイジンソウなど，伊吹山固有種が何種も知られている。イブキハタザオも伊吹山の高標高帯に生育しており，伊吹山の特殊な環境に適応していると考えられる。

そこで，ハクサンハタザオとイブキハタザオの表現型の違いを明らかにするために，標高 300 m から 500 m に生育するハクサンハタザオ 27 個体と標高 1100 m から 1300 m に生育するイブキハタザオ 26 個体の葉と茎の形質を測定した。その結果，イブキハタザオはハクサンハタザオに比べて，小さな葉をたくさんつけ，花茎も太くて短いことがわかった（図2）。

伊吹山は，低山であるにもかかわらず，高標高帯では亜高山植生が広がっており樹木がほとんど生育していない。そのため，林床に比べて光・風環境が厳しいと考えられる。イブキハタザオでは，そのような強光・強風環境に対する適応の結果，野外における茎や葉の形態形質がハクサンハタザオとは異なっていると考えられた。しかしながら野外環境においては，表現型可塑性によって表現型が異なるのか，遺伝的な違いによって表現型が異なるのかを区別することは困難である。そこで，これらの形質が遺伝的に支配されて

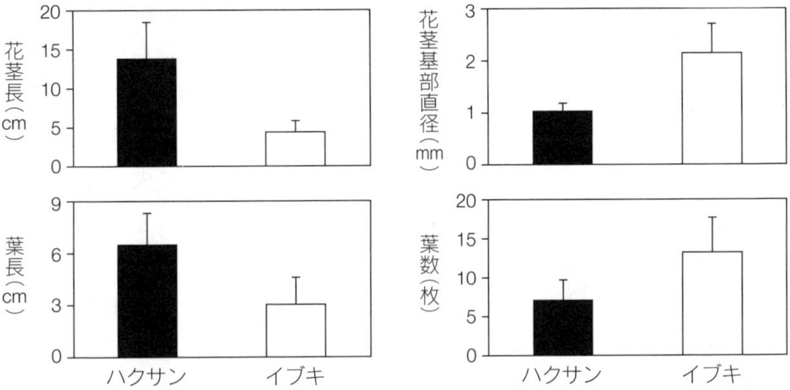

図 2　伊吹山のハクサンハタザオとイブキハタザオの表現型の違い（森長ら，未発表）
エラーバーは標準偏差。Mann-Whitney の U 検定の結果，どの形質も有意差あり（すべて $P<0.0001$）。

いるかを検証するために，現在，東北大学の永野聡一郎さんらとともに，室内栽培実験や植え替え実験による表現型変異の解析を進めている。

環境要因を排除してハクサンハタザオとイブキハタザオの遺伝的な違いを明らかにできる方法がもう 1 つある。それは進化的に中立な遺伝子†や機能遺伝子の違いを直接解析することである。しかしながら，特に機能遺伝子の違いを明らかにすることは決して容易なことではなく，野外集団での解析はほとんど行われていなかった。一方で，ハクサンハタザオとイブキハタザオの場合には，シロイヌナズナでの知見を活用することで，進化的に中立な遺伝子のみならず，機能遺伝子をも解析することができたのである。

4. 遺伝子流動と遺伝的分化

低標高帯に生育するハクサンハタザオと高標高帯に生育するイブキハタザオの間でどの程度の遺伝子流動†が起きているかを明らかにするために，マイクロサテライトという進化的に中立な遺伝子座を用いた解析を行った。マイクロサテライトとはゲノム内に存在する 2 ～ 6 塩基の繰り返し配列のことであり，繰り返し数の変異を検出することで集団の遺伝的構造を解析することができる（詳しくは，種生物学会，2001）。通常，マイクロサテライトを用いて解析する際には，その生物のマイクロサテライトを増幅できる専用の

PCR プライマーを自ら開発しなければならない。しかしながら，研究を始めた 2007 年には，ハクサンハタザオとイブキハタザオを含むシロイヌナズナ属共通に利用できると考えられるマイクロサテライト用の PCR プライマーが，すでに設計されていた（Clauss *et al.*, 2002）。このような情報が整備されているのも，シロイヌナズナの近縁種を対象にすることの大きな利点である。そこで，京都大学（当時）の池田啓さんらのご助力を得てマイクロサテライト多型の解析を行った。

標高 300 m から 400 m のハクサンハタザオ 21 個体と標高 1100 m から 1300 m のイブキハタザオ 23 個体を採取し，マイクロサテライト 10 遺伝子座の遺伝子型を決定した。その結果，分化しているとも言えるし，していないとも言えるという微妙な結果になった。遺伝的な分化の程度を示す値として，遺伝子分化係数 F_{ST}† という指標がある。この値は 0 から 1 の間をとり，0 ～ 0.05 の範囲ではほとんど分化していない，0.05 ～ 0.15 の範囲ではやや分化，0.15 ～ 0.25 の範囲では大きく分化，0.25 以上では非常に大きく分化していると解釈できる（Conner & Hartl, 2004）。ハクサンハタザオとイブキハタザオの間の遺伝子分化係数の値は 0.0601 であった（図 3）。遺伝的にはごくわずかに分化しているが，遺伝子流動は無視できない頻度で起こっていると解釈するのが妥当だと考えられた。

マイクロサテライト多型の解析結果を解釈するには，ハクサンハタザオとイブキハタザオが交配可能かどうかを確かめることは必須である。そこで，ハクサンハタザオとイブキハタザオのそれぞれを父親（花粉親）と母親（種子親）にして掛け合わせ実験を行った。その結果，種子は正常に成熟し，発芽を行うこともわかった。この結果から，ハクサンハタザオとイブキハタザオの間のごくわずかな遺伝的分化は，交配後隔離によるものではなく，地理的な要因や季節的な要因などが関与していることが示唆された。

マイクロサテライト遺伝子座は進化的に中立な遺伝子であり，多くの場合，自然選択がはたらいていないと考えられる。そのため，集団間の遺伝的交流の実態を明らかにすることができる反面，ハクサンハタザオとイブキハタザオのそれぞれの環境に対する適応を論じることはできない。そこで，シロイヌナズナで開発されたマイクロアレイを用いて，適応を担う遺伝子の網羅的探索を行った。

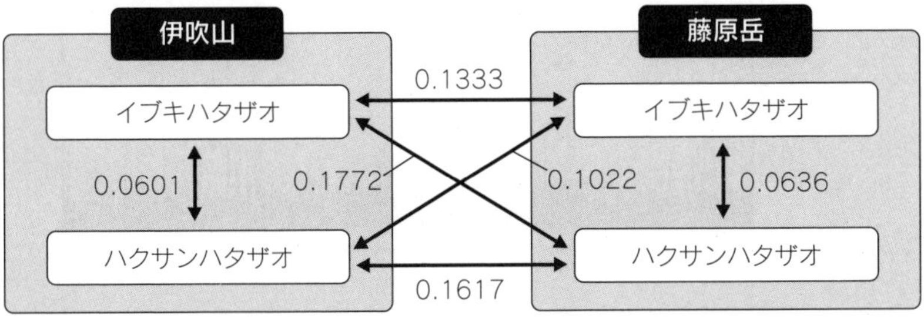

図 3　伊吹山・藤原岳のハクサンハタザオ・イブキハタザオにおけるマイクロサテライト 10 遺伝子座における遺伝子分化係数（森長ら，未発表）

5.　適応を担う遺伝子の探索

イブキハタザオとハクサンハタザオは，それぞれ高標高帯と低標高帯に分かれて生育しているため，その環境に対する適応遺伝子もそれぞれにおいて固定されていると予想される。これらの適応遺伝子を見つけるために，モデル植物であるシロイヌナズナで開発されたマイクロアレイを用いたゲノムの多型解析を試みた。

マイクロアレイとは，遺伝子の発現量や遺伝子の配列多型を網羅的に解析できる方法であり（詳しくは**第 11 章**を参照），生態学的な現象の遺伝的背景の研究にも非常に有用である（Gibson, 2002; Ranz & Machado, 2006; Bar-Or *et al.*, 2007; Kammenga *et al.*, 2007; Shiu & Borevitz, 2008）。特に，ゲノムの配列多型を解析するマイクロアレイはゲノミックアレイやタイリングアレイとよばれている。AtMap1（Nagano *et al.*, 2008）はシロイヌナズナの突然変異体のマッピング用に開発されたゲノミックアレイであり，一度に 42497 領域の多型を解析することができる。これはシロイヌナズナの全遺伝子数（約 29000）よりも多い。また，シロイヌナズナゲノムはおよそ 120 Mbp であり，AtMap1 では平均して 2800 bp おきに検出配列（プローブ）が設計されているため，全ゲノム領域をまんべんなく解析できる。マイクロアレイといったゲノム学的な手法を援用できるのも，ハクサンハタザオとイブキハタザオがモデル植物であるシロイヌナズナに近縁だからである。そこで，AtMap1 の開発者である永野惇さんらのご助力を得て，この AtMap1 をハクサンハタザ

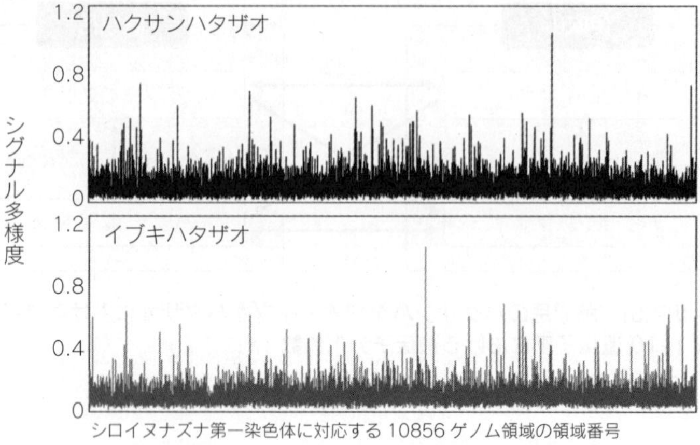

図4　ゲノミックマイクロアレイ解析に基づく伊吹山のハクサンハタザオとイブキハタザオのシグナル多様度（森長ら，未発表）
42497 領域について計算しているが，図ではシロイヌナズナ第一染色体に対応する 10856 領域のみを描出。

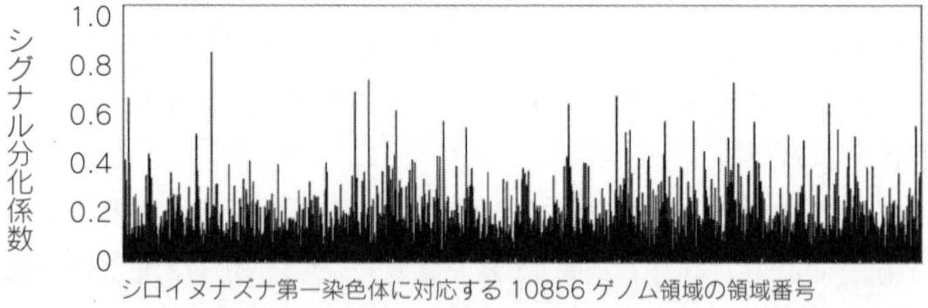

図5　ゲノミックマイクロアレイ解析に基づく伊吹山のハクサンハタザオとイブキハタザオのシグナル分化係数（森長ら，未発表）
42497 領域について計算しているが，図ではシロイヌナズナ第一染色体に対応する 10856 領域のみを描出。

オとイブキハタザオのゲノム多型解析に用いた。

標高 300 m から 400 m のハクサンハタザオ 8 個体と標高 1200 m から 1300 m のイブキハタザオ 8 個体から DNA を抽出し，Atmap1 を用いたゲノミックアレイ解析により，42497 ゲノム領域の多型解析を行った。マイクロアレイで得られるデータは，シグナルとよばれる連続変数である（詳しくは**第 11 章**を参照）。この値を用いて遺伝的多様性の指標であるシグナル多様度を計算した（図 4）。シグナル多様度は，0 以上の値をとり，その値が高い程遺伝的多様性が高いことを示す。

その結果，ハクサンハタザオとイブキハタザオそれぞれの遺伝的多様性はほとんど変わらず，42497ゲノム領域の平均シグナル多様度はそれぞれ0.096と0.099であった。このことは，派生的であると考えられるイブキハタザオがハクサンハタザオからの創始者効果†などによるボトルネック†を経て進化したわけではないことを示している。

さらに，シグナル分化係数を計算した（図5）。シグナル分化係数はシグナル多様度から計算できる遺伝的な分化の指標であり，遺伝子分化係数と同様に0から1の間をとり，1に近いほど分化していることを示す。計算の結果，42497ゲノム領域の平均シグナル分化係数は0.0678であることがわかった。これはマイクロサテライト遺伝子座の解析で明らかとなった遺伝子分化係数0.0601に非常に近い値である。このことは，ゲノムのほとんどの領域が進化的に中立であり，ごく一部の遺伝子に自然選択がはたらいていることを示している。

ゲノミックアレイ解析の確からしさを保証するために，いくつかの遺伝子について検出配列の設計されているゲノム領域を単離し，マイクロアレイのシグナル強度から求めた分化係数とDNA配列から求めた分化係数の対応関係を調べた。なぜならば，今回のゲノミックアレイはシロイヌナズナ用に開発されたものであり，ハクサンハタザオとイブキハタザオの解析に用いることができるという保証がなかったからである。シロイヌナズナと*A. lyrata*のゲノム情報を利用してPCRとDNAシーケンスを行い，16遺伝子の部分配列を単離した。その結果，マイクロアレイのシグナル強度とDNA配列には対応関係が見出され，シグナル分化係数と遺伝子分化係数には有意な相関が見られた（図6）。この結果は，ゲノミックアレイ解析が確からしいことを意味していた。

そこで，ハクサンハタザオとイブキハタザオの間で顕著に自然選択がはたらいたと考えられる適応遺伝子を探索した。ハクサンハタザオとイブキハタザオのシグナル強度が有意に分化している領域を抽出したところ，42497領域のうちの18領域（0.04%）のみであった。それらの領域には，脂質関連遺伝子（*GPAT*, *GLYCEROL-3-PHOSPHATE ACYLTRANSFERASE*），糖代謝関連酵素（alpha-glucosidase, glycosyl hydrolase, hydroxyproline-rich glycoprotein）遺伝子，シトクローム（cytochrome-b）遺伝子，病原菌抵抗

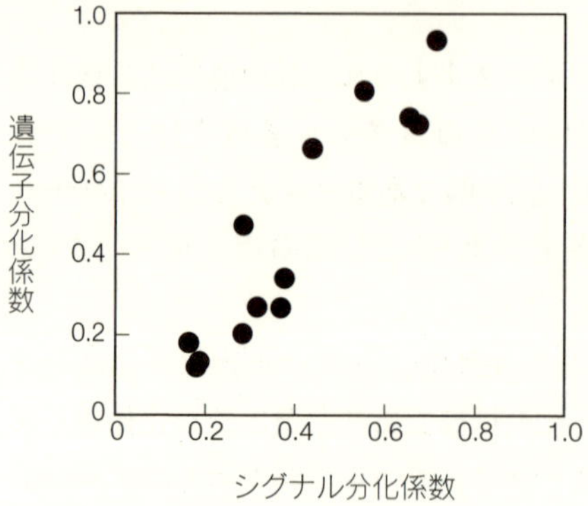

図6　シグナル分化係数と遺伝子分化係数の比較（森長ら，未発表）
ゲノミックアレイ解析で得られたシグナル分化係数とその領域のDNA塩基配列を解析して得られた遺伝子分化係数を比較したところ，高い相関が得られた（Kendallの順位相関検定，$P<0.0001$）。ただし，シグナル分化係数は遺伝子分化係数よりも低い値となる。

性遺伝子（TIR-NBS –LRR型，NBS –LRR型），茎頂分裂組織の維持にかかわる遺伝子（*NAM*，*NO APICAL MERISTEM*），植物ホルモンであるエチレンに応答する遺伝子（ethylene-responsive protein）などが含まれていた。

低標高と高標高の物理的環境の違いとしてまず考えられるのが温度環境である。温度耐性は育種学上も非常に重要な形質であり，分子レベルでの研究が盛んに行われてきた（Yamaguchi-Shinozaki & Shinozaki, 2005; Chinnusamy *et al.*, 2007）。特に，転写因子とよばれる他の遺伝子の発現を制御するマスター遺伝子に着目した研究がなされてきたが，ハクサンハタザオとイブキハタザオの解析では，それらの遺伝子は1つも見つからなかった。今回の解析で見つかった温度適応に関与すると思われる遺伝子は，非転写因子の脂質関連遺伝子*GPAT*であり，この遺伝子は細胞膜の脂質に関係することがすでに知られていた（Nishida & Murata, 1996）。

また，複数の病原菌抵抗性遺伝子が見られたことは，温度などの物理的環境に対する適応に加えて，生物環境への適応が重要であることを物語っている。実際，シロイヌナズナにおけるアクセッション間のゲノムの違いを調べた研究においても，病原菌抵抗性遺伝子において大きな変異が存在することが示されている（Clark *et al.*, 2007; Borevitz *et al.*, 2007）。

一方で，今回の解析で得ることができなかった遺伝子もある。高標高帯では紫外線が強いため，植物は紫外線を吸収する色素であるフラボノイドなどを体内に蓄積させることによって，DNAへのダメージを軽減させるようなメカニズムが進化していることが知られている。しかしながら，今回の解析では，フラボノイドに関係する遺伝子は見られなかった。このことは裏を返せば,紫外線という選択圧がさほど強くないことを示しているかもしれない。

では，このような適応遺伝子は，生態学的な意味においてどのように位置づけることができるであろうか？　このような遺伝子は，いわばトレードオフを担う遺伝子なのかもしれない。トレードオフはしばしば適応進化の制約としてはたらき，一方で，生物多様性の創出にも大きく貢献している（たとえば矢原，2007)。今後，さまざまな生物で適応遺伝子を探索することで，野外に見られるトレードオフの実態を遺伝子レベルで明らかにできる時代が訪れることが期待される。

6. 適応遺伝子の空間分布パターンと機能解析

ハクサンハタザオとイブキハタザオはそれぞれ主に低標高帯と高標高帯に生育しているが，個体数は非常に少ないものの中標高域にも，ごく低頻度で生育している。では，適応遺伝子の対立遺伝子の分布に明瞭な空間的境界は見られるのだろうか。また，どの適応遺伝子も同様の空間パターンを示すのだろうか。そこで，これらの中標高域に生育する個体を含めて適応遺伝子の空間分布パターンの解析を試みた。中標高域に生育する個体は非常に少ないため，花期でないとそれらの個体を見つけることはかなり難しい。2009 年の初夏，イブキハタザオとハクサンハタザオが満開の季節に伊吹山に登り，登山道に沿って連続的にサンプリングを行った。そして，ゲノミックアレイ解析で得られた適応遺伝子を対象に，伊吹山全体での対立遺伝子の空間分布パターンを明らかにした。

伊吹山に連続的に分布するイブキハタザオとハクサンハタザオ 48 個体について 3 つの適応遺伝子の塩基配列（約 400 bp）を決定した。その結果，どの遺伝子も高標高に多い対立遺伝子（H）と低標高に多い対立遺伝子（L）の 2 つの対立遺伝子が見つかり，標高に沿って遺伝子型が変化することがわかった（図 7)。また，どの遺伝子も対立遺伝子の空間的分布が高標高帯と低標高帯で明瞭に分かれることはなかった。これは，イブキハタザオとハクサンハタザオの間には交配後生殖隔離が見られないために，適応遺伝子であってもそれぞれの環境に固定することなく混じり合っているためと考えられる。進化生態学には最適戦略†や進化的安定戦略†という概念があり，生物はその環境に最も適応している状態であるものと仮定されている。しかしな

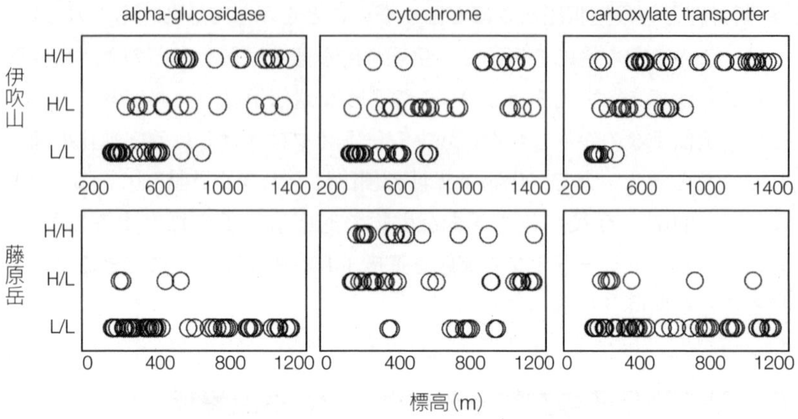

図7　伊吹山と藤原岳における3つの適応遺伝子の遺伝子型の分布（森長ら，未発表）
Hは伊吹山の高標高帯に多い対立遺伝子を，Lは伊吹山の低標高帯に多い対立遺伝子を示す。伊吹山では標高に沿って遺伝子型が変化するが，藤原岳ではそのような関係は見られない。

がら，ハクサンハタザオとイブキハタザオの適応遺伝子の解析は，そのような進化生態学的モデルが仮定していた状態とは異なり，必ずしも最も適応した状態にあるわけではないということを示している。

また，3つの適応遺伝子の分布パターンは微妙に異なっており（図7），それぞれの遺伝子における機能の違いが分布パターンの違いに影響していると予想される。それでは，これらの遺伝子は，それぞれどのような機能をもっているのだろうか。今後の解析を進めるにあたって，遺伝子の機能解析には大きく分けて2つの方法があるのではないかと考えている。遺伝子の機能解析というと，突然変異体を用いた表現型の解析，発現量と発現部位の解析，相互作用する遺伝子の解析などが思い浮かぶ。すなわち，分子生物学的な機能解析である。しかしながら，遺伝子の機能にはもう1つの側面がある。それは，野外におけるその遺伝子の適応度†に対する貢献度である。いわば，野外生物学的な機能解析である。

現在，ハクサンハタザオとイブキハタザオの間で分化の見られた適応遺伝子の野外生物学的な機能解析を進めている。野外において個体の適応度を測定する際には，残した子どもの数などを指標にするが，遺伝子の適応度の場合には，それに加えてその個体の遺伝子型を解析すればよい。そこで，実生個体にマーキングをして，その個体の生死を追跡し，さらには残した種子の数を計測する予定である。そのうえで，その個体のもつ適応遺伝子の遺伝子型を決定することができれば，遺伝子型と適応度の関係を描出できると考えられる。

7. 伊吹山と藤原岳のイブキハタザオ

ハクサンハタザオとイブキハタザオは，伊吹山からおよそ 30 km 南下した藤原岳においてもみることができる。藤原岳は伊吹山よりも 200 m ほど標高が低く，亜高山草原は成立していないが，山頂付近の限られた場所が風衝地となっており，イブキハタザオはそこに生育している。

伊吹山と藤原岳のイブキハタザオは一見すると似ているが，詳しく観察するとイブキハタザオを特徴づけるいくつかの表現型に差異が見られる。たとえば，伊吹山のイブキハタザオは藤原岳のイブキハタザオに比べて，トライコームが長くて密度が高く，葉が厚くて小さいく，茎も短い。また，マイクロサテライト遺伝子座を使った解析から，伊吹山内（$F_{ST}{}^{\dagger}=0.0601$）や藤原岳内（$F_{ST}=0.0636$）のイブキハタザオとハクサンハタザオの分化よりも，伊吹山と藤原岳の山間（$F_{ST}=0.1436$: 各山のイブキハタザオとハクサンハタザオの 4 つ組み合せの平均）の分化の方が大きいことがわかった（図 3）。さらに，3 つの適応遺伝子を解析した結果，伊吹山での結果とはまったく異なるパターンを示した（図 7）。

伊吹山と藤原岳のイブキハタザオは，もしかするとそれぞれの山で独立に起源したのではないだろうか。現在，このことを確かめるために，トライコームや葉や茎などのイブキハタザオを特徴づけるいくつかの表現型を支配する遺伝子の単離を進めている。これらの表現型を支配する遺伝子が伊吹山と藤原岳で異なっていれば，2 つの山で独立にイブキハタザオが進化したと言えるのではないかと考えている。

8. 展望：集団内の個体間ゲノム比較へ

近年，これまでのサンガー法によらないまったく新しいタイプの DNA シーケンサー（次世代シーケンサー）が開発され（詳しくは第 12 章参照），その生態学的研究への応用が始まっている（Hudson, 2008）。次世代シーケンサーは従来型機の数千倍から数万倍の配列解読能力をもっており，機種によっては1回の解析で数百億塩基をも解読でき，すでにゲノムが解読されている生物に近縁な生物であるほど，ゲノム解読が容易であると考えられる。ハクサンハダサオとイブキハタザオはシロイヌナズナに最も近い系統の一つであり，ゲノムサイズもおよそ2.55億塩基とシロイヌナズナの2倍ほどである（Johnston *et al.*, 2005）。したがって，次世代シーケンサーを使えば，伊吹山と藤原岳に生育するハクサンハダサオとイブキハタザオのゲノムを解読できる日もそう遠くはないであろう。

また，ゲノム解読の歴史をひも解くと，大系統間の比較から近縁種間の比較を経て同一種内の集団間比較へと遷ってきており，集団内の複数個体間ゲノム比較も夢ではない。早ければ2，3年後には，集団内の数百から数千個体のゲノム配列をごく短時間に解読できる時代が訪れていることであろう。そんな時代が待ち遠しくて仕方がない。今私は，来たるそのときのために少しずつ準備をしている。どんな準備か？　それはそのときまでの秘密である。

謝辞

2005年初夏の伊吹山登山に誘ってくださいました谷津潤さんと青山剛士さん，表現型解析に関してご助力いただきました永野聡一郎さんと彦坂幸毅さん，マイクロサテライト遺伝子座解析に関してご助力いただきました池田啓さんと瀬戸口浩彰さん，ゲノミックマイクロアレイ解析に関してご助力いただきました永野惇さん，深澤美津江さん，林誠さん，西村いくこさん，西村幹夫さん，自由な研究の機会を与えてくださり，そして日々激励してくださいました伊藤元己さんと矢原徹一さんに心よりお礼申し上げます。

引用文献

Al-Shehbaz IA, O'kane JrST.　2002.　Taxonomy and phylogeny of *Arabidopsis* (Brassicaceae). The Arabidopsis Book, American Society of Plant Biologists.

Bar-Or C, Czosnek H, Koltai H.　2007.　Cross-species microarray hybridizations: a developing tool for studying species diversity. *Trends in Genetics* **23**: 200-207.

Borevitz JO, Hazen SP, Michael TP, Morris GP, Baxter IR, Hu TT, Chen H, Werner JD, Nordborg M, Salt DE, Kay SA, Chory J, Weigel D, Jones JDG, Ecker JR. 2007. Genome-wide patterns of single-feature polymorphism in *Arabidopsis thaliana*. *Proceedings of the National Academy of Sciences USA* **104**: 12057-12062.

Chinnusamy V, Zhu J, Zhu JK. 2007. Cold stress regulation of gene expression in plants. *Trends in Plant Science* **12**: 444-451.

Clark RM, Schweikert G, Toomajian C, Ossowski S, Zeller G, Shinn P, Warthmann N, Hu TT, Fu G, Hinds DA, Chen H, Frazer KA, Huson DH, Schölkopf B, Nordborg M, Rätsch G, Ecker JR, Weigel D. 2007. Common sequence polymorphisms shaping genetic diversity in *Arabidopsis thaliana*. *Science* **317**: 338-342.

Clauss MJ, Cobban H, Mitchell-Olds T. 2002. Cross-species microsatellite markers for elucidating population genetic structure in *Arabidopsis* and *Arabis* (Brassicaeae) *Molecular Ecology* **11**: 591-601.

Clauss MJ, Koch M. 2006. Poorly known relatives of *Arabidopsis thaliana*. *Trends in Plant Science* **11**: 449-459.

Colosimo PF, Hosemann KE, Balabhadra S, Villarreal JrG, Dickson M, Grimwood J, Schmutz J, Myers RM, Schluter D, Kingsley DM. 2005. Widespread parallel evolution in sticklebacks by repeated fixation of ectodysplasin alleles. *Science* **307**: 1928-1933.

Conner JK, Hartl DL. 2004. A primer of ecological genetics. Sinauer Associates, Inc.

Feder ME, Mitchell-Olds T. 2003. Evolutionary and ecological functional genomics. *Nature Reviews Genetics* **4**: 649-655.

Gibson G. 2002. Microarrays in ecology and evolution: a preview. *Molecular Ecology* **11**: 17-24.

Hudson ME. 2008. Sequencing breakthroughs for genomic ecology and evolutionary biology. *Molecular Ecology Resource* **8**: 3-17.

Johnston JS, Pepper AE, Hall AE, Chen ZJ, Hodnett G, Drabek J, Lopez R, Price HJ. 2005. Evolution of genome size in Brassicaceae. *Annals of Botany* **95**: 229-235.

Kammenga JE, Herman MA, Ouborg NJ, Johnson L, Breitling R. 2007. Microarray challenges in ecology. *Trends in Ecology and Evolution* **22**: 273-279.

Mitchell-Olds T. 2001. *Arabidopsis thaliana* and its wild relatives: a model system for ecology and evolution. *Trends in Ecology and Evolution* **16**: 693-700.

Mitchell-Olds T, Willis JH, Goldstein DB. 2007. Which evolutionary processes influence natural genetic variation for phenotypic traits? *Nature Reviews Genetics* **8**: 845-856.

Mitchell-Olds T, Feder M, Wray G. 2008. Evolutionary and ecological functional genomics. *Heredity* **100**: 101-102.

森長真一　2007a.　エコゲノミクス：ゲノムから生態学的現象に迫る．日本生態学会誌. **57**, 71-74.

森長真一　2007b.　花の適応進化の遺伝的背景に迫る：「咲かない花」閉鎖花を例に．日

本生態学会誌. **57**: 75-81.

Morinaga SI, Nagano AJ, Miyazaki S, Kubo M, Demura T, Fukuda H, Sakai S, Hasebe M. 2008. Ecogenomics of cleistogamous and chasmogamous flowering: genome-wide gene expression patterns from cross-species microarray analysis in *Cardamine kokaiensis* (Brassicaceae). *Journal of Ecology* **96**: 1086-1097.

Nagano AJ, Fukazawa M, Hayashi M, Ikeuchi M, Tsukaya H, Nishimura M, Hara-Nishimura I. 2008. AtMap1: a DNA Microarray for genomic deletion mapping in *Arabidopsis thaliana*. *The Plant Journal* **56**: 1058-1065.

Nishida I, Murata N. 1996. Chilling sensitivity in plants and cyanobacteria: the crucial contribution of membrane lipids. *Annual Review of Plant Biology* **47**: 541-568.

Ouborg NJ, Vriezen WH. 2007. An ecologist's guide to ecogenomics. *Journal of Ecology* **95**: 8-16.

Ranz JM, Machado CA. 2006. Uncovering evolutionary patterns of gene expression using microarrays. *Trends in Ecology and Evolution* **21**: 29-37.

Shimizu KK. 2002. Ecology meets molecular genetics in *Arabidopsis*. *Population Ecology* **44**: 221-233.

Shiu SH, Borevitz JO. 2008. The next generation of microarray research: applications in evolutionary and ecological genomics. *Heredity* **100**: 141-149.

種生物学会編　2001.　森の分子生態学 - 遺伝子が語る森林のすがた.　文一総合出版.

Stinchcombe JR, Hoekstra HE. 2008. Combining population genomics and quantitative genetics: finding the genes underlying ecologically important traits. *Heredity* **100**: 158-170.

The Arabidopsis Genome Initiative 2000. Analysis of the genome sequence of the flowering plant *Arabidopsis thaliana*. *Nature* **408**: 796-815.

Van Straalen NM, Roelofs D. 2006. An introduction to ecological genomics. Oxford Univ Press Inc.

矢原徹一　2007.　エコゲノミクスは進化生態学をどう変えるか？　日本生態学会誌. **57**: 111-119.

Yamaguchi-Shinozaki K, Shinozaki K. 2005. Organization of cis-acting regulatory elements in osmotic- and cold-stress-responsive promoters. *Trends in Plant Science* **10**: 88-94.

吉川寛　2009.　ゲノム科学への道―メンデルからワトソンのゲノムまで. "現代生物学入門　ゲノム科学の基礎 浅島誠・黒岩常祥・小原雄治編集" 1-63. 岩波書店.

第２章　野外生態系を舞台にオミクスをどう活かすか？：オウシュウミヤマハタザオの分布と適応

田中健太（筑波大学菅平高原実験センター）

1．はじめに

1.1．熱帯雨林からモデル植物へ

任期付き研究員の期限切れまであと１年に迫った私は，次に行う研究に思いを巡らせていた。興味の赴くままさまざまなテーマに手を染めてはきたものの，それらを貫く軸はある。環境の変化の中で，植物がどのように生活し次世代を築いているのか，それを明らかにすることだ。植物は動かない。それゆえに，環境の変化の影響をじかに受けもするし，それに対する対応策を進化させもする。そんなことを考えるきっかけの１つが，熱帯雨林の研究だった。東南アジアの熱帯雨林では，森の花や実の量が，年によって大きく変わる。それに対応して，昆虫の種類や量も目まぐるしく変わる。その中でフタバガキの一種で樹高 50 m を越す超高木の *Dipterocarpus tempehes* は，年によって送粉者を変えてうまく繁殖している（Kenta *et al.*, 2004）。しかし，送粉者が変わると花粉の運ばれ方が変わり，近親交配や，反対に血縁の薄い相手との交配 outbreeding の頻度も変わる。それは，種子や実生の生き残り方に影響を与える。こんなことがわかったのは，遺伝解析の力だ。DNA マイクロサテライトの変異を調べると，親子の鑑定や，交配相手との血縁度の測定ができる。

遺伝解析が明らかにしてくれるフタバガキの生態に胸を躍らせながら，しかし，私の中には別の疑問が芽生えていた。環境の違いに適応できるのはどんな遺伝子のおかげなのか。どんな環境で，どんな遺伝子が有利なのか。このような疑問に答えるには，マイクロサテライトのような自然選択に対して中立なゲノム領域ではなく，機能を持つ遺伝子の変異を調べなければならない。ゲノムの情報が少なく，栽培も大変なフタバガキは，このような研究に最適な材料とは言えない。遺伝的な研究が一番進んでいる植物は，遺伝学・生理学・発生学などのモデル植物であるシロイヌナズナ *Arabidopsis thaliana*

である。しかし，この植物はこれまで長い間，生態学者には見向きもされていなかった。人為改変地に多く生える自殖性草本で，自然環境との関係や生物間相互作用などの華のある生態学的トピックを見出しづらかったのかもしれない。しかしシロイヌナズナは，栽培室だけでなくさまざまな環境の野外で個体群を維持している種でもある。シロイヌナズナの生態学的なプロセスをじっくり見て，野外の適応に鍵となるような形質を探り，その形質を司る遺伝子のダイナミクスを明らかにできたらおもしろいだろうなと思った。同様の研究を他の植物でやろうとすれば，遺伝子を同定するだけで時間がかかってしまい，延々と遺伝学の研究が続き，その遺伝子に着目した生態学的研究になかなか入れない。逆説的なようだが，最も遺伝学的な研究に使われている材料が，私が目指す生態学的な研究の一番の近道に思えた。

私の思いつきは，新奇なものではまったくなかった。むしろ，数年以上前から世界中のたくさんの研究者によって注目されている，成長中の分野だった。シロイヌナズナの最近の研究を調べてみると，高緯度地域では開花時期を早める遺伝子を持つ個体が多いこと（Caicedo *et al.*, 2004）や，耐病性遺伝子を持つ個体は病原菌が存在しない環境では不利になること（Tian *et al.*, 2003）など，機能遺伝子に着目した生態学的な研究が出始めていた。シロイヌナズナの生態・遺伝分野に注目している研究者の中で特に親近感を感じたのは，アメリカのJohanna Schmitとフィンランドの Outi Savoleinen だ。Schmit さんは，送粉者の種類によって花粉散布距離がどう違うかというテーマ（Schmitt, 1980）に私よりもずっと早く取り組んでいた生態学者で，近年はシロイヌナズナの研究に軸を移していた。Savoleinen さんは，林学のバックグラウンドを持ちながら，精力的にシロイヌナズナの生態学的研究を始めている。その他にも何人かが，シロイヌナズナとその近縁種を舞台とした生態・遺伝学的研究に注目をうながすレビューを書いていた。シロイヌナズナの進化学分野に詳しく，私のフタバガキの研究の共同研究者でもある清水健太郎さんもその１人で，Schmit さんを紹介してくれたのをはじめ，畑違いの分野で四苦八苦する私に何度も貴重な助言をくれた。

生態学と遺伝学の学際分野といっても，生態学側に重心を置いた研究は実は少ない。世界中から集めたシロイヌナズナのさまざまな系統の種子をストックセンターから取り寄せ，実験室や実験圃場で野外変異を調べたり，生態学な形質の遺伝的背景を調べる研究が多い。一方で，遺伝子の多型が野外で

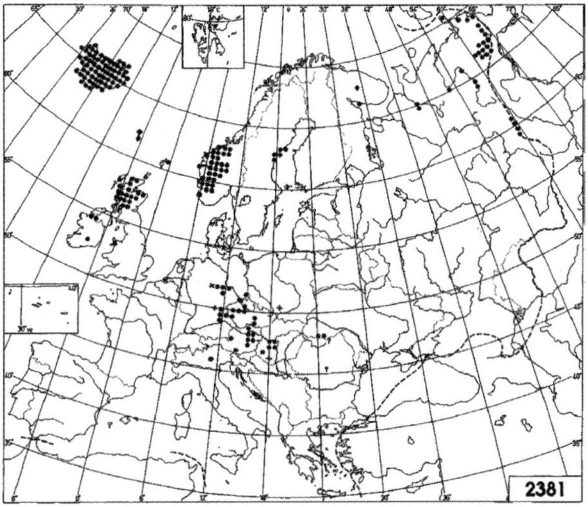

図 1　オウシュウミヤマハタザオの分布
生息が観察されたメッシュが●で示されている。http://www.fmnh.helsinki.fi/ より。

の適応度をどのように左右するか，野外生態系ではたらく自然選択が遺伝子の動態にどのように影響するかといった，野外生態系に即した研究はほとんどなかった。そこを突破口にして研究を展開したいと思っていたところ，「Nature」誌の求人情報に，シロイヌナズナ属野生種に関するイギリスのプロジェクトから，ポスドク公募が出た。自分のやりたいことにぴったりに思えたので，何のつてもなかったが応募し，イギリスでの面接や電話面接を経て，幸いにも採用された。

1.2. 生物の分布を規定する要因は？

このプロジェクトはリーズ大学とシェフィールド大学の共同で，英国自然環境研究協議会（NERC，イギリスの環境科学研究のファンド元）の「ゲノミクス＆ポストゲノミクス」という助成枠に2005年から採択されたもので，生物はどのようにして異なる環境に適応して分布を広げるのか，分布の限界は何によって規定されているのか，という問題に分子生物学的なアプローチの力を借りて答えを出そうというものだった。生物の分布は，古くて新しい話題である。Krebs（1972）は生態学を「生物の分布と密度を規定している交互作用を解明する科学（和訳文はベゴン他（2003）による）」と定義した。

あらゆる生態学的問題は分布とかかわっていると言える。また遺伝学的にも，分布は興味深い問題である。今，ここにある生物がいて，暖かい地域に向かって分布を広げているとする。分布の辺縁部では，暑さのために集団の適応度†が下がる。しかし局所適応†が進めば適応度は回復し，分布はさらに広がる。これが繰り返されれば，分布は無限に広がるはずだが，実際には限りがある。ある地域において有利な遺伝子が集団に固定すれば，つまり相加的遺伝分散がゼロになれば，新たな突然変異が起きない限りそれ以上の適応は起きない。これが分布の遺伝学的な限界である。しかし，分布が拡大途中であるとか，環境変動によって自然選択が断続的にはたらいていて適応が進みにくいとか，集団サイズが小さくて遺伝的浮動†の効果が大きいなど，非平衡的な要素が大きいと，分布の縁は遺伝学的な限界よりも手前になる。このシナリオでは，集団外からの遺伝子流動†は，遺伝分散を高めて局所適応を助ける方向にはたらく。ところが反対に，分布の中心部からの不適応な遺伝子の流入が，分布の辺縁部での局所適応を妨げる「移入荷重 migration load」という考えが近年出されており（Bridle & Vines, 2007; Bridle *et al.*, 2010），論

Box　相加的遺伝分散と適応

量的形質に関与している多数の遺伝子をすべて同定して，その遺伝子型と量的形質の関係を明らかにすることは難しい。しかし，形質の分散を分割して考えることで，量的形質の進化を理論的に検討できる。ある形質の表現型の分散（V_P）は通常，環境分散（V_E）と，遺伝分散（V_G）に分けられる。遺伝分散はさらに，相加的遺伝分散（V_A）と非相加的遺伝分散（V_I）に分けられる。

$$V_P = V_E + V_G = V_E + V_A + V_I$$

相加的遺伝分散とは，形質への各遺伝子座の各対立遺伝子の効果が足し算で効くことで生じる遺伝分散である。非相加的遺伝分散には，対立遺伝子の効果の足し算以外の要素である優性度合いや，各遺伝子座の効果の足し算以外の要素である遺伝子間相互作用（エピスタシス epistasis）が含まれる。V_G / V_P を広義の遺伝率 broad meaning heritability，V_A / V_P を狭義の遺伝率 narrow meaning heritability とよぶ。人為選択や自然選択によって形質がどのくらい変わるかは，狭義の遺伝率によって決まる。これを定式化したのが，育種家の方程式 breeder's equation とよばれる次式である。

議をよんでいる。この場合は平衡状態でも，遺伝的な限界に達するよりも前に分布拡大が止まる。果たして，分布は遺伝的な限界で決まっているのだろうか。また，遺伝子流動は局所適応を助けているのだろうか，妨げているのだろうか。

1.3. モデル生物近縁種の利点を活かす

私たちのプロジェクトは，このような問題に切り込む材料として，オウシュウミヤマハタザオ *Arabidopsis lyrata* subsp. *petraea* を選んだ。この植物は，ヨーロッパからシベリアにかけての周極帯・亜高山帯に分布するアブラナ科シロイヌナズナ属の多年草であり，北米に分布するセイヨウミヤマハタザオ *Arabidopsis lyrata* subsp. *lyrata* の亜種である。オウシュウミヤマハタザオには，分布の規定要因や環境適応を研究するうえで多くの利点がある。第一に，主に自然の攪乱地など，他の植物が繁茂していない場所に生息している。また，菌根を形成しない。したがって，気候などの非生物学的要因が集団維持にとって重要と考えられる。複雑な生物間交互作用をとりあえず脇

$$R = h^2 S$$

S は選択差 selection differential とよばれるもので，ある出来事の前後の，親世代の形質の平均値の差である。育種であれば，選択差は育種計画に基づいて決まる。進化の文脈では，選択差とは自然選択の強さの指標であり，生態学的調査によって実測できる。R は反応 response とよばれ，出来事前の親世代の形質の平均と，出来事後の子世代の形質の平均の差で求められ，育種の効果や，1 世代の進化を表す。h^2 が狭義の遺伝率であり，通常このように二乗の形で表す。この式が示す通り，選択差が同じでも h^2 によって反応が異なる。h^2 の構成要素である相加的遺伝分散は，突然変異や移入によって高まることもあれば，自然選択や遺伝的浮動によって低下することもある。したがって，h^2 は種内の集団間でも世代間でも変わる，空間的にも時間的にもローカルな値である。たとえば自然選択によって，すべての遺伝子座で有利な対立遺伝子が集団中に固定すれば相加的遺伝分散は 0 となり，新たな突然変異や移入が生じない限り，それ以上の進化は起きない。育種家の方程式は進化のモデルに使われることがあるが，h^2 自体が進化的に安定でないことに注意が必要である（Pigliucci, 2006）。

に置いて，物理的な環境への適応という単純な図式で分布の問題に取り組むのに都合がよい。第二に，広い気候範囲にまたがって分布しており（たとえばアイルランドの集団では，冬の地温はほぼ0℃以上だが，アイスランドの集団では－15℃に達する），集団間に豊かな形態変異がある。第三に，シロイヌナズナが自殖性なのに対しオウシュウミヤマハタザオは他殖性で，集団内に豊かな遺伝的変異がある。これは，環境傾度に沿った遺伝子頻度の変化を調べたり，分布中心と辺縁で遺伝的多様性を比較したりして，分布や適応についての遺伝学的研究を行うのに好都合である。最後になるが，非常に好都合なのが，シロイヌナズナの最近縁種だという点である。そのため，ゲノム・遺伝子発現・化学代謝などについてのシロイヌナズナの豊富な情報とツールが使える。このプロジェクトではこの利点を最大限活用し，適応進化と関連した形質の分子基盤を，ゲノミクス・トランスクリプトミクス・プロテオミクス・メタボロミクス（用語解説「オミクス」参照）という，ゲノムから表現型に至るシグナル伝達段階を網羅したマルチ・オミクス手法によって調べた。また，適応を担う遺伝子をスクリーニングする際に，シロイヌナズナで生態学的な作用が推定されている候補遺伝子を解析した。上述の「分布の遺伝学的限界」は，そもそも適応を担う遺伝子を同定し，その遺伝子の多型を調べて初めて分かることである。シロイヌナズナ近縁種を使うことで，そのような研究が現実に可能になるのである。

本稿では，まだプロジェクトのゴールが達成されていない段階ではあるが，プロジェクト全体については発表済みの成果を中心に，私が主に担当していたゲノミクス関連のパートについては未発表成果と現在進行中の計画も交えて，紹介する。ある程度成果が揃ってきた，局所適応の有無（2.），集団間の形質分化（3.），形質分化の分子的・遺伝的基盤（4.）について紹介したうえで，これらの個々の分野の研究を越えて，分野融合によって野外の適応進化についてどんなことを明らかにすることができるのか，5.で触れたい。

2. 局所適応と個体群生態：野外に張りつく調査

このプロジェクトのおもしろいところは，野外集団で何が起きているかが詳細に調べられている点である。野外の生態学的調査を進めたのは，プロジェクトリーダーで空間生態学者のWilliam E. Kuninのもとでポスドクをした Philippine Vergeer である。彼女は，アイルランド・ウェールズ・スコットランド・スウェーデン・ノルウェー・アイスランドという北西ヨーロッパ 6 地域にまたがり，36 の対象集団に 1 m^2 の方形区を 10 個設置し，3 年間にわたって，春と秋の 2 回，文字通り地面にはいつくばって生存・成長・食害などを調査した。数名のアシスタントと一緒とはいえ，シーズン中はフィールドワークの連続という毎日を送り，冬の間は別の栽培実験も進めて成果を出していたパワーには頭が下がる。その結果，アイルランドのように暖かいところのほうがアイスランドなどの寒いところよりも食害が多く，集団の存続を規定している要因が場所によって異なることがわかった。また，ウェールズ，スコットランド，スウェーデン，ノルウェーの 4 地域の集団を対象にした相互移植実験も行い，自分の出身地で生存率が高くなるというホームサイトアドバンテージの傾向が示され，局所適応が支持された（Vergeer *et al.*, unpublished）。

3. 集団による形質の違い

集団間の形質の違いは，遺伝的な性質だけでなくその場の環境によって決まっている。そこで，同じ環境におくことによって遺伝的な性質がわかりやすくなる。私たちは，野外で採取した種子を実験室で栽培して，さまざまな形質を測定した。これらの実験で注意が必要なのが，古くから知られている，母親が異なる環境を経験していると子の形質が変わる「母性効果」（Rossiter, 1996）である。私たちの研究では，この母性効果を排除できていないため，形質の差が見つかってもそれを遺伝的な違いと結論することはできない。異なる環境に対する集団の遺伝的・生理的な適応の総体を検討していることになる。

さて，このような研究の結果，さまざまな形質が集団間で異なることがわかってきた。生育期の短い高緯度集団（アイスランド・ノルウェーなど）の方が，低緯度集団よりも小さな個体サイズで開花する（Vergeer *et al.*, unpublished）。土壌に対しても異なる適応をしている。貧栄養な土壌に生息する集団は，高い窒素利用効率を発揮する。富栄養な土壌に生息する集団は，土壌窒素濃度を増やしたときの成長速度の増大幅が大きい（Vergeer *et al.*, 2008）。私たちが最も注目していたのは耐凍性の違いだが，これについては

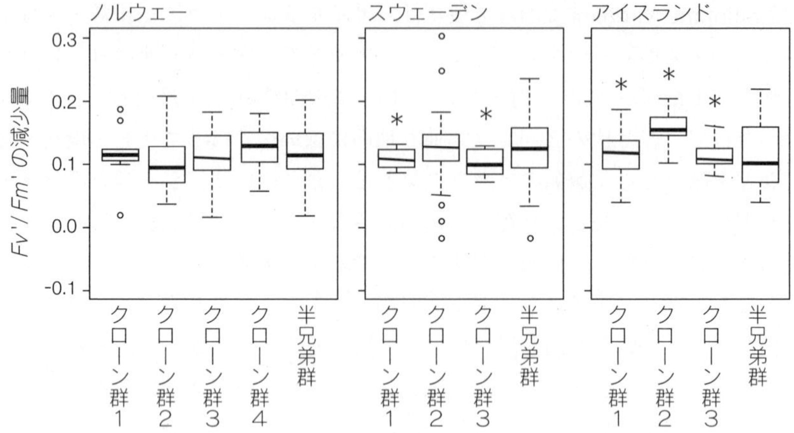

図2　冷蔵ショックによるクロロフィル活性（*Fv'/Fm'*）の減少量
＊はクローン群の分散が半兄弟群に比べて Fligner 検定で有意に小さいことを示す。

予想と異なる結果が出た。2日間の4℃で低温馴化をした後では，冬が暖かい集団（アイルランド）のほうが寒い集団（ノルウェー）よりも，−7℃における耐凍性が高かった。しかし，この集団間の違いは低温馴化期間を7日間にするとなくなった（Davey *et al.*, unpublished）。もしかすると，もっと長い低温馴化期間を置くと，寒い集団の方が耐凍性が高くなるのかもしれない。また，耐凍性の遺伝的な変異を厳密に調べるために，3つの集団を対象に，集団内の兄弟からなるグループと，単一個体の組織培養由来のクローンからなるグループを準備し，凍結ショックによる葉緑素活性の減少幅を測定した。すると，兄弟からなるグループのほうが減少幅の分散が大きい傾向があることがわかった（図2, Kenta *et al.*, unpublished）。これは，集団内の家系内にも，耐寒性の遺伝的な分散があることを示している。この実験では，実験室第三世代を用いたので，母性効果は小さいだろう。寒さに対して適応する方法には，生理的に耐寒性を高める以外に，生活史スケジュールを変更することがあり得る。シロイヌナズナの多くの系統は夏から秋に種子散布して冬前に発芽することが知られている。寒い場所で秋に発芽すると，脆弱な実生期に厳しい冬を迎えることになる。発芽を遅延させて春に発芽すれば，冬を乗り越えるのに有利かもしれない。そこで，発芽特性をいろいろな集団について測定してみた。その結果，種子にあらかじめ冬を経験させることで発芽をうな

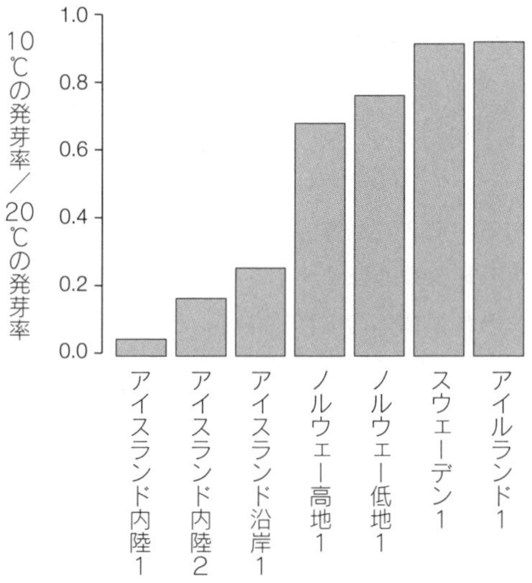

図3　20℃の発芽率と10度の発芽率の比の，集団による違い
寒い集団ほど左になるように並べてある。

がす，種子に対する低温処理（層化処理 stratification）は，発芽率に与える影響が小さかったが，温度と実験室で種子を発芽させるのによく使う20℃での発芽率と，秋の温度に近い10℃での発芽率の比が，集団間で大きく異なった（図3，Kenta *et al.*, unpublished）。寒い集団ほど10℃の発芽率が相対的に低い傾向があった。野外の調査ではまだ，どの時期に発芽しているのかを捉えることはできていないのだが，もしかすると，寒い地域では，秋の発芽を抑制することによって春発芽を行う個体が多いのかもしれない。

4. 形質分化の分子基盤

4.1. 苦労満載のQTLマッピング

集団間の，表現型のさまざまな違いが浮かび上がってきた。次の目標は，集団間の遺伝子の違いを明らかにすることである。正面突破を挑む正攻法と言えるのが，表現型の違いをもたらす遺伝子の染色体上のおおよその位置をQTLマッピング（コラム1）で特定し，その周辺の塩基配列を読むことで，表現型変異の原因となる遺伝子を同定する方法である。私たちは，耐凍性，開花時期などのQTLマッピングに取り組んだ。マッピングに必要なのが，交配家系，表現型測定，遺伝マーカーの準備と遺伝子型測定（ジェノタイピング測定）である。私たちは，冬の気温が顕著に異なる集団として，ノルウェーのヘリンという集団とアイルランドのライトリムという集団を親集団として選んだ。シロイヌナズナなどの自家和合性植物では，親間で交配してF1を作り，F1を自殖させてF2を作る。メンデルの法則により，F2ではさまざまな形質が分離するのでマッピングが可能になる。しかしオウシュウミヤマハタザオは自家不和合性である。そこで親集団間で2組のペアを作り，片方のペアではヘリンの花粉をライトリムに掛け，もう片方ではその逆方向の掛け合わせをおこなって，それぞれ1個体のF1を得た。そして2個体のF1の間で双方向に掛け合わせを行い，数百個体のF2を得た。この手順によって，両方の親集団の核染色体上の遺伝子とオルガネラゲノム上の遺伝子が，さまざまな組み合わせとなってF2で分離したことになる。

これらのF2を使って表現型を測ればよいのだが，開花時期にしても耐凍性にしても，環境条件によって測定値が大きく異なることはわかっていた。耐凍性は上述のように，低温馴化の長さによって変わる。開花時期はたとえば，日長の違い，夜間温度の違い，植物に低温下で冬を経験させる春化処理vernalizationの有無，栄養条件などによって変わるだろう。これらの環境を統一させて表現型を測ることによって，特定の環境においてどんな遺伝子が表現型に効果を持つのかをマッピングできる。しかし生物は，環境によって表現型を柔軟に変える表現型可塑性という性質を持っている。この可塑性の程度も，何らかの遺伝的な支配を受けているだろう。そして，特定環境における表現型を変化させるだけでなく，表現型可塑性の程度やあり方の変更が，生物の環境適応や進化にとって本質的に重要な役割を持っている可能性がある。そこで私たちは，1つの遺伝子型の表現型を複数の環境下で測り，遺伝子型－環境交互作用をマッピングすることにした。表現型可塑性を担っている遺伝子の同定を目指す，挑戦的な取り組みである。それには，それぞれのF2個体から複数のクローンを作成する必要がある。そのため，計300個程度のF2種子を培地上で発芽させ，細根を切って組織培養を行い，それぞれを50クローン程度に増やした。こうすることで，遺伝子型－環境交互作用を測れるだけでなく，ジェノタイピングする個体数を抑えながら，多くの表現型測定を行うことも可能になる。しかし，組織培養が大変だった。テクニシャンに行ってもらったのだが，まず経験を持っているラボに研修に行ってもらってそこではうまくいき，帰ってきて練習用の種子を使ってうまくいき，いざ本番で実際のF2種子を使ったところ培地がコンタミして失敗してしまった。以後失敗続きで貴重なF2種子を消費して後がなくなり，結局は研修先のラボに業務委託してクローンを用意してもらった。

私が担当した表現型測定は，開花時期だった。日長はすべて16時間で，夜間の温度，春化処理の有無，土壌窒素濃度を変えて4つの処理区を作って栽培を始めた。しかし，栽培開始から数か月後の，まだ多くの植物が開花を迎えていない時点で栽培キャビネットが60℃の高温となる異常が発生し，1つの処理区を残して植物が全滅した。開花時期の遺伝子型－環境交互作用をマッピングするという狙いが潰えた瞬間だった。目下の所，残った1処理区を使って特定条件における普通のQTLマッピングを行っている最中である。耐凍性に関しては，低温馴化期間のことなる条件下で耐凍性の測定が終わっており，ジェノタイピング結果が出れば遺伝子型－環境交互作用をマッピングできる。

4.2. マッピング道具の準備

あとは必要なのは遺伝マーカー開発とジェノタイピングである。ゲノムの読まれているシロイヌナズナでは，原理的には無尽蔵のマイクロサテライトが利用できるわけだが，それらのマイクロサテライトをデータベースから探してきてプライマー設計し，異種でPCR増幅を試すにはそれなりの時間がかかる。しかし，シロイヌナズナですでにプライマー設計して使われていたマイクロサテライトを85座，文献などから見つけることができたので，まずこれらを試した。また，オウシュウミヤマハタザオのゲノムは当時はまだ読まれていなかったが（執筆現在は，亜種のセイヨウミヤマハタザオのゲノム配列が公開されている），cDNAの配列はある程度NCBIなどのデータベースに蓄積されていたので，これらの配列から21座のマイクロサテライトを専用ソフト（Modified Sputnik; http://wheat.pw.usda.gov/ITMI/EST-SSR/LaRota/）によって発見した。これらの既存・新規106座のマイクロサテライトの利用の可否と多型性をオウシュウミヤマハタザオで試した結果，交配家系内に多型があって，マルチプレックスPCR＊1によって容易にジェノタイピングできるものが34座あった。さらに，候補遺伝子解析のために新規開発した後述するSNPマーカーを併用すれば，合計で80座程度のマーカーを利用できることになる。オウシュウミヤマハタザオのゲノムは物理長で約230メガバイト（NCBIによる），遺伝的距離で515センチモルガンをやや上回る程度（Kuittinen *et al.*, 2004）と推測されているので，80座のマーカーがあれば約6 cMの間隔でゲノムを覆うことができる。こうして現在，表現型測定と遺伝マーカー開発が終わり，あとはジェノタイピングが終わればマッピングできるところまで，どうにかこぎ着けたところである。

4.3. オミクスによる逆遺伝学

近年のゲノム情報の蓄積と手法刷新によって，表現型はひとまずおいておいて，いきなり遺伝子を調べる「逆遺伝学」的アプローチが普及してきた。逆遺伝学アプローチを用いると，特定遺伝子の集団間の違いがいきなりわかってしまう。これは，上述のQLTマッピングが，相当の時間を費やしながらまだ途上であり，今後マッピングが終わった際にもQTLの染色体上のおおよその位置がわかるだけであることと対照的である。しかし，QTLマッピングでは表現型の原因遺伝子が調べられるのに対し，逆遺伝学アプローチでは遺伝子の違いがどんな表現型差異をもたらすのかが，遺伝子の性質から推測がつく場合はあるものの，確定的なことはわからない。私たちはこれらの一長一短の方法を併用したわけである。モデル生物の近縁種では，ゲノム情報やさまざまなツールが利用できるので，逆遺伝学を行うのが比較的容易である。そこで，このメリットを最大限に活かし，遺伝子から表現型に至る，ゲノミクス・トランスクプリトミクス・プロテオミクス・メタボロミクスという各段階で，集団間の違いを網羅的に調べるマルチ・オミクスアプローチによって，集団間の違いを担う遺伝子をスクリーニングする戦略を取った。ここでも，野外で採集した植物を同一実験室条件下で育てた実験室第一世代植物を使用した。それぞれのオミクス†研究について，表現型からゲノミクスまで逆に辿りながら紹介していきたい。

メタボロミクスは，上述の耐凍性などの生理測定も担当していたポスドクのMatthew Davyが担当した。質量分析によって化合物を網羅的に調べたと

＊1：マルチプレックスPCRとは，複数の遺伝子座（30座程度までが一般的）を対象にしたプライマーを同じチューブに入れることによって，それらの座を1反応で同時に増幅させるPCRのこと。多くのプライマーが適切にはたらき，かつ，プライマー間の干渉が起こらないようにプライマーデザインや反応条件を工夫する必要がある。また，商用のキットを用いることでうまくいくこともある。マルチプレックスPCRの種々の工夫は，Kenta *et al.*（2008）にも紹介されている。

ころ，同一条件で栽培した場合でも集団によってメタボロームの違いがあることや，低温馴化によるメタボロームの変化が明らかになっている（Davey *et al.*, 2008; Davey *et al.*, 2009）。集団間で顕著に濃度が異なる化合物の中には，被食防衛との関連があるとされている（Heidel *et al.*, 2006）カラシ油配糖体（グルコシノレート）が何種類か含まれていた。オウシュウミヤマハタザオのカラシ油配糖体の組成の野外変異をもたらす原因遺伝子も別のグループによって推定されており（Heidel *et al.*, 2006），この遺伝子は集団間の局所適応を担う遺伝子である可能性がある。

最も進展が遅いのがプロテオミクスであった。このパートだけは専門のポスドクがついていなかったことと，そもそもプロテオミクスがゲノムなどに比べると標準的な手法が確立していないことがその原因だと，個人的には想像している。ヘリンとライトリムという2集団の蛋白質を抽出して二次元ゲル泳動したところ，濃さや有無が集団間で顕著に違う10数個のスポットが見つかったがその同定は進んでいない。

4.4. ゲノムワイドな網羅的スクリーニング

逆遺伝学の残りのパート，トランスクプリトミクスとゲノミクスでは，マイクロアレイを活用した。ポスドクのCatherine Lilyがウェット（実験室作業）を，Nathan Watson-Haighがドライ（コンピュータ作業）を担した。まずトランスクリプトミクスとして，シロイヌナズナ約24000遺伝子の発現を調べられるアフィメトリクス社のマイクロアレイ，ATH1を用い，さまざまな実験条件の下でヘリンとレイトリムの集団間の遺伝子発現の違いを調べた。実験は2回行い，1回目の実験では，対照区（20℃），冷蔵区（4℃，8時間），高温区（30℃，8時間）という実験条件における遺伝子発現を調べた。その後，オウシュウミヤマハタザオの耐凍性について研究が進み，上述のように2日の冷蔵後に−9℃に晒すと集団間の耐凍性の違いが見えたことから，ここでの遺伝子発現を調べるために2回目の実験を行った。実験区は，対照区（20℃），冷蔵区（4℃，2日），冷凍区（冷蔵区の処理に引き続いて，−9℃，8時間）の3つである。1回目も2回目も，10個体からRNAを抽出して濃度を合わせてから混ぜて1サンプルとして，各集団について4サンプルを用意してアレイにハイブリダイゼーションさせた。いずれの実験でも，私たちが最も興味を持っていたのは，環境×集団の交互作用がはたらいている遺伝子だった。たとえば冷蔵×集団の交互作用というのは，対照区と冷蔵区の遺伝子発現の変わり方が，集団間によって異なるということである。このような遺伝子は，寒さに対する局所適応と関連している可能性が高い。1回目の実験では，冷蔵×集団交互作用がはたらいた遺伝子が15個，高温×集団交互作用がはたらいた遺伝子が3個見つかった。この段階では，寒さへの局所適応とかかわる遺伝子の方が多く，オウシュウミヤマハタザオの局所適応には，寒さへの適応がより重要だという可能性が考えられた。2回目の実験では，1回目よりもはるかに多い469（確認中）もの遺伝子が，冷蔵×集団交互作用を受けていた。対照的に，冷凍×集団交互作用が見られたのはわずかに1遺伝子であった。これらの実験結果を比べると，低温馴化を8時間から2日に伸ばすことで，集団間の遺伝子発現の違いが際だったことがわかる。集団間の違いが際だつような温度や時間の条件があるということだ。このような条件は，野外における適応と関連があるのだろう。1回目の実験で高温×集団交互作用が効いていた遺伝子が少なかったのは，暑さに対する適応が重要ではないのではなくて，単に集団間の違いが際だつ高温条件を見つけられていないだけなのかもしれない。

次にゲノミクスとして，同じマイクロアレイにゲノムDNAをハイブリダイゼーションさせる実験も行った。こうすることで，集団間の遺伝子発現の違いではなく，集団間で異なるゲノム部位のスクリーニングが行える。たとえば，ゲノム上に大きな欠失があったり，遺伝子重複が起きたりすれば，ハイブリダイゼーションのしやすさは大きく変化するはずである。それだけでなく，1塩基の挿入・欠失や塩基置換の場合などでも，プローブ内の位置や配列によってはハイブリダイゼーション特性が変わり，それを検出できる場合がある。遺伝子発現の実験と同じように，ヘリンとレイトリムの2集団について，各10個体をプールしたサンプルを4サンプル用いた。こういった手法をゲノミックアレイとよぶこともある。遺伝子発現のマイクロアレイと比べて，ゲノミックアレイの解析手法はまだ標準的なものが定まっていないらしく，ドライ担当のNathはだいぶ苦慮していた。私たちが使ったアレイは遺伝子発現解析が主目的のもので，それぞれの遺伝子について25塩基からなる11～20個の検出配列がアレイにのっている。問題になるのは，1つの遺伝子に多数の検出配列があることをどう扱うかである。結局彼は，ハイブリダイゼーションのシグナル値が複数の検出配列において集団間で異なっているような遺伝子を，集団間で顕著に異なる遺伝子と考えた。この考えに基づいた分析によると，4つの検出配列でシグナル値の違いが見られた遺伝子が，リン酸輸送タンパクをコードする遺伝子など4個あり，3つ，2つの検出配列で違いがあった遺伝子が，それぞれ7個，73個であった。複数の検出配列で違いが見つかる場合には，何が起きているのだろうか？　片方の集団だけで大きな挿入／欠失が起きている，あるいは，もっと小さな変異が複数生じている，という可能性がある。いずれの場合でも，どこかの集団で遺伝子の機能欠損が生じ，それが有利となって集団内に広まり，いったん遺伝子が不機能型となると，さらに突然変異が起きても負の自然選択がはたらかなくなって変異が蓄積しやすくなるということが考えられる。このような遺伝子以外にも，遺伝子のどこか1か所だけの変異が局所適応に大きな役割を果たしているという可能性も考えられ，それには1つの検出範囲だけで違いが見られる遺伝子を何らかの基準で選定する必要がある。私個人はそれも可能だと思うのだが，現段階ではそのような選定は行われていない。

4.5. ピンポイント攻撃

ゲノムワイドに網羅的に探索する以外にも，特に興味深い既知の遺伝子に的を絞って調べる方法もある。いわゆる候補遺伝子アプローチである。これも，逆遺伝学の一種と考えて良いだろう。シロイヌナズナでは，生態学的な形質との関連が推定されている遺伝子がいくつも存在する。これらの遺伝子を，オウシュウミヤマハタザオの局所適応を担っている遺伝子の候補と考えた。これらの遺伝子を調べるには，直接シーケシングする方法と，遺伝子内または周辺に遺伝子マーカーを作製してジェノタイピングする方法がある。私たちは36集団・1300個体以上というサンプルを活かして，集団間分化や対立遺伝子の空間パターンを調べていきたかったので，費用がかかりすぎるシーケシングではなく，遺伝子マーカーを使用することにした。遺伝子マーカーを作れば，上述のQTLマッピングや，後述する集団構造の解析にも使える。私たちが選んだのは，*SNP*（Single Nucleotide Polymorphism：1塩基置換多型）マーカーだった。SNPは突然変異と遺伝の様式が単純で，ゲノム内で最も普遍的な多型である。そのため，ある決まった遺伝子を調べたいときには，その遺伝子内でマーカーを作製できる可能性が高い。CAPS，挿入／欠失変異などの突然変異様式が異なるマーカーを遺伝子ごとに使い分ける方法だと，遺伝子間の比較に問題が生じる。SNPであれば，すべての遺伝子を一貫してSNPマーカーに基づいて解析することができる。

しかし，SNPマーカーの開発には手間がかかる。シロイヌナズナでは数万以上のSNPが報告されているが，これを使うことはできない。基本的に，SNPは近縁種に応用できる見込みが小さい。近縁種で使えるのは，祖先種が持っていた多型が種分化の際に両方の種に受け継がれ，かつ，それぞれの種において現在まで維持されているという，稀な遺伝子だけである。また，Ascertainment bias（Morin *et al.*, 2004）の問題もある。これは，SNPを探すときに，探すのに用いるサンプル群のなかで特に多型性の高いSNPが見つかりやすいという偏りである。そのような偏りがあると，たとえば，サンプル元となった集団やそこに遺伝的に近い集団の遺伝的多様性を，その他の集団に比べて過大評価してしまう。そのため，SNPマーカーを集団遺伝学的な解析に用いる場合には，SNP探索に用いるサンプルを対象集団全域から偏りなく選ばなければならない。ちなみに，SNPマーカーをQTLマッピングに用いる場合には，対象家系内に多型がありさえすれば，Ascertainment biasは問題にならない。私たちの場合には，集団遺伝学的解析とQTLマッピングの両方が目的であるため，6つの対象地域のうち，集団数の多い地域からは2集団，集団数の少ない地域からは1集団というように10集団を選び，各集団から1個体をSNP探索用のサンプルとして選んだ。このようなデザインによって，多様性のパターンの体系的な偏りは防げる。ただし10個体と少ないため，複数の対立遺伝子があったとしてもその頻度が極端に低い場合には検出できないので，多型性の高いSNPを偏って見つけることになる。また，集団内の繰り返しがないため，集団内で多型となるSNPよりも集団間で分化していて多型となるSNPを偏って見つけることも否定できない。しかしこれらの偏りは，今回の目的にとって大きな問題ではないだろう。

SNPを探す候補遺伝子としてはKuittinen *et al.*（2002; 2004）によってプライマー情報が公開されている67座を選んだ。また，Schmid *et al.*（2005）はシロイヌナズナのゲノムから厳密にランダムに選んだ多数の遺伝子についてプライマー設計しており，その多くがセイヨウミヤマハタザオでも使えることを確認している。その中からGenBankでプライマー情報が得られた116座を用いることにした。これらの遺伝子は，候補遺伝子にはたらいた自然選択を検出する際など，ゲノム全体からのずれを調べたいときの対照遺伝子となる。さらにマーカー数を増やすために，GenBankに登録されているすべてのアブラナ科の塩基配列をクラスター分析して，少なくとも2種の間で保存されている配列を探し，そこにプライマー設計した。2種以上というのはたいてい，シロイヌナズナとその他の種という組み合わせになる。オウシュウミヤマハタザオはシロイヌナズナの最近縁種なので，シロイヌナズナと別のアブラナ科植物の間で保存されている配列はオウシュウミヤマハタザオでも保存されている可能性が高い。このようにして選んだ遺伝子が93座である。これらの67，116，93遺伝子のプライマーを使って，上述の10個体でPCRしてシーケンスし，SNPを探索した結果，シーケンスがとれてSNPが見つかったのがそれぞれ36，55，33遺伝子だった。このうち1遺伝子だけには3つの対立遺伝子があり，その他の遺伝子はみな，2つの対立遺伝子だった。

次に解決しなければならないのが，SNPジェノタイピングの方法である。SNPはおそらく，大量ジェノタイピングを最も効率的に行える遺伝子マーカーである。医療の分野では，5000座ものジェノタイピングを一度に行えるいわゆるSNPアレイが商品化されて売られているし，その他にもいくつかの高効率法のキットが各社から売り出されている。しかしこれらの方法は，単純に価格を座数で割れば1ジェノタイピング（個体・座）あたりのコストは安いものの，1個体あたり数百座以上の解析を行わないとコスト的に有利にならない。基本的には，多数の遺伝子を少数の個体について解析するのに適した方法である。一方で，1遺伝子ごとにジェノタイピングする商用キットによらない低効率法も多く存在する。しかし，生態学や進化学で想定される，数十〜百数十座の遺伝子を数百〜千数百サンプルについて解析するのに適した中効率法は少なく，私たちは，自前で中効率のジェノタイピングを行える方法を開発することにした。ベースにしたのは，対立遺伝子特異的なPCRによってSNPのジェノタイピングを行うSNP-SCALE（Hinten *et al.*, 2007）である。この方法では化学的に修飾した塩基をプライマーに用いることで対立遺伝子特異性を高める利点があるが，1反応で1遺伝子しか調べられないシングルプレックス法であった。そこで，20座以上をマルチプレックスPCR（上述の＊1）でジェノタイピングできるMultiplex SNP-SCALE（Kenta *et al.*, 2008）を開発した。この方法には，容量2 μLで安価・安定的にPCRを行う方法など，SNPジェノタイピングに限らず広くPCR一般に応用が効く工夫がいくつも凝らされている。Multiplex SNP-SCALE では現在，場合によっては1～2割程度の遺伝子座でホモとヘテロのジェノタイプを明瞭に識別できないという弱点あることもがわかってきたが，少ない初期投資で数十座の解析を手軽に行うのによい方法である。

4.6.「はぐれ者」遺伝子

開発したSNPマーカーのうち，暫定的に46座について，36集団の1300個体以上を対象に遺伝子型を決定した。それぞれの遺伝子座の，遺伝的多様性（H_E）と集団間の遺伝的分化指数（F_{ST}）†の関係を示したのが図4（Kenta *et al.*, unpublished）である。中立な遺伝子座†が，どんな H_E の場合にどんな F_{ST} の値を取りうるかが，Beaumont & Balding（2004）の方法によって計算できる。そして遺伝子が中立であると仮定した場合の信頼区間から外れる「はぐれ者」遺伝子には，自然選択がはたらいた可能性が高くなる。99％信頼区間から外れた遺伝子は9座あり，それらは候補遺伝子か，アブラナ科保存遺伝子のいずれかであった。「はぐれ者」が，厳密にランダムな遺伝子よりも候補遺伝子から出てくることは期待通りである。アブラナ科保存遺伝子については少々意外だったが，これらの遺伝子は何らかの興味にもとづいてこれまでに研究されてきた遺伝子であり，そのような遺伝子はランダムなセットとはみなせないということなのかもしれない。今回の結果で最もおもしろいのは，植物の花成因子――フロリゲン――遺伝子として有名な*FT*（Kobayashi *et al.*, 1999）が顕著な「はぐれ者」として検出されたことだ。そこでオウシュウミヤマハタザオの*FT*の塩基配列を調べてみると，4つあるエクソンの3番目と4番目に1つずつ，アミノ酸置換変異が見つかった。シロイヌナズナでは，*FT*を壊すと開花が遅れること（Kobayashi *et al.*, 1999），シス領域†の自然変異と開花時期に関連があること（Schwartz *et al.*, 2009）がわかっているが，アミノ酸置換多型は知られていない。オウシュウミヤマハタザオの*FT*にアミノ酸変異があることは，開花時期という同じ形質の表現型変異が，異なる遺伝変異によって引き起こされていることを示唆する。

*FT*に自然選択がはたらいているとすると，それはどんな環境傾度と関係があるのだろうか。*FT*内のSNPマーカーの各集団における対立遺伝子頻度（図5）を見ると，レアな対立遺伝子がスウェーデンの3集団とスコットランドの1集団だけに局所的に見られる。残念ながら，対立遺伝子頻度の空間

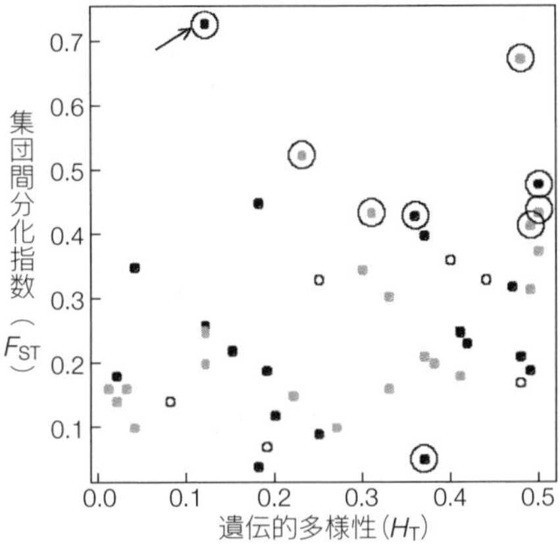

図 4　SNP マーカーを作成した遺伝子の，遺伝的多様性と集団間分化指数

白色の点はランダムに選んだ遺伝子，灰色の点はアブラナ科保存遺伝子，黒色の点は生態関連候補遺伝子。丸で囲まれた点は，中立遺伝子の集団間分化指数の 99%信頼区間から逸脱している。矢印で示されているのが *FT*。

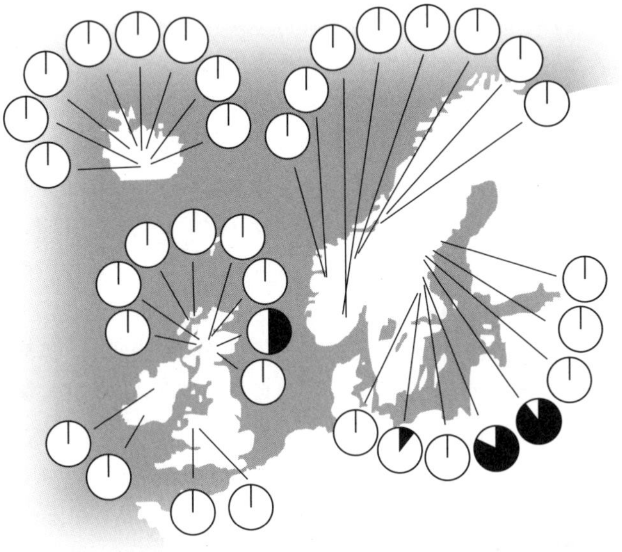

図 5

FT 内の SNP マーカーは 2 つの対立遺伝子を持っており，それらの各集団中の頻度を白と黒で示した。レアな対立遺伝子は，スウェーデンとスコットランドに局在している。

パターンと関連しそうな環境傾度は思いつかない。レアな対立遺伝子は，ほとんどの集団では見つからなかったが，存在する集団では反対に高頻度になる傾向があることから，集団内の開花同調のために正の頻度依存選択†がはたらいているのかもしれない。今後は，SNP マーカー部分の多型ではなく，アミノ酸置換変異そのものにSNPマーカーを作成して，対立遺伝子の分布をさらに詳しく見ていきたい。

5. 分野の壁を超えて

5.1. ゲノミクスとトランスクリプトミクスの出会い

これまで，それぞれの分野でわかってきたことを紹介してきた。それらを融合することでどんなことができるのかについて，これからの課題を含めて最後にいくつか見ていきたい。

まず，網羅的スクリーニング手法を取った場合には，それぞれの手法によってあまりにも多数の遺伝子で違いが検出されてしまう。その中には擬陽性も含まれているはずで，そこからさらに何らかの絞り込みや，確認作業が必要になってくる。そこで情報を統合し，ある手法によって検出された遺伝子が，別の手法によっても検出されていれば，その遺伝子への興味は増す。マイクロアレイによる遺伝子発現解析という手法だけでは，集団間で発現量が異なる遺伝子を見つけても，近傍のシス領域を含むその遺伝子自身のゲノム多型によって，その発現量の違いがもたらされたのかどうかはわからない。ゲノムの他の場所にある転写因子（トランス因子）のゲノム配列が集団間で異なっていることが原因かもしれない。しかし，もしも同じ遺伝子がゲノミックアレイでも検出されたなら，その遺伝子自身の集団間ゲノム変異によって，遺伝子発現の違いがもたらされている可能性が高い。実際に調べてみると，第1回目のマイクロアレイで検出された遺伝子のうち，冷蔵によって誘導された1035遺伝子のうち1.4％に相当する14遺伝子が，ゲノミックアレイで集団間で異なる遺伝子として検出された。一方，アレイ上の22500の検出配列のセットのうち，集団間で異なる遺伝子として検出されたのは0.4％にあたる85遺伝子であった。このゲノム平均よりも，上の1.4％の方が有意に高かったことから，低温誘導遺伝子のうちのいくつかは，その遺伝子自身の変異によって遺伝子発現の変化が起きていると言えそうだ。また，高温によって誘導された1354遺伝子のうち0.7％にあたる10遺伝子がゲノミックアレイによっても検出されたが，この割合はゲノム平均と有意な差がなかった。1回目のマイクロアレイで検出されたこれ以外の遺伝子は，ゲノミックアレイでは検出されず，温度×集団相互作用が検出された15遺伝子のうちゲノミックアレイで検出されたものは1つもなかった。2回目のマイクロアレイでは，469もの冷蔵×集団相互作用遺伝子が検出されており，この中の0.9%にあたる4遺伝子がゲノミックアレイでも検出された。この割合にはゲノム平均と有意な差はなかった。しかし，これらの複数のオミクスによって検出された遺伝子は，集団の局所適応を担っている遺伝子の有力な候補である。

5.2. 自然選択の検出へ

現在私たちは，複数のオミクスによって支持された遺伝子や，単一のオミクスによって特に強く支持された遺伝子を標的に，ゲノムに自然選択の痕跡が残っているかどうかを検討しようとしている。極端な環境を代表してヘリンとレイトリム，それに中間的な環境のスウェーデンのスジョビケンの3集団からそれぞれ40個体について，60の標的遺伝子と標的遺伝子を中心とした40 Kbの範囲から5 Kb間隔で1 Kbの塩基配列を読む。一方，ゲノムからランダムに選んだ40の対照遺伝子について，1 Kbの塩基配列を読む。これらのデータから2つの方法で自然選択が検出できるはずだ。まず，標的遺伝子周辺のセレクティブ・スウィープ（第14章）を見つけられる可能性がある。次に，対照遺伝子から求めたゲノム全体の塩基多様度の分布から逸脱した標的遺伝子を見つけられる可能性がある。

しかし，このような塩基配列データを従来法で取ろうとすると，膨大な作業が必要となる。そこで，454社の次世代シーケンサー（第12章）に，DNAサンプルをプールしてから解析する手法と，ゲノムから標的配列だけを捕捉する手法を組み合わせることにした。DNAをプールしてしまうと，どの塩基配列がどの個体のものなのかは分からなくなってしまうが，集団ごとの対立遺伝子の頻度や塩基多様度は求められる。今回の目的にはそれで十分だと考えた。標的配列の捕捉には，NimblGen社のSequence Captureを使うことにした。これは，目的の配列からなるマイクロアレイを作成し，そこにハイブリダイゼーションしたDNAだけを取り出す方法であり，この産物が454社の次世代シーケンサーに流せる。同様の捕捉法が，他社の次世代シーケンサーでも使えるようになっている。ちょうど，オウシュウミヤマハタザオの亜種のセイヨウミヤマハタザオのゲノムが公開されたところで，精度の高いアレイ用プローブのデザインが可能になっていた。しかし，捕捉法には1つ弱点があった。大量のDNAが必要なのである。一般に，PCRベースの手法が数10 ng以下のDNAで行えるのに対し，アレイベースの手法は数100 ng以上のDNAを要す。それがSequence Captureの場合には，21000 ngのDNAが必要だというのだ。これは，小さな草本植物の葉1枚を野外で採集して，そこから数10 ngのDNAをやっと抽出していた私たちにとっては，頭が痛い問題だった。全ゲノム増幅を行って必要な量のDNAサンプルを作る方法もあるが，遺伝子間，個体間の偏りが増幅されてしまう危険が無視できない。そこで結局，DNA抽出用に1から植物栽培をすることになってしまった。現在，ようやく植物栽培が終わって十分な量のゲノムDNAが取れたことが確認できたところである。

5.3. ゲノミクスとメタボロミクス：再び分布の問題

ゲノムから表現型に至シグナル伝達経路において，ゲノミクスは大本の遺伝変異を調べ，メタボロミクスは表現型と直近のかかわりのある化学物質プロファイルの違いを明らかにする。この両者の変異は，どんな空間スケールで生じているだろうか。野外の物理環境の指標として温度の変異，中立な遺伝的変異，同一実験条件下の化学代謝変異を，地域間（数100 km），集団間（数10 km），集団内（<数100 m）という3つの空間スケールに分割してみた（Kunin *et al.*, 2009）。まず温度は，地域間の変異が卓越していた。遺伝的変異は地域間と（50.2%）と集団間（35.1%）が大きかった。それに対し化学代謝物変異は，地域間（30.5%）よりも集団内（62.9%）が大きかった。地域ごとの変異の総量を地域間で比較してみると，遺伝的変異も化学代謝変異も，地域による目立った大小はなく，分布の周縁でも変異は保存されていることがわかった。

次に地域ごとに，集団間の違いの大きさを見てみた。種の分布中心とみられるアイスランド・ノルウェー・スウェーデンでは，分布辺縁とみられるスコットランド・ウェールズ・アイルランドよりも，個体群も多く，個体群内の個体密度も高いのだが，集団間の遺伝的変異（F_{ST}）は，で，分布辺縁の方が大きかった。また，個体間の空間距離が離れるほど遺伝的距離が離れるという，植物で頻繁に見つかるisolation by distanceとよはれる傾向が，分布中心から辺縁に行くにしたがって強くなった。分布の辺縁では集団間の遺伝子流動が制限されているのかもしれない。化学代謝変異の集団間の違いは，分布の中心と辺縁という違いよりも，集団の標高が大きくばらつくノルウェーでは変異の 12.5%が集団間にあるのに対し，環境が均質なスウェーデンでは5.5%だった。集団間の化学代謝プロファイルの違いが何によって決まっているのかは現在詳しく解析中だが，中立遺伝子†マーカーで測った集団間の遺伝的距離とは関係がないことがわかっており，自然選択が化学代謝プロファイルの違いを作り出してきた可能性がある（Davey *et al.*, unpublished)。これらの結果は，複数のオミクスを統合した成果の 1 つと言えるだろう。

5.4. 真の「集団生物学」を拓く

このプロジェクトのゴールだった，遺伝子流動は局所適応を助けるのか妨げるのか，分布の限界は遺伝学的な限界で決まっているのか，という問いにはまだ答えられていない。しかし，問いに答える材料は揃いつつある。遺伝子流動推定のための遺伝子型データはもうすぐ出揃う。局所適応の代表値としては，野外移植実験による集団毎のホームサイトアドバンテージの大きさが使える。これらを使って，遺伝子流動と局所適応の関係をもうすぐ調べられるというところまできている。また，上述の次世代シーケシングによって局所適応に効いている遺伝子がわかれば，中立遺伝子の変異には分布の中心と辺縁で違いがなかったが，適応遺伝子ではいったいどうなのかがわかる。それらの適応遺伝子が多型となっている集団では，遺伝子型によって野外適応度が左右されているのかどうかを実証するデータもある。すでに，DNA を採った後に野外で生かしたままにした個体の，3 年間分の野外適応度のデータが取られているのである。

これらの成果は，個体群生態学 population ecology と集団遺伝学 population genetics の融合アプローチによるはじめて可能になるものだ。この 2 つの分野は，集団生物学 population biology の両輪であるにもかかわらず，これまで別個の学問という感があった。しかし，オミクス研究によって生態学的に重要な遺伝子がわかるようになってきたことで，遺伝子が生態学的な相互作用や個体群の挙動を左右し，それがまた遺伝子の動態を左右するという，集団の遺伝学的側面と生態学的側面の相互作用を調べられる。このような本当の意味での「集団生物学」を拓いていくことによって，進化のプロセスとメカニズムの理解を大きく進めることができるだろう。

その時に，大きなポテンシャルを秘めているのが長期研究である。生態学の世界では，1980年代以降，LTER; Long-term Ecological Researchの重要性が広く認識されている。それは，生態学的現象の時間スケールが大きく，時間的に稀な現象がしばしば決定的な役割を果たすからである。時間スケールの長さ，稀な現象の重要性は，そのまま進化現象にもあてはまる。ただ，進化の場合，さらに長い地質年代的な時間スケールで動いているので，進化の追跡や実測などは絵空事と思われるかもしれない。しかし，生物の進化がもっとずっと短い時間スケールでも生じている，きわめてダイナミックで，ありふれた現象であることが，近年報告されている（Grant & Grant, 2002）。地球温暖化・外来種移入・化学物質汚染などによって，劇的な自然選択を起こしうる環境変化も各地で進行している。そこで，集団の生態学的側面だけでなく集団遺伝学的な側面も追跡調査すれば，進化のプロセスを遺伝子レベルで明らかにすることができる。幸いDNAは保存できる。特定の事例に決定的な役割を果たしている遺伝子は，近年の爆発的な技術革新を考慮すれば，遠くない将来にわかるであろう。その時に，おもしろい生態学的情報が付随しているDNAが蓄積されていれば過去に遡って進化のプロセスを明らかにできる。なんともわくわくする時代になってきたものである。

謝辞

本稿は，NERC「ゲノミクス＆ポストゲノミクス」の助成による30名ほどが参加していたプロジェクトのあちこちの部分を，メンバーの1人だった著者の興味のままに選び取ってまとめたものである。著者が主に担当していたは，種子発芽特性，クローンの耐寒性，QTLマッピング，候補遺伝子アプローチ，集団遺伝学，次世代シーケンシングで読む配列選定とサンプル準備，であり，スーパーバイザーだったT. A. Burke氏，R. Butlin氏，J. Slate氏の助言と，M. Mannarelli氏，J. E. M. Edwards氏をはじめ何人かのテクニシャンの協力を得ながら進めた。その他の部分については，それぞれ担当しているポスドクの名前を本文で明記した。*FT*の記述については小林正樹氏に助言をいただいた。

引用文献

Beaumont, M. A. & D. J. Balding. 2004. Identifying adaptive genetic divergence among populations from genome scans. *Molecular Ecology* **13**: 969-980.

ベゴン，M.・J. ハーパー・C. タウンセンド 2003. 生態学－個体・個体群・群集の科学［原著第 3 版］. 堀道雄監訳. 京都大学出版会.

Bridle, J. R., J. Polechova, M. Kawata & R. K. Butlin. 2010. Why is adaptation prevented at ecological margins? New insights from individual-based simulations. *Ecology Letters* **13**: 485-494.

Bridle, J. R. & T. H. Vines. 2007. Limits to evolution at range margins: when and why does adaptation fail? *Trends in Ecology & Evolution* **22**: 140-147.

Caicedo, A. L., J. R. Stinchcombe, K. M. Olsen, J. Schmitt & M. D. Purugganan. 2004. Epistatic interaction between *Arabidopsis* FRI and FLC flowering time genes generates a latitudinal cline in a life history trait. *Proceedings of the National Academy of Sciences of the United States of America* **101**: 15670-15675.

Davey, M. P., M. M. Burrell, F. I. Woodward & W. P. Quick. 2008. Population-specific metabolic phenotypes of *Arabidopsis lyrata* ssp. *petraea*. *New Phytologist* **177**: 380-388.

Davey, M. P., F. I. Woodward & W. P. Quick 2009. Intraspecfic variation in cold-temperature metabolic phenotypes of *Arabidopsis lyrata* ssp *petraea*. *Metabolomics* **5**: 138-149.

Grant, P. R. & B. R. Grant 2002. Unpredictable evolution in a 30-year study of Darwin's finches. *Science* **296**: 707-711.

Heidel, A. J., M. J. Clauss, K. Kroymann, O. Savolainen & T. Mitchell-Olds. 2006. Natural variation in MAM within and between populations of *Arabidopsis lyrata* determines glucosinolate phenotype. *Genetics* **173**: 1629-1636.

Hinten, G. N., M. C. Hale, J. Gratten, J. A. Mossman, B. V. Lowder, M. K. Mann & J. Slate. 2007. SNP-SCALE: SNP scoring by colour and length exclusion. *Molecular Ecology Notes* **7**: 377-388.

Kenta, T., J. Gratten, N. S. Haigh, G. N. Hinten, J. Slate, R. K. Butlin & T. Burke. 2008. Multiplex SNP-SCALE: a cost-effective medium-throughput single nucleotide polymorphism genotyping method. *Molecular Ecology Resources* **8**: 1230-1238.

Kenta, T., Y. Isagi, M. Nakagawa, M. Yamashita & T. Nakashizuka. 2004. Variation in pollen dispersal between years with different pollination conditions in a tropical emergent tree. *Molecular Ecology* **13**: 3575-3584.

Kobayashi, Y., H. Kaya, K. Goto, M. Iwabuchi & T. Araki. 1999. A pair of related genes with antagonistic roles in mediating flowering signals. *Science* **286**: 1960-1962.

Krebs, C. J. 1972. Ecology. Harper & Row, New York.

Kuittinen, H., M. Aguade, D. Charlesworth, A. D. E. Haan, B. Lauga, T. Mitchell-Olds, S. Oikarinen, S. Ramos-Onsins, B. Stranger, P. Van Tienderen & O. Savolainen. 2002. Primers for 22 candidate genes for ecological adaptations in Brassicaceae.

Molecular Ecology Notes **2**: 258-262.

Kuittinen, H., A. A. de Haan, C. Vogl, S. Oikarinen, J. Leppala, M. Koch, T. Mitchell-Olds, C. H. Langley & O. Savolainen. 2004. Comparing the linkage maps of the close relatives *Arabidopsis lyrata* and *A-thaliana*. *Genetics* **168**: 1575-1584.

Kunin, W. E., P. Vergeer, T. Kenta, M.P. Davey, T. Burke, F. I. Woodward, P. Quick, M.E E. Mannarelli, N. S. Watson-Haigh & R. Butlin. 2009. Variation at range margins across multiple spatial scales: environmental temperature, population genetics and metabolomic phenotype. *Proceedings of the Royal Society B-Biological Sciences* **276**: 1495-1506.

Morin, P. A., G. Luikart & R. K. Wayne. 2004. SNPs in ecology, evolution and conservation. *Trends in Ecology & Evolution* **19**: 208-216.

Pigliucci, M. 2006. Genetic variance-covariance matrices: A critique of the evolutionary quantitative genetics research program. *Biology & Philosophy* **21**: 1-23.

Rossiter, M. C. 1996. Incidence and consequences of inherited environmental effects. *Annual Review of Ecology and Systematics* **27**: 451-476.

Schmid, K. J., S. Ramos-Onsins, H. Ringys-Beckstein, B. Weisshaar & T. Mitchell-Olds. 2005. A multilocus sequence survey in *Arabidopsis thaliana* reveals a genome-wide departure from a neutral model of DNA sequence polymorphism. *Genetics* **169**: 1601-1615.

Schmitt, J. 1980. Pollinator foraging behavior and gene dispersal in *Senecio* (Compositae). *Evolution* **34**: 934-943.

Schwartz, C., S. Balasubramanian, N. Warthmann, T. P. Michael, J. Lempe, S. Sureshkumar, Y. Kobayashi, J. N. Maloof, J. O. Borevitz & J. Chory. 2009. Cis-regulatory changes at FLOWERING LOCUS T mediate natural variation in flowering responses of *Arabidopsis thaliana*. *Genetics* **183**: 723.

Tian, D., M. B. Traw, J. Q. Chen, M. Kreitman & J. Bergelson. 2003. Fitness costs of R-gene-mediated resistance in *Arabidopsis thaliana*. *Nature* **423**: 74-77.

Vergeer, P., L. L. J. van den Berg, M. T. Bulling, M. R. Ashmore & W. E. Kunin. 2008. Geographical variation in the response to nitrogen deposition in *Arabidopsis lyrata* petraea. *New Phytologist* **179**: 129-141.

コラム1　QTL解析の実践：押さえておきたい3つのキーワード「連続分布」「分散」「遺伝率」

最相大輔（岡山大学資源植物科学研究所）
堀　清純（農業生物資源研究所）

QTL解析とは？

ヒトの疾患の遺伝メカニズムを対象とする遺伝医学の分野から，著者らが専門とする作物や家畜の改良を目指す動植物の遺伝育種の分野，そして本書の読者が主として研究対象としている進化・生態学の分野に及ぶ生物学全般において，研究対象とする表現型の遺伝的基礎の理解は最大の関心事の1つである。ここで対象となる表現型の多くは，多数の遺伝子がかかわる複雑な現象であると考えられる。こうした表現型を示す現象は，量的形質と言われ，この量的形質の遺伝基盤を明らかにする重要な解析手法の1つがQTL解析である。量的形質を制御する遺伝子座のことを量的形質遺伝子座（QTL; Quantitative Trait Loci）とよび，QTL解析の目的は，QTLの数，染色体上の位置，遺伝効果を推定することにある。

1.　量的形質の分布

QTL解析で扱う量的形質とはいったいどういう性質を持っているのだろうか？

グレゴール・メンデルのエンドウの実験で用いられた，豆の形（丸形としわ形）や色（黄色と緑色）などの7つの形質や，ショウジョウバエの眼色（赤眼と白眼），イネのモチ性とウルチ性，あるいは赤血球の形（正常型と鎌型）などを考えてみよう。これらの形質は，表現型の数が少なく，遺伝的には1つの遺伝子座に由来する2つの対立遺伝子（アレル）によって説明される。こうした形質は質的形質とよばれ，表現型の階級の数が少なく，解析対象と

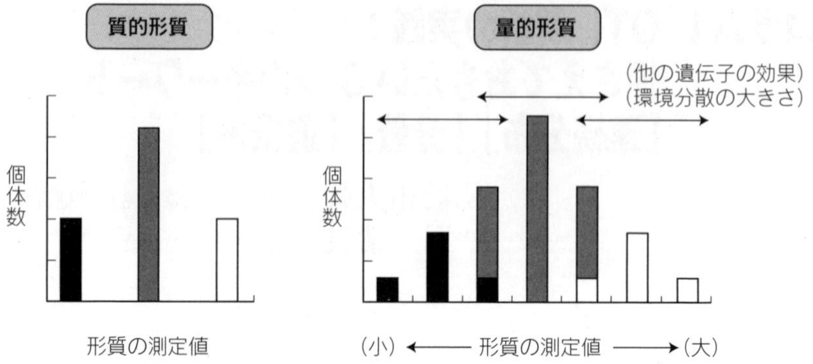

図1 質的形質と量的形質の頻度分布の例
対立遺伝子（アリル）■AA，■Aa，□aa

なる集団（たとえばF_2集団）において分布は単純で不連続になる（図1）。（たとえば，キンギョソウの花色では赤，ピンク，白の3階級に分類でき，図1ではそれぞれ遺伝子型がAA，Aa，aaに対応する）。

これに対して量的形質は多数の遺伝子や環境のはたらきが総合されて1つの形質を発現していると考える。実際の解析の場では，量的形質は数や量で計測される形質である。たとえば，ヒトの身長，ブタの体重，コムギの収量，イネの開花期などが挙げられる。産子数や種子数などの，進化・生態学研究において重要な指標である適応度†にかかわる形質も代表的な量的形質である。量的形質の重要な点は，複数の遺伝子のみならず，環境によっても影響されるということである。たとえば，肺ガン発生に対する喫煙の影響や，農作物の収量に対する施肥量，降水量，栽植密度の影響，収量の年次間差を考えるとわかりやすい。

量的形質では，解析対象形質の表現型が連続的な分布を示す場合が多く，その場合は質的形質のように表現型ごとに階級を完全に区切ることはできない。代わりに，似た表現型を持つ個体をいくつかのグループに分けるように階級を設定し，集団内の各個体がどの階級に属しているかを数え，各階級の頻度をあらわした頻度分布（ヒストグラム）で示すことができる。QTL解析を取り上げている教科書や研究論文では，解析対象形質の分布がヒストグラムで示されていることが多い。ヒストグラムはしばしば対称な一山型の分布となり，多くの場合，この表現型の分布が正規分布にしたがうと仮定される。図1の量的形質では，AA，Aa，aaの遺伝子型に対応する個体の分布が重なり合い，全体として連続的な分布を示している。これは後述するように他の遺伝子の効果や環境要因が影響しているためである。量的形質のなかには，表現型の違いが主として遺伝子型によるもので環境要因の影響が少ない形質もあれば，表現型の違いは主に環境の影響によるもので遺伝要因の役割がごく小さい場合もある。したがって，QTL解析によって量的形質の遺伝的構造を明らかにする場合，まず，その形質に影響するすべての表現型分散を遺伝要因と環境要因に分割して，個別の効果とともに，遺伝要因と環境要因間の相互作用の程度を理解する必要がある。

2. 遺伝子型分散と環境分散

正規分布によって近似される量的形質のヒストグラムが持つ性質は，平均（mean）と分散（variance）という2つの統計量を用いることで記述できる。N個体からなる集団において，i番目の個体の測定値がx_iだとすると，集団の平均$\overline{x}$は以下の式から推定できる。正規分布に近い分布を示す集団の平均は，分布のピーク（最頻値）になることが多い。

$$\overline{x} = \frac{\Sigma x_i}{N} \tag{1}$$

一方，分散は各個体の平均からのばらつき（偏差）の平方から推定される値であり，集団全体の分布の広がりを測る尺度となる。この集団の不偏分散s^2を式であらわすと，以下のようになる。この分散の性質を使うことで，量的形質における遺伝要因と環境要因を分割できる。

$$s^2 = \frac{\Sigma (x_i - \overline{x})^2}{N-1} \tag{2}$$

量的形質のヒストグラム（または，平均と分散）で表現される変異は，「遺伝子型による変異」，「環境による変異」，「遺伝子型と環境の相互作用による変異」の3つの要因から構成されている。ヒストグラムで表現される集団全体の分散のうち，遺伝子型による成分と環境による成分を，それぞれ「遺伝子型分散」と「環境分散」とよぶ。ここで，解析対象である集団の表現型分散について，表現型の変異がすべて「遺伝子型分散」による場合と表現型の変異がすべて「環境分散」による場合の，2つの最も単純な例を考える。前者の代表的な例は，質的形質である。先述のキンギョソウの花色の例では，赤，ピンク，白の色の違いは遺伝子型（AA，Aa，aa）の違いによってのみ与えられる。後者の例は，遺伝的に同一なクローンで見られる変異である。交配に用いた両親系統や F_1 系統の集団を毎年同じ地点で栽培して得られるイネの開花期の変異は，栽培年次（環境）間の分散に由来する。量的形質では，各個体の表現型に遺伝子型分散と環境分散の両方が含まれている。QTL解析の目的は，量的形質にかかわる全分散のうち遺伝分散の効果を明らかにすることである。

3. 遺伝子型分散の推定

繰り返しになるが，実際の量的形質では遺伝要因による成分と環境要因による成分とによって構成されている。言い換えると，表現型全体の分散（全分散；$s_p{}^2$）は，遺伝子型分散（$s_g{}^2$）と環境分散（$s_e{}^2$）とが一体となって作用している。そのことを式であらわすと以下のようになる。

$$s_p{}^2 = s_g{}^2 + s_e{}^2 \tag{3}$$

この全表現型分散に対する遺伝子型分散の割合のことを広義の遺伝率（H^2; broad-sense heritability）とよび，以下の式であらわすことができる。

$$H^2 = \frac{s_g{}^2}{s_p{}^2} = \frac{s_g{}^2}{s_g{}^2 + s_e{}^2} \tag{4}$$

広義の遺伝率は，理論的には0から1の範囲の値をとり，遺伝子型分散の割合が多いほど1に近づく。たとえば $H^2 = 0.9$ である場合，この集団では解析対象の表現型分布の90%が個体間の遺伝子型の違いによることを意味している。ただし実際の量的形質では1にごく近い遺伝率が得られることはきわめて少ない。なぜなら，量的形質とは，複数の遺伝子座とともに環境による影響も受けるものだからである。遺伝子型分散は，「対立遺伝子間の相加効果」，「優性効果」，そして「QTL間の相互作用（エピスタシス）」のそれぞれの分散に分割することができる。ここで，遺伝子型分散における相加効果とは，形質に対する両親の持つ対立遺伝子の効果が相加的（additive）であることを指す。2つの対立遺伝子の間に相加的な効果がなくヘテロ型がどちらかのホモ型に近い効果を持つ場合，優性効果があるという。遺伝子型分散と環境分散との和によって表現される量的形質のすべての分散のうち，相加効果及び優性効果による分散，及び環境分散を差し引いた残差は，QTL間の相互作用（エピスタシス）による分散である。ちなみに全表現型分散に対する対立遺伝子間の相加効果だけの割合を，狭義の遺伝率（narrow-sense heritability）とよぶ。これらの遺伝パラメーターについての，詳細な理論的背景や算出方法については必読文献などの他書に譲るが，これらはQTL解析のソフトウェアを使うことで推定が可能である。しかしながら，QTL解析の性格上，広義の遺伝率が低い表現型を対象にしても，解析対象とする形質を生物学的に十分理解することは難しい。したがって，これらを正しく推定するためには，解析に先立って対象とする形質の広義の遺伝率を計算して遺伝因子による効果の程度を理解しておくとともに，広義の遺伝率ができるだけ高くなるような実験計画を立てることが不可欠である。以下の部分では，その点を含めて注意するべき点を紹介しながらQTL解析の流れを紹介する。

4. QTL解析の手順

QTL解析の簡単な解析の流れを図2に示した。QTLを見つけるためには，①対象形質に分離が生じる集団を育成または入手する，②染色体全体に分布するDNAマーカーの遺伝子型を判定してDNAマーカーを染色体に沿って並べた連鎖地図を作成する，③個体あるいは系統ごとに対象形質を測定する，④DNAマーカーごとの有意差検定を行ってQTLの数，染色体上の位置，遺伝効果などを推定する，⑤QTLの原因遺伝子を同定する，という手順で行う。

①集団の取得，育成

QTL解析を実施するにあたり，最初に行うことは解析に用いる分離集団を取得することである。シロイヌナズナやイネをはじめとして，研究基盤が充実した研究材料では，公的な機関から分譲された分離集団を用いてQTL解析を実施することもできる。QTL解析では分離集団内で対立遺伝子が異なるQTLだけが検出される。そのため使用する分離集団によって，解析対象の形質の表現型が大きく変動することを十分認識しておく必要がある。

自分で収集してきた材料を用いて交雑後代を育成する場合，遠縁交雑した

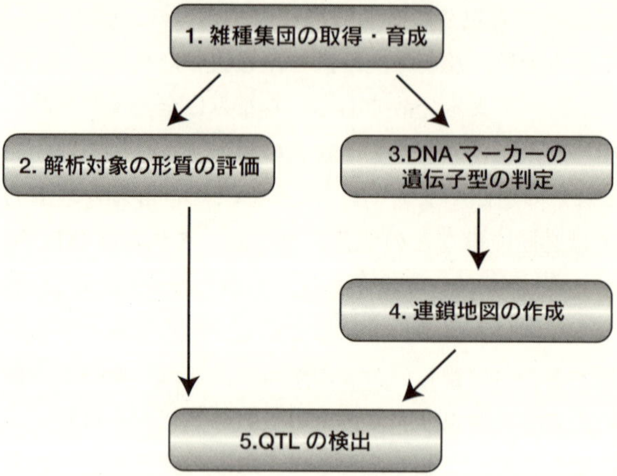

図2　QTL 解析の手順

時にしばしば観察される雑種致死性や雑種弱勢を考慮する必要がある（Bomblies *et al.*, 2007; Yamamoto *et al.*, 2010）。雑種致死性や雑種弱勢を引き起こす遺伝子近傍では，特定の遺伝子型を持つ個体がきわめて少数になる。そのため，連鎖地図構築に影響を及ぼすだけでなく，相加効果や優性効果などの遺伝効果の正確な推定が難しくなるので，注意が必要である。

QTL 解析を行う際には，F_2 集団や戻し交雑集団，組換え近交系統群などのさまざまな種類の分離集団が用いられている。それぞれの集団には長所と短所があるため，解析の目的によって集団の種類を使い分ければよい。**表1**に代表的な解析集団とその特徴を簡単にまとめたので参考にしていただきたい。

②連鎖地図構築

ゲノム解析技術の飛躍的な発展は，動物，植物，微生物を含めて数千種以上のゲノム配列解読を可能にし，非モデル生物においても連鎖地図構築やQTL 解析に用いるのに十分な DNA マーカー開発を可能にした。これまで，ゲノム配列が解析されていない生物では，RAPD（Random Amplified Polymorphic DNA）マーカーや AFLP（Amplified Fragment Length Polymorphism）マーカーが解析に用いられてきたが，非モデル生物でも近縁種のモデル生物の配列情報を利用して，SSR（Simple Sequence Repeats）マーカーや SNP（Single Nucleotide Polymorphisms）マーカーなどを利用できるようになってきた（山

表 1　QTL 解析における解析集団の種類と特徴

分離集団	作出方法	作出の手間	優性効果の推定	反復の設定, 配布可能性
F_2 集団	2 つの親系統 P1 と P2 の間で任意の交配を行い得られた F_1 を自殖させた 2 世代目	◎	○；相加効果と優性効果の両方が推定できる	△；次の世代で複数個体を評価することで前世代の表現型を推定できる
戻し交配（Backcross）集団	親系統 P1 と P2 の交配から得られた F_1 に P1 または P2 を交配した系統	○	△；相加効果と優性効果を区別できない	△；次の世代で複数個体を評価することで前世代の表現型を推定できる
組換え近交系統群（Recombinant Inbred Lines）	F_2 などの分離世代の個体別に何代も自殖で増殖して得られる系統群	△	×；ホモ接合体のみから構成されるため優性効果は推定できない	◎；ホモ接合体のみから構成されるため世代間の違いがなく反復が容易
倍加半数体（Doubled Haploid）	親系統 P1 と P2 の交配から得られた F_1 の葯培養や異種との交配により半数体を作成して染色体を倍加した系統	△	×；同上	◎；同上
きょうだい交配（Sib cross）	他殖性生物の近交系個体間の交配から得られた次世代の個体同士をさらに何回も任意交配した系統	△	×；同上	◎；同上
近交系間交配 F_2	上記の近交系間の交配から得られた F_1 のきょうだい間交配を行い得られた F_2 世代	×	○；相加効果と優性効果の両方が推定できる	△；次の世代で複数個体を評価することで前世代の表現型を推定できる

表 2　QTL 解析に使用する DNA マーカーの種類と特徴

DNA マーカーの種類	解析の手間	信頼性	開発・検出のコスト
制限酵素断片長多型（Restriction Fragment Length Polymorphism; RFLP）	×	○；共優性であり信頼性が高い	¥¥¥
ランダム増幅多型 DNA（Random Amplified Polymorphic DNA; RAPD）	○	△；優性マーカーであるがゲノム配列情報がなくてもマーカーを得られる	¥
増幅断片長多型（Amplified Fragment Length Polymorphism; AFLP）	×	△；同上	¥
単純反復配列（Simple Sequence Repeat; SSR）	○	○；共優性であり信頼性が高い	¥¥
1 塩基多型（Single Nucleotide Polymorphism; SNP）	○	◎；ゲノム中に数が多く，共優性であり信頼性が高い	¥¥¥¥

道・印南，2009)。これらのDNAマーカーの特徴を表2にまとめたが，その中でもSSRマーカーやSNPマーカーは，開発，解析に要するコストが飛躍的に低減され，非モデル生物を扱う研究者にとっても，連鎖地図構築を身近なものへと様変わりさせた。

連鎖地図を構築する際に留意しておきたい点としては，2つのDNAマーカーの距離が離れている染色体領域ではQTL解析の信頼性が低くなってしまうため，可能なかぎり等間隔で染色体を網羅するようにDNAマーカーを選ぶことが望ましいことである。連鎖地図の作成には莫大な計算量が必要でありコンピューターソフトウェアによる手順の自動化が不可欠である。現在連鎖地図を作成するためのソフトウェアとしてMAPMAKER（Lander *et al.*, 1987）やMAPL98（鵜飼，1995）などの多数のプログラムが開発されている。

③解析対象形質の測定

QTL解析では，形質を評価する時に連続数値データを用いることが望ましいが，階級値（たとえば1～10）でも十分解析できる。繰り返しになるが，信頼度の高い解析結果を得るためには，広義の遺伝率を高めるために，確実に系統間差を検出できるような評価系・実験系を確立することが重要である。形質に影響する環境変動を極力排除するために，多数の個体や系統の実験条件をなるべく均一にする，コントロールとなる系統を必ず含めて十分比較可能な条件下で評価する，生物学的反復も含めて複数回の形質評価の反復をとる，個体単位よりも系統や集団単位での形質評価を行う，などの実験設計が大事である。

④区間マッピング法（Interval Mapping 法）

解析対象の集団の連鎖地図情報と量的形質の測定データとが揃うと，QTLを検出する段階に入る。QTL解析の基本は，分離集団の各個体をDNAマーカーごとに遺伝子型グループに分類し，グループ間の平均値を比較することである（図3; 山本・矢野，2007より引用）。P1とP2の純系系統を交配して作成したF_2集団では，P1ホモ型，ヘテロ型，P2ホモ型のDNAマーカーの遺伝子型が分離する。解析対象の量的形質に関与するQTLと連鎖するDNAマーカーでは，遺伝子型グループ間の平均値に有意差が生じる。一方，連鎖していない場合はグループ間の有意差はなくなる。こうした作業を，染

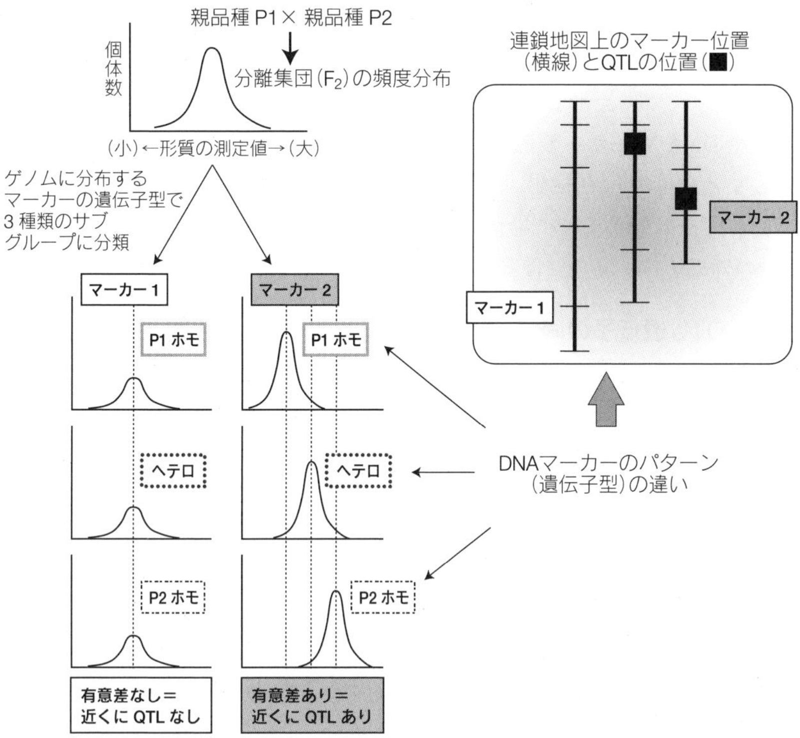

図 3　量的形質遺伝子座（QTL）のマッピング（山本・矢野，2007 より）

色体全体に分布する DNA マーカーについて繰り返すことで，QTL が存在する染色体領域が浮かびあがってくる。

QTL を検出するための有意差検定には一般的な統計的手法である *t*- 検定，分散分析法や重回帰法などが使用されるが，QTL の存在を明らかにするだけでなく，QTL の遺伝子作用も推定する効率的な解析ソフトウェアが開発されている。最近では，ヒトの連鎖地図作成の方法から発展した区間マッピング法（Lander & Botstein, 1987）やその改良手法が最も多く使われている。それぞれのソフトウェアに関して詳細な説明はここでは省略するが，North Carolina State University で開発された QTL Cartographer（Wang *et al*., 2010）などの操作性に優れたソフトウェアがよく用いられているようだ。

QTL の検出感度は，DNA マーカーの遺伝子型データの信頼度と対象形質の測定精度が影響するようだ。連鎖地図中の DNA マーカー密度が低かったり，DNA マーカーの遺伝子型や形質の評価値に欠測値が多かったりする場合は，あまり明確な解析結果が得られない時がある。とはいっても，どんなに DNA マーカーや形質評価の精度を上げても，相対的に作用力の小さな QTL や DNA マーカーの遺伝子型の分離比が異常な染色体領域に存在する QTL などは，やはり検出されにくい。また，密接に連鎖した２つ以上の QTL が同様の効果を持つ場合は単一の QTL として検出されることが多く，反対の効果を持つ場合にはどちらの QTL も検出できないことがある。

⑤ QTL 遺伝子の同定

QTL 解析では，量的形質に関係する QTL の数，染色体上の位置と遺伝効果を推定することができる。しかしながら，QTL 解析から得られたデータはまだ大雑把なデータであり，検出した QTL が本当にその領域に存在するかどうか，その領域に含まれる数多くの遺伝子の中からどの遺伝子が QTL の本体なのかなどは，さらに詳細な解析を行わないとわからない。そのため，著者らは集団で QTL を検出した後，QTL 以外の遺伝背景をできるだけ同じにした系統を作出して，それらの系統の形質評価を行い QTL の存在を確認している。さらに QTL の候補領域を絞り込んでいき QTL の候補遺伝子を見つけ，その遺伝子の生理，生化学的な機能を解析して候補遺伝子が QTL の本体であることを証明している（Fukuoka *et al.*, 2010）。その点から考えると，QTL を見つける前も見つけた後もかなり長い道のりのような気がするが，複雑な形質に関係する遺伝子を発見するには必要な作業である。

近年ではアソシエーション解析とよばれる，分離集団を利用せず系統群から直接 QTL や遺伝子を検出する手法が開発されている（第 12 章，Breseghello & Sorrells, 2006）。この手法もヒトの遺伝学研究から拡がった手法であるが，QTL 解析の欠点である分離集団の交配親間で異なる QTL しか検出できない点や，分離集団の育成に要する時間や労力などのコストがかかる点などを克服できると考えられている。

これまでに多くの QTL が検出され原因遺伝子が単離されているが，実際は作用力の大きな QTL から解析が進んでいる。今後はより作用力の小さな QTL やより複雑で評価の難しい形質の解析がターゲットになってくると考えられる。評価の難しい形質には進化・生態学的な形質も多く含まれると考えられ，それらの形質の解析には，まず検定法を確立することが一番大事である。そのためには，画像解析技術やコンピュータ処理技術を活用するなど，これまで用いられてきた評価法とは異なる新しい視点から観察・評価する方法も重要かもしれない（福田ら，2005；七夕ら，2010）。また，小さい作用力のQTLを解析するためには，解析の早い段階で候補遺伝子を推定し，その遺伝子が壊れた突然変異体や機能低下型のRNAi形質転換体，または過剰発現形質転換体などを作出して解析するような，逆遺伝学的な解析手法が有効だろう。解析の早い段階での候補遺伝子の推定には，近年，次世代シークエンサーなどの技術開発によって爆発的に増加しているゲノム配列や遺伝子配列情報などを利用できるだろう。

必読文献

鵜飼保雄　2000. ゲノムレベルの遺伝解析 MAPとQTL. 東京大学出版会.

鵜飼保雄　2002. 量的形質の遺伝解析. 医学出版.

ハートル, D. L.・E. W. ジョーンズ　2005. 布山喜章・石和貞男（監訳）. エッセンシャル遺伝学 15. 量的形質の遺伝学. 培風館.

Lynch, M. & B. Walsh. 1998. Genetics and Analysis of Quantitative Trait. Sinauer Associates, Inc.

引用文献

Bomblies, K., J. Lempe, P. Epple, N. Warthmann, C. Lanz, J. L. Dangl & D. Weigel. 2007. Autoimmune Response as a Mechanism for a Dobzhansky-Muller-Type Incompatibility Syndrome in Plants. *PLoS Biology* **5**: e236.

Breseghello, F. & M. E. Sorrells. 2006. Association mapping of kernel size and milling quality in wheat (*Triticum aestivum* L.) cultivars. *Genetics* **172**: 1165-1177.

福田直子・大澤良・吉岡洋輔・中山真義　2005. トルコギキョウにおける覆輪安定性の数量化による品種間変異の評価. 園芸学研究 **4**(3): 265-269.

Fukuoka, S., K. Ebana, T. Yamamoto & M. Yano. 2010. Integration of genomics into rice breeding. *Rice* **3**: 131-137.

Iwata, H., K. Ebana, Y. Uga, T. Hayashi & J. L. Jannink 2009. Genome-wide association study of grain shape variation among *Oryza sativa* L. germplasms based on elliptic Fourier analysis. *Molecular Breeding* **25**: 203-215.

Lander, E. S., P. Green, J. Abrahamson, A. Barlow & M. J. Daly. 1987. MAPMAKER: An interactive computer package for constructing primary genetic linkage maps of experimental and natural populations. *Genomics* **1**: 174-181.

Lander, E. S. & D. Botstein 1987. Mapping Mendelian factors underlying quantitative trait using RFLP linkage maps. *Genetics* **121**: 185-199.

七夕高也・山田哲也・清水悠介・篠崎良仁・金勝一樹・高野誠　2010. 植物器官のデジタル画像面積を効率的に計測できる領域抽出ソフトウエアの開発. 園芸学研究 **9**: 501-506.

鵜飼保雄・大澤良・斉藤彰・林武司　1995. DNA多型連鎖地図作成とQTL解析のためのコンピュータ・プログラムMAPL. 育種学雑誌 **45**: 139-142.

Wang, S., C. J. Basten & Z. B. Zeng 2010. Manual of Windows QTL Cartographer 2.5. Department of Statistics, North Carolina State University, Raleigh, NC. http://statgen.ncsu.edu/qtlcart/WQTLCart.htm.

Yamamoto, E., T. Takashi, Y. Morinaka, S. Lin, J. Wu, T. Matsumoto, H. Kitano, M. Matsuoka & M. Ashikari. 2010. Gain of deleterious function causes an autoimmune response and Bateson – Dobzhansky – Muller incompatibility in rice. *Molecular Genetics and Genomics* **283**: 305-315.

山本敏央・矢野昌裕　2007. 遺伝子情報にもとづくイネのゲノム育種への展開. 科学 **77**: 607-613.

第3章　シロイヌナズナにおける自家和合性の起源：進化生態学と分子集団遺伝学の出会い

土松隆志（チューリヒ大学理学部）

はじめに

この地球上には20万とも30万とも言われる膨大な種類の被子植物（花を咲かせる植物）が知られており，その著しい多様性は繁殖器官である「花」の持つ性質によって特徴づけられる。ラフレシアのように巨大な花をつける植物がいる一方で，ちっぽけで目立たない花を大量につけるオオバコのような植物がいる。ラン科のように複雑怪奇な形の花を持つ植物もあれば，アブラナ科のように単純な構造を持つ花がある。あるオダマキの仲間は深紅の花弁を持つが，そのごく近縁のオダマキは対照的に真っ白い花弁をつける。

花の持つ色，形，大きさ，匂いなどのさまざまな性質は種によって著しく異なっており，植物学者たちは古くからこの多様性に魅了され，その記述に精力を注いできた。また，花は観賞の対象であったことはもちろん，染料，食料，薬品としても用いられ，古来から人の生活に密接な結びつきがある。現代植物進化学・生態学分野おいて傑出した業績を挙げてきたスペンサー・バレットは，その膨大な知識を集めた総説の中で「花は他のどんな生物群の繁殖器官よりも多様であり，その多様性から，植物の繁殖の仕組みの多様性の研究は，生物学において最も長く，そして由緒あるものである」と述べている（Barrett, 2002）。

花の持つ多様な性質を生育環境への適応の結果であると考え，最初に精力的な研究を進めたのは，進化論を提唱したチャールズ・ダーウィンその人である（Darwin, 1862; Darwin, 1876など）。ダーウィンによる花の形態の研究の中でも特に有名なのは，花冠の後ろに長さ30 cmもの細い管（距）を持つマダガスカルのランの一種*Angraecum sesquipedale* Thou.に関する考察である。ダーウィンは，この奇怪な形態を持つ花には，きっと同じくらいの長さの口器を持つ蛾が訪花して，花粉媒介するだろうと予測した（Darwin, 1862）。距の奥にある蜜腺の蜜を吸うために蛾が長い口吻を差し込んだときに，花粉がちょうど蛾の頭部に付着し，効率的に花粉媒介されるだろうと考えたわけである。ダーウィンのこの突飛な仮説は当初ほとんど受け入れられなかったが，彼の死後長さ 30 cm の口吻を持つスズメガがマダガスカルで実際に発見され，仮説を裏づけるものとなった。

このように，花の持つ多様な性質は生育環境への適応のために自然選択によって進化してきたものである。たとえば，スズメガに花粉媒介される種は先に挙げた *Angraecum sesquipedale* 以外にもさまざまな科で見られるが，それらの花の多くは白系の花弁を持ち，夜間に開花し，管状の花冠で，強く甘い香りを持つ傾向がある。これらの性質はすべてスズメガに花粉媒介されるために有効なものであり，スズメガの多い環境に生息する植物種が，進化の歴史の中でそれぞれ獲得してきたものであると考えられている。

このように，生物の持つ多様な性質がどのような環境のもとに適応して進化してきたのかを，野外観察・室内実験・数理モデルなどを駆使して研究する学問を進化生態学という（入門書として酒井ら, 2002）。進化生態学はいわば，生物の持つ生態学的な性質を自然選択の考えを元に統一的に理解しようという分野である。

この総説は，私が花の進化生態学を志し，アブラナ科のシロイヌナズナという植物とその近縁野生種を用いて，自家和合性の進化の謎に分子集団遺伝学から迫るまでの研究プロセスを記したものである。この本を読んでおられる方の中には，生態学の研究に携わりつつも適応にかかわる遺伝子の解析に取り組みたいと考えている方が多いと思う。この文章が，分子集団遺伝学を進化生態学にどのように取り込むかということに関する具体的なイメージをつかむ一助になれば幸いである。

1.　シロイヌナズナにおける自家和合性の進化の研究に至る道のり

進化生態学という学問に出会ったのは，学部1年生のときに受けた嶋田正和先生（東大）による講義がきっかけである。嶋田先生は，さまざまな動植物の行動や形，その繁殖の仕組みを例に挙げ，それらが驚くほど巧みにできていることを紹介してくださった。鳥が一つひとつの餌場にどれくらいの時間滞在するのか，寄生蜂が息子と娘をどれくらいの割合で産み分けるのか，チョウがいつどのタイミングで羽化するのが適応的か。最適化やゲーム理論に基づく単純な数理モデルと実証データの驚くほど見事なフィットに，私は深い感銘を受けた。生態学という学問分野に漠然とした憧れがあったものの，具体的なイメージをほとんど持っていなかった私は，モデルと野外観察を組み合わせる進化生態学の手法や考え方に心酔した。学部生の頃は関連の教科書を読みあさり，また，伊藤元己先生（東大）や嶋田先生のご指導のもと，マルハナバチの訪花行動の観察や，性転換を行う植物マムシグサの繁殖生態の調査を日光植物園で行ったりしていた。

修士課程の間は，集団中の雄・雌の個体数の比，すなわち性比に関する理論研究に夢中になっていた。ゲーム理論に基づいて考えると，集団の性比は1：1になるのが進化的に安定になるはずにもかかわらず，実際には性比が偏った生物も多い。エリック・チャーノフ以来，この原因を理論的に説明する試みが数多くなされ，性比研究は進化生態学の王道ともよぶべき分野である（Charnov, 1982）。私自身も，関連する先行研究を読んで足りないと思う視点を考え，性比理論に関する新しいモデルを作って1本の論文にまとめ，これが私の修士論文の主な内容となった（Tsuchimatsu *et al.*, 2006）。

頭の中でいろいろと仮説を考えてモデルを組み立てるプロセスはとても面白かったが，その一方でいつも悩んでいたことは，どうしたらこれらのモデルは実際の生物で検証できるのだろうということであった。進化生態学は，ジョン・メイナードスミスによる進化ゲームの考え方などを理論的な基盤にして飛躍的な発展を遂げてきた。その一方で，いくつかの金字塔的な美しい実証研究があるものの，理論の妥当性を吟味する検証例は一般に決して多くはない。工藤（2002）はこの状況を以下のようにまとめている。

> 生物の適応的な行動の進化に関して*1，ある程度一般性の高い仮説はすでに出尽くした感がある。いっぽう，仮説・理論先行で，検証する経験的データが圧倒的に不足しているのが現状である。（中略）面白い理論モデルが出されて，一部の検証データ（とくに理論の予想に合致するだけのデータ）がいくつかの材料で出てしまうと，同じ問題を扱ったそれ以降の研究に対する評価が極端に落ちてしまうようでは問題ではないだろうか。

＊1：行動生態学の総説なので行動と限っているが，進化生態学一般の話である。

進化生態学の実証研究では，人工的な操作や環境変異を利用して過去の“不適応”な状態を作り出し，現在の状態と“適応度†”を比較することで現在の状態が適応的であることを確かめるというアプローチがよく用いられている（辻，1999; 工藤，2002; 矢原，2007）。たとえば，花弁サイズがとりわけ大きいある植物種について，なぜそのような大きな花を持つのかを知りたいとする。そのためには，大きな花であることに何らかの意義があるだろうと仮定して，その意義を明らかにするために，大きな花でなかったらどのような不利益があるかを検証する。たとえば，切除によって人工的に花弁サイズを小さくした花には花粉媒介者の訪花頻度が減少して生産種子数が低下したとすると，花の大きさは花粉媒介者の訪花頻度の上昇に貢献しているということができる。

この実験は，注目する形質（大きな花弁）が現在の環境下で適応的であることを検証するものではある。安定化選択†（負の自然選択）にさらされていると言い換えてもよいだろう。しかしながらこのことは，過去に正の自然選択によって大きな花弁という性質が適応進化したことを必ずしも意味しない。発生学的な制約で大きくなる以外に選択肢がなかったのかもしれないし，花弁を大きくする対立遺伝子が中立進化で偶然固定したのかもしれない。あるいは，過去にはまったく別の利点があって有利になった可能性もある。

正の自然選択は，(1) 集団中に花弁の大きな花と小さな花があり，(2) その変異がある程度遺伝的に決まっており，(3) 大きな花のほうが花粉媒介者の訪花頻度が高い，などの理由で適応度が高いときに起こる。進化生態学のモデルの多くはまさにこのプロセスを記述しているにもかかわらず，従来の検証手法はこの部分を直接検証しているわけではない。それゆえ，何かごまかされているような気分になる。表現型の人工的な操作などによる間接的な証拠ではなく，実際にDNAにどのような突然変異が起きて，それが表現型にどのような影響を与えて，野外でどのような点において有利になって，集団中に広まったのかといった適応進化のプロセスを具体的に押さえることができたらよいのにと私は当時漠然と考えていたものの，なかなか手がかりをつかめずに日々悩んでいた。

転機は，当時ノースキャロライナ州立大学で博士研究員をされていた清水健太郎さん（現チューリヒ大）に出会ったことである。私は，オーストリアのウィーンで2005年7月に行われた国際植物学会議（IBC; International

Botanical Congress）に修士1年生の頃に参加し，性比理論に関する新しいモデルをポスター発表していた。同じくIBCに参加されていた清水さんは発生遺伝学の研究で学位を取得されたが，野生植物の生態学的・進化学的な興味も強く，分子生物学のモデル植物であるシロイヌナズナとその近縁種を用いて，繁殖システム・雑種形成・倍数化・種分化の研究を展開されていた。

学会のポスター会場で私自身の興味を清水さんにお話ししたところ，ちょうど清水さんはスイスで独立したポジションを得ようとされている頃で，最近始められた自殖（自家受精）の進化の研究について一緒に取り組んでみないかという話になった。自殖とは，自己の花粉と胚珠で種子を残す繁殖様式であり，植物において特に一般的な近親交配の一種である。結実した種子のうちの自殖由来の種子の割合を自殖率とよぶが，この自殖率はごく近縁種間でも大きく変異があることが知られており，自殖の適応的意義や自殖率の進化プロセスは，ダーウィン以来進化生態学における古典的な問題の一つだった（Darwin, 1876; Lande & Schemske, 1985; Goodwillie *et al.*, 2005）。近年，自家不和合性という自殖率に大きな影響を与えうるシステムの分子機構も解明されつつあり（詳しくは後述），モデル生物のシロイヌナズナ周辺においてなら，自殖率の進化のダイナミクスについて仔細に解き明かすことができるのではないかという話である。これは，私がずっと思い描いていたことを実現できるかもしれないと感じた。

2. アブラナ科シロイヌナズナ属における自家不和合性と自殖の進化

東大駒場キャンパスに籍をおく傍ら，私は2007年の夏からチューリヒ大学に滞在して清水健太郎さんらと一緒に研究を行うことになった。チューリヒは，チューリヒ湖畔にある人口約30万人のほどよい大きさの都市である。私の滞在したチューリヒ大学植物生物学研究所Institute of Plant Biology, University of Zurichはよく整備された美しい植物園の中にあり，高台に立つ研究棟の屋上からはチューリヒ市街と湖を一望することができた。初めて研究所を訪れたときは，こんな美しい場所で研究をできるのだと胸が高鳴った。

さて，先ほども触れたとおり，私がチューリヒで行ったのは自殖の進化に関する研究である。自殖由来の種子は他殖由来の種子よりも成長・繁殖の能力が低いという現象がよく知られており（近交弱勢），それにもかかわらず植物が自殖が行う意義は何なのか，ダーウィン以来多くの生態学的な研究が行われてきた（Darwin, 1876; Goodwillie *et al*., 2005）。自殖の有利さとしてよく指摘されているのは，自己の遺伝子を次世代に伝える伝達効率のよさである（Fisher, 1941）。自殖をした場合，その個体は自殖由来の種子の花粉親にも胚珠親にもなれるのに対し，他殖由来の種子の場合はその胚珠親になることしかできない。自然選択上の有利不利とは，つまるところ自己の遺伝子をいかに次世代にうまく伝えるかどうかなので，自殖を行う性質はその点で他殖を行うよりも明らかに有利である。自殖の有利な点としてもうひとつ考えられるのは，自殖による確実な繁殖の保証である（Darwin, 1876）。特に虫媒花の場合，花粉が十分にもたらされるかどうかは，時空間的な変動があり不安定である。花粉媒介者の頻度が低いときでも1個体だけで確実に子孫を残せる自殖は，環境条件によっては有利になるかもしれない。

このような生態学的な仮説は今までさまざまに提示されてきたが，その一方で，現在自殖性である生物が過去に実際にどのように他殖的な状態から推移し，そのときどのような環境で，自殖性にかかわるDNA変異に実際に自然選択がかかったのかどうかということはまだよくわかっていない。これらの問題に取り組むためには，自殖率の進化に寄与した遺伝子の変異を同定し，その進化の時期とはたらいた選択圧を分子集団遺伝学的に調べることが重要である。

アブラナ科シロイヌナズナ属においては，祖先的な状態は自殖率の低い他殖的な状態であったが，そこから繰り返し何度か自殖率の高い種が起源したことが知られている（図1-a）。シロイヌナズナもその1つであり，野外集団において99%というきわめて高い自殖率が報告されている（Abbott & Gomes, 1989）。このような他殖から自殖への進化の一方向性は，アブラナ科シロイヌナズナ属に限らず，被子植物においてきわめて一般的な進化的傾向であると考えられている（Stebbins, 1974; Igic *et al*., 2006）。

ここで，シロイヌナズナ属における自殖の進化において鍵となる自家不和合性について簡単に説明したい。自家不和合性とは，自身の花粉が柱頭についたときに胚珠との受精を避ける遺伝的・生理的な仕組みのことである。被子植物一般によく見られる現象であるが，ナス科，ケシ科，バラ科，アブラナ科などで特に研究が進んでいる。たとえばアブラナ科の自家不和合性の場

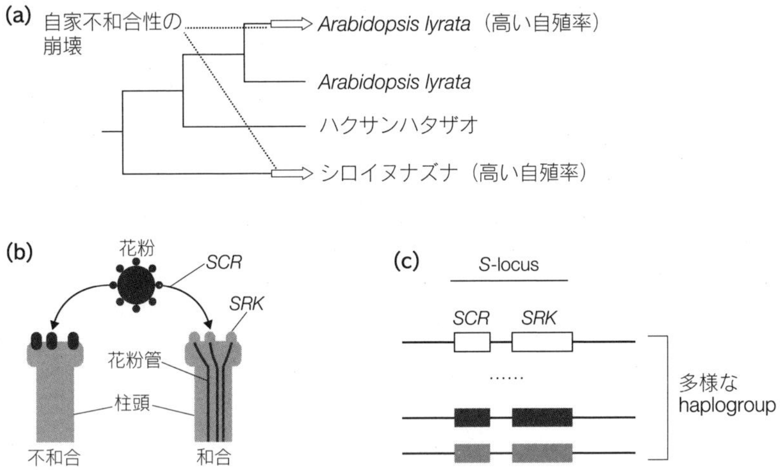

図 1　シロイヌナズナ属における自家不和合性の崩壊と自殖の進化

(a) シロイヌナズナ属のおおまかな系統関係。祖先は自家不和合性を持つ他殖的状態であったが，何度か繰り返し自家不和合性が崩壊し，高い自殖率を持つ系統が進化した (Abbott & Gomes, 1989; Mable *et al.*, 2005)。この系統樹はシロイヌナズナ属に属するすべての種を網羅しているわけではないことに注意。(b) シロイヌナズナ属における自家不和合性システムの概念図。自家不和合反応は花粉表面のリガンド SCR と柱頭上の受容体 SRK の相互作用により起きる。同じ色の SCR，SRK はそれぞれ同じ haplogroup に属することを意味する。同じ haplogroup に属する SCR と SRK の特異的相互作用は自家不和合反応を引き起こし，花粉管伸長を阻害する。別々の haplogroup に属する花粉が柱頭についた場合にはこの相互作用は起こらず，花粉管が伸長する。(c) *SCR* と *SRK* はゲノム上で隣り合って配置しており，2 つの遺伝子を含む遺伝子座を *S*-locus とよぶ。*S*-locus には数十に及ぶ多様な haplogroup が存在する。

合，自身の花粉は柱頭についても花粉管を伸長させることができない。シロイヌナズナ属の他殖種は，基本的にこの自家不和合性によって他殖性を保証し，自殖による近交弱勢を回避している。そのため，この属において高い自殖率が進化するためには，自家不和合性システムのどこかが崩壊することが必要条件である（図 1-a)。よって私の研究の目的はさしあたり，シロイヌナズナに至る系統の中でこのシステムがどのように崩壊していったかを明らかにすることであると言えるだろう。

アブラナ科の自家不和合性の分子メカニズムについても，ここでごく簡単に説明したい（図 1-b)。アブラナ科においては，自家不和合反応は花粉側のリガンド*[2] SCR *[3] と柱頭側の受容体 SRK の相互作用によって成り立っている。同個体由来の花粉が柱頭につくと，SCRとSRKが特異的な相互作用を起こし，SRKの下流のシグナル経路が活性化されて，最終的に花粉管伸長が阻害される。また，*SCR*（SCRをコードする遺伝子）と*SRK*（SRKをコードする遺伝子）はゲノム上でそれぞれすぐ隣り合って並んでいることが知られており，2つを含む遺伝子座を*S*-locusとよぶ。この*S*-locusはゲノム上において最も遺伝的多様性の高い領域の1つであり，1種内に数十種類もの塩基配列の大きく異なる配列タイプ（haplogroupとよぶ）が存在する。このhaplogroupが自家不和合反応と関係しており，同じhaplogroupどうしの交配の場合，自家不和合反応が起きて花粉管が伸長せず，違うhaplogroup間の交配の場合，自家不和合反応が起きず花粉管が伸長し，正常に種子が作られることが知られている。ポイントは，同じ個体由来の花粉は常に柱頭上の*SRK*と同じhaplogroupに属する*SCR*を持っているため，この「同haplogroup不和合性」によって「自家」不和合性が保証されているということである。なお，自家不和合性の詳しい仕組みについてさらに興味を持たれた方には，優れた総説としてTakayama & Isogai（2005），Franklin-Tong（2008），Suzuki（2009）を勧めたい。

私たちが知りたいのは，シロイヌナズナにおけるこの自家不和合性システムの崩壊プロセスである。なかでも知りたいのが，自家和合性を引き起こした最初の変異，いわば自家和合性の原因となる突然変異である。自家不和合性は，*SCR*と*SRK*を含むさまざまな遺伝子からなる複雑なシステムである。そのため，ひとたび自家和合性が進化してシステム全体が使われなくなると，突然変異がさまざまなところに二次的に蓄積していくことが予想される。このことから，自家和合性の起源に寄与した原因の突然変異と，このような二次的な突然変異を峻別することが難しいとしばしば指摘されていた（たとえばBusch & Schoen, 2008）。

この問題に取り組むために，私たちは以下のことを行った。まず1つ目は，自家不和合性を持つ近縁種であるハクサンハタザオから*SCR*と*SRK*の配列を単離することである。ハクサンハタザオは機能的な*SCR*と*SRK*を保持していることが期待され，いわばシロイヌナズナの祖先型配列を持っていると

＊2：特定の受容体に特異的に結合する物質のこと。
＊3：SP11という名称も用いられるが，ここでは以下SCRとよぶ。

考えられる。この配列とシロイヌナズナの配列とを比較することで，シロイヌナズナに至る系統の中での *SCR* と *SRK* の崩壊プロセスや突然変異の起きた時間的順序を検討することができるであろう。

2つ目は，シロイヌナズナ種内のさまざまな系統で *SCR* と *SRK* の配列決定をすることである。比較的最近起きた二次的な突然変異は種内での頻度が低いことが期待される。その一方で，現在のシロイヌナズナの系統は知られている限りすべて自家和合性であることを考慮すると，自家和合性に導いた原因の突然変異はきっと種内で広く共有されているだろう。よって，シロイヌナズナ種内で *SCR* と *SRK* における突然変異のそれぞれの頻度を調べることで，それらの起きた時間的順序をある程度推定できる可能性がある。

自家不和合性を持つ近縁種ハクサンハタザオ *Arabidopsis halleri* subsp. *gemmifera* は，日本にも自生する多年草である。清水さんが以前に大阪近郊で採集された個体についてまず柱頭側因子 *SRK* の全長を単離し，シロイヌナズナでもさまざまな系統で配列決定を行い，それぞれの配列を比較した。すると，シロイヌナズナの多くの系統では，コード領域の途中で停止コドンが生じる突然変異 premature stop mutation や読み枠をずらす突然変異 frame shift mutation など，明らかに SRK タンパク質の機能を失わせる突然変異が見つかってきた。その一方で，少なくとも 12 系統のシロイヌナズナにおいて，配列上はどこも壊れていない *SRK* が見つかった。この 12 系統は，シロイヌナズナ全体の 5 ～ 6% ほどの頻度に相当する。さらに，これらの系統が持つ *SRK* は，配列上壊れていないだけでなく，柱頭上で適切な時期に発現していることもわかった。

3. 自家不和合性システムの柱頭側はまだ機能的か？

このように，シロイヌナズナのある程度の系統において，柱頭側因子 *SRK* が少なくとも配列上はまだ壊れておらず，かつ発現していることがわかった。それならば，これらの系統においては，自家不和合性システムの柱頭側はまだ機能しうる状態なのではないだろうか。ここでいう柱頭側とは，*SRK* とその下流のシグナル伝達因子を含んでおり，*SRK* の配列・発現データだけからその機能を類推することはできない。この可能性を検証するために，私たちはハクサンハタザオとこれらの系統間の種間交配実験を行うことにした。先ほど紹介した通り，自家不和合性とは同じ haplogroup 間の交配の不和合性である。よって，花粉と柱頭で *S*-locus の haplogroup が同じでさえあれば，同じ個体でなくとも，ましてや同じ種内でなくとも自家不和合反応は起きることが期待される（実際の報告例として Okamoto *et al.*, 2007 など）。

もう1点重要なポイントは，*S*-locus はきわめて多様性の高い領域であり，その多様性は種を越えて共有されていることが多いということである。よって，シロイヌナズナで見つかっている haplogroup と同じ特異性を示す haplogroup を近縁種のハクサンハタザオでも見つけることができるはずである。

実験デザインを図2に示した。柱頭側因子 *SRK* が壊れていないシロイヌナズナの系統を柱頭側，ハクサンハタザオの haplogroup A の系統を花粉親とした交配において不和合反応が起きれば，これらのシロイヌナズナの系統において自家不和合性システムの柱頭側はまだ機能しうる状態であるということができる。しかしながら，この交配は種間で行われるものであるため，注意深くいくつかの対照実験を行う必要がある。

1つ目は，*SRK* のどこかが premature stop mutation などで機能を失っている haplogroup A を持つシロイヌナズナの系統を柱頭側とし，ハクサンハタザオの haplogroup A を花粉側とする交配である。シロイヌナズナ側が壊れてしまっているため，不和合反応が起きずに花粉管が伸長することが期待される。しかし，すでにシロイヌナズナとハクサンハタザオで何らかの生殖隔離機構が進化し，花粉管が伸長しない可能性もありえるだろう。もう1種類の組み合わせは，機能的な haplogroup A の *SRK* を持つシロイヌナズナの系統を柱頭側とし，ハクサンハタザオの haplogroup A 以外の *S*-locus を持つ個体を花粉親とする交配である。この対照実験によっても同様に，種間生殖隔離の効果を排除することができる。

私は，地下の植物培養室に閉じこもって来る日も来る日も掛け合わせを行い，柱頭を固定し，染色しては蛍光顕微鏡で観察するという作業をひたすら繰り返した。何か月もの作業の末に見えてきたことは，シロイヌナズナの7つの系統ではっきりとした柱頭側の不和合反応が見られるという，驚きの事実だった。このうちの4系統については，花の発生段階の初期・中期には安定した不和合反応が見られた。花の発生段階の後期においては和合になる傾向が有意に見られたものの，これらは葯と柱頭が接触する自動自家受粉のタ

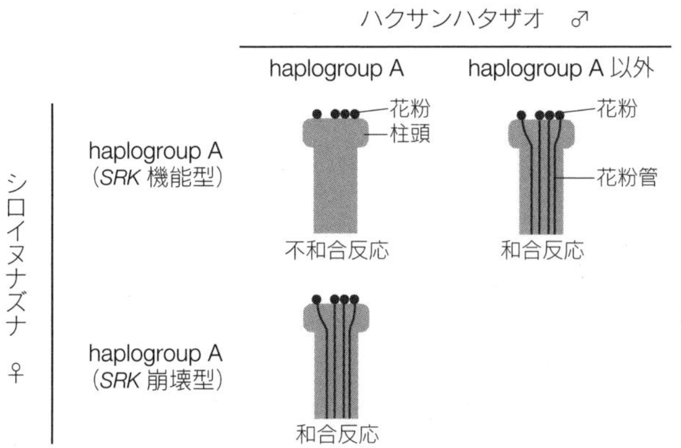

図 2 シロイヌナズナにおける自家不和合性システムの柱頭側因子の機能確認のための種間交配（Tsuchimatsu *et al.*, 2010 より作図）

haplogroup A を持つハクサンハタザオを花粉親，機能型 haplogroup A の *SRK* を持つシロイヌナズナを柱頭親としたとき，不和合反応が観察された。A 以外の haplogroup を持つハクサンハタザオを花粉親，壊れていない haplogroup A の *SRK* を持つシロイヌナズナを柱頭親としたとき，および haplogroup A を持つハクサンハタザオを花粉親，*SRK* の崩壊した haplogroup A を持つシロイヌナズナを柱頭親としたときは基本的に常に花粉管が伸長した。これらの組み合わせで花粉管が伸長したということは，実験に使われたハクサンハタザオとシロイヌナズナの系統間において，花粉管伸長に関する種間生殖隔離が存在しないことを意味する。

イミングよりも基本的に後に起きるものであり，実際の繁殖において役割を持つものかはわからない。

また，7 系統のうち残りの 3 系統では，不和合反応は起きたり，起きなかったりと不安定だった。これらの系統では，不和合反応を安定化させる何らかの未知の因子が不活化していると考えられる。さらに，*SRK* が壊れていない 12 系統のうち不和合反応がまったく見られなかった 5 系統では，*SRK* 以外の不和合性にかかわる未知の因子がすでに完全に壊れてしまっていると考えられる。

このようにいろいろと細かいことも見えてきたが，ともあれ特筆すべきことは，シロイヌナズナにおいて，少なくとも 7 系統は自家不和合性システムの柱頭側が機能しうる状態であるということである。このことは，シロイヌナズナにおいて，*SRK* を含む柱頭側因子の変異は自家和合性の進化の原因ではなく，花粉側の何らかの変異が原因であるということを強く示すものである。また，7系統ほどではあるが，自家不和合性の柱頭側がまだ機能しうる状態で遺存的に残っていたということは，自家和合性の起源が比較的最近であるということを示唆する。実際にBechsgaard *et al.* (2006) は，*S*-locusにおける同義置換率・非同義置換率の比の解析から，シロイヌナズナの自家和合性の起源は約41.3万年によりも最近であるということを主張している。この値は，近縁種との分岐年代（500～600万年前）よりも1桁少ないオーダーである。

4. 花粉側因子 *SCR* に見つかった逆位

自家不和合性システムの柱頭側因子の詳細なパターンは明らかになったが，それでは花粉側にはどのような変異があるのだろうか。柱頭側因子*SRK*と同様に，同じhaplogroupに属する花粉側因子*SCR*をハクサンハタザオから単離し，シロイヌナズナのさまざまな系統と比較してみたところ，コード領域の最後に213 bpの逆位があることがわかった（図3）。この逆位変異はシロイヌナズナにおいて95%と高い割合で共有されていたのに対し*4，それ以外に見つかってきたいくつかの突然変異はいずれも頻度が低かった。コード領域の中に起きた逆位なので，もちろんこれはSCRタンパク質の機能を失わせる突然変異である。しかしながら，逆位はただひっくり返っているだけの変異なので，ひっくり返る前の祖先配列を復元することが原理的には可能である。試しにコンピュータ上で配列をひっくり返し直してみると，SCRタンパク質の構造上重要な役割を持つと言われている8つのシステイン残基がすべて見られることもわかった。ちなみに，現生シロイヌナズナの多くの系統が持つSCR配列は，この逆位が原因でシステイン残基を3つしか持たない。

この推定祖先配列を実際に作ってみて，柱頭側の自家不和合性システムが機能的であるシロイヌナズナの系統に遺伝子導入してみたら，自家不和合性を持つシロイヌナズナを人工的に作り出せるのではないだろうか。この問いに，共同研究者である東北大学の諏訪部圭太先生（現三重大学）・五十川祥

＊4：*SCR*全長を含む*S*-locusのほぼ全域を欠失した系統も多くあることが報告されているが（Sherman-Broyles *et al.*, 2007; Tang *et al.*, 2007; Shimizu *et al.*, 2008），この欠失は逆位よりも後に生じたと考えられる（Shimizu *et al.*, 2008）。

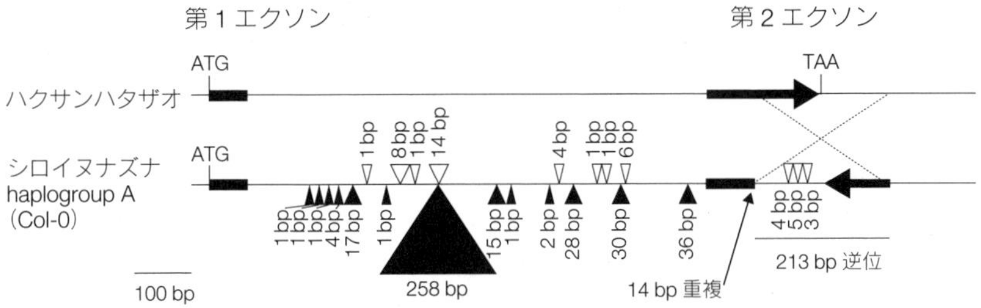

図 3　ハクサンハタザオとシロイヌナズナの SCR 遺伝子配列の比較

(Tsuchimatsu *et al.*, 2010 より作図)

白い三角はシロイヌナズナにおける挿入，黒い三角はシロイヌナズナにおける欠失をそれぞれ示す。シロイヌナズナにおいて，第 2 エクソンの一部に逆位が生じている。

代さん・渡辺正夫先生らが取り組んでくださった。渡辺先生のグループはアブラナ科における自家不和合性研究で世界をリードする研究室で，「Nature」誌などの一流誌に今までも多数論文を掲載されている。

私たちは，種間交配において安定して不和合反応を示したシロイヌナズナの系統のひとつ Wei-1 の種子をお送りして，形質転換†実験をお願いした。具体的に行っていただいた実験は，逆位を元に戻した花粉側因子 *SCR* の DNA 配列を PCR によって人工的に作成し，葯の中の花粉が作られるタペート細胞で特異的に発現するプロモーターにつないで Wei-1 の植物体に導入し，形質転換†個体の表現型を観察するという手順である。ちょうど，こちらで種間交配実験を追試し結果をまとめようとしている頃に，遺伝子導入個体で自家不和合反応が見られたという報告をいただいた。加えて，自家不和合反応を示した個体においては莢（果実）の長さが短くなり，結実種子数が大きく減少することもわかった。これは，ちょうど葯と柱頭が接触している間に自家不和合反応が起きていることで，自動自家受粉が著しく阻害されたことによって起きたと考えられる。

種間交配と遺伝子導入の一連の機能解析から，シロイヌナズナの自家和合性の進化は柱頭側因子ではなく花粉側因子の突然変異によって起きたことが明らかになった。特に，花粉側因子 *SCR* における 213 bp の逆位が自家和合性の進化に重要な役割を果たしたということもわかった。私たちは，シロイヌナズナにおける自家和合性の進化を担った突然変異の 1 つの同定に成功したということになる。野外集団において自家和合性の進化にかかわった突然変異を分子レベルで同定できた研究例は，2010年現在でもまだほとんど存在しない。

ちなみに，種間交配・遺伝子導入実験において鍵を握ったこのWei-1という系統は，ワイニンゲン Weiningen というチューリヒ郊外の小さな村から採集されたものである。シロイヌナズナの分布は全世界的に広がっているにもかかわらず，研究上重要な系統が私たちの研究所のすぐ近くに生育していたことは，偶然とはいえ感慨深い。

5. 自家和合変異はどのように集団中に広まったか

私たちは，シロイヌナズナにおける自家和合性の進化が*S*-locus上の花粉側因子に生じた機能欠失型突然変異によって引き起こされたことを明らかにしてきた。次に取り組んだ問題は，この突然変異がシロイヌナズナの集団中に，いつ，どのように広まったのかということである。特に，この自家和合突然変異が，中立的なプロセスで集団に広まったのか，それとも自然選択を受けて広まったのかということに着目した。これらの問題は，*S*-locus周辺の塩基配列の多型のパターンを解析する分子集団遺伝学の手法によって解くことができる。

シロイヌナズナにおける*S*-locusの多型のパターンについてはすでにいくつかの研究があり，その結果A, B, Cという3つのhaplogroupしか見られないことがわかっている（Tang *et al.*, 2007; Shimizu *et al.*, 2008ほか）。haplogroup Bはアフリカの西のカーボベルデ諸島・カナリア諸島にしか見つかっておらず，かつこれらの系統は*S*-locus以外の領域にも他の系統と大きな違いが見られる。このことから，haplogroup Bを持つ系統では自家和合性自体まったく独立に起源したのではないかと考えられている（Tang *et al.*, 2007; Shimizu *et al.*, 2008）。今回の私たちの研究では，シロイヌナズナの分布の中心であるヨーロッパ集団に話を絞ることにした。ヨーロッパ集団では，haplogroup AとCが完全に混在することがわかっている。なお，今まで説明してきた一連の機能解析はすべてhaplogroup Aにおいて行われたものである。

実は，シロイヌナズナの*S*-locusにおいて自然選択を検出するという試みは，すでに清水さんやマイケル・プルガナン博士らによってある程度なされている（Shimizu *et al.*, 2008）。ただし，*S*-locusに自然選択がはたらいたという説には異論もあるうえ（Tang *et al.*, 2007），Shimizu *et al.*（2008）がhaplogroup Aを持つ個体に限定して分子集団遺伝学的解析を行っていることは私自身も少し不十分だと感じていた。実際のヨーロッパ集団にはhaplogroup Cもある程度の割合で存在している。これらを考慮に入れて多型のパターンをもう少し全体的に見渡してみたらさらに面白いことがわかるのではないかと考えた。

さて，*S*-locusにはたらいた自然選択について考える前に，集団構造という概念について少し説明したい。集団構造とは，ある集団全体がいかにランダムに混ざり合っておらず，分集団にクラスター化されているかどうかということである。集団にどのような構造ができるかは，個体数増加・分集団化・ボトルネック†などの集団の歴史的背景に影響を受ける。こういった集団の履歴の効果はゲノム全体の多型のパターンに影響を与えるため，集団構造の推定はゲノム全体に及ぶ多型情報を用いて行われる。

シロイヌナズナのヨーロッパ集団における集団構造については，すでにいくつかの報告があるが（François *et al.*, 2008; Nordborg *et al.*, 2005; Schmid *et al.*, 2005; Beck *et al.*, 2008ほか），そのいずれでも支持されていることは，東西に強い集団構造のクライン（勾配）があるという点である。この集団構造のパターンは，過去にヨーロッパ集団の東西にあったと言われる氷河退避地から分布が拡大し融合したという集団の履歴を反映していると考えられている。本研究では，François *et al.*（2008）の結果に基づき，ヨーロッパに散在する76系統がそれぞれ「西クラスター」「東西クラスター接触地帯」「東クラスター」「北クラスター」のいずれかのクラスターに属すると仮定した。

ここでポイントになるのは，もし自然選択を受けるような遺伝子があるとしたら，その遺伝子の多型のパターンは，ゲノム全体の多型を反映した集団構造から期待されるものとは大きくかけ離れたものになるはずだということである。東西に集団構造のクラインがあるということは，おおまかに言えば，東に固有の遺伝子型，西に固有の遺伝子型がさまざまな遺伝子座において見られるという多型のパターンを反映している。一方で，自然選択を受けた遺伝子の多型のパターンは，このようなゲノム全体の分布の外れ値になると考えられる。

このことをふまえて，*S*-locus周辺のhaplogroupの頻度のパターンを詳しく見てみよう（図4）。S-locusの両脇にはそれぞれ*PUB8*と*ARK3*という機能のまだよくわかっていない遺伝子がある。これらの遺伝子においても*S*-locus同様2種類のそれぞれはっきりと異なるhaplogroupが存在している（WとE）＊5。*PUB8*と*ARK3*においては，haplogroupの頻度と集団構造に有意な相関が見られた。これはすなわち，haplogroup Wが西の集団に多く，haplogroup Eが東の集団に多いという有意な傾向があるということである。集団構造がゲノム全体のパターンを反映したものであることをふまえると，これら両脇の遺伝子はゲノム上の「平均的な」特徴を持つ遺伝子であると言い換えてもよいだろう。

その一方，*S*-locusにおけるhaplogroup AとCの頻度は両脇の遺伝子のそれとは大きく異なることがわかった。どのクラスターにおいてもhaplogroup Aの頻度が圧倒的に増加しており，集団構造とA/Cの頻度の間の有意な相関はもはや見られなくなっていた。ここで，シロイヌナズナのヨーロッパ集団に見られる集団構造は，氷河退避地からの氷期後の分布拡大・融合のプロセスを反映しているということを思い出したい。これをふまえると，集団構造に従わないパターンの見られる*S*-locusでは，ちょうど分布拡大・融合期にhaplogroup Aの頻度が一気に増えたということを意味している。そして，集団構造から期待されるパターンから大きく外れているという事実は，*S*-lcousにおけるhaplogroup Aの頻度増加のプロセスが非中立的に自然選択をともなって起きた可能性を示唆する。現在，パブロス・パブリディスさん（ミュンヘン大学），トーマス・ステドゥラー博士（ETHチューリヒ校）らと共同で，*S*-locusで見られた多型のパターンが中立進化で生じる確率をコアレセントシミュレーション†とよばれる技法により定量的に検証中である。

集団の分布融合拡大時に*S*-locusにおいてhaplogroup Aを持つことに自然選択がはたらいたと考えられるパターンを発見したことは，haplogroup Aにおいて*SCR*の自家和合性にかかわる逆位変異が見つかったという私たちの機能解析のデータと整合的である。また，シロイヌナズナのヨーロッパ集団における集団構造は，最近数十万年の間の氷期・間氷期のサイクルの中

＊5：*S*-locus周辺ではhaplogroup間の組み替えが強く抑制されており，周辺の遺伝子にもその傾向がある程度及んでいる。*PUB8*と*ARK3*においてWとEという複数のはっきり異なる配列タイプが見られるのはそのためである。

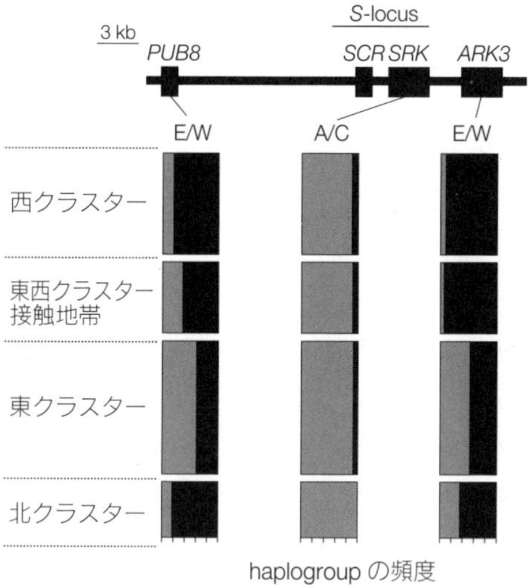

図 4 *S*-locus と周辺遺伝子（*ARK3*, *PUB8*）における集団構造と haplogroup 頻度の関係
（Tsuchimatsu *et al.*, 2010 より作図）
シロイヌナズナのヨーロッパ集団においては *S*-locus において A と C, *ARK3*, *PUB8* において E と W という 2 種類の大きく配列の異なる haplogroup が見られる。集団の 4 つのクラスターは François *et al.*（2008）による。図上部に示した *S*-locus, *ARK3*, *PUB8* のゲノム上の配置は Col-0 配列を基準とした。集団構造と haplogroup の頻度は *ARK3*, *PUB8* において有意に相関していたが, *S*-locus においては有意な相関が見られなかった。

で形作られたと考えられている。自家和合性が最近の集団の分布融合拡大時に起源したということは, *SCR* の逆位以外は自家不和合性システムが遺存的に保たれているという種間交配・形質転換実験の結果とも符合する。数百万年という単位の遠い過去に自家和合性が起源していたら, 自家不和合性システム全体が完全に崩壊してしまっていたはずである。

さらに, haplogroup A の *S*-locus 上の *SCR* の自家和合変異に自然選択がはたらいたのであれば, 集団の融合・拡大時に haplogroup A を持っていなかった個体はまだ自家不和合性を維持していたことを示唆する。また, haplogroup C を持つ系統も数 % ではあるが存在しており, これらの系統も現在は自家和合性である。これらの事実は, haplogroup C においても自家和合性が独立に進化したことを示唆する。ヨーロッパ集団の中ですら自家和合性は複数回独立に起源したのだ。同様の知見は最近 Tang *et al.*（2007）や Boggs *et al.*（2009）によっても指摘されており, haplogroup C における自家和合突然変異の同定は今後の課題だろう。

私たちの研究から, 自家和合性を引き起こす *SCR* の逆位変異が, 集団の分布の拡大・融合期に自然選択を受けて広まったことが示唆された。また, 同時期かその直後に, haplogroup C において独立に自家和合性が生じたことが示唆された。ここで, 集団の分布の拡大・融合期とはどのような環境で,どのような有利さによって自家和合性が広がったのかを少し考えてみたい。まず考えられるのが，分布拡大の最前線の集団における近交弱勢の低下である。分布の急激な拡大にともなって生じる強い遺伝的ボトルネックは，近交弱勢の値を低下させる効果があることが，近年指摘されている（Pujol *et al.*, 2009）。もし近交弱勢が十分小さくなるなら，どの個体とも交配できる自家和合性は自家不和合性よりも常に有利なはずである。もう1つは，繁殖保証の有利性である。分布の拡大時は，交配相手に遭遇する確率や花粉媒介者の訪花頻度が下がるかもしれない。そのような環境下では，1個体だけで子孫を残せる自家和合性が有利になりうると考えられる。

ボトルネック効果による近交弱勢の低下と繁殖保証のどちらの要素が大事だったのかということを，分子集団遺伝学のデータだけから厳密に峻別するのは難しい。Pujol *et al.*,（2009）自身も指摘しているとおり，これら2つの要素は互いに排他的なものではなく，分布拡大時には両方の効果が相まって自家和合性の進化が起こりやすくなると考えるのが妥当であろう。

6.　論文執筆から受理までの道のり

種間交配，遺伝子導入，分子集団遺伝学的解析と結果が出揃った。そのいずれも1本1本独立の論文になるくらいの重厚なデータであるものの，それぞれの解析は互いに関連している。一緒に出す方がインパクトがあるだろうということで，1つの論文にまとめて総合誌「Nature」に挑戦することに決まった。自家和合性の進化はダーウィン以来の古典的な問題であり，われわれの知見は進化・生態分野の研究者以外にも興味を持たれる内容であるに違いない。加えて，自家不和合性に関する重要な研究はこれまでしばしばネイチャー誌に掲載されている。勝算はあると共同研究者の方たちが強く勧めてくださった。

当初私は，論文執筆とは今までの実験結果をまとめるだけのことだと正直なところ高をくくっていた。しかしほどなく，ここは研究の折り返し地点にすぎないということに気がつくことになる。論文をまとめるプロセスで共著者の方々と何度も何度も繰り返し議論を重ね，それぞれのデータの持つ意味やその不完全さに気がつくことも多く，結果としてさまざまな追加実験・解析が必要となった。加えて，私の書く文章はあまりに稚拙で，共著者の方々や下読みをしてくださった方たちに何度となく「わかりにくい」とダメ出しをいただいた。論文執筆の過程で何より学ばせていただいたのは，ご指導くださった共著者の皆さんの論文に対する丁寧で誠実な姿勢である。共著者の皆さんには，1つひとつの文の1つひとつの単語を深く吟味し，繰り返し推敲を重ねることの重要性を教えていただいた。東大駒場の先輩，伊藤洋さんに言われた「学術論文は知の結晶のようなものだよ」という言葉を思い出しつつ，じりじりと執筆作業を続け，ようやく共著者全員が納得できる原稿ができあがった。

私たちの「知の結晶」は2009年の夏に投稿され，何度か編集者・査読者とのやり取りを経て，日本時間2010年2月18日に「Nature」誌に正式に受理された（Tsuchimatsu *et al.*, 2010）。私が清水さんに最初の原稿を渡してから1年5か月が経っていた。この受理通知は私だけの力で得られたものではもちろんなく，共著者の皆さんの強力なサポートによるところが大きい。未熟な私を粘り強く見守りご指導してくださった皆様に，この場を借りて篤くお礼申しあげたい。

7. 展望：花粉側突然変異は自家和合性進化において一般的か

私たちは，シロイヌナズナにおける自家和合性の進化において，花粉側因子の不活化が重要な役割を果たしたことを示してきた。花粉側因子の不活化が野生集団における自家和合性の進化にかかわったことは，ナス科のペチュニア属においても同様の報告がある（Tsukamoto *et al.*, 2003）。はたして，これらの花粉側の突然変異は起きるべくして花粉側に起きたのか，それとも花粉側でも柱頭側でもどちらでもよく，花粉側に偶然起きた突然変異が自家和合性の進化に寄与したのか，ということを最後に考えてみたい。

自家不和合性システムのどこかに機能欠失型の突然変異が入りさえすれば自家和合性になるので，それが花粉側因子の変異であっても，柱頭側因子の変異であってもよいはずである。しかしながら，野外集団において自家和合性が進化するとき，環境条件によってはきっと花粉側にその突然変異が起きるであろうというのが，これから述べるシミュレーションモデルの話である。

自家和合性進化の具体的な状況を考えてみよう（図5）。自家不和合個体によって占有されている集団に，花粉側因子が壊れた自家和合個体，柱頭側

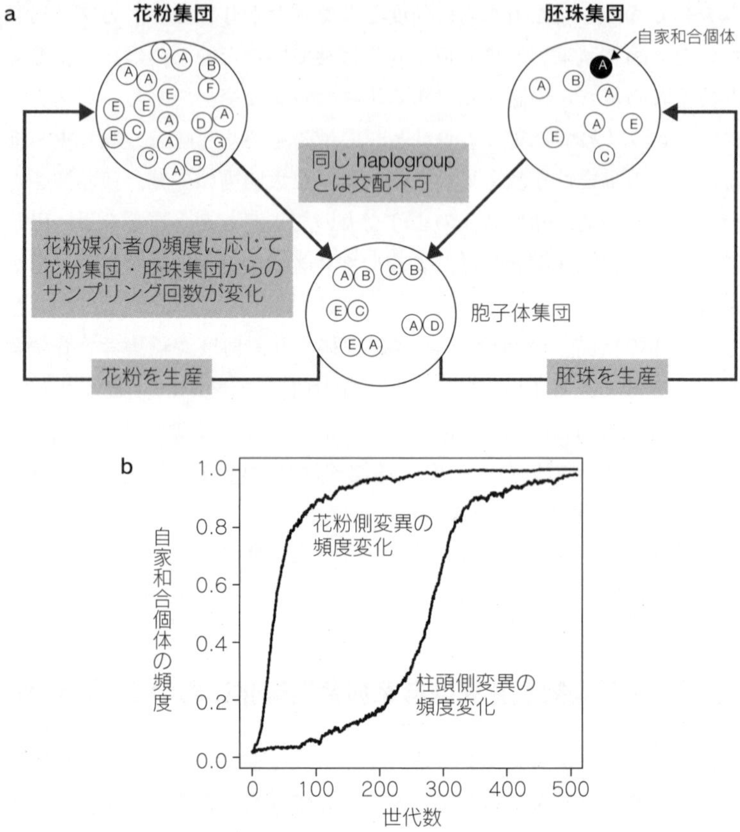

図 5　自家和合性の進化シミュレーション (Tsuchimatsu *et al.*, in prep)

a：シミュレーションの概要。配偶体型自家不和合性を仮定している。A，B，C…は haplogroup の種類を示す。花粉集団と胚珠集団からランダムに取り出された 2 種類の異なる haplogroup 対立遺伝子がペアを組み，胞子体集団を形成する。ペアの候補となる花粉をランダムに取り出す試行数（1 胚珠あたり）で花粉媒介者の訪花頻度を表現した。胞子体世代の個体はすべて花粉・胚珠を生産し，次世代の配偶体遺伝子プールを構成する。自家和合個体は *s* の割合で自殖を行い，そのときに d だけの近交弱勢を被る。これらの仮定をコンピュータシミュレーションによって実装し，自家不和合個体で占められている集団に花粉側因子か柱頭側因子のどちらかが壊れている自家和合個体が侵入してからの自家和合個体の頻度変化を観察する。b：自家和合個体の頻度変化の例。近交弱勢の値がある程度小さいときは，このように自家和合個体の頻度が自家不和合集団において増加していく。花粉側因子が壊れた自家和合変異の方が遺伝子頻度が増加するスピードが速い。

因子が壊れた自家和合個体のどちらかが侵入する状況を想定する。先ほど述べたとおり，花粉側因子が壊れても柱頭側因子が壊れてもいずれにせよ自家和合であり，自家受粉をすることは可能である。また，*S*-locus において異なる haplogroup を持つ個体との交配ももちろんどちらも可能である。では，花粉側変異と柱頭側変異でどこで差が生じうるのだろうか。

ここで，*S*-locus において同じ haplogroup を持つ個体との交配を考えてみよう。花粉親としての繁殖成功を考えると，柱頭側変異の場合は同じ haplogroup を持つ個体とは交配することはできない（花粉因子は生きているため）。一方花粉側変異の場合，集団中のすべての個体と交配を行うことが潜在的に可能である。次に，胚珠親としての繁殖成功を考えると，柱頭側変異の場合は集団中のあらゆる花粉を受け入れるが，花粉側変異の場合は同じ haplogroup の花粉を受け入れることはできない（柱頭因子は生きているため）。しかしながら，花粉の数は胚珠の数に比べて一般に圧倒的に多い（総説として Cruden, 2000）。自家和合変異が広がっていく際に，自身が花粉親となって一気に集団中に広げられるという利点は，自身の柱頭上で同じ haplogroup の花粉を受け入れられないという不利さよりずっと大きいのではないか。モデルの基本的なアイディアはこのようなものである。

自家和合変異は花粉側であることが多いのではないかという議論は，実はすでにいくつかの先行研究おいて触れられている。しかしながら，それらは言葉による定性的な説明にとどまっていたり（Busch & Schoen, 2008），花粉媒介者の訪花頻度などの生態的な環境条件が考慮されていない純粋な遺伝学的モデルであったりする（Uyenoyama *et al.*, 2001）。そこで，花粉媒介者の訪花頻度や自家和合個体の自家受粉率などの具体的な生態的条件も考慮に入れたシミュレーションモデルを実装し，花粉側変異と柱頭側変異の侵入プロセスを定量的に比較した（図 5-a; Tsuchimatsu *et al.*, in prep）。

結果は予想どおりであった。近交弱勢がある値よりも小さい条件下では花粉側変異も柱頭側変異も自家不和合集団への侵入に成功し頻度を上げていくものの，花粉側変異はその広まるスピードが柱頭側変異よりも圧倒的に早いことがわかった（図 5-b）。柱頭側変異は集団中に同じ haplogroup を持つ個体がいる限りは，なかなか頻度を上げていくことができなかった。このことは，自家和合性が集団中に広まるときは，一般にその自家和合変異は花粉側因子に起きたものであろうということを意味する。この結果は，私たちがシロイヌナズナで見つけたパターンと符合する。つまり，私たちが実証的に得たデータは理論的に「見られるべくして」見られたものであるということなのだ。

シミュレーションモデルも詳しく解析してみると，さらにいくつか面白い発見があった。まず，自家和合個体の自殖率に依存して花粉側変異と柱頭側変異の広がるスピードの差を比べてみた。自家和合性であるはものの自殖率は必ずしも高くない種も多く知られており，自家和合性が進化すれば，ただちに現生のシロイヌナズナのように高自殖率になるというわけでもないはずだ。そこで，自家和合個体がどの程度自殖するかをモデル上で変化させてみた。すると，自殖率が上昇するにつれて，柱頭側変異・花粉側変異の広まるスピードの差はほとんどなくなることがわかった。これは，自殖という性質の持つ圧倒的な伝達効率の有利性に起因するものであると考えられる (Fisher, 1941)。花粉側変異であっても柱頭側変異であっても自家受粉をすることは可能なので，自殖率が高い場合はその有利性で他の（他殖しかできない）自家不和合個体を圧倒し，いずれにせよ速やかに固定すると考えられる。

もう1点は，花粉媒介者の訪花頻度である。訪花頻度が著しく低いとき，花粉側変異と柱頭側変異の固定に至るスピードの差はほとんどゼロになることがわかった。訪花頻度が著しく低いときというのは，たとえば花粉媒介者の訪花がたかだか1回程度という状況である。そのようなときには，多くの個体は子孫を残せずに死んでいく。低い頻度でやってくる花粉との交配を絶対に逃すことのない自家和合性という性質は，花粉側変異・柱頭側変異によらず自家不和合性に比べて圧倒的に有利なのだと考えられる。

私のシミュレーションモデルから，花粉側変異のほうが柱頭側変異よりも自家和合性の進化において広まるスピードが早いことがわかった。この結果は，私たちがシロイヌナズナで得たデータと符合するものであり，近縁他種における自家和合性で同様の実証研究を行うことで，このモデルの一般性を検証できると考えられる。

それに加えて私は，このモデルのさらなる可能性を期待している。モデルと実証研究の組み合わせを通じて，過去にどのような環境下で実際に自家和合性が進化したのかをある程度予測できるようにならないだろうかということである。私のモデルは，広まりやすい自家和合突然変異のパターンはその時の環境条件に強く依存するということを明らかにした。だとしたら，とある種の自家和合突然変異を遺伝学的な手法で特定することによって，その種において自家和合性が広まった当時の環境をある程度推定できないだろうか。現生集団の調査だけからはわからない過去の生態学的な状況に関する示唆を，塩基配列のデータから得られるかもしれない。これは進化生態学的に見ても新しい展開の方向性だろう。

私たちはシロイヌナズナにおける自家和合性の進化に重要な突然変異の一つを花粉側因子に発見し，その突然変異がシロイヌナズナのヨーロッパ集団にごく最近，それも分布の融合・拡大時に広まった可能性を提示した。加えて，シミュレーション解析から，環境条件によっては自家和合性変異は一般に花粉側に起こるであろうということも明らかにした。強調したいことは，分子遺伝学的・集団遺伝学的な手法と進化生態学的な視点の両方がそろって初めてこの研究が成り立ったということである。遺伝子の多型情報から過去の選択圧やその時期についてある程度の推測をすることは可能だが，なぜその性質が進化したのかという選択圧の「中身」に関する着想は分子集団遺伝学からは得られない。その部分には，進化生態学が古くから得意としてきた数理モデル・シミュレーションや，現生集団の野外観察によってこそ迫ることができるだろう。次世代シーケンサーなどの塩基配列解読技術と多型解析の数理的手法の飛躍的発展も相まって，分子集団遺伝学・ゲノミクスの手法は今や野外のあらゆる生物に比較的簡単に適用しうる段階に入っている。今後，野外での現象に進化生態学の視点と分子集団遺伝学の手法をうまく組み合わせた研究がますます増えていくことを期待して，本稿の結びとしたい。

謝辞

本研究を通し，清水健太郎博士（スイス・チューリヒ大）に一貫してご指導を賜った。諏訪部圭太博士（三重大），渡辺正夫博士，五十川祥代氏（東北大），鈴木剛博士（大阪教育大），高山誠司博士（奈良先端大）には，自家不和合性に関する形質転換実験と，論文執筆上の数々の助言を賜った。パブロス・パブリディス氏（ドイツ・ミュンヘン大）とトーマス・ステドゥラー博士（スイス・ETH チューリヒ校）には，分子集団遺伝学的解析のアドバイスと，論文執筆時の助言をいただいた。清水（稲継）理恵博士（チューリヒ大）には日頃から分子生物学的な実験について指導をいただいた。土畑重人博士（東大）にはモデル解析に関する議論をさせていただいた。小林正樹氏（チューリヒ大），中川さやか氏，丸川祐佳氏（東大），査読者・責任編集者の方々には本稿への貴重なご意見をいただいた。以上の方々，そして卒業研究・修士課程・博士課程と温かく私を見守りご指導くださった伊藤元己博士（東大）に篤くお礼を申し上げる。

引用文献

Abbott, R. J. & Gomes, M. F. 1989. Population genetic structure and outcrossing rate of *Arabidopsis thaliana* (L.) Heynh. *Heredity* **62**: 411-418.

Barrett, S. C. H. 2002. The evolution of plant sexual diversity. *Nature Reviews Genetics*. **3**: 237-284.

Bechsgaard, J. S., Castric, V., Charlesworth, D., Vekemans, X. & Schierup, M. H. 2006. The transition to self-compatibility in *Arabidopsis thaliana* and evolution within S-haplotypes over 10 Myr. *Molecular Biology and Evolution*. **23**: 1741-1750.

Beck, J. B., Schmuths, H. & Schaal, B. A. 2008. Native range genetic variation in *Arabidopsis thaliana* is strongly geographically structured and reflects Pleistocene glacial dynamics. *Molecular Ecology*. **17**: 902-915.

Boggs, N. A., Nasrallah, J. B. & Nasrallah, M. E. 2009. Independent S-locus mutations caused self-fertility in *Arabidopsis thaliana*. *PLoS*. **5**: e1000426.

Busch, J. W. & Schoen, D. J. 2008. The evolution of self-incompatibility when mates are limiting. *Trends in Plants Science*. **13**: 128-136.

Charnov, E. L. 1982. The theory of sex allocation. Princeton University Press, Princeton.

Cruden, R. W. 2000. Pollen grains: why so many? *Plant Systematics and Evolution*. **222**: 143-165.

Darwin, C. 1862. On the various contrivances by which British and foreign orchids are fertilised by insects, and on the good effects of intercrossing. Murray, London.

Darwin, C. 1876. The Effects of Cross and Self Fertilisation in the Vegetable Kingdom. Murray, London.

Fisher, R. A. 1941. Average excess and average effect of a gene substitution. *Annals Eugenicus*. **11**: 53-63.

François, O., Blum, M. G., Jakobsson, M. & Rosenberg, N. A. 2008. Demographic history of European populations of *Arabidopsis thaliana*. *PLoS Genetics*. **4**, e1000075.

Franklin-Tong, V. E. 2008. Self-Incompatibility in Flowering Plants: Evolution, Diversity, and Mechanisms, Springer, Berlin.

Goodwillie, C., Susan Kalisz, & Christopher G. 2005. Eckert The evolutionary enigma of mixed mating systems in plants: occurrence, theoretical explanations, and empirical evidence. *Annual Review of Ecology, Evolution and Systematics*. **36**: 47-79.

Igic, B., Bohs, L. & Kohn, J. R. 2006. Ancient polymorphism reveals unidirectional breeding system transitions. *Proceedings of the National Academy of Science of the United States of America*. **103**: 1359-1363.

Lande, R. & Schemske, D. W. 1985. The evolution of self-fertilization and inbreeding depression in plants. I. Genetic models. *Evolution* **39**: 24-40.

Mable, B. K., Robertson, A. V., Dart, S., Di Berardo, C. & Witham, L. 2005. Breakdown of self-incompatibility in the perennial *Arabidopsis lyrata* (Brassicaceae) and its genetic consequences. *Evolution* **59**: 1437-1448.

Nordborg, M., Hu, T. T., Ishino, Y., Jhaveri, J., Toomajian, C., Zheng, H., Bakker, E., Calabrese, P., Gladstone, J., Goyal, R., Jakobsson, M., Kim, S., Morozov, Y., Padhukasahasram, B., Plagnol, V., Rosenberg, N. A., Shah, C., Wall, J. D., Wang, J., Zhao, K., Kalbfleisch, T., Schulz, V., Kreitman, M. & Bergelson, J. 2005. The pattern of polymorphism in *Arabidopsis thaliana*. *PLoS Biology*. **3**: e196.

Okamoto, S., Odashima, M., Fujimoto, R., Sato, Y., Kitashiba, H. & Nishio, T. 2007. Self-compatibility in *Brassica napus* is caused by independent mutations in *S*-locus genes. *Plant Journal*. **50**: 391-400.

Pujol, B., Zhou, S. R., Sanchez Vilas, J. & Pannell, J. R. 2009. Reduced inbreeding depression after species range expansion. *Proceedings of the National Academy of Science of the United States of America*. **106**: 15379-15383.

Schmid, K. J., Törjék, O., Meyer, R., Schmuths, H., Hoffmann, M. H. & Altmann, T. 2006. Evidence for a large-scale population structure of *Arabidopsis thaliana* from genome-wide single nucleotide polymorphism markers. *Theoretical and Applied Genetics*. **112**: 1104-1114.

Sherman-Broyles, S., Boggs, N., Farkas, A., Liu, P., Vrebalov, J., Nasrallah, M. E. & Nasrallah, J. B. 2007. *S*-locus genes and the evolution of self-fertility in *Arabidopsis thaliana*. *Plant Cell* **19**: 94-106.

Shimizu, K. K., Shimizu-Inatsugi, R., Tsuchimatsu, T. & Purugganan, M. D. 2008. Independent origins of self-compatibility in *Arabidopsis thaliana*. *Molecular Ecology*. **17**: 704-714.

Stebbins, G. L. 1974. Flowering Plants: Evolution Above the Species Level. Harvard University Press, Cambridge.

Suzuki, G. 2009. Recent progress in plant reproduction research: the story of the male gemetophyte through to successful fertilization. *Plant & Cell Physiology*. **59**: 1857-1864.

Takayama, S. & Isogai, A. 2005. Self-incompatibility in plants. *Annual Review of Plant Biology* **56**: 467-489.

Tang, C., Toomajian, C., Sherman-Broyles, S., Plagnol, V., Guo, Y. L., Hu, T. T., Clark, R. M., Nasrallah, J. B., Weigel, D. & Nordborg, M. 2007. The evolution of selfing in

Arabidopsis thaliana. *Science* **317**: 1070-1072.

Tsuchimatsu, T., Sakai, S. & Ito, M. 2006. Sex allocation bias in hermaphroditic plants: effects of local competition and seed dormancy. *Evolutionary Ecology Research* **8**: 829-842.

Tsuchimatsu, T., Suwabe, K., Shimizu-Inatsugi, R., Isokawa, S., Pavlidis, P., Städler, T., Suzuki, G., Takayama, S., Watanabe, M. & Shimizu, K. K. 2010. Evolution of self-compatibility in *Arabidopsis* by a mutation in the male specificity gene. *Nature* **464**: 1342-1346.

Tsukamoto, T., Ando, T., Takahashi, K., Omori, T., Watanabe, H., Kokubun, H., Marchesi, E., Kao, T. H. 2003. Breakdown of self-incompatibility in a natural population of *Petunia axillaris* caused by loss of pollen function. *Plant Physiology*. **131**: 1903-1912.

Uyenoyama, M. K., Zhang, Y., Newbigin, E. 2001. On the origin of self-incompatibility haplotypes: transition through self-compatible intermediates. *Genetics* **157**: 1805-1817.

工藤慎一　2002.　行動生態学の求める答えとは？－軟派と硬派の狭間から－．遺伝 **56** (3): 42-48.

酒井聡樹・高田壮則・近雅博　2002. 生き物の進化ゲーム－進化生態学最前線生物の不思議を解く．共立出版.

辻和希　1999.　進化生態学が求める一般性とは？　*SHINKA* **9**: 7-16.

矢原徹一　2007.　エコゲノミクスは進化生態学をどう変えるか？　日本生態学会誌 **57**: 111-119.

第４章　季節を測る分子メカニズム：遺伝子機能のイン・ナチュラ研究

相川慎一郎（神戸大学大学院理学研究科）
工藤　洋　（京都大学生態学研究センター）

１．遺伝子の生態学

遺伝子は，本来，生物が生育する自然の中で機能している。そこでは，風雨にさらされることもあれば，日照りが続くこともある。気温や湿度は刻々と変化し，一時も同じ状態でとどまることはない。生物は，自然条件下で生きていくためのさまざまな機能を持っている。それらの機能を駆使して，動物であれば天敵を避け，餌を探し，子育てをしなければならないし，植物であれば光の当たる場所に葉を広げ，水を吸収し，花を咲かせて実を結ばなければならない。これらの機能が，少々の環境変化で誤作動したり，機能停止に陥ったりしていては，自然界で生きていくことは難しい。生物の機能には，野外において十分能力を発揮できるようなしくみがあるはずである。

遺伝子の研究というと，高度な設備が整った大学や研究所の実験室内だけで行われていると考えるかもしれない。確かに，従来，機能解析は主に室内の実験条件において行われてきた。しかし，分子遺伝学的手法の発達とともに，遺伝子の機能を野外で研究することができるようになった。今や，遺伝子の研究者が，自然の生育地に出かけて野外研究をするようになったのである。自然条件は，実験室内の条件よりはるかに複雑である。自然条件下で遺伝子の発現動態を調べ，野外条件を考慮した実験をすることで，遺伝子の機能がよりよく理解されるようになる。それはまるで，飼育下でしか観察したことのなかった生物について，初めて自然条件下での生態を観察するようなものである。まさに，「遺伝子の生態学」である。

大学で生物学関係の学科にすすむと，「イン・ヴィトロ “*in vitro*”」，「イン・ヴィヴォ “*in vivo*”」という言葉を聞くようになる。前者は「試験管内での」，後者は「生体内での」という意味である。分子遺伝学・生化学・細胞生物学的手法が生物学の主要な技術となって以来，生物を構成するタンパク質・核酸といった分子を，あるいは細胞そのものを生体外に取り出して研究することが普通になった。そういった状況の中で，生体外と生体内での研究結果を区別し，最終的には生体内での現象を理解することが研究のゴールであることが強調されるようになった。そのために，それぞれの研究がイン・ヴィトロの結果なのか，イン・ヴィヴォの結果なのかに注意が払われてきた。それと同じように，生物の機能が本来の生育地において役割を果たしているという事実，自然淘汰が適応をもたらしてきたのは自然の生育地条件下であるという事実の2つの点を根拠に，「イン・ナチュラ“*in natura*”」とでもよぶべき自然生育地での研究が必要となる。イン・ヴィトロ，イン・ヴィヴォ，イン・ナチュラ研究をあわせることで，遺伝子の機能をより包括的に理解する時代に入ったといえるであろう。

本章では，私たちが研究を行っている開花調節に関わる遺伝子のイン・ナチュラ研究を紹介し，自然条件下での機能解析が果たすことのできる役割の一例を示したい（Aikawa *et al.*, 2010）。

2.　自然の季節の中での日長と気温

ほとんどの植物は，1年のうちで決まった季節に開花する。開花の時期は，それに引き続く花粉の授受・果実の発達・種子の成熟・種子の散布といった過程からなる植物の繁殖が成功するか，失敗するかを左右する（Elzinga *et al.*, 2007; Franks *et al.*, 2007）。そのため，植物は，繁殖が成功する確率が最も高くなる季節に咲くようなしくみをもつと考えられている。

特定の季節に咲くには，外界の環境の変化を感知し，開花時期を調節しなければならない。植物が季節を知るための環境シグナルとして，日長と温度の季節変化をあげることができる。たとえば，春に咲くアブラナやコムギは日が長くなると花成が促進される長日植物であることが知られているし，秋に咲くキクやイネは短日植物である。また，アブラナやコムギに数週間の冷温処理を施すと，春でなくても花が咲くことが知られており，春化処理（バーナリゼーション）として知られている。しかし，これらの性質について研究するときに実験室で設定する条件は単純化されていることが多く，たとえば長日であれば16時間日長，短日であれば8時間日長，低温処理は連続5

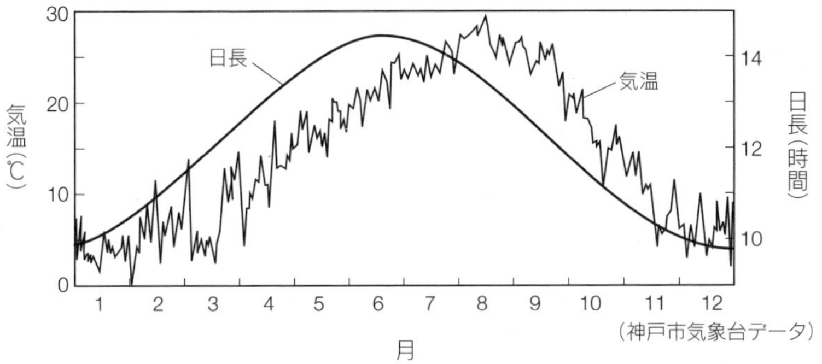

図 1　日長と気温の 1 年間にわたる変動の様子
日長は暦にしたがって正確に変化する。一方，気温は複雑なパターンを示しながら変動し，季節変動は 1 か月以上の長期の傾向としてあらわれる。

℃といったように設定される。

一方で，自然条件においては環境の変動パターンは複雑であり，いわゆるノイズとも言うべき誤差情報が含まれているが，植物はそういったノイズに惑わされることなく開花する。この惑わされないしくみを含めて，開花の調節のしくみを理解する必要がある。また，時に狂い咲きとよばれる季節外れの開花が観察されることがあるが，そういった現象も，植物が自然条件でどのように開花を調節しているかを知ることで説明ができるようになるのではないだろうか。

自然条件下での日長と温度は，実に対照的な変動を示す（工藤・相川，2009）。日長は，基本的には暦にしたがって正確に変化する，予測性の高い季節シグナルであると言える（図 1）。そのために，植物はある日の日長を感受することができれば，季節を知ることができると考えられる。最近明らかになりつつある日長応答のしくみは，まさにこの予想のとおりであり，植物は 1 日ごとに日長を測定するしくみを持つことが明らかにされている。もちろん，自然条件下には，曇りや雨といった天候による日長の変化が予想されるので，そういったことに対処するメカニズムを植物は持つはずである。

一方，温度は，非常に複雑なパターンを示しながら季節的に変動する（図 1）。気温は，気象条件によって左右されやすいため，暦にしたがって正確に変化することはない。気温の季節変動は 1 か月以上の長期の傾向としてあらわれるのである。実際のところ，われわれですら，真夏か真冬でもない限り，

1週間程度の気温のデータのみから季節を特定するのは難しい。つまり，気温の変化から季節をとらえるには，かなり長期間の過去の気温を覚えているかのようにはたらくしくみが必要であるということになる。

これはとても興味深い問題であると考えた私たちは，温度シグナルに対する開花調節に着目して自然条件下での遺伝子機能の研究を開始した。

3.　モデル植物シロイヌナズナの開花

開花調節は，植物の環境応答を代表するものとして，そのしくみについて多くの研究がなされている。また，開花結実の時期が農産物の収穫を大きく左右するため，応用上も重要な研究テーマとされている。さらに近年，植物分子遺伝学のモデル生物であるシロイヌナズナでは，多くの開花を調節する遺伝子が発見・同定され，遺伝子間の相互作用や遺伝子転写の調節機構までもが明らかにされつつある（Simpson & Dean, 2002; Yanovsky & Kay, 2003）。

ここで，季節変化の中でのシロイヌナズナの生活環について説明しておこう。シロイヌナズナは，夏から秋に発芽し，越冬後の春に開花するアブラナ科の一年草である。ただし，発芽が早ければ，冬前に開花する場合もある。子葉を展開した後は，茎の先端にある茎頂分裂組織から葉が分化する。茎頂分裂組織自身は未分化の状態を保ち続けているが，栄養成長相にある間はそこから葉が作られ続ける。展開した葉は互いに重なり合いを避けながら，全体として円をなすように配列していく。ちょうどバラの花びらが配列しているようであることから，この状態の植物のことをロゼットとよぶ。しばらくロゼット成長を続けた後に，生殖成長相に入ると，上位の葉と葉の間にある茎が伸長し始める。このことを抽薹（ちゅうだい）とよび，生殖成長開始の，最も早い形態的な徴候とされている。伸長した茎が花茎であり，花茎の先端の茎頂分裂組織では花器官が分化し，やがて花序が形成される。シロイヌナズナは一度開花して結実すると，その生活環を終える一年草である。しかし，シロイヌナズナ属の近縁種を含めて，アブラナ科には多年草が多くある。多年草では，一定の開花期間ののちに，再び栄養成長相にもどる。

シロイヌナズナでは，開花に先立って，茎頂分裂組織から花器官が分化し始める。この時点を生殖成長相に入ったものと考え，これを花成とよんでいる。花成を促進する経路として，長日条件下で促進が起こる光周期依存促進経路（以後，日長経路とよぶ），長期の低温を経験することで促進が起こる春化依存促進経路（以後，春化経路とよぶ），植物ホルモンであるジベレリンによって促進が起こるジベレリン依存促進経路が同定されている。特に促進条件がない時に開花を引き起こす自律的促進経路を加えて，シロイヌナズナでは4つの花成促進経路があるとされている（Simpson & Dean, 2002; Yanovsky & Kay, 2003）。自然条件でジベレリンが与えられることはなく，また，多くの場合，越冬後の春先に開花をする。そのため，野外においては日長と温度がシロイヌナズナの開花時期を決める主要な環境シグナルとなっていると考えてよいだろう。

4. 温度記憶の候補遺伝子 *FLC*

シロイヌナズナでは，徹底したミュータントのスクリーニングの結果，開花調節にかかわる遺伝子が次々と発見されている。これまでに約180の開花調節遺伝子が同定され，その機能を解析する研究が進められている。

気温の季節変化を記憶する遺伝子が，これらの既知の遺伝子の中にあるだろうか？　野外での気温変化から季節を知るための条件，「短期の変動には惑わされずに長期の傾向にのみ応答する」ということを，どの遺伝子のはたらきで実現しているのだろうか？

アブラナ科に広く知られている春化（バーナリゼーション）応答は，長期の低温を経験することで花成が誘導される現象である。春化応答の特徴は，一定期間よりも長い低温を経験する必要があることと，その応答は低温が解除された後に起こることである。この応答によって，アブラナ科は冬に入る前に開花することを避け，越冬後に開花することを確実にしている。この応答は，見方によっては「冬を経験したことを記憶する」しくみと見ることができる（Michaels & Amasino, 2000; Sung & Amasino, 2005）。

シロイヌナズナの春化応答で中心的な役割を担っているのは，MADSボックスをもつ転写因子をコードする *FLC*; *FLOWERING LOCUS C* の調節である（図2，Michaels & Amasino, 1999; Bastow *et al.*, 2004）。FLCタンパク質は，花成を強力に抑制するはたらきを持つ。その抑制は，*SOC1*; *SUPPRESSOR OF OVEREXPRESSION OF CO 1* と *FT*; *FLOWERING LOCUS T* という花成を促進する2つの重要な遺伝子の転写調節領域に直接結合してそれらの転写を抑えるこ

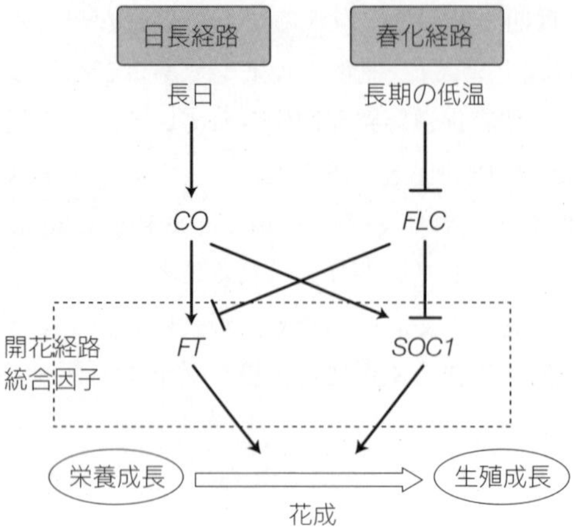

図2　シロイヌナズナの日長と温度を介した開花調節経路の概略図
CO と *FLC* がそれぞれの経路の主要因子であり，*FT* と *SOC1* が2つの経路を統合して花成を促進する。矢印が促進をT字型の印は抑制を意味する。

とによって達成されている（Lee *et al.*, 2000; Michaels *et al.*, 2005)。つまり，シロイヌナズナが栄養成長を続けている間は，FLC が発現することで花成が抑えられているのである。春化応答においては，長期の低温にさらされることで *FLC* の転写が抑制され，その結果，FLC タンパク質による花成の抑制が解除されることで花成が促進される。なお，*SOC1* と *FT* は，日長経路の主要因子である *CO*; *CONSTANS* の制御下にもあり，開花経路統合因子とよばれている（図2)。

この長期の低温に反応する *FLC* は，季節応答機構の候補として考えることができる。春化応答のしくみは，単に「冬を記憶する」というのだけではなく，もっと一般的に「気温変化の季節傾向を記憶する」しくみとなっている可能性がないだろうか。先にも議論したように，気温の変化をシグナルとして季節を感知するためには，過去の気温を長期にわたって覚えているかのようにはたらくしくみが必要である。気温の季節変化には応答しなければならないが，日変動や1週間程度の短い期間の気温の変化に敏感に応答していては，季節を誤って判定する可能性がある。つまり，短期変動を無視しながら，長期傾向には応答するという，一見矛盾するようなしくみを持つことになる。

このような高度な応答には，神経や脳が必要であるようにも思われるが，もちろん植物はそのようなものは持たない。そのため，発現レベルで「過去を記憶する」ように応答する遺伝子が存在している可能性は十分あり，*FLC*

はその重要な候補であった。そこで，私たちは，*FLC* 遺伝子発現量の季節変動を自然条件下で測ることが必要であると考えるようになった。私たちの考えが正しければ，*FLC* 遺伝子は，短い期間の気温変化には応答せず，むしろ長い期間にわたる過去の気温と相関した転写調節を見せるはずである。また，十分な回数の発現データを集めれば，気温の履歴と遺伝子発現量の関係を解析することで，いったいどのくらいの期間の過去を参照しているのかがわかるはずである。

5. 遺伝子転写量の季節変動を測る

「野外で遺伝子転写量の季節変動を測る」，著者のひとり相川がそんな研究テーマと出会ったのは，大学3回生の冬であった。卒業研究をする研究室を決める際に，分子生物学の手法を用いた生態学という新しい研究に魅かれ，もうひとりの著者である工藤の研究室を選んだ。そこで行うことになったのが，自然条件下で開花調節遺伝子の動態を解析するというテーマであった。工藤研究室には，当時の生態学の研究室には珍しく，いち早くリアルタイム定量 PCR 装置が導入されていた。定性的なものが多い分子生物学の手法の中で，リアルタイム定量 PCR は遺伝子の発現量を測る定量性のある手法である。定量的データは，生態学の得意とするところであり，自然条件下における遺伝子の機能を解析するためのうってつけの手法であった。

日本に自然分布するシロイヌナズナ属の植物，ハクサンハタザオ *Arabidopsis halleri* subsp. *gemmifera* を対象とした（図3）。本種は多年生草本である。花の時期を除いては，ロゼットを形成しており，冬もその状態ですごす。つまり，春に花を咲かせるが，1年中葉を持つ常緑性なのである。そのために，1年間を通して遺伝子の定量ができる。シロイヌナズナの *FLC* は，分裂組織だけでなく，葉を含めた植物体全体で転写されることがわかっていたため，分裂組織を傷めずに *FLC* の発現量の変化を測定することができると予想され，それも私たちの研究には好都合であった。

また，ハクサンハタザオでは，開花の終わりに，花序の先端に再びロゼットが形成される（図3）。これは，花成に際して栄養成長相から生殖成長相に移行した頂端分裂組織が，再び栄養成長相に再移行することを意味している。そのため，ハクサンハタザオでは栄養成長相と生殖成長相の両方向への

図3　シロイヌナズナ属の多年生草本，ハクサンハタザオ（*Arabidopsis halleri* subsp. *gemmifera*，左）

花は自家不和合性を示し，小型のハナバチやアブなどによって送粉される（右上）。開花の終わりに，花序の先端に再びロゼットが形成される（左下）。これは，花成に際して栄養成長相から生殖成長相に移行した頂端分裂組織が，再び栄養成長相に再移行することを意味する。

図4　ハクサンハタザオ *FLC* のシロイヌナズナへの形質転換実験

シロイヌナズナの早咲き系統（Col：右）に，ハクサンハタザオ *FLC* を導入して発現させると開花が大きく遅延する（左）。写真提供：小林正樹氏

移行がいつ起きたのかを正確に決めることができる。この空中に形成されたロゼットは，やがて花茎が倒れるとともに地面に接することとなり，根を張って新たなロゼットとして成長を再開する。

ハクサンハタザオの *FLC* 遺伝子の配列を調べた結果，シロイヌナズナ *FLC* と 94.9％の相同性を持つことがわかった。また，ハクサンハタザオにおいても，長期の低温によって，*FLC* の発現が低下するとともに，花成が促進されることがわかった。さらに，共同研究者であるスイス・チューリッヒ大学の小林正樹氏と清水健太郎氏によって，ハクサンハタザオ *FLC* をシロイヌナズナにおいて発現させるという形質転換†実験が行われた。その結果，ハクサンハタザオ *FLC* は，シロイヌナズナ *FLC* と同様にシロイヌナズナの開花を抑制することが確かめられた（図 4）。

7. 野外における遺伝子転写量の測定

測定を始めるにあたって，まず，野外に生育する植物から採取したサンプルを持ち帰る方法を決めなければならなかった。野外で遺伝子発現を定量した研究は少なく，参考にできる前例がなかった。問題となるのは，mRNA が分解されやすい物質であるということである。RNA を分解する酵素が，周囲に常在しているためである。

アイスボックスで保存したり，液体窒素中で保存したりすることを試したが，RNAlater という保存液を使用したときに最もよく RNA を保存することができた。RNAlater の主成分は硫酸アンモニウムの飽和溶液で，RNA 分解酵素を不活性化させることで RNA 分解を防ぐ。使用方法は簡単で，採取したサンプルを約 5 倍量の RNAlater に浸すだけという非常に便利な試薬である。また，25℃においても 1 週間程度は，RNA 量が変化しないとされている。これを利用することで，野外からの RNA サンプルを採取することが可能となった。

ただし，注意しなければならないこともある。RNAlater は溶液が組織に浸透することでその効果が発揮される。そのため，硬い組織は好ましくなく，クチクラ層が発達した葉などは，保存には向かない可能性がある。また，対象とする遺伝子によっては，溶液の浸透中に発現量が変化する可能性がある。そのため，どのような保存方法であっても，対象とする種類・組織・遺伝子ごとに保存の有効性を検証しておくことが重要である。私たちの研究の場合も，研究室で栽培した株を用いて，RNAlater 保存によって対象とする遺伝子の mRNA 量が大きく変化しないことを繰り返して確かめた。このようにして持ち帰った組織から RNA を抽出し，逆転写反応によって得られた cDNA を用いてリアルタイム定量 PCR を行った。

次に，多検体の比較定量方法である。リアルタイム定量PCRでは，目的遺伝子の転写量を標準遺伝子の転写量の相対値として定量する。標準遺伝子は，転写量の変化が少ないものから選ぶことになる。まず，ハクサンハタザオ*FLC*のプライマーの増幅効率が最適化されるようなプライマーの選択とPCR温度条件の設定を行う。これと同じPCR条件で，同様の高い増幅効率を見せた*ACTIN2*を標準遺伝子とした。私たちの研究の場合，さらに長期間にわたって測定を繰り返すために，複数のPCR実験間での比較をする必要があった。そこで，実験室で栽培して6週間の低温処理をほどこしたハクサンハタザオから得られたcDNAを多数分注して保存し，それを基準サンプルとして毎回の測定に加えた。最終的に，*FLC*の発現量はこの基準サンプルに対する相対値として定量した。

定量法を確立したら，いよいよ野外に生育する植物を対象にした調査である。私たちは，兵庫県中部のハクサンハタザオの自然集団に調査区を設置した。1週間毎に調査地を訪れ，ハクサンハタザオ集団の生態調査を行い，定時に6株から遺伝子発現定量用の葉サンプルを採取する。そして翌日そのサンプルからRNAを抽出する。RNAサンプルがある程度そろったら，ターゲット遺伝子である*FLC*遺伝子の転写量をリアルタイム定量PCRで測定する。あとはひたすら，毎週毎週それを繰り返した。

野外におけるサンプリングは，炎天下であったり，雨が降っていたり，雪の中から個体を掘り当てたりと植物がおかれている状況が毎回大きく異なっていた。また，春と秋にはダイコンハムシが発生し，大きな食害を受けたこともあった。そんな状況で，果たしてハクサンハタザオ*FLC*の発現が温度のみで決まっており，再現性のあるデータとして検出できるのかどうかが不安であった。

8. ハクサンハタザオ*FLC*の季節変動

データがそろうとハクサンハタザオFLC遺伝子の転写量は，見事な季節変動のパターンを描き，その変化のタイミングはハクサンハタザオのフェノロジーとも一致していた（図5）。フェノロジーとは，「季節消長」と訳されるが，植物が季節の中でいつ芽生え，葉を開き，開花するかといったスケジュールのことである。測定を開始後，最初の遺伝子転写量の変化は，冬に始

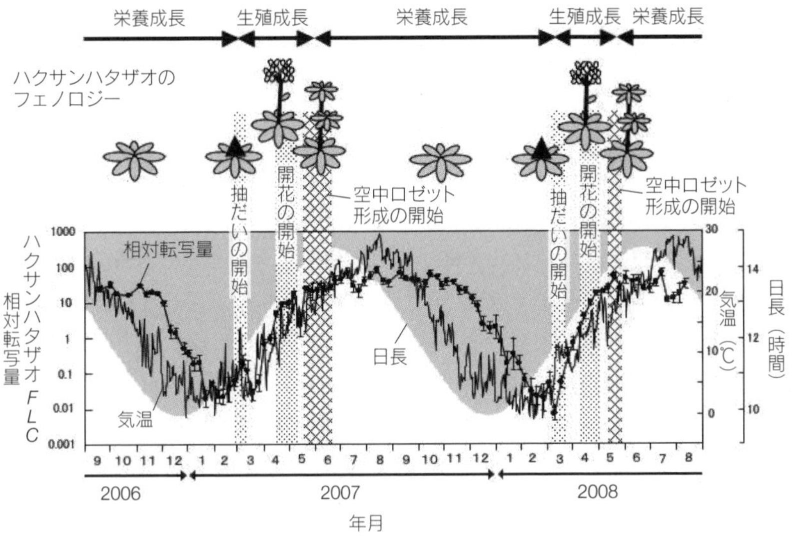

図５　ハクサンハタザオＦＬＣ転写量の２年間にわたる季節変化（黒丸，エラーバーは標準偏差）

日平均気温の季節変動（折れ線）と日長の周年変動（塗り分け）も示した。ハクサンハタザオのフェノロジーについては，抽薹，開花，空中ロゼット形成の開始のピーク（集団中の70% 以上の個体がこの期間に開始した）をそれぞれの塗りつぶしパターンで示した。抽薹の開始は，栄養成長から生殖成長への移行であり，空中ロゼット形成の開始は，生殖成長から栄養成長への移行を意味する。

まった。冬の間のフェノロジー調査は，どちらかといえば退屈である。毎週調査地に通っても，植物はあまり成長せず目立った変化を見せない。しかし，その細胞の中では，FLC 遺伝子発現量のダイナミックな変化が起きていたのである。FLC 遺伝子の転写量は，9 月に測定を開始してから 12 月頃までは高いレベルを維持し続けていたが，12 月から徐々に低下していき，1 月末に最低レベルまで低下した。そして，3 月から再び転写量が上昇し始め，5 月末には低下する前のレベルまで回復した。その後，転写量は高いレベルを維持したまま再び 9 月を迎えた。

私たちは，この季節変動のパターンが繰り返しあらわれることを確かめるために，さらに測定を継続し，1 週間ごとの測定を 2 年間続けた。その結果，ハクサンハタザオ *FLC* は 1 年目も 2 年目も明確な季節変動を示すとともに，次の 3 つのことが明らかになった。

第一に，夏冬の転写量の差が非常に大きいということであった。真冬の最も強く抑制された時の転写量は，夏のそれと比べてわずか0.03％であった。また，これは実験室で6週間の低温処理を与えた植物と比べてもその1～3％であった。第二に，転写量の応答がとてもゆっくり起こったことである。秋の低下も春の上昇も，それぞれ約9週間かかっており，遺伝子の応答としては格段に長期間であった。第三にハクサンハタザオ *FLC* の転写量変化のタイミングに相関して，フェノロジーの変化が起きたことである。ハクサンハタザオの抽薹は，*FLC* の転写量が最低のレベルまで低下した時期に起こった。その後の気温の上昇にやや遅れて *FLC* 転写量も徐々に上昇するのであるが，開花期間中は *FLC* の転写量はまだ低く，そのレベルは実験室で6週間の春化処理を受けたものよりも低かった。そして，*FLC* の転写量が冬前のレベルまで戻るのと同時に，栄養成長への再転換が起こった。

9. 遺伝子転写量と気温の関係の解析

2年間にわたる調査の結果，ハクサンハタザオ *FLC* の転写量についての573個のデータが得られた。これだけのデータがあると，気温との関係を解析することができる。最初に述べたように，植物が気温変化を手がかりに季節を知るには，過去の気温の長期傾向に応答する必要がある。そこで，野外において測定したハクサンハタザオ *FLC* の転写量が，過去の気温によって調節されているという作業仮説に立ち，どのぐらいの長さの期間の温度傾向によって転写量が説明されるかを解析した。

私たちがまず調べたのは，気温の移動平均と，*FLC* の転写量の関係である。たとえば，5日間の気温の移動平均といえば，ある日からさかのぼって過去5日間の気温を平均した値のことを示す。移動平均では，さかのぼった分過去のデータが影響を及ぼすため，実際の変化から少し遅れて平滑化されるデータとなる。短い期間の移動平均値は，短期間の傾向を示し，長い期間の移動平均は長期間の変動傾向を示す。移動平均は，株価の変動を予測するための指標の1つとして利用されていたり，気象データなどにも応用されたりしている系列データを平滑化する手法である。この移動平均を利用して，どのくらいの期間の移動平均が *FLC* 遺伝子の転写量の変化と関係があるのかを解析した。

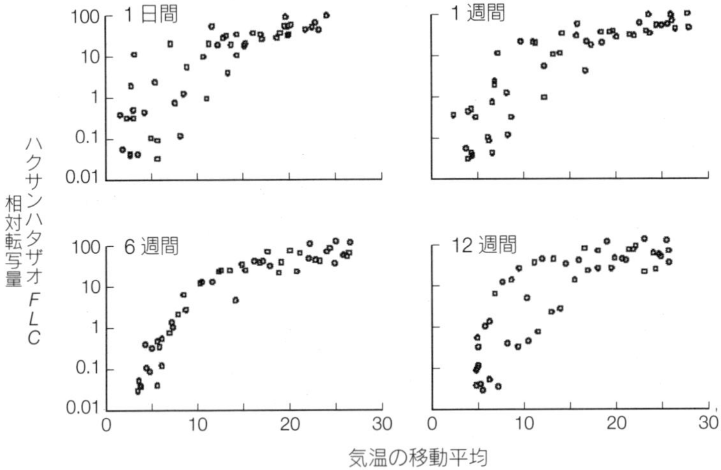

図 6　ハクサンハタザオ FLC 遺伝子の発現量と気温の移動平均との関係
ハクサンハタザオ FLC 遺伝子の発現量と気温の移動平均との関係を調べると，過去 6 週間の移動平均と強い関係が見られた。より短い期間（1 日や 1 週間）や長い期間（12 週間）の気温の移動平均とこの遺伝子の発現量との相関はそれほど高くない。

もちろん，自然の生育地においては気温以外のさまざまな要因が変化しており，それらが *FLC* の転写量に影響する可能性もある。われわれの得たデータは野外で測定されたものであるので，仮に気温によって説明される割合がそれほど高くなくても，気温の効果が統計的に示されればよいという程度の予想をしていた。ところが，この予想は，よい意味で大きく外れることになった。

移動平均を用いて解析を行った結果，過去 6 週間の気温の移動平均と *FLC* 遺伝子の発現との間に強い関係があることがわかった（図 6）。そして，それよりも長い 12 週間の気温の移動平均や短期間の傾向を示す 1 日や 1 週間の気温の移動平均では，関係が弱まった。この結果から，ハクサンハタザオ *FLC* 遺伝子は野外の温度環境下において，短期の気温変動には反応せずに，6 週間程度の期間にわたる過去の気温に反応しているのではないかと考えた。このことは，さらに工夫した数学モデルによる解析を試みるべきであることを示していた。

そこで，数理生物学者の佐竹暁子さんを共同研究者に迎え，数学モデルの改良を行った。その結果，過去の参照期間において，閾値温度を下回る低温

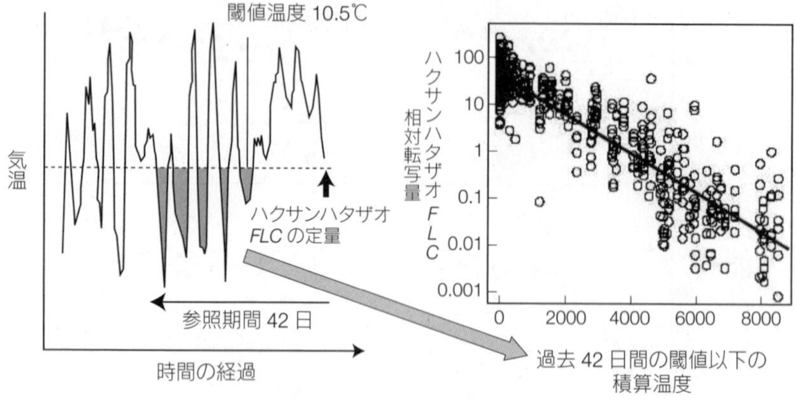

図 7　自然条件下におけるハクサンハタザオ *FLC* 発現量の調節

自然条件下におけるハクサンハタザオ *FLC* 発現量の調節は過去約 6 週間の温度で最もよく説明できる。過去の一定の参照期間にわたる気温のうち，ある閾値温度を下回る温度の積算温度を求め（左図の塗りつぶし部），ハクサンハタザオ FLC 発現量との関連を調べた。参照期間と閾値温度をさまざまに変えて解析した結果，参照期間 42 日，閾値温度 10.5℃とした時がハクサンハタザオ *FLC* 発現量の季節変化を最もよく説明した（右図）。＊左図は解析の概念を示すための図で，実際のデータではない。

の経験量がハクサンハタザオ *FLC* の転写量を決定するという，植物生理学的にもより妥当な仮定を持つモデルがデータを最もよく説明することが明らかになった（図 7）。このモデルにおいて，参照期間は 42 日と推定され，やはりハクサンハタザオがあたかも過去約 6 週間の気温を覚えているかのように遺伝子転写を調節することが明らかになった。しかも，過去の気温だけによって，自然条件におけるハクサンハタザオ *FLC* の転写量変動の 80％が説明されることが明らかになった。これは，予想をはるかに上回る値であり，自然条件下で測定された *FLC* 転写量変化の大半が過去の気温で説明できたのである。もちろん，これは数千倍の転写量の変動をみせる季節変動の大半を説明したということであり，たとえば同じ日に測定した個体間で観察される数倍から十数倍の転写量の差異のなかには，個体の遺伝的性質や置かれている微環境に由来する差異があるであろう。

また，42 日という期間は 2 年間を通した解析の結果であり，*FLC* が下がる時と上がる時とで，参照期間が異なる可能性もある。そういったことを仮定すると，下がる過程での参照期間が 60 日程度，上がる時の参照期間が 20

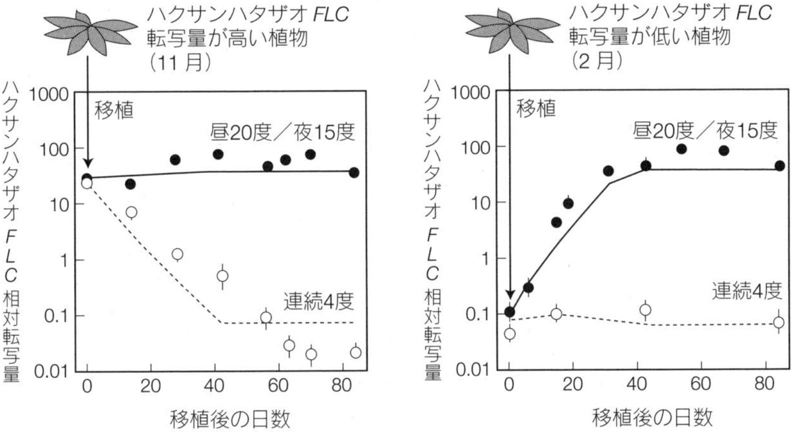

図 8　ハクサンハタザオ FLC 遺伝子転写量の変化

ハクサンハタザオを野外から移植して実験的に操作した温度条件を経験させ，ハクサンハタザオ FLC 遺伝子転写量の変化を調べた。ハクサンハタザオ FLC 遺伝子転写量が高い 11 月に移植した場合には（左図），昼 20℃ / 夜 15℃条件（●）では転写量は高いままに保たれ，4℃条件（○）では転写量が徐々に低下した。転写量が低い 2 月に移植した場合には（右図），4℃条件（○）では転写量は低いままに保たれ，昼 20℃ / 夜 15℃条件（●）では転写量が徐々に増加した。また，モデルで推定された転写量の変化予測（実線と点線）は，実測値の変化とよく一致した。

日程度と推定された。

構築したモデルが妥当であるかどうかを検証するために，ハクサンハタザオに実験的に操作した温度条件を経験させ，その FLC 遺伝子の転写量の変化を構築したモデルで予測ができるかどうかを調べた。野外環境下の個体を，違った時期に，気温を操作した環境に移植した。その結果，ハクサンハタザオ *FLC* の転写量が高い時期に移植した個体は，20℃ /15℃（昼温 / 夜温）条件では転写量は高いままに保たれ，4℃条件で転写量が徐々に低下した（図 8）。転写量が低い時期に移植した個体は，4℃条件では転写量は低いままに保たれ，20℃ /15℃条件で転写量が徐々に増加した（図 8）。また，モデルで推定された転写量の変化予測は，実測値の変化とよく一致した。つまり，野外実験で見られた FLC 遺伝子の転写量の変動は，実験室内でも再現されたのである。

10. 温度シグナルを“記憶”するメカニズム

自然の中で，ハクサンハタザオ *FLC* 遺伝子は，約6週間の気温の長期傾向に反応してその転写量が調節されていることがわかった。つまり，まるで過去6週間の気温を“記憶”しているかのように調節されていたのである。では，*FLC* 遺伝子はどのようにして気温の長期傾向に応答するのであろうか。シロイヌナズナで明らかにされている *FLC* 遺伝子の発現調節のメカニズムは，この遺伝子が長期記憶のようなはたらきをもつことを期待させるものである。*FLC* 遺伝子の調節メカニズムを理解するには，遺伝子を構成する DNA 分子が，植物細胞の核の中でどのように存在しているかについて説明をする必要がある。

核の中で DNA はヌクレオソームという球状の構造の周りに巻きつきながら存在しており，DNA でつながるヌクレオソームが数珠のように連なっている。このヌクレオソームはヒストンとよばれるタンパク質からなっており，この DNA とヒストンからなる複合体がクロマチンである。ヒストンにはアミノ酸が連なった尾状の部分があり，この部位のアミノ酸がメチル化やアセチル化といった修飾を受ける。ヒストンの修飾部位や種類によって，ヌクレ

Box　シロイヌナズナ FLC の転写調節と細胞記憶

クロマチン構造の変化によって転写が抑制される遺伝子を特徴づけるのが，ポリコームグループ（PcG）タンパク質が形作るポリコーム抑制性複合体2［PRC2; Polycomb Repressive Complex 2］によるヒストン修飾である（De Lucia *et al*., 2008）。ポリコームグループタンパク質複合体によるクロマチン修飾による転写抑制機構は，最初にショウジョウバエのホメオティック（Hox）遺伝子の制御機構として発見された。その後，この機構は動物から植物まで広い範囲で保存された転写抑制機構であり，動物では体節依存的に発現して下流の形態形成遺伝子を統合的に調節する *Hox* 遺伝子群，植物では花器官のアイデンティティーを決定する *MADS-Box* 遺伝子群の転写調節を担っていることが明らかにされた（Hsieh *et al*., 2003; Schwartz & Pirrota, 2007）。これらの遺伝子を調節する機構は，体細胞分裂を通じても安定的に遺伝子の転写調節状態を伝えるため，しばしば「細胞記憶」ともよばれ，ボディープランを司る主要因子とされている（Hsieh *et al*., 2003）。

FLC の転写調節は，この細胞記憶と同様のクロマチン構造の変化によって

オソーム同士が離れてDNAが緩んだ状態をとったり，ヌクレオソームどうしが凝集するような状態になったりというクロマチン構造の変化が起きる。前者のような状態はユウクロマチンとよばれ，後者のような状態はヘテロクロマチンとよばれる。ヘテロクロマチン領域においては，そこに遺伝子があった場合に転写が起こらないので，一般的にはヘテロクロマチン領域には遺伝子が存在していない。

長期の低温を経験すると，*FLC* 遺伝子の領域が条件的にヘテロクロマチン状態となり転写が抑制される。*FLC* は環境応答にクロマチンの構造の変化を使う特異な遺伝子なのである（BOX）。*FLC* が示すクロマチン構造の変化を介した転写抑制の特徴は，その状態が体細胞分裂を通して娘細胞に伝えられることである。このことにより，遺伝子の転写状態が組織レベルで長期に保有される。そのため，このメカニズムはしばしば細胞記憶ともよばれている。

植物は，細胞記憶のメカニズムを花成に用いることにより，短期の気温変動に惑わされずに長期傾向に対して応答することを達成している可能性が高い。

調節されている（Bastow *et al.*, 2004; Schmitz *et al.*, 2008）。長期の低温を経験すると，*FLC* の3'領域から非コードアンチセンス鎖COOLAIR; cold induced long antisense intragenic RNAが転写され，これがまず *FLC* の転写を抑制する（Swiezewski *et al.*, 2009）。これに遅れて，*VIN3* の発現が高まり（Sung & Amasino, 2004），PcGタンパク質であるVRN2, FIE, CLF, SWNからなるPRC2複合体と共働して，FLCクロマチンの修飾状態を変え，3番ヒストン（ヌクレオソームを形作る4種のヒストンにはそれぞれ番号がついている）のテールにおける27番目のリシンをトリメチル化（H3K27me3）する。H3K27me3は転写抑制のヒストンマークとして知られる修飾状態である。

その結果，動物でのヘテロクロマチン領域に結合しているヘテロクロマチンタンパク質のホモログ†であるLHP1が集積され，FLC遺伝子座領域がヘテロクロマチン様の状態となる（Mylne, JS *et al.*, 2006）。再び気温が上昇した後には，COOLAIRの転写や *VIN3* の発現は低下するが，*FLC* の転写抑制は維持される（Sung & Amasino, 2004; Swiezewski *et al.*, 2009）。

11. 開花調節の包括的な理解へ

植物の開花は，気温だけでなく，日長によっても調節されている。この日長経路に関しても近年，その調節メカニズムが詳細に明らかにされてきた。日長経路を介した花成誘導のシグナルは，暗黒条件下で鍵となるタンパク質が分解されてしまうことにより毎日リセットされるしくみとなっている。これは，長期傾向に応答する *FLC* の調節とは対照的である。

単純に考えると，予測性の高い日長シグナルを利用して開花時期を決めるのが，植物の季節応答にはよいように思われる。しかしながら，シロイヌナズナやハクサンハタザオは，日長だけでなく温度のシグナルも利用して，季節応答を果たしている。なぜ，両方のシグナルが必要なのであろうか。

第一に，適応度†に対する予測性の高さである。野外条件における開花のタイミングは，繁殖の成功が最大となるように調節されていると考えられる。特に温帯地域に分布する植物にとっては，繁殖の成功を決定する要因の多くが温度に依存している。低温による花器官そのものへの障害だけでなく，送受粉を行うポリネータの出現や，食害昆虫の活動も気温に依存している。日長は，暦を予測するというえでは，非常に予測性が高いシグナルであり，年ごとの変動はほとんどない。一方で，年によって春や冬の訪れの時期に差があるのはしばしば経験することである。気温の季節パターンは年ごとに変動するため，単純に暦によって開花するよりも，その年の気温の季節傾向に応じて，開花タイミングを調整した方が，繁殖の成功度が高まるであろう。

第二に，日長シグナルと温度シグナルの位相差を用いることによって，季節を正確に定位することができるということである。日長，温度シグナルは1年の周期を持つシグナルであるがゆえに，年に2回植物に同じシグナルを与えてしまう。たとえば，春分と秋分を日長から区別することはできないし，春と秋を気温だけから判定するのは難しい。ところが，日長の年周期におけるピークと，気温の季節傾向のピークとには数か月のずれがある。また，日長経路がその日の情報に基づいて応答する機構を持つのに対し，気温に応答する経路は過去数週間の温度を参照して応答する機構を持つ。そのため，日長シグナルの年周期と温度シグナルの年周期との位相差はさらに大きくなる。この2つのシグナルの位相差を植物が用いることができるのであれば，1年のすべての時期を細胞レベルで正確に知ることができるであろう。

ここに挙げた2つの仮説は，従来の機能解析とイン・ナチュラ研究とを合わせることで検証することができる。そのためには，野外条件において，関連遺伝子群の発現動態を調べる必要がある。また，野外条件を考慮した栽培実験下での機能解析も必要となる。さらに，各遺伝子の応答が，植物の繁殖成功にどのような結果をもたらしているのかも評価する必要がある。

温度をはじめとする野外環境は，生育地の緯度，標高，その他の条件によって変化する。また，最適な開花の時期も場所が変われば異なるであろう。そのため，局所適応†の結果，同じ植物種であっても開花調節の機構に遺伝的な変異があることが予想できる。この点は，今回のハクサンハタザオの研究では，まだ扱えていない重要な点である。実際，シロイヌナズナの複数の野外系統のセットを世界各地の野外条件で栽培することによって，開花調節における遺伝的変異と生育環境との相互作用を明らかにしようとする研究が行われている（Wilczek *et al*. 2009）。

現在では，複数系統の複数遺伝子について網羅的に遺伝子の発現を測定することも難しいことではなくなった。シロイヌナズナだけでなく，それに近縁の多様な生活史を持つ植物を対象に，オーソログ†（同祖遺伝子）の役割を調べることも可能である。効果的なイン・ナチュラ研究を行うための条件は整いつつある。

引用文献

Aikawa, S., M. J. Kobayashi, A. Satake, K.K. Shimizu & H. Kudoh. 2010. Robust Control of Seasonal Expression of *Arabidopsis FLC* Gene in a Fluctuating Environment. *Proceedings of the National Academy of Science*, *USA*, **107**: 11632-11637.

Bastow, R., J. S. Mylne, C. Lister, Z. Lippman, R. A. Martienssen & C. Dean 2004. Vernalization requires epigenetic silencing of *FLC* by histone methylation. *Nature* **427**: 164-167.

De Lucia, F., P. Crevillen, A. M. E. Jones, T. Greb & C. Dean. 2008. A PHD-Polycomb Repressive Complex 2 triggers the epigenetic silencing of *FLC* during vernalization. *Proceedings of the National Academy of Science*, *USA* **105**: 16831-16836.

Elzinga, J. A., A. Atlan, A. Biere, L. Gigord, A. E. Weis & G. Bernasconi. 2007. Time after time: flowering phenology and biotic interactions. *Trends in Ecology & Evolution* **22**: 432-439.

Franks, S. J., S. Sim & A. E. Weis. 2007. Rapid evolution of flowering time by an annual plant in response to a climate fluctuation. *Proceedings of the National Academy of Science, USA* **104**: 1278-1282.

Hsieh, T. F., O. Hakim, N. Ohad & R. L. Fischer. 2003. From flour to flower: how Polycomb group proteins influence multiple aspects of plant development. *Trends in Plant Science* **8**: 439-445.

工藤洋・相川慎一郎　2009.　自然条件下における開花調節―遺伝子機能のコンテクスト依存性―. 時間生物学 **15**: 27-32.

Lee, H., S. S. Suh, E. Park, E. Cho, J. H. Ahn, S. G. Kim, J. S. Lee, Y. M. Kwon & I. Lee. 2000. The AGAMOUS-LIKE 20 MADS domain protein integrates floral inductive pathways in *Arabidopsis*. *Genes & Development* **14**: 2366-2376.

Michaels, S. D. & R. M. Amasino. 1999. *FLOWERING LOCUS C* encodes a novel MADS domain protein that acts as a repressor of flowering. *Plant Cell* **11**: 949-956.

Michaels, S. D. & R. M. Amasino. 2000. Memories of winter: vernalization and the competence to flower. *Plant Cell & Environment* **23**: 1145-1153.

Michaels, S. D., E. Himelblau, S. Y. Kim, F. M. Schomburg & R. M. Amasino. 2005. Integration of flowering signals in winter-annual *Arabidopsis*. *Plant Physiology* **137**:149-156.

Mylne, J. S., L. Barrett, F. Tessadori, S. Mesnage, L. Johnson, Y. V. Bernatavichute, S. E. Jacobsen, P. Fransz & C. Dean. 2006. LHP1, the *Arabidopsis* homologue of HETEROCHROMATIN PROTEIN1, is required for epigenetic silencing of FLC. *Proceedings of the National Academy of Science, USA* **103**: 5012-5017.

Schmitz, R. J., S. Sung, & M. Amasino. 2008. Histone arginine methylation is required for vernalization-induced epigenetic silencing of *FLC* in winter-annual *Arabidopsis thaliana*. *Proceedings of the National Academy of Science, USA* **105**: 411-416.

Schwartz, Y. B., & V. Pirrota. 2007. Polycomb silencing mechanisms and the management of genomic programmes. *Nature Review Genetics* **8**: 9-22.

Simpson, G. G. & C. Dean. 2002. Flowering - *Arabidopsis*, the rosetta stone of flowering time? *Science* **296**: 285-289.

Sung, S. & R. M. Amasino. 2004. Vernalization in *Arabidopsis thaliana* is mediated by the PHD finger protein VIN3. *Nature* **427**:159-164.

Sung, S. & R. M. Amasino. 2005. Remembering winter: Toward a molecular understanding of vernalization. *Annual Review in Plant Biology* **56**: 491-508.

Swiezewski, S., F. Liu, A. Magusin & C. Dean 2009. Cold-induced silencing by long antisense transcripts of *Arabidopsis* Polycomb target. *Nature* **462**: 799-803.

Wilczek, A. M., J. L. Roe, M. C. Knapp, M. D. Cooper, C. Lopez-Gallego, L. J. Martin, C. D. Muir, S. Sim, A. Walker, J. Anderson, J. F. Egan, B. T. Moyers, R. Petipas, A. Giakountis, E. Charbit, G. Coupland, S. M. Welch, & J. Schmitt. 2009. Effects of genetic perturbation on seasonal life history plasticity. *Science* **323**: 930-934.

Yanovsky, M. J. & S. A. Kay. 2003. Living by the calendar: how plants know when to flower. *Nature Review Molecular Cell Biology* **4**: 265-275.

コラム2 エピジェネティクス

中村みゆき（奈良先端科学技術大学院大学）
木下　哲　（奈良先端科学技術大学院大学）

近年，さまざまな分野で「エピジェネティクス」という言葉が聞かれるようになってきた。最近になって急速に浸透してきた言葉だが，その歴史は古く，1942年にC. Waddingtonによって後成説（胚がはじめから成体の構造を持つわけではなく，漸次的につくり上げられるという概念）を意味する「epigenesis」という単語を意識して創られた。当時は，遺伝的背景から表現型に至るまでの過程における因果関係に関する研究を意味していた（Waddington, 1942）。しかしながら現在では，細胞分裂を通じて伝わる遺伝子の機能変化が，DNAの塩基配列の変化に依存しない現象やそれらの研究をエピジェネティクスと総称する。したがって，エピジェネティクスがかかわる生命現象は，発生／分化，環境応答，染色体の安定化など広範にわたる。なかでもさかんに研究されてきた具体的な現象としては，X染色体の不活性化やゲノムインプリンティング，トランスポゾンの活性の切り替わりなどがある。そしてその制御には，DNAメチル化†，低分子RNA†，ヒストン修飾，などがかかわることがわかっている。すべての生命現象を内包しかねないエピジェネティクス研究の現状に，どこまでがエピジェネティクスかという議論も起こるほどである。

エピジェネティックな制御により伝えられた情報は遺伝子の発現に影響を及ぼすため，いわゆる「細胞記憶」の分子機構の1つであるとも言える。エピジェネティックな情報は，従来の遺伝の概念と同様，個体レベルでの細胞分裂を通して維持されるほか，世代を越えて遺伝するものもある。しかしながら，エピジェネティクスの分野で扱う遺伝情報とDNA配列の遺伝情報との間で大きく異なるのはエピジェネティックな情報の変化が，塩基配列のそれに比べはるかに可逆的である点であろう。DNAの塩基配列がいったん変化してしまうと，もとに戻ることはまずない。一方，たとえばDNAメチル化の変化によって抑制されてしまった遺伝子発現などは，何かの拍子に復帰することがある。このような可逆的な変化の仕組みを生物が短期的な環境変化に適応するために利用している可能性は十分に考えられる。したがって，今後の生態学の研究分野においてDNAの塩基配列情報と同時にエピジェネティックな遺伝情報を扱うことは非常に重要であると言える。

エピジェネティクス分野の研究の進展により，DNAの塩基配列のみを対象とした遺伝学では説明困難だった現象の解明に糸口がもたらされている。植物におけるパラミューテーション†（後述。Chandler & Stam, 2004）や，低温刺激の記憶が開花時期に影響する春化 vernalization（後述）とよばれる現象（Dennis & Peacock, 2007）などはそのよい例であろう。また，大規模解析技術の革新にともない，全ゲノムレベルでのエピジェネティック変化の解析もさかんに行われるようになってきている。たとえば，量的遺伝学の手法をエピジェネティックな違いに適応して解析することも可能となり，これにより育種や生態学への応用など新たな展開が期待される（Chandler & Stam, 2004; Johannes *et al*., 2008; Richards, 2009）。本コラムでは，基本的なエピジェネティクスの分子機構であるDNAのメチル化およびヒストン修飾の説明に始まり，実際に表現型として観察されているエピジェネティックな制御の例として，環境応答や植物の形態にかかわる現象をいくつか紹介し，最後にエピジェネティックな変化を検出するにはどうしたらよいかという疑問に答えるための方法論や技術について取り上げている。興味のある方はさらに参考文献（『植物のエピジェネティクス』（島本ら，2008））を読まれたい。

1.　エピジェネティクスの制御機構

1.1.　ヒストン修飾

遺伝子を構成するDNAは核内において4種類のサブユニットから成るヒストン八量体のタンパクに巻き付いた状態で存在し，これらをヌクレオソームとよぶ。ヌクレオソームは，より高次的構造であるクロマチンとよばれる構造を形成する。このような構造は真核生物の間で高度に保存されており，遺伝子の発現を支配する因子の1つである。凝集したクロマチン構造（ヘテロクロマチン）をとる場合では，遺伝子の発現は抑制された状態にあり，多くの場合，その領域のDNAのシトシン残基やヒストンサブユニットH3の9番目のリジンがメチル化されている。染色体の高次構造にはさまざまな因

表 1　転写活性・不活性に相関してみられるヒストンや DNA 上の化学修飾

修飾	転写
アセチル化ヒストン（H3K，H4K 等）	+
メチル化ヒストン（H3K4，H3K36 等）	+
メチル化ヒストン（H3K9，H3K27 等）	−
ヒストン H2A.Z バリアント	+
メチル化 DNA（プロモーター領域）	−
メチル化 DNA（転写領域，主に CG 配列）	+

＋：転写活性状態，－：転写不活性状態
ヒストンのアセチル化は多くの場合，転写活性領域でみられる。一方でヒストンのメチル化修飾は修飾されている残基によってそのはたらきは異なる。DNA のメチル化もまた，遺伝子のプロモーター領域にあるか転写領域にあるかによって，転写との相関性に違いがある。

子がかかわっているが，比較的よく研究されているのがヒストンの翻訳後修飾である。修飾の種類も多彩であり，メチル化やアセチル化，リン酸化，ユビキチン化，スモ化，リボシル化修飾などがある。さらに翻訳後修飾以外にもヒストンの個々のサブユニットにはバリアントが存在し，これらもまた遺伝子の発現レベルに影響を与える。さまざまな因子が相互依存的にはたらいているため複雑に感じるが，大まかに分けると，遺伝子発現がさかんに起こっている領域で見られるものと不活性化されている領域（ヘテロクロマチンなど）でよく見られるものとに分けられる（**表 1**）。

DNA メチル化やヒストンの修飾の一部は遺伝子の塩基配列同様，半保存的複製によってその情報が維持されている（**図 1**）。しかしながら，すべての情報が同じように遺伝するわけではなく，発生過程でのシグナルや環境からのストレスによってもエピジェネティックな情報は変化する。たとえば，脱メチル化酵素のはたらきでメチル基の修飾が外れる場合や，メチル化酵素のはたらきで新たに付加される場合がある。そういったエピジェネティックな情報を新規に確立する機構として植物で最もよく知られているものが低分子 RNA を介した DNA メチル化機構：RNA-directed DNA methylation（RdDM）である（Huettel *et al*., 2007）。このように，エピジェネティック情報は，安定的に伝わる性質をもちながらも動的に変化している。

1.2. DNA メチル化

エピジェネティックな情報を担う分子機構として，最もよく研究されているのが DNA のメチル化である。モデル生物の中には分裂酵母やショウジョ

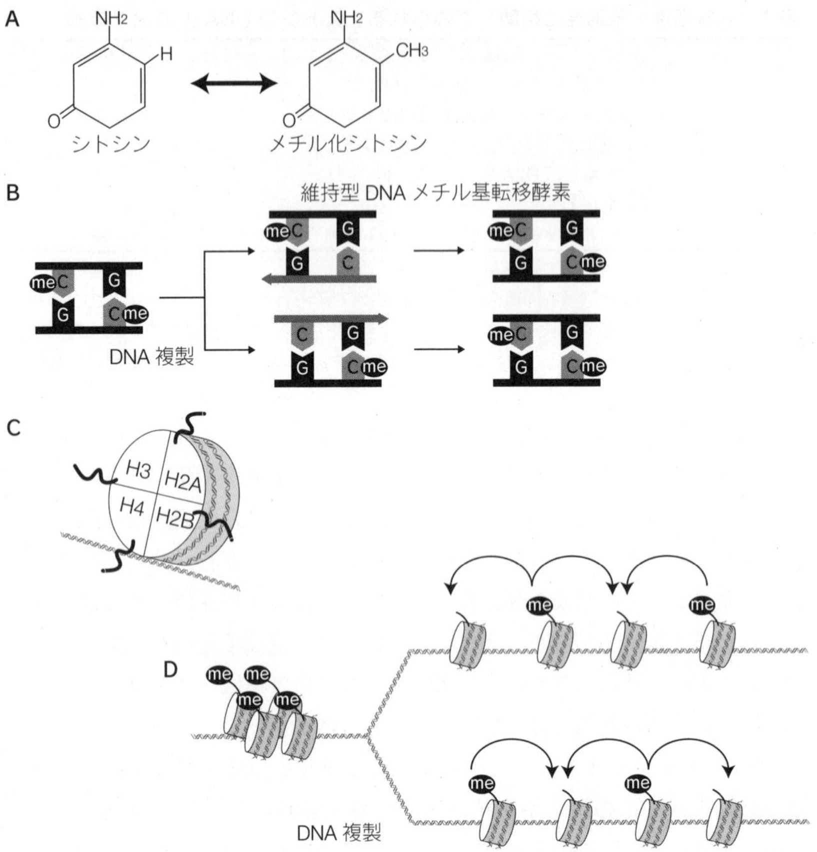

図1　DNA 複製後における DNA 修飾やヒストン修飾などエピジェネティック情報の継承

A: シトシン塩基の場合，新規メチル基転移酵素あるいは維持型のメチル基転移酵素によりその第5位の炭素原子にメチル基が付加される。

B: CG 配列において，DNA 複製後にそのメチル化は片鎖側にのみ残る。維持型のメチル基転移酵素がそれを認識して，新しく合成された DNA 鎖のシトシン塩基にメチル基を付加する。

C: ヌクレオソームはヒストン八量体に約 146bp 分の DNA が巻きついた構造をしている。ヒストン八量体は H2A，H2B，H3，H4 の4種類のサブユニット2つずつから構成される。各サブユニットはそれぞれヒストンテールとよばれる N 末端を持ち，この領域の残基が修飾を受けることでクロマチン構造に変化が起こると考えられている。

D: ヒストン修飾を担う酵素複合体の一部は，自らが付加する修飾を認識することができる。この性質により，ヒストンの修飾も DNA 複製後に，近傍のヌクレオソームの修飾から，複製前の状態をある程度復元できる。

ウバエ，線虫などDNAメチル化がほとんど見られないものもあるが，ヒトを含む哺乳類や植物では共通して見られる。そこでは，シトシン残基の5位の炭素原子にメチル基が付加されたメチルシトシンをゲノム中に持つ。なお，動物の場合はグアニンが続くCG配列に限ってシトシンがメチル化されるのに対し，植物の場合は前後配列にかかわらずグアニンが続くCG配列以外のシトシンもメチル化されるという違いがある。

一般的には，遺伝子のプロモーター領域†が高度にメチル化されている場合，その遺伝子の発現は抑制されている。植物ゲノムにおいてDNAが高度にメチル化されているのは主にトランスポゾンなどの繰り返し配列である(Zhang *et al.*, 2006)。そのため，DNAのメチル化はトランスポゾンやウィルスなどの有害な外来遺伝子に対するホストの防御機構であるとも考えられている。また，DNAメチル化がヘテロクロマチンなどの転写不活性化された領域で見られることが多いために，「DNAメチル化＝転写抑制」のイメージが強いが，ゲノムワイドな解析からは，DNAがメチル化された遺伝子が必ずしも発現抑制されているわけではないことが示唆されている。ヒトの培養細胞やシロイヌナズナを用いた研究では，そのプロモーター領域がメチル化されている遺伝子では発現抑制と相関がある一方で，転写領域がメチル化されている（body methylation/genic methylation）という特徴はむしろ発現している遺伝子の一部に見られることが明らかになってきている(Zilberman *et al.*, 2007; Ball *et al.*, 2009)。

2. エピジェネティックな現象

2.1. パラミューテーション

メンデル遺伝の例外として，対立遺伝子間に相互作用が想定されるパラミューテーションとよばれる現象がトウモロコシにおいて古くから知られている。色素合成に関連する*b1*座には，塩基配列は同一であるが，転写活性が強く植物体が紫色を呈する*B-I*対立遺伝子座と，転写活性が弱くほとんど色のつかない*B'*対立遺伝子座がある。これらをホモ接合体で持つ植物どうしを交配した場合，通常は，発現のある*B-I*対立遺伝子座が優性となり*B-I*と*B'*のヘテロ接合体（*B-I*/*B'*）においては，*b1*遺伝子が発現し色素合成が起こった結果F_1個体は紫色になることが予想される（優性の法則）が，実際には

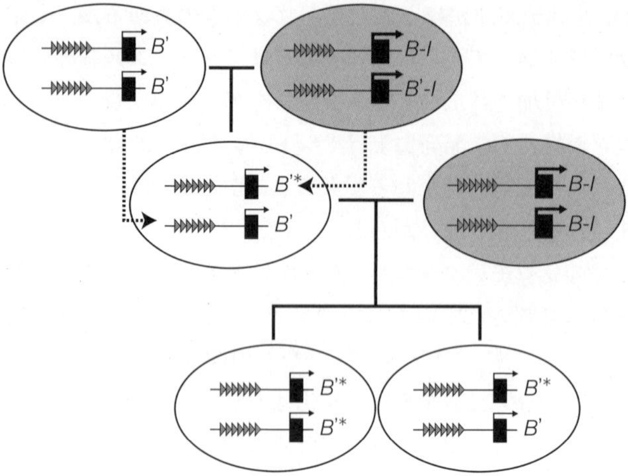

図2　パラミューテーション

F_1 世代や戻し交雑した場合，B-I 対立遺伝子座と B' 対立遺伝子座が併存する。そのような環境において，B-I 対立遺伝子座が，B' 対立遺伝子座からの作用により何らかのエピジェネティックな変化を起こし，転写がほとんど起こらない B' * 対立遺伝子座に変化したと考えられる。

F_1 個体はすべて無着色（*B'*/B'*）である。さらに，この F_1 個体を *B-I* 対立遺伝子座をホモ接合体で持つ個体（*B-I/B-I*）と掛け合わせたとき，*B-I/B'* と *B-I/B-I* が 1：1 で分離し，いずれの個体も *B-I* 対立遺伝子座の発現が期待されるにもかかわらず，実際にあらわれる表現型としてはすべて無着色になる（図2）（Chandler & Stam, 2004）。近年の研究により，RNA 依存的 RNA ポリメレースをコードする *MOP1*: *mediator of paramutation1* 遺伝子の変異体ではこのパラミューテーションが見られなくなることが明らかとなった（Alleman *et al.*, 2006）。RNA 依存的 RNA ポリメレースはシロイヌナズナにおいて，低分子 RNA の一種である siRNA 成合生経路にかかわっている（Henderson & Jacobsen, 2007）。このことは，パラミューテーションにも低分子 RNA がはたらいていることを示唆している。

2.2. エピジェネティックな自然変異

自然発生した野外で見つかった表現型変異が，実はエピジェネティック変異であったという例がいくつか報告されている。たとえば，ゴマノハグサ科

ホソバウンラン *Linaria vulgaris* Mill は自然集団の中で，花の形態に多型を示す。これは *Lcyc* 座領域のメチル化レベルの違いが原因であり，DNA メチル化の程度により花の形が変化する（Cubas *et al*., 1999）。また，トマトで見られる完熟遅延の表現型も *Cnr* 座のメチル化により SPL 遺伝子の発現レベルが下がったことが原因であった（Manning *et al*., 2006）。このように DNA の塩基配列には違いはないが，DNA のメチル化に変化が起こり，その遺伝子の発現が変化するものをエピジェネティック変異とよんでいる。

また，大規模塩基配列の解析により，シロイヌナズナで DNA メチル化の自然変異を調べた研究がある（Vaughn *et al*., 2007）。この研究では，シロイヌナズナの代表的なエコタイプ（生態型）の 4 番染色体について，メチル化認識型の制限酵素とタイリングアレイを用いて DNA メチル化を比較した。さらに，特徴的な 18 遺伝子座について 96 ものエコタイプ間で DNA メチル化プロファイルの解析を行っている。この比較により，多くの DNA メチル化状態の違いが検出されたものの，これらの多くは遺伝子の発現レベルでの違いには結びついていなかった。エコタイプ間での比較ではその形質的な遺伝的多様性と DNA メチル化レベルとの関係を示すには至らなかったが，次に触れるように，DNA メチル化に影響する変異体と野生型との交雑に由来する集団では表現型の多様性がみられる。

2.3. エピジェネティック多型の解析

シロイヌナズナの DNA メチル化パターンの維持にかかわる酵素の変異体 *met1* やクロマチン再構成因子の変異体 *ddm1* をもとにゲノムワイドに起こされたエピジェネティック変異は，稔性の低下や花成の遅延，形態異常が多面的かつ確率的にあらわれることが知られている。エピジェネティックな多型を解析する目的で，これらの変異体と野生型との間で作成された組換え近交系統について調べた研究がある。この集団は，低メチル化の元となった *met1* や *ddm1* 変異は掛け合わせにより除かれているが，親世代から引き継いだ DNA メチル化の低下したゲノム領域をモザイク状にもっている（Johannes *et al*., 2009; Reinders *et al*., 2009）（図 3）。それらの集団は，植物の背丈や花成の時期，あるいは病原応答などの点で表現型に多様性を示した。一方，*ddm1* によって DNA メチル化の低下を引き起こされた親由来のゲノム領域であるにもかかわらず，近交系統では DNA のメチル化レベルが野生

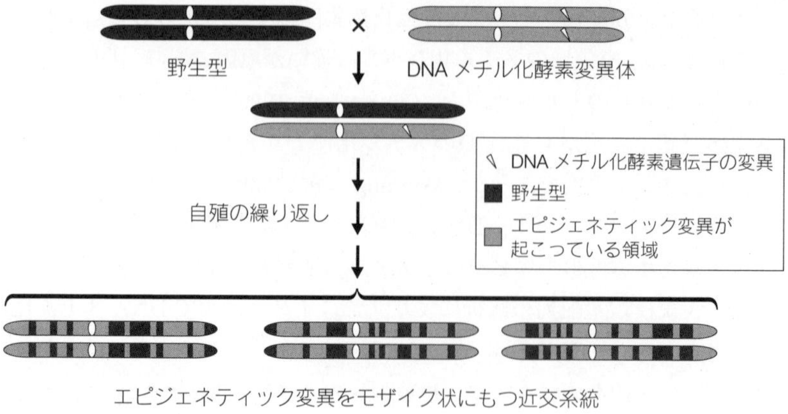

図 3　エピジェネティック変異をもつ近交系統

DNA メチル基転移酵素など，エピジェネティック修飾にかかわる因子が欠損した場合，その影響はゲノム全体に及び，多くのエピジェネティック変異を引き起こす。その一部は，次世代に伝わるため，野生型との交配により，原因となった遺伝学的な変異を取り除いた後でも，エピジェネティック変異は残る。そのため，F_1 世代から自殖を繰り返すことで，部分的にエピジェネティック変異をホモでもつエピジェネティックな近交系統が得られる。

型と同レベルまで回復している座も見られた。こうした領域の多くは低分子 RNA と相同性のある領域であったことから，低分子 RNA はゲノムの低メチル化をもとに戻す機能をもっていることが示唆された（Teixeira *et al*., 2009）。

2.4.　低温刺激の細胞記憶

一部の植物では，ある一定期間低温状態にさらされると開花が早まることが知られている。これは，春化とよばれる現象で，植物が春に花を咲かせるための巧妙な制御機構として知られている。シロイヌナズナなどの植物では，野外では長い冬を越えて春に花を咲かせる。このため，植物は冬の期間の寒さを経験したかそうでないかを検知・記憶することで，春に一斉に開花することを可能にしている。この現象には *FLC* 遺伝子座のポリコーム複合体によるヒストン修飾が関与していることが知られている。低温刺激を受けたことはヒストン修飾を介して記憶されるが，この情報は世代を越えるといったんリセットされる（Bastow *et al*., 2004）。春化現象に関しては，参考文献に挙げた教科書以外にも多くの総説も出ているため，そちらを参照されたい。

2.5. 世代を越えて伝わるストレス応答

エピジェネティック分野の研究では，過去に否定されたはずのラマルクの「獲得形質の遺伝」を思い起こさせるような発見がしばしばなされる。シロイヌナズナでは，外的シグナルに対する応答が世代を越えて伝わる例が知られている。植物体をUVあるいは植物免疫システムの活性化の引き金となるフラジェリンタンパクに曝露した場合，ゲノムの相同組換えの頻度が上がる。興味深いことに，この組換え頻度の上昇は，一度ストレスにさらされると，ストレスにさらされていない後代の子孫でも見られるようになる（Molinier *et al*., 2006）。具体的な分子機構はわかっていないが，ストレスを受けたという細胞記憶は世代を越えて維持されるのである。また，タバコを使った研究でも，ウィルスの感染が引き起こす病原応答遺伝子座の低メチル化状態が，世代を越えて伝わる例も報告されている（Boyko *et al*., 2007）。

3. 種間交雑で見られるエピジェネティック制御による現象

他にも生態学の分野で重要と思われるのが，種間交雑の際に見られるエピジェネティックな現象としての核小体優勢である。これは雑種第1世代においてどちらかの親のリボソーマルRNA（rRNA）がサイレンシングを受けるという現象である（図4）。rDNAはrRNAをコードする遺伝子で，数百単位のクラスターを形成しゲノム中の数か所に散在している。また，rDNAの数は生物種ごとに異なっている。種間交雑を行った際に，片親のrRNAのコピーのみサイレンシングが起こるが，核小体優勢では，父母の由来で決まるゲノムインプリンティングとは異なり，種によってサイレンシングされる側が決定される。たとえば，4倍体のシロイヌナズナとその近縁倍数性種である*A. arenosa*の雑種1世代目（異質倍数体）では，*arenosa*由来のコピーがサイレンシングされる。これらの制御にはヒストン脱アセチル化やメチル化DNA結合タンパクが関与していることが明らかとなっている（Earley *et al*., 2006; Preuss *et al*., 2008）。こうしたエピジェネティックな機構による種間交雑における遺伝子の発現変化はrRNAに限った現象ではなく，タンパクをコードする遺伝子座でも観察されている。*A. thaliana*と*A. arenosa*の雑種第1世代はサーカディアンリズムをコントロールする遺伝子の発現変化により雑

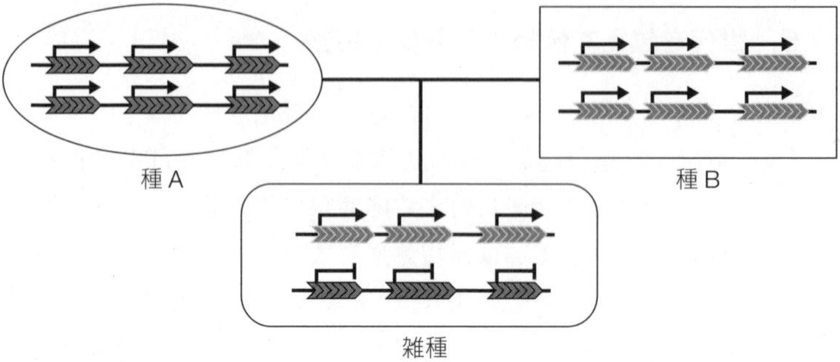

図4　種間交雑による核小体優勢

種強勢の表現型を示す。これらのサーカディアンリズムを司る遺伝子群では，転写活性化のマークであるヒストンH3K9のアセチル化とH3K4ジメチル化修飾が変化していることが報告されている（Ni *et al.*, 2009）。

3.1. トランスポゾンとエピジェネティック制御

変異体を用いた研究により得られた知見などから，DNAメチル化の変化を受けやすい配列としてトランスポゾンが挙げられる。ある特定のトランスポゾン配列はDNAメチル化の減少とともに転写活性が見られるようになる。また，トランスポゾンの活性化は，外的ストレスを受けた植物体で観察されることがある。この場合の活性化がDNAメチル化の変化によるものかどうかは不明であるが，少なくとも培養細胞などでは，トランスポゾンの活性化とメチル化の低下の両方が見られる（Cheng *et al.*, 2006）。トランスポゾンは，ときに宿主生物にとって重大な遺伝子破壊を引き起こす有害な変異源である。一方で組換え頻度の増加を通してエクソンシャッフリング†による遺伝子の進化など，ゲノムの再編成に寄与していると言われている（Kidwell & Lisch, 2000）。また，トランスポゾンに由来するタンパク自身が宿主の環境応答の転写ネットワークに組み込まれている例もある（Volff, 2006）。これらのことより，ストレスによるトランスポゾンの活性化はゲノムの多様性を生み出す原動力となり，進化の一翼を担っているのではないかと考えられている。トランスポゾンが排除ではなく転写抑制という可逆的な制御を受けているのは，宿主ゲノムの進化にとっても利点があるからかもしれない。

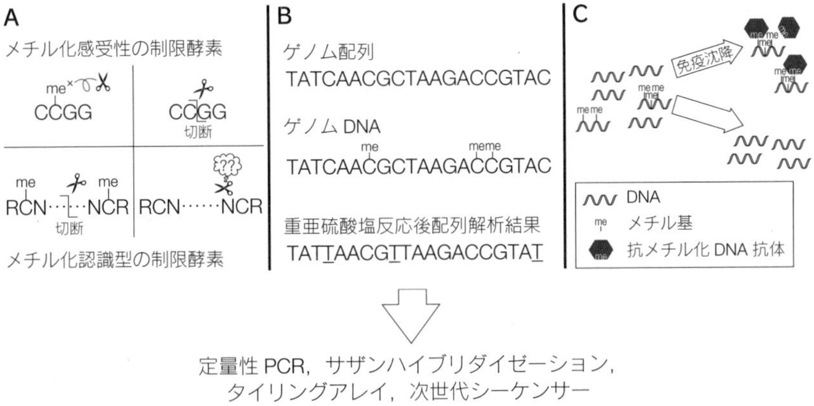

図 5　一般的な DNA メチル化の解析手法
A：制限酵素には特定の塩基がメチル化されていると切断することができないメチル化感受性のものと，それとは逆に，特定のメチル化された塩基を認識して，周辺領域を切断するメチル化認識型の制限酵素が存在する。
B：重亜硫酸塩反応では，メチル化されていないシトシンは速やかにウラシルに変換されるが，メチル化シトシンはこの反応が起こりにくいため，多くの場合シトシンのままで維持される。重亜硫酸塩反応後に PCR を行い，さらに配列解析し，もとのゲノム配列と比較することで，どのシトシンがメチル化されているのかを判別することができる。
C：メチル化シトシンに特異的に結合する抗体で，免疫沈降を行うことで，メチル化された DNA を濃縮することができる。

3.2. エピジェネティックな違いを検出するには

DNA メチル化の解析では，メチル化感受性の制限酵素や，メチル化シトシンを認識して切断するタイプの制限酵素を用いてゲノム DNA を切断し，それらを PCR やサザンハイブリダイゼーションで検出する方法が主流である。また，塩基レベルの解析では重亜硫酸塩処理により非メチル化シトシンをウラシルに置き換えた後で，PCR および配列解析を行うバイサルファイトシークエンシング法が用いられている。また，抗体を用いた免疫沈降と定量的 PCR を組み合わせた手法では，用いる抗体によって DNA のメチル化だけでなく，ヒストン修飾の解析も可能である（図 5）。ただし，これまではこれらの手法は数百ベース程度の領域ごとにしか解析することができなかった。しかし，近年のマイクロアレイや配列解析技術の進歩にともない，免疫沈降法やバイサルファイト処理をタイリングアレイや大規模シーケンサーと組み合わせることで，ゲノムワイドでエピジェネティックな変化を解析することが可能となってきた（Lister & Ecker, 2009）。その結果として，植物のタンパクコード領域では主にCG配列に，繰り返し配列や低分子RNA群を産出する領域ではすべてのC（シトシン）にメチル化が見られることがわかっている。そのため，メチル化されるシトシンの前後配列によって，その生物学的意味合いは異なると考えられる。このように，塩基レベルでの解析から得られる情報は多く，バイサルファイト処理と大規模シーケンサーとを組み合わせた手法は非常に強力なツールである。シロイヌナズナで行われたゲノムワイドなエピジェネティック変化の解析の一部は，web上で公開されており，<Anno-j[www.annoj.org]> < UCSC Genome Browser[http://genome.ucsc.edu/]><TAIR[http://arabidopsis.org]> などのゲノムブラウザで閲覧することができる。

引用文献

Alleman, M., L. Sidorenko, K. McGinnis, V. Seshadri, J. E. Dorweiler, J. White, K. Sikkink & V. L. Chandler, 2006. An RNA-dependent RNA polymerase is required for paramutation in maize. *Nature* **442**: 295-298.

Ball, M. P., J. B. Li, Y. Gao, J. H. Lee, E. M. LeProust, I. H. Park, B. Xie, G. Q. Daley & G. M. Church, 2009. Targeted and genome-scale strategies reveal gene-body methylation signatures in human cells. *Nature Biotechnology* **27**: 361-368.

Bastow, R., J. S. Mylne, C. Lister, Z. Lippman, R. A. Martienssen & C. Dean, 2004. Vernalization requires epigenetic silencing of FLC by histone methylation. *Nature* **427**: 164-167.

Boyko, A., P. Kathiria, F. J. Zemp, Y. Yao, I. Pogribny & I. Kovalchuk, 2007. Transgenerational changes in the genome stability and methylation in pathogen-infected plants: (virus-induced plant genome instability). *Nucleic Acids Research* **35**: 1714-1725.

Chandler, V. L. & M. Stam, 2004. Chromatin conversations: mechanisms and implications of paramutation. *Nature Review Genetic* **5**: 532-544.

Cheng, C., M. Daigen & H. Hirochika, 2006. Epigenetic regulation of the rice retrotransposon Tos17. *Molecular Genetics and Genomics* **276**: 378-390.

Cubas, P., C. Vincent & E. Coen, 1999. An epigenetic mutation responsible for natural variation in floral symmetry. *Nature* **401**: 157-161.

Dennis, E. S. & W. J. Peacock, 2007. Epigenetic regulation of flowering. *Current Opinion in Plant Biology* **10**: 520-527.

Earley, K., R. J. Lawrence, O. Pontes, R. Reuther, A. J. Enciso, M. Silva, N. Neves, M. Gross, W. Viegas & C. S. Pikaard, 2006. Erasure of histone acetylation by

Arabidopsis HDA6 mediates large-scale gene silencing in nucleolar dominance. *Genes & Development* **20**: 1283-1293.

Henderson, I. R. & S. E. Jacobsen, 2007. Epigenetic inheritance in plants. *Nature* **447**:418-424.

Huettel, B., T. Kanno, L. Daxinger, E. Bucher, J. van der Winden, A. J. Matzke & M. Matzke, 2007. RNA-directed DNA methylation mediated by DRD1 and Pol IVb: a versatile pathway for transcriptional gene silencing in plants. *Biochimica Biophysica Acta* **1769**: 358-374.

Johannes, F., V. Colot & R. C. Jansen, 2008. Epigenome dynamics: a quantitative genetics perspective. *Nature Genetic Review* **9**: 883-890.

Johannes, F., E. Porcher, F. K. Teixeira, V. Saliba-Colombani, M. Simon, N. Agier, A. Bulski, J. Albuisson, F. Heredia, P. Audigier, D. Bouchez, C. Dillmann, P. Guerche, F. Hospital & V. Colot, 2009. Assessing the impact of transgenerational epigenetic variation on complex traits. *Public Library of Science Genetics* **5**: e1000530.

Kidwell, M. G. & D. R. Lisch, 2000. Transposable elements and host genome evolution. *Trends in Ecology and Evolution* **15**: 95-99.

Lister, R. & J. R. Ecker, 2009. Finding the fifth base: genome-wide sequencing of cytosine methylation. *Genome Research* **19**: 959-966.

Manning, K., M. Tor, M. Poole, Y. Hong, A. J. Thompson, G. J. King, J. J. Giovannoni & G. B. Seymour, 2006. A naturally occurring epigenetic mutation in a gene encoding an SBP-box transcription factor inhibits tomato fruit ripening. *Nature Genetics* **38**: 948-952.

Molinier, J., G. Ries, C. Zipfel & B. Hohn, 2006. Transgeneration memory of stress in plants. *Nature* **442**: 1046-1049.

Ni, Z., E. D. Kim, M. Ha, E. Lackey, J. Liu, Y. Zhang, Q. Sun & Z. J. Chen, 2009. Altered circadian rhythms regulate growth vigour in hybrids and allopolyploids. *Nature* **457**: 327-331.

Preuss, S. B., P. Costa-Nunes, S. Tucker, O. Pontes, R. J. Lawrence, R. Mosher, K. D. Kasschau, J. C. Carrington, D. C. Baulcombe, W. Viegas & C. S. Pikaard, 2008. Multimegabase silencing in nucleolar dominance involves siRNA-directed DNA methylation and specific methylcytosine-binding proteins. *Molecular Cell* **32**: 673-684.

Reinders, J., B. B. Wulff, M. Mirouze, A. Mari-Ordonez, M. Dapp, W. Rozhon, E. Bucher, G. Theiler & J. Paszkowski, 2009. Compromised stability of DNA methylation and transposon immobilization in mosaic Arabidopsis epigenomes. *Genes & Development* **23**: 939-950.

Richards, E. J. 2009. Quantitative epigenetics: DNA sequence variation need not apply. *Genes & Development* **23**: 1601-1605.

Teixeira, F. K., F. Heredia, A. Sarazin, F. Roudier, M. Boccara, C. Ciaudo, C. Cruaud, J. Poulain, M. Berdasco, MF. Fraga, O. Voinnet, P. Wincker, M. Esteller & V. Colot.

2009. A role for RNAi in the selective correction of DNA methylation defects. *Science* **323**: 1600-1604.

Vaughn, M. W., M. Tanurdzic, Z. Lippman, H. Jiang, R. Carrasquillo, P. D. Rabinowicz, N. Dedhia, W. R. McCombie, N. Agier, A. Bulski, V. Colot, R. W. Doerge & R. A. Martienssen, 2007. Epigenetic natural variation in Arabidopsis thaliana. *Public Library of Science Biology* **5**: e174.

Volff, J. N. 2006. Turning junk into gold: domestication of transposable elements and the creation of new genes in eukaryotes. *Bioessays* **28**: 913-922.

Waddington, C. H. 1942. The epigenotype. Endeavour 1: 18-20.

Zhang, X., J. Yazaki, A. Sundaresan, S. Cokus, S. W. Chan, H. Chen, I. R. Henderson, P. Shinn, M. Pellegrini, S. E. Jacobsen & J. R. Ecker, 2006. Genome-wide high-resolution mapping and functional analysis of DNA methylation in arabidopsis. *Cell* **126**: 1189-1201.

Zilberman, D., M. Gehring, R. K. Tran, T. Ballinger & S. Henikoff, 2007. Genome-wide analysis of Arabidopsis thaliana DNA methylation uncovers an interdependence between methylation and transcription. *Nature Genetics* **39**: 61-69.

参考文献

島本功・飯田滋・角谷徹仁（監修） 2008. 細胞工学別冊 植物細胞工学シリーズ 24 植物のエピジェネティクス. 秀潤社.

第５章　メタゲノミクスを用いた微生物の多様性と機能の評価：ウツボカズラを例として

竹内やよい（総合研究大学先導科学研究科）
清水健太郎（チューリヒ大学理学部）

1．研究のきっかけ

私たちがこれから紹介するウツボカズラのメタゲノミクス研究の構想を最初に得たのは，2007年秋に遡る。チューリヒ大学重点領域のSystems Biology/Functional Genomicsグループの合同研究発表会の帰り道，バイオインフォマティシャンであるChristian von Meringと同じ電車に乗り合わせた。Christianは売れっ子バイオインフォマティシャンで，環境に存在する微生物の大量のメタゲノムデータを解析し，それぞれの環境における群集の系統や機能の評価を行う研究を続々と行っていた（Tringe *et al*., 2005, von Mering *et al*., 2007）。このアルプスでの3日間の研究会の目的は，異なる分野の研究者が議論し共同研究を進めることである。Christianはこれまでに，深海のクジラ遺体や酸性坑廃水など，地球上の極端な環境のバクテリアを解析してきていた。一方，私たちのグループは定期的に熱帯雨林でフィールド調査を行ってきた。そこで，この世界上でまだ解析されていない面白そうな環境はないだろうか，という話が始まった。「熱帯のウツボカズラのピッチャーの中には液体が入っているけれど，どんな微生物生態系があるのだろうか？」こうして，ウツボカズラのメタゲノミクス研究が始まった。チューリヒに戻って食虫植物について文献調査をしてみると，植物と微生物との共生関係が昔から示唆されているものの，どんな微生物種が存在しているのかといった基本的なデータも限られていることがわかった。当時，チューリヒ大は454型次世代シークエンサーを導入する直前であり，新たな共同研究を強く推奨して，予算のサポートもしてくれた。Christianも私たちもフィールドで微生物を扱った経験がほとんどなかったが，私たちと同じ植物生物学研究所に属する湖沼微生物学者のJakob Pernthalerも話に乗ってきてくれた。湖水の微生物の研究の経験があれば，ウツボカズラの液体中のバクテリアの解析も難しくないだろう。こうして人材・機材ともに好条件が揃っている私たちは，未知の分野であった“メタゲノミクス”の世界に，意気揚々と足を踏み入れたのである。

1.1. メタゲノミクスってなんだろう？

研究にとりかかるとすぐに，微生物学は非常にディープな世界であることを思い知らされた。“メタゲノミクス Metagenomics”自体は比較的新しい研究分野であったが，そこに至るまで積み重なってきた微生物学の歴史は非常に長く重厚である。ここで扱う微生物は主に細菌，古細菌群集のことだとイメージしてほしい。

地球上のあらゆる環境もしくは生態系には，微生物が存在する。これらの微生物群集は，それぞれの環境に適応しており，物質循環の制御や他生物との相互作用に大きな役割を果たしていると考えられている。つまり，微生物の多様性や生態系で果たす機能の解明は，生態系生態学では中心的な命題の1つであるのだ。しかし，微生物は目に見えないこと，約 99% の微生物種は培養が難しいことなどの手法的な制限のために，分類群の推定さえ難しいのが実状であった。そんななか，近年の分子生物学的な解析技術の進歩がその状況を変えた。群集全体の DNA を用いることで，培養せずとも多様性や機能を理解することができるようになってきたのだ。この技術を取り入れて発展した分野の 1 つが，“メタゲノミクス”とよばれる学問領域である。ここでは，環境中に生息する微生物群集のゲノムすべてを扱い，そこから群集の多様性・構造や機能を明らかにすることを目的としている。

“メタゲノミクス”は，視点の置き方によって，“群集ゲノミクス Community genomics”，“環境ゲノミクス Environmental genomics”ともよばれるが，3 つともほぼ同じ内容を指している。メタゲノミクスは，群集のゲノム全体の網羅的解析を重視している一方で（Tringe & Rubin, 2005），群集ゲノミクスは群集を構成する種により注目するといった意味合いを強調している（DeLong, 2005）。そして，環境ゲノミクスはそれぞれの環境に適応した遺伝子を探すことを目的とした研究に使われることが多い（Eyers *et al.*, 2004）。しかし，使われる手法は共通しており，ここではより一般的な呼称である“メタゲノミクス”を使うことにしよう。

広義でのメタゲノミクスは，目的・手法別に大きく2つに分けることができる。その1つが，分類群の推定に使われる遺伝子領域を解析し，微生物群集全体の種構成を明らかにすることを目的とした“多様性解析”の研究である。もう1つは，群集のゲノム全体の解読を目的とした“機能解析”であり，こちらが狭義での“メタゲノミクス”である。前者は主に，種の構成を再現するのに用いられる一方で，後者は微生物群集が持つ遺伝子全体を明らかにすることで群集の機能を推定することを目的とする。

メタゲノミクスで対象となる環境とは，生物体，土壌，海水，淡水，極限の環境（たとえば深海や鉱山）など，微生物が存在するありとあらゆる場所である。その手法は，微生物の多様性や機能を推定するうえで，培養を要しないところが最大の特長だ。特に近年では，Pyrosequence 法を用いた解析が盛んになりつつある。この方法は，一度に大量のデータが得られる点でメタゲノミクスと非常に相性がよく，種多様性の高い微生物群集サンプルでも，希少種の検出に威力を発揮している。

1.2. メタゲノミクスの手法

従来では，微生物 DNA のシークエンスを得るために，クローニングや BAC ライブラリー†の作成など手間や時間を要する方法がよく用いられていた。ここでは最近主流になりつつある Pyrosequence による解析法を紹介する（図1）。この方法は，サンガー法に比べて低コストで，クローニング†の必要がないためにバイアスがかかりにくい（クローニングでは，組み替えや配列によるクローニング効率の大幅な違いが生じやすい），時間や手間が短縮できるという点で非常に利点が大きい。ただし，この方法では読み取ることができる1断片の平均塩基長が約 250 bp と短いことが欠点であったが，最新（2010 年現在）の 454 型シークエンサーでは約 400 bp と，技術も年々大きく改善している。

1）**群集 DNA の抽出**：環境からサンプルを採取し，微生物の DNA 抽出を行う。まず，液体サンプルは濾過によって 0.22 μm ほどのメッシュのフィルターへ微生物を吸着させる。このフィルターごと，ビーズなどで微生物を完全に破砕する。土壌などの固形サンプルの場合も，同様にビーズで完全に粉砕する。市販の微生物用 DNA 抽出キット（Mo Bio など）などを用いれば，簡便に効率よく行うことができる。

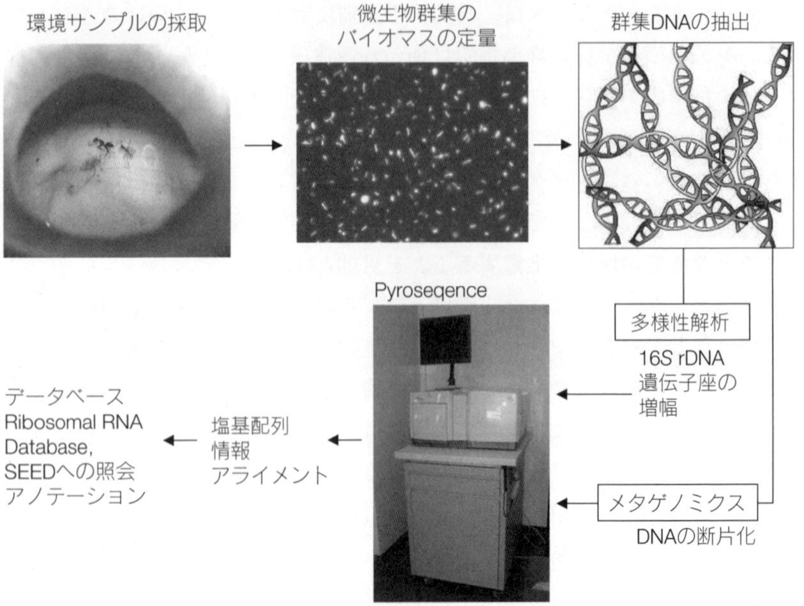

図1　群集ゲノミックス・メタゲノミクスの手法

2-1) **多様性解析用サンプル**：系統解析のための遺伝子領域のみを対象とする点で2-2) に述べる手法とは異なる。たとえば，原核生物の場合は，16*S* rDNA 領域をターゲットとする。454型シークエンサーを使用する場合，サンプルに“アダプター配列”をあらかじめ結合させておく必要がある（図2)。このアダプター配列は，後にシークエンスする際のビーズへの結合部位となるためである。この配列は，PCRを行う際のプライマー上にあらかじめ設計しておくと便利である。さらに，サンプル識別用のタグの塩基配列をいれておくことで，シークエンス後にサンプルをソーティングすることができる（図2)。たとえば3 bp のタグ配列の組み合わせは43通りであり，サンプルごとにそれぞれのプライマーを使えば，シークエンス後サンプルの識別が可能となる。454型シークエンサーでは，2010年現在，1リード400 bp ほどであるので，PCR産物が最終的にこの長さになるようにプライマーを設計するとよい。このPCR産物は，精製後そのまま454型シークエンサーで解析可能である。

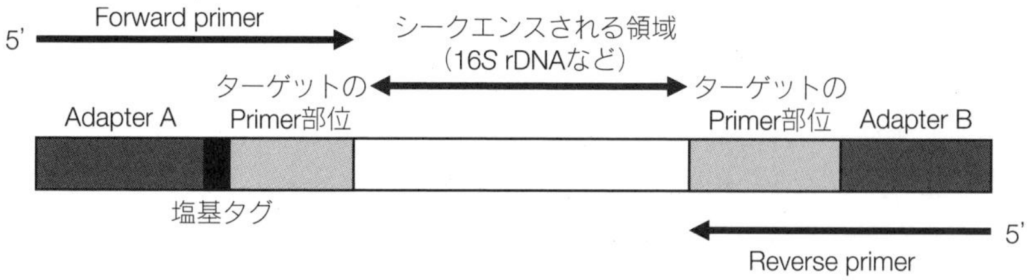

図2 群集ゲノミックス用のプライマーの設計例
Adapter A から配列を読む場合：5末端から，Adapter A 配列（19 pb），塩基タグ配列（3～4 bp），ターゲットの 16*S* rDNA 領域の Primer（20～25 pb）をつなげたプライマーを設計する。Adapter B からも読む場合は，同じようにタグを含めてもよい。
「454 amplicon sequence template Preparation」より改変。

2-2）**メタゲノムの網羅的解析用サンプル**：1）で抽出したDNAをまず，300-800塩基対ほどのサイズに断片化する。次に，454型シークエンサーのアダプターA，BをDNA断片の3'末端，5'末端に結合させる。抽出したDNA量が十分でない場合など，必要に応じてランダムプライマーによる全ゲノム増幅（たとえば，Genomiphi, GE Healthcare Life Sciences）のステップを追加する。

3）2）で準備したサンプルは，エマルジョンPCRを経てシークエンスされる（**第12章**）。出力されたデータは，16*S* rDNA遺伝子座による系統解析であればRibosomal Database Project II（http://wdcm.nig.ac.jp/RDP/html/index.html）のデータベースにアクセスし，塩基配列の類似性によって系統の同定を行う。メタゲノミクス解析では，DNA，既知のタンパク質，すべての利用可能なゲノム情報のデータベースであるSEED（http://www.theseed.org）で遺伝子の相同性の解析が行える。特に，メタゲノム用のプラットホームとしてMeta Genome RAST（http://metagenomics.nmpdr.org/）が利用可能である。

2. メタゲノミクス研究から見えてきたこと

2.1. 微生物群集の多様性・類似性 ― Is everything everywhere?

微生物，特に細菌群集は，地球上のいかなる環境にも生息しており，その多様性も非常に高い。たとえば，環境中の微生物の密度は，土壌では 10^7～10^9 細胞/g（Gans *et al.*, 2005; Schloss & Handelsman, 2006），海水や淡水では

10^5 ～ 10^6 細胞 /mL（DeLong, 2005），無脊椎動物の腸内ではさらに高く，10^9 ～ 10^{11} 細胞 /mL（シロアリ ; Warnecke *et al.*, 2007）と報告されている。微生物群集は，異なる環境でも同じような群集構造なのだろうか？　また，群集構造はどのような要因で決定されているのだろうか？　こういった疑問にとりくんだ研究例を簡単に紹介しよう。

Roesch *et al.* (2007) は，森林土壌１か所（カナダ）と農業地３か所（ブラジル，フロリダ，イリノイ）の土壌微生物群集ゲノムの 16*S* rDNA 領域を Pyrosequence で解析した。結果，685 属 2,410 種が既存のデータベースと一致し，観察された OTU *1 数はどの場所でも 7,000 を超えた（0% dissimilarity *2）。森林の方が農業用地よりも OTU 数が多く，微生物以外の生物の多様性が影響している可能性が示唆された。また，どの場所でも Proteobacteria 門（40% 以上），Bacteriodetes 門（15 ～ 25%）が優占しており，微生物群集は類似した系統の構成であることが示された。一方，農業地では，アンモニア酸化作用のある古細菌が 4.6 ～ 12.5% 存在するのに対して，森林ではほぼ検出されなかった。この結果は，この古細菌が施肥によって土壌中に窒素が蓄積した農業地の環境に対応して出現したためであると考えられた。

また，16S rDNA 遺伝子座の塩基配列データ *3，111 研究例をメタ解析した研究では，一般的にどのような環境要因が微生物の多様性を決定するかを検討している（Lozupone & Knight, 2007）。このメタ解析では，一般的な環境（土壌，海水）から極端な環境（温泉，熱水噴出孔，海洋の氷床，微生物堆積土壌，塩田など）に至るまで 202 の環境から採取されたデータが用いられた。その結果，微生物群集の多様性は，環境の温度，pH，地理的位置よりも塩分濃度によって決定されていることが明らかにされた。また，系統の類似性を考慮した解析の結果，従来から海洋や土壌表面では非常に微生物の種多様性が高いされてきたものの，それらの環境に出現する微生物の分類群の類似性が高い一方で，高塩分環境では稀な分類群が出現することも明ら

＊１：OTU（Operational Taxonomic Unit）　操作上の分類単位。従来，微生物の分類は，形態的・生理的・生態的特徴に基づいて行われてきたが，現在では塩基配列の相同性に基づく分類が主流になりつつある。

＊２：Dissimilarity（非類似度）　OTU を判別するための塩基配列の非類似度の尺度。たとえば，0%の場合は，対象としている塩基配列が１つでも異なれば異なる OTU として識別される。

かにしている。

これらの多様性解析の研究では，幅広い環境に生息する微生物の系統が存在する一方で，特殊な環境にはそれぞれに適応したと考えられる分類群も存在していることを示している。

2.2. 微生物群集が持つ機能

メタゲノミクスの解析では，群集の種多様性だけでなく，微生物の保持する遺伝子やゲノム構造も解析の対象とする。そのため，群集全体ではどのような機能を持つのか，それぞれの微生物は群集の中でどのようなはたらきを持つのかを明らかにすることができる。Tyson *et al.* (2004) は，極限環境の1つである酸性坑廃水（リッチモンド鉱山，pH 0.8，高濃度の Fe，Zn，Cu，As などの重金属，気温 42 度，空気中には炭素・窒素源がない）に存在するバイオフィルム*4 のメタゲノム解析を行った。このバイオフィルムには，鉄酸化細菌 *Leptospirillum* group II，古細菌の一種で金属耐性を持つ *Ferroplasma* type II などの少数のバクテリア種が優占している。メタゲノム解析では，群集のゲノムを網羅的に読むため，どの配列がどの種由来であるかを選別することは難しいが，この研究ではバクテリアの系統ごとに塩基配列の GC 含量が異なっているため，この量の高低を指標とすることによって，配列をグループごとに割り当てることができた。そして，これらの種のほぼ全ゲノムのアセンブルに成功し，それぞれ 1 セットすべての tRNA 合成酵素の遺伝子をゲノム上に位置づけした。この研究がなされる前までは，高頻度に存在する *Leptospirillum* group II が窒素固定を行っていると予想されていたが，このグループにはそれに関連する遺伝子配列は見つからなかった。一方で，*Leptospirillum* group III に窒素固定の遺伝子に似た配列が発見され，低頻度のグループではあるが，群集中で窒素固定を行うキーストーン種であることが示唆された。*Ferroplasma* type I，II は窒素固定の遺伝子は持たないものの，環境中からアミノ酸や窒素複合体を取り入れるトランスポーター

---

*3：この解析で使用されている塩基配列は，GenBank に登録されているデータであり，従来のクローニングとサンガー法によって得られたものがほとんどである。全部で約 22,000 の塩基配列を用いている。

*4：バイオフィルム（biofilm） 微生物が分泌する液で囲まれた微生物の集合体。たとえば，動物体・植物体の表面，岩石・土壌の微粒子の表面などありとあらゆる環境に存在する。

の配列が発見された。また，*Leptospirillum*，*Ferroplasma* ともに鉄の酸化によってエネルギーを得ているが，この2つのグループは異なる電子伝達系を持っていることもわかった。さらに，この環境中で発見されたゲノムは，毒素排出のための細胞膜逆輸送タンパク質・重金属耐性の遺伝子に富んでいることも明らかにされた。この研究では，メタゲノミクスを用いることで，微生物は酸性坑廃水という非常に極端な環境にも適応した機能を持つことを遺伝子レベルで明らかにすることができた。

次に，より微生物群集の多様性が高い海洋での研究例を紹介しよう。北大西洋（サルガッソ海）の微生物群集を対象とした，今日までで最も大規模なメタゲノム解析である（Venter *et al*., 2004）。この研究では，1億 bp の塩基配列を解析し，120 万個の新しい遺伝子を発見した。約 80 万個は保存されたタンパク質グループであり，このうち約7万個はエネルギー変換にかかわる遺伝子，そのうち 782 個はロドプシンのような光受容にかかわるものであった。また，データからはリン化合物の輸送にかかわる遺伝子も発見されている。リン循環のサイクルはよく理解されているとは言えないが，この研究によって，この海洋中に存在する微生物は，リン制限の強い生態系で効率よくリンの吸収や利用を行っていることが示唆された。

こういったメタゲノムデータの蓄積によって，環境間の微生物機能の比較もできるようになりつつある。Dinsdale *et al*.（2008）は，9つの環境（地下（鉱山），塩田，海洋，淡水，サンゴ礁，微生物堆積土壌，魚，陸上動物，蚊の体内）に属する 45 地点の微生物群集，42 地点のウィルス群集のメタゲノムデータを解析した。結果，バクテリアでは 100 万個，ウィルスでは 54 万個の塩基配列で既知の機能遺伝子との相同性が見られた。機能の多様性 Functional diversity ＊5 は理論的な限界値に近く，どの環境にも既知のあらゆる代謝系が存在することがわかった。面白いことに，この9つの環境中では，種の多様性の非常に高いサンゴ礁で，機能の多様性が最も低かった。これは，ホストと共生関係を持つ微生物群集は，共生関係を持つことによって二次代謝系を持つ必要がなくなり，その機能を失ったからかもしれない。一方で，どの環境においても機能の均等度 Functional evenness ＊6 は低かった。この

＊5：機能の多様性　生物群集が持つ，生態系にとって重要な形質の多様性。ここでは特に，微生物群集の代謝系の多様性を指す。

ことは，どの環境でも少数の機能が優占していることを意味している。たとえばサンゴ礁では呼吸にかかわる機能遺伝子の頻度が多い。昼夜で酸素環境変動が非常に大きいサンゴ礁環境におかれた微生物群集は，この遺伝子機能への強い選択があることが考えられる。また，この傾向は他の陸上の環境では見られないパタンであった。

以上のように，メタゲノミクスの研究は，生態系に生息する微生物群集がいかにその環境に適応した代謝系を持つか，環境の中でどれほど大きな役割を果たしているかについて示唆を与える。一方で，微生物種と機能を結びつけるためには，全ゲノムの情報を得ることが望ましいが，特に低頻度の種がどういったゲノムを持つかを調べることは未だに難しい。しかし，環境を生物群集として特徴づけすることや機能の予測は可能であり，生態系機能やプロセスを理解するためにはメタゲノミクスは非常に強力なツールである。

3. 食虫植物ウツボカズラに住む微生物群集に挑む

私たちの研究に話を戻そう。ウツボカズラの研究に入り込んでみると，食虫植物自体も，非常に興味深い対象であることがわかった。食虫植物は，貧栄養の土壌に生息し，土壌から養分を吸収するだけでなく昆虫などの動物を捕らえて養分とする“肉食”の植物である。多数の食虫植物のなかでも，ウツボカズラ（*Nepenthes* 属）は植物体の窒素の 6 割が動物由来であり，捕食した動物が非常に重要な栄養源である（Schulze *et al.*, 1997）。ウツボカズラは，ピッチャー（捕虫袋）を発達させ，そこに被食者を誘引する。引き寄せられた昆虫たちは，ピッチャー内部の表面で足を滑らせて中の液体に落ちて溺死する。その液体には，被食者を消化するための酵素が含まれており（Hatano & Hamada, 2008），そこで動物体を分解・消化し栄養分を吸収する。ピッチャーは，まさしく植物の“胃袋”である。この消化液には，微生物が存在していることが知られている（Sota *et al.*, 1998）。実際に，北米に生息する食虫植物サラセニア属では，ピッチャーに生息する微生物が培養・分離され，5 つの門に属する 13 種類の微生物が同定されている（Siragusa *et al.*, 2007）。

＊6：機能の均等度　各代謝機能の出現頻度の等しさ。

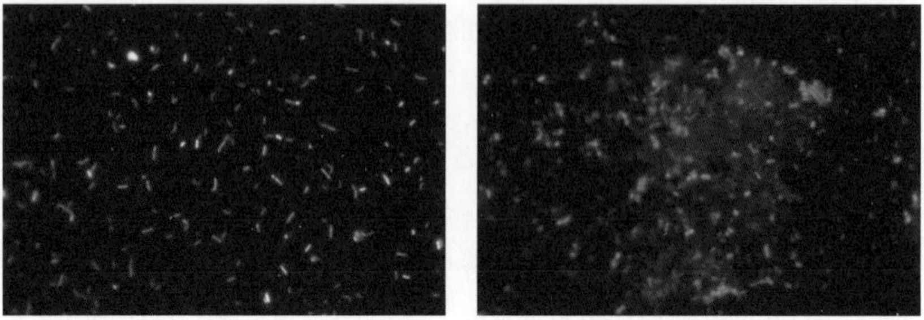

図3　*N. albomarginata* のピッチャーに生息する微生物（DAPI fluorescent stain 法）
同一個体，隣のピッチャーでも異なる微生物相が存在する。

これらのピッチャーにすむ微生物群集は，被食者の消化分解に大きな役割を果たしていることがこれまでの研究から示唆されてきているが（Ellison & Gotelli, 2001; Plachno *et al*., 2006），まだ研究例は少ない。

3.1. ウツボカズラにすむ微生物と機能：共生か競争か？

ウツボカズラの消化液内には，どれくらいの密度で微生物が存在するのか？　また，これらの微生物は分解に寄与しているのだろうか？　私たちは，ボルネオ島に生息するウツボカズラ4種 *Nepenthes albomarginata*，*N. ampullaria*，*N. bicalcarata*，*N. gracilis* を対象として研究を開始した。液体の酸度はそれぞれの種で異なっており，低いものでは pH 2（*N. gracilis*），高いものでは pH 6（*N. bicalcarata*）程度と大きな差が見られた。また，消化液中の微生物を顕微鏡下で観察すると（図3），微生物の密度は，10^6 ～ 10^8 細胞 /mL と水域（10^4 ～ 10^6 細胞 /mL）に比べて高かったが，ウツボカズラの種や pH と相関した密度の変化は見られなかった。

消化液のなかの微生物がどれくらいの分解機能を果たしているかを確かめるために，まずリン代謝に関するホスファターゼ Acid phosphatases，セルロース分解にかかわる β- グルコシダーゼ β-D-glucosidases，キチン質の分解にかかわるグルコサミニダーゼ β-D-glucosaminides の酵素活性について，フィルター滅菌処理を行う前後の消化液で活性を測定し，変化を調べた。つまり，微生物が存在する状態（＝ フィルター前）と，微生物が存在しない状態（＝ フィルター後）との比較によって，微生物の存在が分解機能を増加させるかどうかを検討した。統計解析の結果，3つの酵素ともフィルター処理後に活性の低下が見られ，これらの酵素を生産する微生物の存在が明らかになった（ただし，ウツボカズラの種による）。特に，ホスファターゼの活性は土壌や水域よりも高く，ウツボカズラの消化液内ではリンの代謝が活発であることが示唆された。一般的に熱帯では，植物はリン制限による成長阻害が起きていることが指摘されており，ウツボカズラにとってもリンの獲得が非常に重要である可能性がある（Ellison, 2006）。ピッチャー内の微生物群集は，迅速な有機リンの無機化に貢献していると考えられる。しかしながら，無機態リンをめぐる競争（植物 vs 微生物）が起きている可能性も十分あり，この点を明らかにすることは今後の課題である。

3.2. ウツボカズラの微生物の多様性

それでは，ウツボカズラの消化液にはどれくらい多様な微生物が存在するのであろうか。ウツボカズラのピッチャー8サンプル（ウツボカズラ属2種，ボルネオ（野生）・チューリヒ（温室栽培）で採取）の内部の液体から，微生物の群集DNAを抽出し，16*S* rDNA遺伝子をPCRで増幅した（1. 2. 参照）。454型シークエンサーで塩基配列を決定し，計12万リードを超えるシークエンスを得た。予備的な解析の結果，1サンプルあたり約250～1250 OTU，計3,500を超えるOTU（3% dissimilarity）が見つかった。最近，食虫植物サラセニア属の一種*Sarracenia alata*の1つのピッチャーでも454型シークエンサーで微生物の16*S* rDNA領域が解析されたが（Koopman *et al.*, 2010），出現したOTU数は約650（3% dissimilarity，約3万リード）で，私たちの結果とほぼ同じである。また，ウツボカズラの液体に住む微生物の系統は計17門からなり，特にProteobacteria，Actinobacteria，Bacteroidetes門がウツボカズラの種・場所・ピッチャーを問わず優占していた（図4）。これらの高頻度に出現した門はサラセニアで優占する系統と類似していた（Siragusa *et al.*, 2007; Koopman *et al.*, 2010）。また，OTUレベルでみると，場所・ウツボカズラの種・ピッチャーによって微生物群集の構成種が大きく異なっており，同一個体の隣り合うピッチャーであっても2割程度しか共通する微生物の種は見つからなかった（図3）。

1つのピッチャーだけをとっても微生物の系統は非常に多様であり，また隣り合うものでも異なる微生物群集を形成している。一方で，酵素活性の実

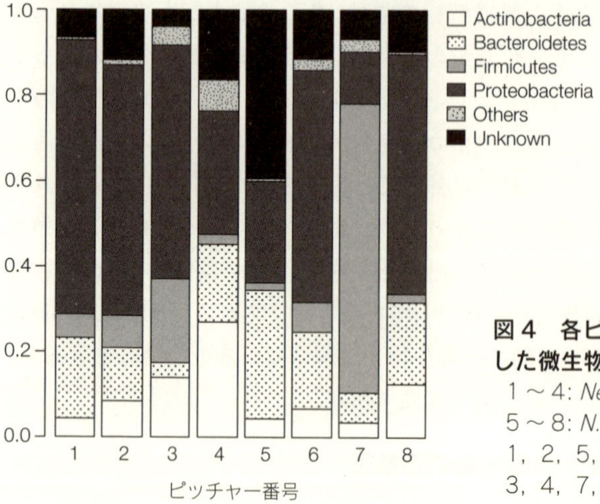

図4　各ピッチャーにおける出現した微生物の門の割合
1～4: *Nepenthes albomarginata*
5～8: *N. ampullaria*
1, 2, 5, 6: ボルネオ
3, 4, 7, 8: チューリヒ

験で明らかになったように，どのピッチャーにも同じような分解にかかわる酵素を生産する微生物が存在する。このことは，Dinsdale *et al*. (2008) で示されたように，各ピッチャーで系統的には異なる構成であっても，機能的には類似している群集であることを示唆している。今後は，より詳しい微生物群集の機能を定量的に調べるために，ピッチャー間でのメタゲノム解析・比較を行っていく予定である。

4.　今後の展望

私たちがウツボカズラの研究を始めた2007年から考えてみても，微生物のメタゲノミクスは，シークエンス技術の革新と実用化によって，この数年で劇的に研究事例が増加した。これらの解析によって，新しい微生物種や機能が発見されるだけでなく，環境中の種や機能の多様性は非常に高いという実態が判明してきた。しかしながら，未解決の問題も依然残されている。たとえば，微生物は他の生物とどのような相互関係（共生，寄生，競争関係など）を持っているのか？　生態系でどのように栄養やエネルギーを獲得しているか？　などである。メタゲノミクスは，それぞれの問いへの端緒となるが，まだ1個体のゲノム情報と実際の生態系での機能や生物間の関係性を結びつけることは非常に難しい。これらの問題の解決には，時空間的な群集動態の知見が必要不可欠であろう。また，Systems biologyの考え方を取り入れるのも，1つの方向性である。Systems biologyは，生命現象を1分子から細胞，個体，群集，生態系全体までの相互ネットワークで結びついた“システム”としてとらえ，そのつながりを解明しようとする研究分野である。実際，トランスクリプトミクス，プロテオミクスなど，ゲノム情報だけでなく群集で発現しているmRNAやタンパク質の情報を合わせることによって，実際の群集内の代謝系ネットワークを結びつけ，エネルギーが流れる経路などを明らかにしていく研究はすでに始まっている（Poretsky *et al.*, 2005; Ram *et al.*, 2005; Frias-Lopez *et al.*, 2008; Shi *et al.*, 2009）。Systems “micro” biology（Vieites *et al.*, 2009）ともよばれるこの新たな分野では，これらの大量のデータを利用して，代謝経路や遺伝子ネットワークを微生物群集全体のなかで解明するだけでなく，生態系における物質やエネルギーの流れを捉えることにも貢献することが期待される。

もう1つの方向性として，群集進化ゲノミクスへの研究展開を提案したい。メタゲノミクス解析は，系統分類・遺伝子の検索だけでなく，種内多型も同時に明らかにする。実際にTyson *et al.*,（2004）では1塩基多型を多数含むグループ，持たないグループが存在することを示している。こういった集団内の遺伝的な多様性は，遺伝的浮動†によって起こるのか？　それとも選択の結果なのだろうか？　同義置換，非同義置換の比率や集団遺伝学的な解析によって，これらの集団の履歴を推定することも可能である（Hartl & Clark, 2006）。また，系統や機能の多様性創出・維持がどういったメカニズムでなされるかについて，遺伝子（中立・機能），集団，種，群集のそれぞれの階層ごと，さらに階層間をつなぐようなネットワーク構造を用いて解析することもできるだろう。群集構造や機能が成り立つ進化的・生態的決定要因を，遺伝子からスケールアップして考えることで明らかにできるかもしれない。

今後さらなる技術の革新に伴って，メタゲノム解析はさらに簡便で身近なツールとして利用されるようになっていくと予想される。未知の宝の山である膨大なメタゲノムデータから，新たな知見，新しい仮説がどんどん生まれていくことは必至だ。一方で，微生物の培養もその基礎的な生態を知るうえで非常に重要な役割を担っているという点において，不可欠なステップである。現在のメタゲノミクスにおける遺伝子機能の推定は，データベースに基づく遺伝子のアノテーション†によるが，実際にはメタゲノム情報のうち多くても半数ほどの遺伝子しかアノテーションはできていない（Guazzaroni *et al.*, 2009）。さらにほとんど場合，アノテーションされた遺伝子機能は予測されたものにすぎず，実際の機能は異なっている可能性も捨てきれない。遺伝子の機能を証明するために，形質転換[†]や培養の実験系を確立していくことも重要な課題である。膨大な数の微生物種すべてを対象とすることは現実的ではないが，メタゲノム解析での発見や仮説は，効率的な実験への示唆を与えうる。実験微生物学と相互協力していくことで，微生物学自体もより発展してくだろう。

最後に，読者の皆さんには異分野の研究者との交流を大事にしてもらいたいと思う。私たちの研究がそうであったように，少し異なる視点をもつ研究者との「雑談」の中からも，新しい考え方や研究が生まれる可能性が非常に大きいのだ。自分の“専門”を打ち破って，新たな分野へ挑戦することで，より面白い発見やブレイクスルーの可能性を見出してほしい。

引用文献

DeLong, E. E. 2005. Microbial community genomics in the ocean. *Nature Reviews Microbiology* **3**: 459-469.

Dinsdale, E. A., R. A. Edwards, D. Hall, F. Angly, M. Breitbart, J. M. Brulc, M. Furlan, C. Desnues, M. Haynes, L. L. Li, L. McDaniel, M. A. Moran, K. E. Nelson, C. Nilsson, R. Olson, J. Paul, B. R. Brito, Y. J. Ruan, B. K. Swan, R. Stevens, D. L. Valentine, R. V. Thurber, L. Wegley, B. A. White & F. Rohwer. 2008. Functional metagenomic profiling of nine biomes. *Nature* **452**: 629-U628.

Ellison, A. M. 2006. Nutrient limitation and stoichiometry of carnivorous plants. *Plant Biology* **8**: 740-747.

Ellison, A. M., and N. J. Gotelli. 2001. Evolutionary ecology of carnivorous plants. *Trends in Ecology & Evolution* **16**: 623-629.

Eyers, L., I. George, L. Schuler, B. Stenuit, S. N. Agathos & S. El Fantroussi. 2004. Environmental genomics: exploring the unmined richness of microbes to degrade xenobiotics. *Applied Microbiology and Biotechnology* **66**: 123-130.

Frias-Lopez, J., Y. Shi, G. W. Tyson, M. L. Coleman, S. C. Schuster, S. W. Chisholm & E. F. DeLong. 2008. Microbial community gene expression in ocean surface waters. *Proceedings of the National Academy of Sciences of the United States of America* **105**: 3805-3810.

Gans, J., M. Wolinsky & J. Dunbar. 2005. Computational improvements reveal great bacterial diversity and high metal toxicity in soil. *Science* **309**: 1387-1390.

Guazzaroni, M. E., A. Beloqui, P. N. Golyshin & M. Ferrer. 2009. Metagenomics as a new technological tool to gain scientific knowledge. *World Journal of Microbiology & Biotechnology* **25**: 945-954.

Hartl, D. L. & A. G. Clark. 2006. Principles of population genetics, 4th ed. Sinauer Associates, Inc.

Hatano, N. & T. Hamada. 2008. Proteome analysis of pitcher fluid of the carnivorous plant Nepenthes alata. *Journal of Proteome Research* **7**: 809-816.

Koopman, M. M., D. M. Fuselier, S. Hird & B. C. Carstens. 2010. The Carnivorous Pale Pitcher Plant Harbors Diverse, Distinct, and Time-Dependent Bacterial Communities. *Applied and Environmental Microbiology* **76**: 1851-1860.

Lozupone, C. A. & R. Knight. 2007. Global patterns in bacterial diversity. *Proceedings of the National Academy of Sciences of the United States of America* **104**: 11436- 11440.

Plachno, B. J., L. Adamec, I. K. Lichtscheidl, M. Peroutka, W. Adlassnig & J. Vrba. 2006. Fluorescence labelling of phosphatase activity in digestive glands of carnivorous plants. *Plant Biology* **8**: 813-820.

Poretsky, R. S., N. Bano, A. Buchan, G. LeCleir, J. Kleikemper, M. Pickering, W. M. Pate, M. A. Moran & J. T. Hollibaugh. 2005. Analysis of microbial gene transcripts in environmental samples. *Applied and Environmental Microbiology* **71**: 4121-4126.

Ram, R. J., N. C. VerBerkmoes, M. P. Thelen, G. W. Tyson, B. J. Baker, R. C. Blake, M. Shah, R. L. Hettich & J. F. Banfield. 2005. Community proteomics of a natural microbial biofilm. *Science* **308**: 1915-1920.

Roesch, L. F., R. R. Fulthorpe, A. Riva, G. Casella, A. K. M. Hadwin, A. D. Kent, S. H. Daroub, F. A. O. Camargo, W. G. Farmerie & E. W. Triplett. 2007. Pyrosequencing enumerates and contrasts soil microbial diversity. *Isme Journal* **1**: 283-290.

Schloss, P. D. & J. Handelsman. 2006. Toward a census of bacteria in soil. *Public Library of Science Computational Biology* **2**: 786-793.

Schulze, W., E. D. Schulze, J. S. Pate & A. N. Gillison. 1997. The nitrogen supply from soils and insects during growth of the pitcher plants Nepenthes mirabilis, Cephalotus follicularis and Darlingtonia californica. *Oecologia* **112**: 464-471.

Shi, Y. M., G. W. Tyson & E. F. DeLong. 2009. Metatranscriptomics reveals unique microbial small RNAs in the ocean's water column. *Nature* **459**: 266-U154.

Siragusa, A. J., J. E. Swenson & D. A. Casamatta. 2007. Culturable bacteria present in the fluid of the hooded-pitcher plant Sarracenia minor based on 16S rDNA gene sequence data. *Microbial Ecology* **54**: 324-331.

Sota, T., M. Mogi & K. Kato. 1998. Local and Regional-Scale Food Web Structure in Nepenthes alata Pitchers. *Biotropica* **30**: 82-91.

Tringe, S. G. & E. M. Rubin. 2005. Metagenomics: DNA sequencing of environmental samples. *Nature Reviews Genetics* **6**: 805-814.

Tringe, S. G., C. von Mering, A. Kobayashi, A. A. Salamov, K. Chen, H. W. Chang, M. Podar, J. M. Short, E. J. Mathur, J. C. Detter, P. Bork, P. Hugenholtz & E. M. Rubin.

2005. Comparative metagenomics of microbial communities. *Science* **308**: 554-557.

Tyson, G. W., J. Chapman, P. Hugenholtz, E. E. Allen, R. J. Ram, P. M. Richardson, V. V. Solovyev, E. M. Rubin, D. S. Rokhsar & J. F. Banfield. 2004. Community structure and metabolism through reconstruction of microbial genomes from the environment. *Nature* **428**: 37-43.

Venter, J. C., K. Remington, J. F. Heidelberg, A. L. Halpern, D. Rusch, J. A. Eisen, D. Y. Wu, I. Paulsen, K. E. Nelson, W. Nelson, D. E. Fouts, S. Levy, A. H. Knap, M. W. Lomas, K. Nealson, O. White, J. Peterson, J. Hoffman, R. Parsons, H. Baden-Tillson, C. Pfannkoch, Y. H. Rogers & H. O. Smith. 2004. Environmental genome shotgun sequencing of the Sargasso Sea. *Science* **304**: 66-74.

Vieites, J. M., M. E. Guazzaroni, A. Beloqui, P. N. Golyshin & M. Ferrer. 2009. Metagenomics approaches in systems microbiology. *FEMS Microbiology Reviews* **33**: 236-255.

von Mering, C., P. Hugenholtz, J. Raes, S. G. Tringe, T. Doerks, L. J. Jensen, N. Ward & P. Bork. 2007. Quantitative phylogenetic assessment of microbial communities in diverse environments. *Science* **315**: 1126-1130.

Warnecke, F., P. Luginbuhl, N. Ivanova, M. Ghassemian, T. H. Richardson, J. T. Stege, M. Cayouette, A. C. McHardy, G. Djordjevic, N. Aboushadi, R. Sorek, S. G. Tringe, M. Podar, H. G. Martin, V. Kunin, D. Dalevi, J. Madejska, E. Kirton, D. Platt, E. Szeto, A. Salamov, K. Barry, N. Mikhailova, N. C. Kyrpides, E. G. Matson, E. A. Ottesen, X. N. Zhang, M. Hernandez, C. Murillo, L. G. Acosta, I. Rigoutsos, G. Tamayo, B. D. Green, C. Chang, E. M. Rubin, E. J. Mathur, D. E. Robertson, P. Hugenholtz, & J. R. Leadbetter. 2007. Metagenomic and functional analysis of hindgut microbiota of a wood-feeding higher termite. *Nature* **450**: 560-U517.

第2部

分子生物学からのアプローチ

分子生物学の主たる目的は，生物の分子レベルの“仕組み”を明らかにすることだ。その目的のためにこれまでも，遺伝学，生化学などさまざまな手法と組み合わされ，多くのことが明らかになってきた。昨今，全ゲノム配列が利用可能になったことで，個別の遺伝子から多くの遺伝子間の関係へ，あるいは，単一のモデル系統から種内の多様性へと，分子生物学はその対象を広げている。現代の分子生物学で，どのようなことが可能になっているのかを垣間見ていただきたい。

第6章　ゲノムに刷り込まれた生殖隔離機構

木下　哲（奈良先端科学技術大学院大学）

1. アリゾナ，ツーソン，2008年秋

2008年の秋，アリゾナで行われた植物の生殖に関する国際会議において，Jerry Kermicle博士に初めてお目にかかる機会に恵まれた。博士は，細身で背が高い方であった。短く切り揃えられた真っ白な顎髭が，非常に印象的な紳士である。現在もウイスコンシン大学に籍をおいて精力的に研究を続けられているそうだ。私が博士にお会いしたかった理由は，現在研究しているゲノムインプリンティングとよばれる現象に関して，博士はそのパイオニア的存在だったからだ。博士は，さかのぼること40年も前にトウモロコシのR遺伝子のインプリンティングに関して報告している（Kermicle, 1970）。その場で思わず博士の講演要旨のページにサインをお願いした。偉大なる先人に，発見当時のエピソードをお聞きする機会が得られたことはたいへんな喜びであった。博士は昔を懐かしみながら，しかしその記憶は鮮明なようで，当時の思い出に多くの時間を割いてくれた。会場からホテルに引き上げるバス中でも，博士とご一緒してお話をうかがった。窓越しに見える砂漠のサボテンに降り注ぐ満月の光が印象的な夜であった。

ゲノムインプリンティングに関する研究は，そのエピジェネティックな制御機構のみを扱うわけではなく，その生物学的な意義にも研究の対象がおかれている。「ゲノムインプリンティング」という現象と，「胚乳における生殖隔離」現象の関係が度々議論になる（Kinoshita, 2007）。生態学という私自身の研究経歴からはおよそ馴染みのない分野に寄稿しているのは，おそらくこのあたりが理由であろう。この10年間で，ゲノムインプリンティングの制御機構の解明はかなり進んだけれども，その生物学的な意義や胚乳の生殖隔離における役割に関しては，まだまだ研究の入り口段階の印象がある。前述のKermicle博士との会話の中でも，研究者間の議論や想像力がいかに大事であるについて，あらためて感じたことがあった。後ほど順を追って説明せ

ねばならないが，カラスムギを用いて胚乳の生殖隔離の一般的なルールを提唱された，西山市三先生（故人）も博士の研究室に滞在される機会があって，ゲノムインプリンティングと胚乳の生殖隔離に関して盛んに議論されていたことをうかがった。

私はひょっとすると最も研究の醍醐味を感じられる時期にいるのかもしれない。現在，次世代シーケンサー（第12章）などのDNA塩基配列解析機器や実験技術が飛躍的に進歩し，生殖隔離やエピジェネティクスといった過去には簡単ではなかったテーマにも切り込んでいくことが可能である。先人たちのライフワークから得たモデルに対して，実際に実験的に検証できる立場にあり，また新たに作業仮説を提唱することもできる。生態学者の先生方と分子遺伝学を専門とする私とでは，まだまだトンネルの「むこう」と「こちら」で議論している感はあるが，私の研究対象は，まさに「オミクス時代の生態学」の格好のテーマなのかもしれないと考えている。

2. カリフォルニア，バークレー，1998年

学位を取って間もない頃，「研究者たるもの一度は留学すべき」という妙な固定観念にとらわれていた私は留学先を探していた。留学経験のある先生方や諸先輩方に海外の事情をお聞きすることはできるものの，あまり実感が湧かない，やはり百聞は一見にしかず。自分自身の研究の興味からさまざまな文献を集め，大学・研究所の所在地を調べ，いくつかの研究室に絞ることは可能だった。しかしながら最終的には，寒さが嫌いな私は「なんとかの歩き方」というガイドブックにあった，「……カリフォルニア，バークレーは年中を通じて温暖な気候で」，という紹介文に決断を促されたような気がしている。留学してみると，確かにバークレーは日本の真夏と真冬がないような気候で，ガイドブックの記述は間違いではなかった。しかしながら，午前中はベイエリア特有の地形のため霧が発生し年中を通して肌寒い，というのが寒さが苦手な私の印象だった。気候的に求めていたのは，ソーク研究所に遊びに行った際に知ったサンディエゴが近い。このようなことは，旅行者としてではなく，1年住んでみないとわからない。ともあれ，カリフォルニア大学バークレー校のBob Fischer博士の研究室にポスドクとして籍をおいた。Fischerさんに一度，気候や環境がよいことが研究室の選択理由の1つ

だと話したことがある。彼はにこやかな顔で，そうだろう，だからバークレーには多くの優秀な研究者が集まると返答した。翻って，周りに何もないところに研究所を建てたがる日本の傾向はいかがなものだろうか。また，欧米ではどの大学のキャンパスでも，自然豊かでたいへん綺麗に整備されている。

研究室選択の理由が温暖な気候であることは半分冗談だが，実際の理由は，ちょうどその頃にFischer研究室から発表された，受精していないにもかかわらずシロイヌナズナの鞘が伸張し，胚乳発生が開始されるという表現型に心が動かされたからである（Ohad *et al.*, 1996)。*fie* 変異体（fertilization independent endosperm）とよばれ，観察される表現型はアポミクシス（単為発生様のメカニズムで，母親のゲノムと同一のゲノムを持った子孫ができる）と関連があることが議論されていた。被子植物の生殖過程は，他の生物種とは異なり，重複受精などの複雑な仕組みが存在する。それがどのような調和と規律をもって制御されるかに私は当時興味を持っていた。*fie* 変異体は，植物の生殖過程を巧妙に乱しており，この変異体の解析をきっかけにアポミクシスの分子機構に切り込めるだろうと考えたのが理由だった。実際に，学術振興会海外特別研究員のフェローシップの申請書は，この変異体を用いたアポミクシス機構の解明をテーマに作成した。しかしながら，アポミクシスに関しては，私自身もまったく切り込めずじまいであったし，この変異体の表現型とアポミクシスに関連があることなど，いくつか進展はあるが，10年以上たっても満足のいく理解ではない。一方で，当初まったく予想していなかった，ゲノムインプリンティングというテーマを私は現在研究している。余談になるが，一般に基礎研究というのは，きっかけと実際の研究成果には，直接の関係性が明確ではない場合が多いような気がしている。結果や展開が予想できるものは，研究者としては面白くない場合が多いが，研究を進めれば期待される成果が得られる場合が多いので，研究予算をつぎこんだ一番乗り競争の格好の材料であるのかもしれない。もちろん，一番乗りを果たされた方には敬意を表するし，私自身も時には一番乗りをしてみたいとも思う。たぶん，こうした見方は，現状に対するひがみもあるのだろう。次世代シーケンサーなどの機器導入が遅れてしまう日本の現状を憂う。時間差スタートでは金メダルは狙えないだろうし，研究の分野では，初めて理解されたことと，2番目とは大きな違いがある。

このようにしてFischer博士の研究室に入ってみると，突然変異体のマップベースクローニングによる遺伝子の同定は終了しており，すでに次の展開に入っていた。ほぼ同時期にFischer博士の研究を含めて，受精していないにもかかわらず鞘が伸張する，お互いによく似た表現型を示す変異体は3つ単離されていた。それぞれの原因遺伝子のクローニング[†]が進み（*MEA*, *FIS2*, *FIE*），いずれもヒストン修飾を介して遺伝子発現を抑制するポリコームグループとよばれる複合体のコンポーネントが変異体の原因であることが明らかになっていた（池田，2008）。これらの遺伝子の変異のいずれかをヘテロに持つと，植物では半数の種が死んでしまう。学校で習ったメンデル遺伝学では，通常，劣勢致死遺伝子は，ヘテロ接合体の子供のうち4分の1の確立で死ぬと説明される。したがって，mea，fis2，fieの変異体の表現型の分離比は，学校で習うようなメンデル遺伝の典型例とは違う。また，これらの変異体が母親だと致死性を示すが，母親が野生型の場合は，父親側が変異を持っていても種子は正常である。母性効果（父親側の変異は表現型にあらわれない）が配偶体の遺伝子型に基づいてあらわれる。時間の限られた学会発表でも，この部分は1枚余分にパワーポイントのスライドを作成して，時間を取ることが必要となってしまう。なぜこのような遺伝様式を示すのか？　なぜ種が死んでしまうのか？　を明らかにすることが私の研究テーマとなった。当時の作業仮説の1つは，雌性配偶体期の遺伝子の機能が特に重要であるため，このような遺伝をするというものである。これは，素人目にも可能性が低いような気がしていた。理由は，よくある雌性配偶体致死の変異体よりははるかにmea，fis2，fie変異体は種子の発生が進むからである。もう1つの可能性は，ゲノムインプリンティングなどの機構を含めた，父・母での各遺伝子の発現量の違いに原因があることである。

ゲノムインプリンティングとは，ある遺伝子が母親から遺伝した場合はその発現がオンになるが，父親から遺伝した場合はオフになるような現象をいう。もちろん逆の場合もあって，父親から遺伝した時のみオンになる遺伝子も存在する（図1）。この現象は，DNAの塩基配列が父親と母親の間でまったく同一の場合でも起こる。つまり自殖性のシロイヌナズナでも起こりうる。当時，哺乳動物ではゲノムインプリンティングはさかんに研究されており，父親由来と母親由来の違いにしたがって遺伝子発現のオン・オフが異なる仕組みは，DNAのメチル化によって決められていることなどが明らかにされ

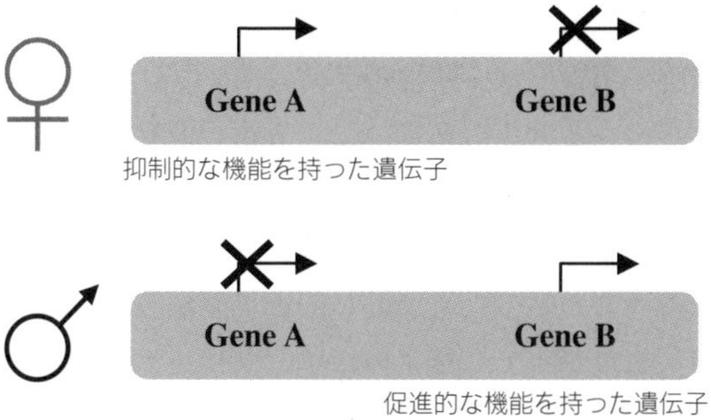

図1　ゲノムインプリンティング
ある特定の遺伝子は，父親・母親のどちらから由来したかにより，遺伝子発現のオン・オフが決まる。

つつあった。遺伝子のはたらきがDNAの塩基配列だけでは決まらないエピジェネティックな現象の代表例である（コラム2）。Fischer研で単離された変異体に話を戻すと，もし母親から遺伝した時のみオンになり父親から遺伝した時にはオフになるインプリント遺伝子であるなら，変異体が母親由来の時のみ致死性を示すことや，半分の種に致死性があらわれることは説明がつく。以降の解析から，*FIE*はインプリント遺伝子ではなかったが，*MEA*, *FIS2*はインプリント遺伝子であることが明らかになっていく（Jullien *et al.*, 2006; Kinoshita *et al.*, 1999; Yadegari *et al.*, 2000）。

*MEA*遺伝子がインプリント遺伝子であることは，その後の研究展開に大きな影響を与えた。この研究で重要であったのは，シロイヌナズナ種子から胚乳組織を単離する手法であった。植物の種子は，母親の組織である種皮（2n）と，父由来の精細胞（n）と母由来の卵細胞（n）が受精してできる胚（2n）と，同じく精細胞（n）と中央細胞（2n）が受精してできる胚乳組織（3n）の3つのパートからなる。それぞれの組織でゲノムの組成などが異なり，正確に分けて実験される必要があった。

3. シロイヌナズナ胚乳組織の単離

シロイヌナズナの種子を見たことのある人には容易に想像がつくと思われるが，シロイヌナズナの胚乳組織単離はそう簡単ではなかった。シロイヌナズナの種子1粒の乾燥重量は，およそ20マイクログラムである。イネがおよそ20ミリグラム。ミリグラムとマイクログラム，雲泥の差である。また，当時は現在と違って，RNAの単離と言えば乳鉢と乳棒を使って液体窒素存在下でゴリゴリと葉っぱなどの組織を潰すのが主流であった。当然，実験の発想もここを起点にする。当時の議論では，植物のゲノムインプリンティングは種子形成の段階で起こるだろうと考えられていた。父親と母親の掛け合わせを相互に行う正逆交配において，掛け合わせの正逆に応じて植物体に異なる表現型があらわれる例は，種子の大きさ以外には報告されていない。つまり，発芽以降の植物体に，掛け合わせの正逆に応じて表現型があらわれるケースは知られていなかった。したがって，発芽後にインプリンティングが起こっていることは考えにくかった。しかしながらそれでも，発芽の早い時期にインプリンティングが徐々に解消される可能性があったのと，発芽直後の芽生えならRNAを単離してどちらの対立遺伝子が発現しているのかを調べることは実験的に可能であったので，当然最初の試行はここから始まった。

結果は，父由来の遺伝子も母由来の遺伝子もどちらも発現しているというネガティブなものであった。そこで，次は未熟種子で実験を行ったが，結果は同様にネガティブで，多少母親側の遺伝子発現が多いものの，両方の対立遺伝子ともに発現していた（Kinoshita *et al.*, 1999）。興味深い研究テーマであったので，ラボのメンバーは結果を知りたがったが，この時点で他のポスドクは興味を失った。実験的アプローチという意味では，お手上げであった。ちょっと無理だねという雰囲気が漂ったわけである。ところが不思議なことに，ボスと若いテクニシャンは違っていた。ボスは結果を知りたいと強く願っていたし，ポスドクとは違い，実験系がたいへんとか困難をともなうとかということには鈍感になりがちである。そして何とかして胚と胚乳を分けて，RNAを単離して検証できないかとこだわった。たとえば，未熟種子を押しつぶすときにゼリー状の物が出てくるが，それが胚乳だろうから，それを回収することはできないかと主張した。ちなみに，ボスが実験系に鈍感になる理由は，現在自分自身ではあまり実験をしなくなってみて，特に実感しているところである。たまには実験をしないと，実験にどれだけ時間とエネルギーが必要であったか忘れるし，現場から浮かんでくるアイデアを見落としてしまう。

一方，若いテクニシャンはとにかくアンビシャスであった。種皮，胚乳，胚，それぞれ細胞の特性や形状が違うから，分画・分収できるはずと主張した。「分画・分収」，大学院時代はオルガネラの分画・分収をやっていた研究室に所属していたし，卒研生のときはタンパク質の分画・分収を経験していた。どちらも出発材料にそれなりの量が必要だったので，若いテクニシャンの提案はこの場合不可能なように思えた。

私は，異なる観点からもこれらの組織の単離とゲノムインプリンティングの証明実験にこだわった。もし，ゲノムインプリンティングがかかわっているなら遺伝子発現制御がどのように決まるのか？　という問いと，もう1つは過去に議論されている種間の生殖隔離やアポミクシスへの関連はあるのか？　という疑問である。1つ目の問いに関しては，日本に帰国後，DNAのメチル化を介したエピジェネティック制御であることを突き止め，研究の新たな展開を見出すことになった。2つ目の問いは現在進めているところで，父・母における異なるエピジェネティク制御が原因で，胚乳では種間の違いを認識できる機構が存在する可能性がある。一般に，ギャンブル実験はよくないとされる。実験結果が2通りあるいは数多く予想できるが，どの結果になっても次の段階に進めるのがよい実験系とされる。バークレーの学部生でも，このようなことを主張する。

しかし，前述の問いが頭から離れなくなってしまった私は，実体顕微鏡を用いてシロイヌナズナの未熟種子をしげしげと眺めるようになっていた。幸い，胚発生の研究者達が行うように，バッファー中で未熟種子に切り目を入れて反対側の種子の表面を押すと胚が飛び出ることにはすぐに気がついた。しかしながら，ある程度の量を集めようと思うと困難が予想されたし，微量のRNAを単離するようなプロトコールやキットもなかった。当時のRNA単離のお作法にしたがうと，組織を液体窒素で急速に冷やし，乳鉢と乳棒ですりつぶし，となる。所詮お作法は人が作ったもの，お作法を新たに作ることもが研究の進展である。実体顕微鏡の下で，スライドグラスを用意し，フロストの部分に浸透圧とpHを調整したバッファーを少量垂らして，未熟種子を鞘から取り出し，バッファー中に用意する。顕微鏡下で，ピンセットで切り目を入れて胚を押し出し，残りの胚乳と種皮を含む組織を右手のピンセットでつまみ拾い上げ，左手のピンセットの先から5 mmくらいのところに，とりあえずなすりつけるように置く。この作業を20～30個分繰り返し，ある程度胚乳と種皮を含む組織が貯まったところで，マイクロペッスルになすりつけるように移し，エッペンチューブを用いてRNA抽出バッファー中ですりつぶす。その後，胚をピペットマンを用いて吸い上げ，丁寧に水で洗い，少し残っている胚乳の細胞を洗い流し，同様にRNA抽出バッファー中でつぶす。このようにして，胚と胚乳プラス種皮の2つの画分が得られた。また，未熟種子200個分を出発材料とすると，十分に目的の遺伝子発現をRT-PCRで検出可能ということもわかった。しかしながら，さらに胚乳だけを単離するのは，少し工夫が必要であった。

例によって，胚を追い出したあとの胚乳と種皮を顕微鏡でしげしげと眺めていると，シロイヌナズナの種皮はこのステージではまだ白っぽく，表面に特徴的なパターンが見える。また，緑色をした胚乳部分は葉緑体の発達が手に取るようにわかる。ふと，胚乳部分を手に取りたくなった。実際には，種皮表面に切れ目を入れて胚を追い出した箇所からピンセットの先を差し込んで，ピンセットでつまんでみたわけである。意外なことに，ピンセットの先で胚乳の層のみをつかめることがわかった。次に少し引っ張ってみると，何回かに1回はきれいに胚乳の部分だけが「つるり」と剥がれることがわかった。若いテクニシャンの主張は，あながちマチガイではなかった訳だ。種皮は細胞壁が発達していて堅い。一方，胚乳は柔らかく粘りのある組織だったので，引っ張るときれいに「むける」。あとは，効率よく剥がすためにピンセットでつかむ場所であるとか，つかむ深さであるとかを調整し，慣れていくことだけであった。ピンセットの先の形状も，うまく剥がれる，剥がれないを左右するということも経験的に理解できた。もちろん，ピンセットの先は細くなければいけないが，つまんで引きはがすためには，先が鋭利すぎると破れる。ピンセットの先をマイクログラインダー（解剖用ピンセットのための砥石）を用いて，顕微鏡下で胚乳を引きはがすために必要な形状に研ぎ直した。

4. 植物ゲノムインプリンティングのメカニズム

このようにして，*MEA* インプリント遺伝子は，胚乳でのみ母親特異的に発現するインプリント遺伝子であることが明らかになった（Kinoshita *et al.*, 1999）。さらに，この後に国立遺伝学研究所の角谷徹仁教授の研究室に移り，角谷先生が長年手がけられていた *FWA* 遺伝子の解析を行った。*FWA* 遺伝子はDNAのメチル化で制御されるエピジェネティック遺伝子として有名であった。話が前後するが，当時，Steve Jacobsen博士が植物における *de novo*†のDNAメチル化†酵素DRM2（DNAメチル化修飾のないDNA鎖に小分子

RNAの情報をもとに，新規にDNAメチル化を行う酵素。複製時にDNAのメチル化を維持する維持型DNAメチル化酵素と区別される）を発見しており，植物のインプリンティングの機構が哺乳動物と類似の機構であるかどうかに関して，Fischer博士の研究室との共同研究によって検証していた。結果は，残念ながらポジティブなものは得られなかった。一方で，Fischer研究室では，後になってからDNA脱メチル化酵素活性が明らかとなる*DEMETER*という遺伝子がクローニングされたばかりであった。前述の若いテクニシャンがクローニングを担当した。彼曰く，エンドヌクレアーゼIIIドメインを持つようだけれど，これって胚乳で何をやっているのだろう。「えっ!」である。エンドヌクレアーゼIII!?　それって，この間「Nature」に出たGTミスマッチ修復酵素がDNAの脱メチル化にはたらいているという記事（この「Nature」の記事は後で議論をよび，否定されることになる）と関連があるのではないのか？　と思った。

早速，ボスとディスカッションをした。植物のゲノムインプリンティングもDNAのメチル化で制御されていることは，おそらく間違いのないことと思われた。しかしながら，*de novo*のメチル化酵素は哺乳動物ではゲノムインプリンティングに必要不可欠な酵素であるが，シロイヌナズナでは*MEA*のインプリンティングとは関係なさそうであった。したがって，異なるメカニズムも想定しなければならない。そのような時期に，私の国立遺伝学研究所への助手としての採用が決まった。

幸運なことに，帰国後，角谷研究室で解析した*FWA*遺伝子も母親特異的なインプリント遺伝子であることがすぐに判明した。さらに，ゲノムインプリンティングは動・植物を通じてDNAのメチル化で制御されていること。DNAのメチル化というエピジェネティックな修飾は共通しているが，その制御の仕方には動・植物で違いがあること，つまり植物のゲノムインプリンティングは，片一方の対立遺伝子のDNAの脱メチル化で制御されていることなどを，角谷研究室では明らかにしていった（Kinoshita *et al.*, 2004）。なお，またまた余談であるが，胚乳組織単離の手法は10年以上たった今も，私たちのグループを中心に使われている。留学中は，論文を出版さえすれば，このような肩がこる作業からはおさらばできると思っていたが，現在も続けているとは想像していなかった。最近，シロイヌナズナ胚乳組織を使ったゲノムワイドなメチローム解析が報告されているが（Gehring *et al.*, 2009; Hsieh *et* *al.*, 2009)，これらの報告では，後にこの方法を伝授された研究者が解析にたずさわっている。彼らは，私よりも我慢強かったようで，おそらく1～2か月は毎日胚乳組織を集めたと思われる。10年以上たって，ずいぶんと賑やかな分野になったというある程度の達成感はあるが，インプリント遺伝子のエピジェネティックな制御機構のみが私の知りたいことではない。もちろん，シロイヌナズナを用いたDNAの脱メチル化機構の解明は，現在，奈良先端大の私の研究室の大きな看板の1つではある。

5. 西山市三先生

とある研究集会の帰りに，「極核活性化説」を知っていますか？　とある先生から話を向けられた。古い文献に，Nishiyama and Yabunoの連名により，カラスムギを用いたたいへん興味深い研究発表があることは知っていたが，「極核活性化説」という日本語からはすぐにその論文は連想されなかった。話を向けられた先生の解説から，それはカラスムギの種間交雑での胚乳崩壊現象と，そこから求められた一般性を提唱したかの論文であることがわかった。「polar nuclei activation hypothesis」は日本では「極核活性化説」とよばれていたようであった。文献で知りえる知識しかなかった私に，その方は，時代背景を含めたさまざまな解説をしてくださった。私が学部学生として研究を始めた頃には，とっくに西山先生は引退されていたし，文献としては西山先生の仮説に感銘を受けていたが，日本の研究社会に「極核活性化説」という名前で通っていることは想像もしていなかった。しかも，西山先生が「polar nuclei activation hypothesis」を報告した1978年の「Cytologia」の論文は（Nishiyama & Yabuno, 1978），私の知る限り先生の最後の報告であり，それ以前の報告は少なくとも1933年の木原均先生との共著として出されたカラスムギの種間交雑に関する論文まで遡ることができる。したがって，先生と私との間にもっともっと世代のギャップが存在していて，今では西山先生のお仕事をご存じの方は少ないと想像していた。それはあくまでも私の勝手な想像で，西山先生は定年退官後もご自宅の裏庭でカラスムギ属を数多く栽培し種間交雑実験を続けておられ，学会発表もこなされていたそうである。私が学部生くらいの時に学会に参加していれば，ひょっとすると先生の講演を生で聴く機会があったのかもしれない。残念なことに，当時はエピジェネティクスの概念が今ほど定着していなかった。父由来と母由来の配偶子が，胚乳発生に関してまったく逆の機能をもっているという先生の説は，批判も多かったとお聞きしている。

前置きが長くなってしまったが，極核活性化説とは，10種類のカラスムギ属の種を用いて，膨大な組み合わせの種間交雑を通して，胚乳にもたらされる表現型の観察結果から得られた仮説である。さまざまな植物を用いて種間交雑を行うと，胚乳に表現型があらわれることはよく知られていた。しかしながら，これだけの膨大な組み合わせの掛け合わせと，詳細な観察を行った例はおそらくほかにはないだろう。しかもそこから極核活性化説を導き出したわけである。余談ではあるが，先生の他の論文では，胚発生や胚乳発生を記述した論文があるが，組織切片の図は顕微鏡写真かと思うくらい詳細なスケッチである。

一般に，種間交雑を行うと，胚乳発生は促進されすぎるか，抑制されすぎるという異常があらわれる（Kinoshita, 2007）。たとえば，我々が研究材料としているイネ属を例にとると，栽培イネ *Oryza sativa* を母親にアフリカ由来野生イネ *O. punctata* を掛け合わせをすると胚乳発生が抑制され，*sativa* の自殖の胚乳と比較すると著しく小さな胚乳ができる。また，*O. sativa* を母親に *O. longistaminata* を掛け合わせると，胚乳が大きくなりすぎて，子房が大きくふくれた種子ができる。しかし，種子が成熟するまでに胚乳崩壊が起こり，乾燥するとしわしわの種子ができる。種間交雑において，組み合わせを変えると，異なる表現型があらわれることに関しては，単純なモデルで説明可能そうである。しかしこの系で最も重要なことは，父母の掛け合わせの方向を変えると，相反する表現型が胚乳にあらわれる点である。たとえば，前述の *sativa* と *longistaminata* の組み合わせで，*longistaminata* を母親に *sativa* を父親に掛け合わせを行うと胚乳は著しく小さくなるが，父母を入れ替えた逆交配では胚乳は大きくなる（Chu & Oka, 1970; Ishikawa *et al.*, 2011）。このような，正逆交配において異なる表現型が胚乳にあらわれる例は，倍数性の異なる植物間での掛け合わせにおいても，シロイヌナズナを含め（Scott *et al.*, 1998）多くの植物で報告されている（図2）。

これらのことから，種間交雑にせよ，倍数体間の交雑にせよ，父親由来のゲノムは胚乳発生に対して促進的に機能していると考えられ，母由来のゲノムは抑制的に機能していると考えられる。西山先生はカラスムギ属を使って

母親（4倍体）×父親（2倍体）	→	胚乳発生の抑制
母親（2倍体）×父親（4倍体）	→	胚乳発生の促進
母親（A種）×父親（B種）	→	A種がB種より胚乳発生制御が強い場合は抑制，弱い場合は促進
母親（B種）×父親（A種）	→	A種がB種より胚乳発生制御が強い場合は促進，弱い場合は抑制
		言い換えると母親は強い場合は抑制，父親が強う場合は促進となる

図2　倍数性交雑。種間交雑における胚乳発生の一般的なルール
母親ゲノムは胚乳発生に対して抑制的な機能を持っており，父親ゲノムは逆に促進的な機能を持つ。

母親＼花粉親	*A. ventricosa* (2n)	*A. pilosa* (2n)	*A. strigosa* (2n)	*A. magna* (4n)
A. ventricosa (2n)	正常	受精せず	胚乳発生の促進	胚乳発生の促進
A. pilosa (2n)	正常	正常	胚乳発生の促進	胚乳発生の促進
A. strigosa (2n)	受精せず	胚乳発生の抑制	正常	正常
A. magna (4n)	胚乳発生の抑制	胚乳発生の抑制	正常	正常

図3　カラスムギ種間交雑における胚乳発生

これを示された（図3）。たとえば，図中の*Avena pilosa*と*A. strigosa*の組み合わせでは*A. strigosa*を母親にした場合は胚乳発生の抑制が観察され，逆に*A. strigosa*を父親にした場合は胚乳発生の促進が観察される。この現象は，倍数体交雑の現象と照らし合わせると，*A. pilosa*が2倍体で*A. strigosa*が4倍体植物であった場合は，ある程度納得のいく現象である。ところが両者ともに2倍体の植物である。

こうした胚乳発生パターンを考慮して，*A. strigosa*には*A. pilosa*と比較して2倍大きな係数が設定された。すなわち，胚乳の発生は，父親に用いる種と母親に用いる種の係数を用いて公式（Activation Indexと西山先生は提唱されている）で説明できるとした（図3）。この公式では，分子は父親の植物種固有の係数をあらわし，分母は母親植物種固有の係数をあらわす。したがって，父親の植物種に係数がより大きなものを用いると，胚乳はより大きくなる。逆に，母親の係数が大きくなれば胚乳は小さくなる。

また，胚乳発生の抑制と促進の効果は，ある一定の閾値が存在する。閾値を超える組み合わせでは，胚乳の過剰な増殖が原因で種子が致死となるし，閾値を下回るような組み合わせでは，胚乳が小さすぎるため致死となる。Activation Index を用いれば，胚乳の大きさのみならず，種間の生殖隔離機構がはたらくか否かを計算によって見積もることができる。こうした極核活性化説を担う分子機構はまったく不明だが，分子にあたる役割をするのが，父親特異的に発現するインプリント遺伝子，分母の役割を母親特異的に発現するインプリント遺伝子とすると，エピジェネティックな制御機構によって説明がつけられるのかもしれない。西山先生の「Cytologia」の論文のディスカッションの結びを，少し私の意訳を入れてここに引用する。

「Navashin（1898）と Guignard（1899）による重複受精の発見以来，中央細胞核と精核の受精によって発生する胚乳は生殖過程における謎であった。この第2の受精によって発生する胚乳は，望まれない組み合わせの受精が起こった時に，胚乳を崩壊させることによって生殖隔離の重要な役割を果たしていると考えられる。種間交雑の成立は，雄性配偶体と雌性配偶体によって決定される遺伝的な要因（おそらくはエピジェネティックなしくみ）によって胚乳発生に対する種固有の係数が決定され，その比が小さいときに可能であると考えられる」。

6. コンフリクト仮説

さて，このような種間交雑での胚乳発生のルール，倍数性植物間での交雑の結果，その他さまざまな現象から導き出された仮説が，ゲノムインプリンティングの進化を説明した，コンフリクト仮説 parental conflict theory である（Haig & Westoby, 1991）。進化生態学は専門ではないので，私がここでコンフリクト仮説を解説するのはいささか気が引ける。また，大きな学会などのシンポジウムではコンフリクト仮説に触れることは極力避けている。たいへん興味深い仮説であるため，過去には，私の実験結果をよそにコンフリクト仮説に関する議論に置き換わってしまうという事態が生じたことがあるし，実験生物学者の中には，このような議論は机上の空論として忌み嫌う人が多いのも事実である。オミクス†時代の生態学の寄稿としてあえて解説すると，Haig が提唱したこの興味深い仮説では，胎生発生をする哺乳動物と被子植物に共通する問題として取り上げられている。母体の中に子供を宿す生物にとって，母親の栄養資源をいかに子供に分配するかは大きな問題であるというのだ。確かにそうである。父親は栄養資源を子供に分配することはなく，母親のみがその役目を果たす。母親側が自分の子孫（遺伝子）をより多く残すための戦略は，栄養資源の分配を抑制することであるとされる。一方で，父親側は自分の子孫のみに多くの栄養を分配されることが利益とされる。植物の種子を例にとると，デンプン，貯蔵タンパク質，脂質などの貯蔵物質が他の父親に由来する子孫より，自分の子孫のほうが多い場合，すなわち種子がより大きい場合，他より発芽成長に有利である。一方で母親は，自分の子孫（遺伝子）をより多く残すには，栄養資源をより均等に分配し，また将来の繁殖にキープしておくことが必要とされる。長い進化の過程で，母親の利益にかなう，すなわち胚への栄養供給を抑制する機能を持つ遺伝子は，母親側の対立遺伝子から選択的に発現するようになり，逆に父親側の利益にかなう栄養供給を促進する遺伝子は父親側の対立遺伝子から発現するようになったと説明される。実際に哺乳動物・被子植物を通じて，インプリント遺伝子の機能はおおむねコンフリクト仮説と一致する。最近になって，コンフリクト仮説と同じような概念を提唱した先行する論文が植物を材料にした研究から発表されていて，Haig たちもそれを読んでいたという報告がある（Haig & Westoby, 2006）。それでもゲノムインプリンティングの進化を説明したこのコンフリクト仮説は多くの注目を集め，重要な議論を取り上げたという意味で大きな功績をなしたと思われる。もちろん，コンフリクト仮説は実験的には証明がなされたわけではない。ゲノムインプリンティングは，トランスポゾンと宿主の防御機構の副産物として進化してきたという他の説もある。今後どのような議論が進化生態学者と実験生物学者との間でなされるのか非常に楽しみな話題の1つと思うし，オミクス時代の生態学では両者の方法論も収斂していくものと期待している。

引用文献

池田陽子・木下哲　2008．ゲノムインプリンティング．植物のエピジェネティクス（細胞工学別冊），p. 129-135．秀潤社．

Chu, Y.E. & Oka, H.I.　1970.　The genetic basis of crossing barriers between Oryza perennis subsp. barthii and its related taxa. *Evolution* **24**: 135-144.

Gehring, M., Bubb, K.L. & Henikoff, S. 2009. Extensive Demethylation of Repetitive Elements During Seed Development Underlies Gene Imprinting. *Science* **324**: 1447-1451.

Haig, D. & Westoby, M. 1991. Genomic imprinting in endosperm: its effect on seed development in crosses between species, and between different ploidies of the same species, and its implications for the evolution of apomixis. *Philosophical Transaction of the Royal Society B* **333**: 1-14.

Haig, D. & Westoby, M. 2006. *An earlier formulation of the genetic* conflict hypothesis of genomic imprinting. *Nature Genetics* **38**: 271.

Hsieh, T.-F., Ibarra, C.A., Silva, P., Zemach, A., Eshed-Williams, L., Fischer, R.L. & Zilberman, D. 2009. Genome-Wide Demethylation of Arabidopsis Endosperm. *Science* **324**: 1451-1454.

Ishikawa R., Ohnishi T., Kinoshita Y., Eiguchi M., Kurata N., Kinoshita T., 2011. Rice interspecies hybrids show precocious or delayed developmental transitions in the endosperm without change to the rate of syncytial nuclear division. *Plant J. in press*.

Jullien, P.E., Kinoshita, T., Ohad, N. & Berger, F. 2006. Maintenance of DNA Methylation during the Arabidopsis Life Cycle Is Essential for Parental Imprinting. *Plant Cell* **18**: 1360-1372.

Kermicle, J.L. 1970. Dependence of the R-Mottled Aleurone Phenotype in Maize on Mode of Sexual Transmission. *Genetics* **66**: 69-85.

Kinoshita, T. 2007. Reproductive barrier and genomic imprinting in the endosperm of flowering plants. *Genes & Genetic Systems* **82**: 177-186.

Kinoshita, T., Miura, A., Choi, Y., Kinoshita, Y., Cao, X., Jacobsen, S.E., Fischer, R.L. & Kakutani, T. 2004. One-way control of FWA imprinting in Arabidopsis endosperm by DNA methylation. *Science* **303**: 521-523.

Kinoshita, T., Yadegari, R., Harada, J.J., Goldberg, R.B. & Fischer, R.L. 1999. Imprinting of the MEDEA polycomb gene in the Arabidopsis endosperm. *Plant Cell* **11**: 1945-1952.

Nishiyama, I. & Yabuno, T. 1978. Causal relationships between the polar nuclei in double fertilization and interspecific cross-incompatibility in Avena. *Cytologia* **43**: 453-466.

Ohad, N., Margossian, L., Hsu, Y.C., Williams, C., Repetti, P. & Fischer, R.L. 1996. A mutation that allows endosperm development without fertilization. *Proceedings of the National Academy of Science of the United States of America* **93**: 5319-5324.

Scott, R.J., Spielman, M., Bailey, J. & Dickinson, H.G. 1998. Parent-of-origin effects on seed development in Arabidopsis thaliana. *Development* **125**: 3329-3341.

Yadegari, R., Kinoshita, T., Lotan, O., Cohen, G., Katz, A., Choi, Y., Katz, A., Nakashima, K., Harada, J.J., Goldberg, R.B., *et al.* 2000. Mutations in the FIE and MEA genes that encode interacting polycomb proteins cause parent-of-origin effects on seed

第７章　全ゲノム情報と関連解析が解き明かす イネいもち病菌の感染機構

吉田健太郎（財団法人岩手生物工学研究センター）

道端を注意深く見ていると，病気になっている植物を結構簡単に見つけることができる。症状も千差万別で，葉っぱの形が変わってしまったもの，粉を吹いているもの，菱形の病斑，丸い病班など多様である。病気で枯れてしまいそうな植物もあれば，病斑だらけなのにまったく枯れる気配がない植物もある。このような多様な病気はもちろん，ウィルス，バクテリア，カビといった病原菌によって引き起こされる。でも，いったいどのようにして現在の植物と病原菌の関係が構築されたのだろうか？　植物と病原菌の関係は，協力関係よりも敵対関係の方が多いに違いない。現在うまくやっているように見える関係も，はじめは互いに敵対し，軍拡競争†しながら，現在の良好な関係（？）を進化の過程で築き上げたに違いない。最近，その攻防の進化過程が，分子レベルで明らかにされつつある。その主役の１つが病原菌エフェクターである。病原菌エフェクターの機能が理解されるにつれて，分子レベルの攻防が露呈してきたのである。本章では，そのエフェクターを，全ゲノム情報を利用した関連解析によって単離した研究を紹介したい。

1.　植物病原菌エフェクター

病原菌は植物に感染するときにエフェクターというタンパク質を分泌する。エフェクターは，植物の生理反応を撹乱し，病原菌の侵入を助ける。エフェクターの中には，植物の防御反応を誘導するシグナル伝達を妨げたり（He *et al.*, 2006），植物の生理物質に化けて気孔の開閉を制御し，より病原菌が侵入しやすいように植物の器官を操作したりするものがある（Melotto *et al.*, 2006）。一方で，植物に認識されてしまい，過敏感反応とよばれる防御反応による植物の細胞死を誘導してしまうエフェクターがある。なぜ自殺的行為である細胞死が，病原菌に対する植物の防御反応になるかというと，病原菌の侵入起点である植物の細胞が死んでしまうと，隣接細胞への感染拡大が妨げられてしまうからである。その結果，植物は病気にならなくてすむ。このように植物の細胞死を誘導してしまうエフェクターをコードする遺伝子を「非病原力遺伝子」とよぶ。そして，エフェクターの認識に関与する植物側の遺伝子に「抵抗性遺伝子」がある。非病原力遺伝子と抵抗性遺伝子は，1対1の関係で説明することができ，これを遺伝子対遺伝子説という（詳細は，『共進化の生態学』（種生物学会，2008）第9章，第10章を参照）。植物の細胞死誘導は，病原菌が非病原力遺伝子を持ち，植物が対応する抵抗性遺伝子を持っているときにのみ起こる。それ以外の組み合わせでは起こらない。そのため，非病原力遺伝子に突然変異が起こってタンパク質の立体構造が変化したり，そのプロモーター領域†に変異が起こって発現しなくなったり，または，遺伝子そのものが病原菌から失われてしまうようなことがあると，植物の抵抗性遺伝子による細胞死は起こらない。実際，ある非病原力遺伝子座について，病原性を獲得した同種の植物病原菌の複数の菌株を調べてみると，非病原力タンパク質のアミノ酸を変えるDNA変異を有する対立遺伝子を持つ菌株や，遺伝子そのものが喪失している菌株，プロモーター領域にトランスポゾンが挿入し，遺伝子発現がしなくなった菌株がある。（Allen *et al.*, 2004; Khang *et al.*, 2008）。おそらくそのような変化は，植物と病原菌との間の攻防をめぐる過程でおきたと思われる。

分子レベルにおける植物と病原菌との攻防の進化モデルとして，“ジグザグモデル”が提唱されている（Jones & Dangl, 2006）。はじめ，病原菌から由来するPathogen（Microbe）-Associated Molecular Pattern（PAMPまたはMAMP）とよばれる植物に存在しない分子を植物が“非自己分子”として認識し，防御応答が起こる（一瀬，2007）。そのため，病原菌は植物に効果的に感染できない状態にあった。しかし，進化の過程で，病原菌は，PAMP（MAMP）によって誘導される防御反応を抑制するエフェクターを獲得した。その結果，病原菌は，植物に感染しやすくなった。そのうちエフェクターの中で，植物に認識され，植物の細胞死を誘導するものが現れる。それが，前述した非病原力遺伝子である。これは，病原菌がわざわざ植物に認識させる因子を進化させたというわけではない。植物が，病原性のエフェクターを認識できる機構を進化させたためである。そして，さらに，病原菌の中には，非病原力遺伝子に突然変異が起こり，そのタンパク質立体構造が変化したり，遺伝子そのものを失ったりすることで，植物の認識機構を回避するものが現れる。このモデルは，軍拡競争とも言える病原菌と植物の分子レベルの攻防を描いている。最近，このモデルを支持するような知見が得られつつある。まさにエフェクター研究は，分子レベルで生物間相互作用の進化機構を明らかにするのに適したモデル系であるといえるのではないだろうか。

これまで報告のあったエフェクターのDNA多型に着目してみると，特徴的なパターンが見えてくる。同じ種の病原菌を複数集め，そのエフェクターの塩基配列を調べてみると，菌株間でエフェクターの塩基配列に違いがあることがわかる。この塩基配列の違いをDNA多型とよぶ。多くのエフェクターは分泌タンパク質であり，分泌シグナル配列部分とエフェクターの機能に関係する本体部分に分けることができる。その分泌シグナル配列部分は，菌株間でほとんど塩基配列に違いがなく，保存されている。一方，本体部分では，菌株間で塩基配列の違いがあり，その多くは，アミノ酸の変化を起こしている（Kamoun, 2007）。そこで，次のように考えてみた。もし，分泌タンパク質遺伝子のDNA多型を調べ，分泌シグナル部分が保存されていて，本体部分が変化に富んでいるのならば，エフェクターの候補遺伝子になるのではないか。

この考えを実際にイネいもち病菌の新規エフェクター単離に応用していたのが，岩手生物工学研究センターの寺内良平研究部長と齋藤宏昌研究員であった。そこで，私は，博士号取得後，同センターに移り，2人のもとでエフェクター研究を開始することにした。

2. イネいもち病菌

岩手生物工学研究センターでは，10年ほど前からイネいもち病の基礎研究を行っている。イネいもち病菌は，イネに重大な被害をもたらす糸状菌である(図1)。東北地方における1993年の冷害にともないいもち病菌の蔓延は，イネの収量を劇的に減少させ，米不足をもたらした。このような冷害によるイネいもち病菌の被害は周期的に起こっているため，米の安定的な供給を実現するには効果的ないもち病菌防除法の確立が必要である。イネいもち病菌のエフェクター研究は，いもち病菌の感染機構を解明するうえで不可欠であり，防除法確立の礎となるであろう。

図1　イネいもち病菌

a：胞子。GFPを導入した形質転換いもち病菌なので，緑色に光っている。b：イネ細胞に取りついているイネいもち病菌。c，d：イネいもち病菌に感染したイネ。菌株とイネ品種の組み合わせ，イネの葉齢期によって病斑が違ってくる。

イネいもち病菌の実験菌系である70-15の全ゲノム配列が，2005年に決定された（Dean *et al.*, 2005）。全ゲノム情報が利用できるということは，逆遺伝学的アプローチができることを意味している。ゲノム情報があれば，分泌タンパク質を予測することができる。そして，予測した分泌タンパク質をさまざまなふるいにかけ，エフェクター候補遺伝子を絞り込むことができる。そのふるいの1つに，分泌タンパク質遺伝子のDNA多型解析があげられる。日本全国，世界中のいもち病菌を集め，分泌タンパク質の塩基配列を比較する。そのなかで，シグナル配列部分が保存され，本体部分に配列の違いが富んでいるものを見つけてくる。もう1つのふるいは，関連解析（表現型（本研究では，非病原力遺伝子の保有状況）の違いと対応した変異をもつ遺伝子の探索）である。イネいもち病菌は，古くから精力的に研究されてきた植物病原菌であり，遺伝解析による知見の蓄積がある（浅賀ら, 2003）。そのため，遺伝子対遺伝子説を利用して，多くの非病原力遺伝子の存在が明らかにされている。また，いもち病菌がどのような非病原力遺伝子を持っているのかを判定することができるイネ判別品種が開発されている（Yamada *et al.*, 1976, Kiyosawa 1984）。そのため，日本菌株であれば，どのような非病原力遺伝子を持っているいもち病菌なのか，イネ判別品種に接種することで把握することができる。こうして，いもち病菌のゲノム情報と非病原力遺伝子の保有状況という 2 つの情報を利用して，新規エフェクター遺伝子を関連解析によって単離することが可能である。

いもち病菌 70-15 菌系のゲノムには，11109 個の遺伝子があることが知られている（Dean *et al.*, 2005）。まず共同研究者であるオハイオ州立大学（現在イギリス・セインズベリー・ラボラトリーに所属）の Sophien Kamoun 博士と Joe Win 博士が，11109 個のタンパク質から分泌タンパク質を推定した。この際，「SignalP」プログラム（Nielsen *et al.*, 1997）を利用した。このプログラムは，タンパク質のアミノ酸配列から分泌タンパク質を推定することができる。さらに，予測したタンパク質が膜タンパク質ではないこと，ミトコンドリアと葉緑体に局在しないことを別のプログラムによって確かめ，1306 個の分泌タンパク質候補とすることができた。コンピューターを使って推定した分泌タンパク質のすべてが，実際に分泌タンパク質として機能しているとは限らないが，それについては考慮せず先に進めることにした。

3. イネいもち病菌の多型解析

イネいもち病菌の分泌タンパク質遺伝子における DNA 多型を検証するために，世界中に分布するいもち病菌 46 菌株を用いた。また関連解析については，非病原力遺伝子の保有状況がわかっている 22 菌株を用いた。これらは，イネの判別品種から予測される 11 個の非病原力遺伝子の保有状況が，なるべくなら中間頻度で分離するように選択されたものである（**表 1**）。46 菌株の 1306 分泌タンパク質の塩基配列を決定するのは費用がかかるので，DNA 多型を調べるのには EcoTILLING 法を用いた（Comai *et al.*, 2004）。EcoTILLING 法は，鋳型に 2 サンプル以上の DNA を混ぜて PCR する。もし，PCR で増幅した領域で，サンプル間に塩基配列の違いがあると，PCR 産物は完全な 2 本鎖を形成することができず，1 本鎖のまま残る部分が出てくる。それを，CEL1 という特殊な DNA 分解酵素で処理すると，1 本鎖の部分だけが切断される。そして，CEL1 で処理した PCR 産物を電気泳動すると，DNA 配列の違い（DNA 変異）がバンドとして検出される。

EcoTILLING 法の利点は，費用が安いこと，そして，複数のサンプルの DNA 変異を同時に検出することができる点である。たとえば，8 サンプルの DNA を等量混合し，それを PCR の鋳型に用いることで，8 サンプル間で

表 1　関連解析に用いたいもち病菌

コード No.	菌株名	採集地	抵抗性遺伝子*										
			Pia	*Pii*	*Pik*	*Pik-m*	*Piz*	*Pita*	*Pita2*	*Piz-t*	*Pik-p*	*Pib*	*Pit*
1	Ina168	日本	A	A	A[1]	A[1]	A	V	A	A	V	A	A
2	70-15	—	?	?	?	?	?	?	?	?	?	?	?
3	84R-62B	日本	V	V	A	A	V	A	A	V	A	A	A
4	Y93-245c-2	中国	V	V	V	V	A	V	V	A	V	A	A
5	Shin85.86	日本	A	A	A	A	A	A	A	A	A	A	A
6	Ina72	日本	A	A	V	V	A	A	A	A	V	A	A
7	TH68-140	日本	A	V	V	V	A	A	A	A	V	A	A
8	TH69-8	日本	A	A	V	V	A	A	A	A	V	A	A
9	1836-3	日本	V	A	V	V	A	A	A	A	V	A	A
10	TH68-126	日本	V	A	V	V	A	A	A	A	V	A	A
11	22-4-1-1	日本	V	V	A	A	A	V	A	A	A	A	A
12	9505-3	日本	V	V	V	V	A	A	A	A	V	A	A
13	Sasa2	日本	V	V	V	V	A	A	A	A	V	A	A
14	TH78-15	日本	V	V	V	V	V	V	A	A	V	A	A
15	Br18	ブラジル	V	V	V	V	V	V	A	A	V	A	V
16	TH87-20-BII	日本	V	V	A	A	A	A	A	A	A	V	A
17	Hoku1	日本	V	V	A	A	A	A	A	A	A	A	A
18	Ina86-137	日本	V	V	A	A	A	A	A	A	A	A	A
19	2012-1	日本	V	V	A	A	A	A	A	A	A	A	V
20	2403-1	日本	V	V	A	A	A	A	A	A	A	A	V
21	88A	日本	V	A	V	V	A	A	A	V	V	A	V
22	Br10	ブラジル	V	A	A	A	A	A	A	V	A	A	V
23	P-2b	日本	V	A	A	A	A	V	V	A	V	A	A

A: ＊で示した抵抗性遺伝子を持つイネに対して非病原性を示す。
V: ＊で示した抵抗性遺伝子を持つイネに対して病原性を示す。
?: 不明。
1: Ina168 菌株の *Pik/Pik-m* に対する反応は不安定。実験によって，*Pik/Pik-m* を持つイネに対して病原性を示したり，非病原性を示したりする。

の DNA 変異を一気に検出することができる。そのため，この遺伝子に DNA 変異があるのかどうか迅速に明らかにすることができる。そこで，私たちは，まず複数のいもち病菌ゲノム DNA を混合して EcoTILLING 法を行うことにした。そして，DNA 変異が検出することができた遺伝子については，70-15 菌系 DNA と供試菌株 DNA を 1 対 1 に混ぜて再度 EcoTILLING する。そうすることで，菌株ごとに DNA 変異の有無を確認することができる。

1306 分泌タンパク質遺伝子についてプライマーを設計し，PCR を行った。1032 分泌タンパク質遺伝子の PCR 増幅に成功した。そして，この 1032 分泌タンパク質について EcoTILLING 法を行ったところ，ほとんどの遺伝子において DNA 変異を検出することができなかった。イネいもち病菌は，変

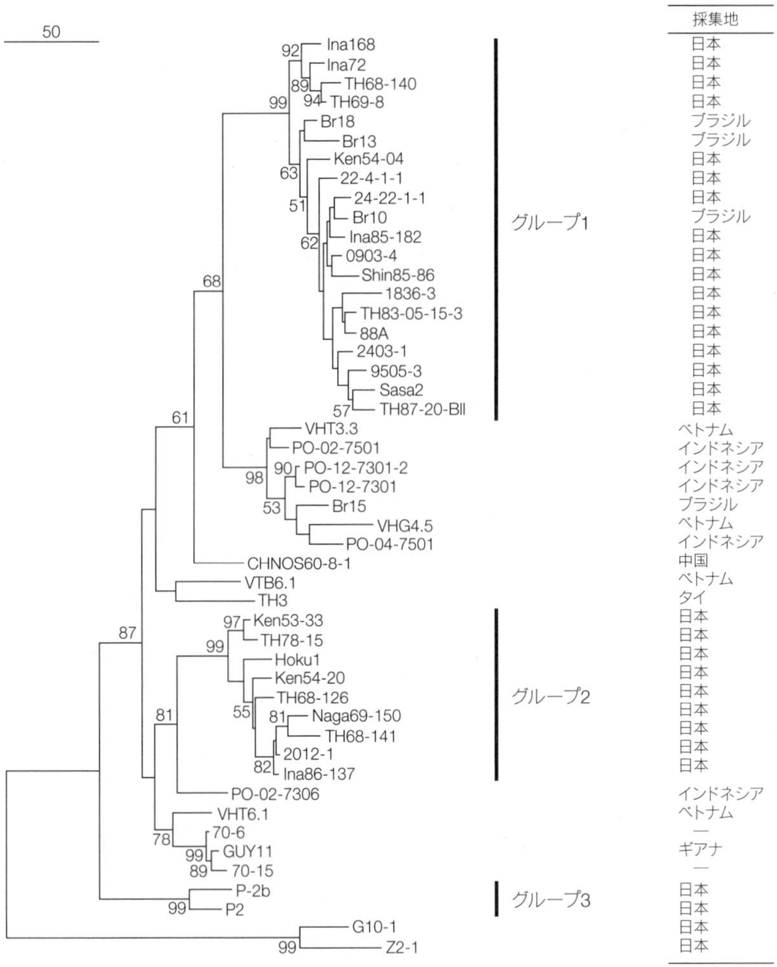

図 2　イネいもち病菌の系統樹

EcoTILLING 法で検出した DNA 変異に基づき最大節約法で作成した。枝の数字は，ブーツストラップ確率を示す。G10-1 と Z2-1 は，シコクビエに感染するいもち病菌で外群に用いた。日本の菌株は，3 つのグループに分かれた。

異しやすいと考えられていたので予想外のことであった。系統関係を調べてみると，日本の菌株と外国の菌株は，別々のグループに分かれた。さらに，日本の菌株は，3 つのグループに分かれた（図 2）。ほとんどの検出された DNA 変異は，この 3 つのグループ間の違いに起因していることがわかった。

また，いもち病菌株の非病原力遺伝子の保有状況は，このグループ間の違いと関係ないことがわかった。たとえば，*AVR-Pik*（AVRは，非病原力Avirulenceの略である。そして，その右の記号は，植物側の抵抗性遺伝子の名前である。この場合は，イネの抵抗性遺伝子*Pik*である。つまり，*AVR-Pik*とは，イネの抵抗性遺伝子*Pik*に対する非病原力遺伝子という意味になる。）は，グループ1とグループ2に属するいくつかの菌株でみられる。おそらく非病原力遺伝子は，これらグループが分化する前から存在し，分化したのち，それぞれのグループの中で遺伝子を維持した菌株と喪失した菌株があったと考えられる。別の仮説としては，非病原力遺伝子がこれら2つのグループ間で行き来しているというものである。どちらの仮説にしろ，このグループ間の違いを反映しない多型パターンを示す遺伝子の中に非病原力遺伝子が隠れているに違いないと確信した。しかしながら，グループ間の違いを反映しない多型パターンでかつ，シグナル配列部分が保存され，本体部分に配列の違いが富んでいる分泌タンパク質遺伝子は，ほとんど見つけることができなかった。また，DNA多型と非病原力遺伝子の保有状況との間で関連があるものも見つけることができなかった。

いもち病菌の非病原力遺伝子の表現型は，DNA多型だけではなく，その菌株の遺伝子保有状況によって決まっている可能性もある。EcoTILLING法だけでは，この遺伝子の有無による違いを見逃してしまう。そこで，EcoTILLING法と同時並行して，PCR法による遺伝子の有無を調べることにした。つまり，PCR法で分泌タンパク質遺伝子が増幅できればその菌株はその遺伝子を保有していると考え，増幅しなければ遺伝子を保有していないと判断する。PCR法は，ゲノム中に目的の遺伝子が何個存在するかを明らかにできるサザンブロッティング法より精度は落ちるものの，簡便さ，安価な点で優れているため，スクリーニングの方法として選択した。非病原力遺伝子の保有状況がわかっているイネいもち病菌22菌株と，ポジティブコントロールである70-15菌系のDNAを鋳型として，分泌タンパク質遺伝子のPCRを行い，関連解析を行った。しかしながら，70-15菌系ゲノムから推定した1032分泌タンパク質遺伝子の中に，非病原力遺伝子の保有状況と関連のある遺伝子を見つけることはできなかった。

しかし，PCRとEcoTILLINGの結果から興味深いことがわかった。EcoTILLINGから推定した1塩基あたりのDNA変異量は，8.2×10^{-5}と，

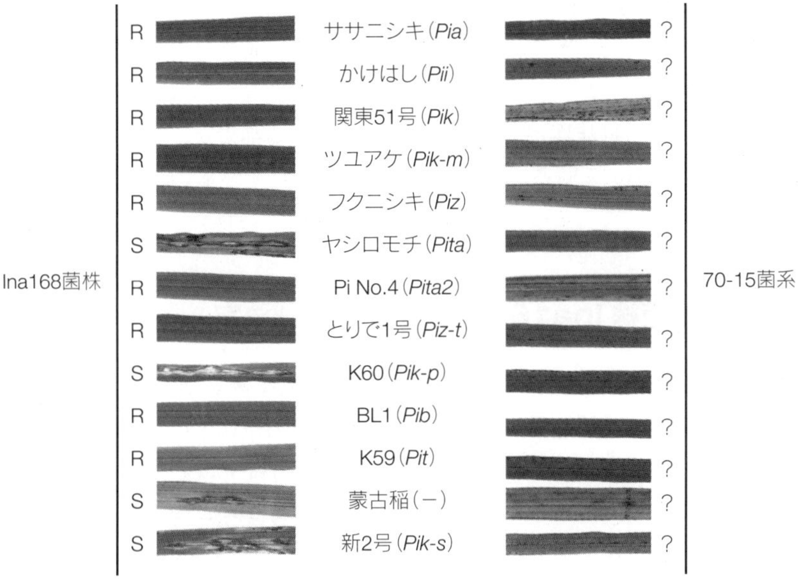

図3　70-15菌系とIna168菌株のイネ判別品種に対する病斑（Yoshida *et al.*, 2009より転載。URL: www.plantcell.org　copyright: American Society of Plants Biologists.）

70-15菌系の病斑は，Ina168菌株に比べてはっきりしない。Rは抵抗性を示し，Sは罹病性を示す。（　）の中のアルファベットは，それぞれの品種がもつ抵抗性遺伝子をあらわしている。

非常に小さい。この値は，人間の平均DNA変異量 7.5×10^{-4} に比べても1桁低い（International SNP Map Working Group, 2001）。また，1032遺伝子中DNA変異を検出できた遺伝子は，227個である。一方，PCR法による遺伝子の有無の変異は，394個の遺伝子で見つかった。遺伝子の有無の変異のほうが，DNA変異に比べて多いということだ。70-15菌系の予測した分泌タンパク質に，非病原力遺伝子の保有状況と関連のある遺伝子がなかったことを考慮すると，もしかしたら，70-15菌系は私たちが標的にしている遺伝子を持っていないのかもしれないと考えられた。

実際，70-15菌系をイネ判別品種に接種して罹病か抵抗かはっきりしていない（図3）。いもち病菌に特徴的な紡錘形の病斑は見られず，抵抗性の病斑である褐点を示しているものが多い。70-15菌系は，イネいもち菌とシナダレスズメガヤに感染するいもち病菌とを交配し，さらにイネいもち病菌株

Guy11との戻し交配を繰り返した結果生じた実験菌系である。そのため，交配の過程でいくつかの非病原力遺伝子を喪失した可能性も考えられる。また，非イネ菌との交配により，種特異的寄生性に関与する遺伝子が70-15菌系に含まれている可能性があるため，イネに対する病徴がはっきりしないのかもしれない。70-15菌系は，非病原力遺伝子を同定するのに適切ではないように思えた。

4. 日本菌株Ina168の全ゲノム配列決定

イネ判別品種は，日本のイネいもち病菌株との間で確立されたものである。つまり，その判別品種によって推定された非病原力遺伝子は日本の菌株の中にあることがはっきりしている。そこで，日本のイネいもち病菌の全ゲノム配列を決定し，70-15菌系にない領域を同定することにした。ゲノム配列決定には日本のIna168菌株を選んだ。Ina168菌株は，少なくとも*AVR-Pia*, *AVR-Pii*, *AVR-Pik*, *AVR-Pikm*, *AVR-Pikp*, *AVR-Pita*, *AVR-Pita2*, *AVR-Pit*, *AVR-Pib*の9つの非病原力遺伝子を持つことがわかっている（Kiyosawa *et al.*, 1986）。これは，イネ判別品種から推定される非病原力遺伝子のほとんどを網羅している。また，Ina168菌株は，清沢等が指定したいもち病菌の8菌株の1つなので，由来がはっきりしており，かつ古くから日本のいもち病菌研究者などにとってなじみのある菌株でもある。

Ina168菌株のゲノム配列は，アメリカのAgencourt Bioscience Corporationに外注し，454FLXシーケンサーで決定した。454FLXシーケンサーは，当時，平均して250bpのゲノム断片を読み，一度にのべ0.1 Gbの塩基配列を決定できる。他の次世代シーケンサーは36 bpくらいの断片しか読めなかったので，454FLXシーケンサーはゲノム断片どうしをつなげやすいという利点があった。そして，いもち病菌ゲノムの10倍にあたる491.6 Mbの塩基配列を決定した。さらに，決定した短いゲノム断片どうしをつなげ，3345個の500 bp以上のゲノム断片（コンティグ†という）を得ることができた。このコンティグの合計した長さは，70-15菌系の全ゲノム配列37.6 Mbに匹敵した。

次にデータベースで公開されている70-15菌系のゲノム配列とIna168のゲノム配列を比較した。その結果，1.68 Mbの領域が，70-15菌系の配列には含まれなかった。NCBIのホームページには，TRACEというサイトがあり，70-15 菌系のゲノム配列の生データが登録されている。1.68 Mb の領域が，その生データ中に含まれていないかどうかも調べた。0.57 Mb の領域は，生データの中に含まれていることがわかった。よって，Ina168 菌株に特異的に存在する領域は，1.11 Mb になる。しかし，0.57 Mb の領域について私たちは解析していなかったので，1.68 Mb の領域から分泌タンパク質を推定することにした。推定するにあっては，2つの方法で行った。1）Fgenesh（Softberry 社）というソフトを使う方法，2）配列をすべてのコドンフレームで翻訳し，開始コドンに始まり，終止コドンで終わる配列を抜き出す方法である。これら2つの方法から推定したタンパク質のうち，50 アミノ酸以上のものを抽出した。さらに 70-15 菌系の分泌タンパク質を推定したのと同じ方法を用い，316 個の分泌タンパク質を推定した。

5. Ina168 菌株から推定した分泌タンパク質遺伝子における関連解析

いよいよ推定した分泌タンパク質遺伝子を用いて，非病原力遺伝子の保有状況との関連解析を始めることにした。70-15 菌系の分泌タンパク質と同じ方法で，イネいもち病菌株における 316 個の分泌タンパク質遺伝子保有状況を PCR 法によって検証した。そして，分泌タンパク質遺伝子の PCR 増幅パターンと非病原力遺伝子の保有状況との間の関連を調べた。並行して予測した分泌タンパク質についてタンパク質の機能単位であるドメインを調べた。もし既知のドメインがあれば，その分泌タンパク質の機能を知るための助けになるかもしれないと考えたからである。推定した分泌タンパク質の中で，ジンクフィンガー様モチーフを持つ遺伝子を発見し，pex33 とよぶことにした。さらに調べてみると，シグナル配列が一致していて本体部分が非常に異なっている pex33 の兄弟と思われる遺伝子が 70-15 菌系から推定した分泌タンパク質の中に見つかった。このように pex33 は，エフェクターにみられる DNA 多型の特徴を持っていたので，最初に関連解析をしてみることにした。

驚いたことに，pex33 の PCR 増幅パターンは，非病原力遺伝子 *AVR-Pii* の保有状況との間に完全な関連を示した（図 4，図 5）。70-15 菌系を用いた

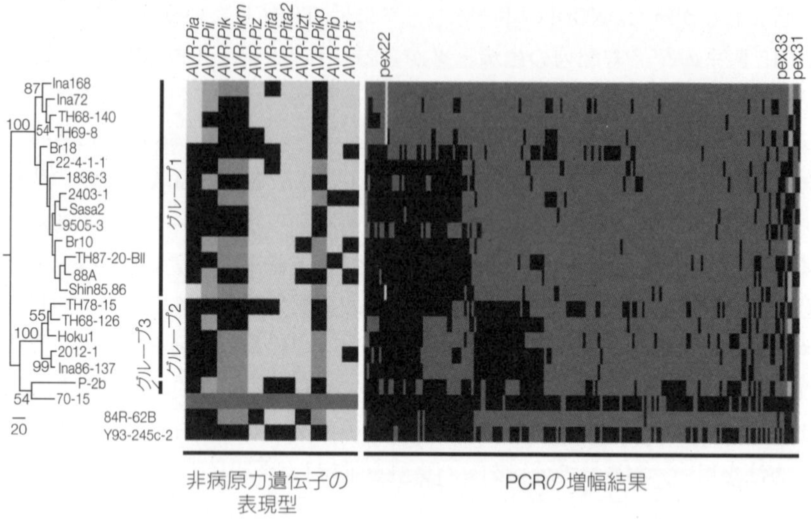

図 4　Ina168 菌株から予測した分泌タンパク質の PCR 実験の結果（Yoshida *et al.*, 2009 より転載。URL: www.plantcell.org　copyright: American Society of Plants Biologists.）

左の図は，供試した菌株の系統樹。枝の数字は，ブーツストラップ確率を示す。中央の非病原力遺伝子の表現型では，グレーのパネルは非病原性を示し，黒のパネルは病原性をあらわしている。右の図は，各分泌タンパク質遺伝子の PCR 増幅結果で，グレーのパネルは PCR で増幅したもの，黒は PCR で増幅しなかったものを示す。pex22 と pex33 は，*AVR-Pia* と *AVR-Pii* にそれぞれ完全な関連があることがわかる。pex31 は，*AVR-Pik*，*AVR-Pikm*，*AVR-Pikp* と弱い関連がある。いくつかの遺伝子の PCR 増幅パターンは，菌株間の系統関係を反映しているが，pex22，pex33，pex31 は反映していない。

ときは 1032 個の分泌タンパク質を調べて 1 個も関連するものを見つけることができなかったのに，今回 Ina168 菌株では 1 回目の候補が当たりだった。この発見から，Ina168 から推定した分泌タンパク質の中には多くのエフェクターが眠っているに違いないという思いを強くした。

その後，非病原力遺伝子 *AVR-Pia* の保有状況と完全な関連がある遺伝子 pex22 を発見した（図 4，図 5）。しかし，316 個の分泌タンパク質のうち完全な関連があったのは，この 2 つだけであった。PCR の結果だけでは不安なので，PCR 法より遺伝子の有無を正確に推定することが可能なサザンブロッティングも行った。サザンブロッティングの結果と PCR の結果は，一致していた。こうして pex33 と pex22 が非病原力遺伝子 *AVR-Pii* と *AVR-Pia* である可能性が強まった。

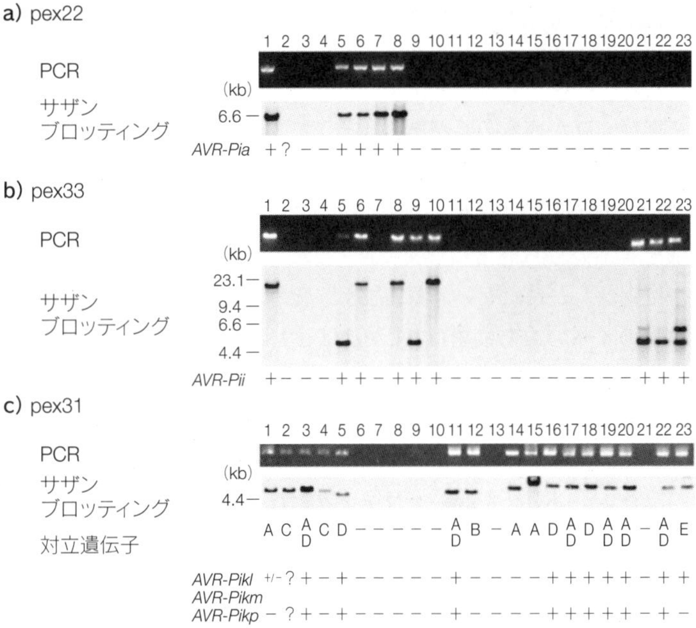

図5　pex22，pex33，pex31 の PCR とサザンブロッティングの結果

PCR の結果の数字は，表 1 における菌株のコードナンバーに対応する。pex22，pex33，pex31 のそれぞれで，PCR とサザンブロッティングのバンドが一致していることがわかる。pex31 は，対立遺伝子 A，B，C，D，E があり，D を保有している菌株は必ず *AVR-Pik*，*AVR-Pikm*，*AVR-Pikp* をもっている。

pex33 は，70 アミノ酸からなる小さな分泌タンパク質をコードしていた。また，面白いことにこの遺伝子の相補鎖にも分泌タンパク質をコードしているオープンリーディングフレーム（ORF）を推定することができた。この遺伝子を pex279 とよぶ。このことは，pex33 と pex279 の両方に *AVR-Pii* の可能性があることを意味する。2 個のうち，いもち病菌に感染したイネ葉で発現している遺伝子が *AVR-Pii* である可能性が高いと考え，遺伝子発現を調べてみた。

その結果，pex33 が発現していることがわかり，pex33 を，*AVR-Pii* の第一候補とした。*AVR-Pia* の候補である pex22 は，85 アミノ酸からなる機能未知の分泌タンパク質をコードしていた。また，この遺伝子は，Ina168 菌株を接種した葉で発現していることがわかった。

6. 非病原力遺伝子 *AVR-Pii* と *AVR-Pia* であることの証明

では，これら関連があった遺伝子が，本当に非病原力遺伝子なのか？　このことを実験で確かめる必要がある。そこで，これらの候補遺伝子を持たないイネいもち病菌に候補遺伝子を導入して，表現型を調べることにした。まずはじめは，454FLX シーケンサーによって得られた pex33 を含むコンティグ全部をイネいもち病菌に形質転換†した。抵抗性遺伝子 *Pii* を持つイネ品種「かけはし」と持たない「蒙古稲」にそれぞれ接種した。形質転換に用いた野生型のイネいもち病菌は，「かけはし」と「蒙古稲」の両方に感染できる。もし pex33 が，*AVR-Pii* として機能するには，「かけはし」に抵抗性を誘導し，「蒙古稲」だけに感染するはずである。しかし，予測に反して，「かけはし」と「蒙古稲」の両方に感染してしまった。

もしかしたら，pex33 を含むコンティグには，pex33 の発現に必要なプロモーター領域†が欠けているのかもしれない。そこで，いもち病菌で過剰発現に使われているプロモーターの下流に pex33 をつなげたベクターをつくった。そのベクターを導入した形質転換いもち病菌を作出し，「かけはし」と「蒙古稲」に接種した。しかしながら，結果は，両方に罹ってしまった。pex33 は，*AVR-Pii* ではないのだろうか？

pex22 のコンティグは，pex33 のコンティグと比較して長く，pex22 のプロモーター領域を十分含んでいるように思えた。そこで，pex22 のコンティグ断片を導入した形質転換いもち病菌を作出した。そして，抵抗性遺伝子 *Pia* を持つイネ品種「ササニシキ」と持たない「新 2 号」にそれぞれ接種した。もとの野生型のいもち病菌は，「ササニシキ」と「新 2 号」の両方に感染できる。もし，pex22 が *AVR-Pia* であるならば，抵抗性遺伝子 *Pia* をも持たない「新 2 号」にだけ感染できると期待される。結果は，形質転換体は，「新 2 号」に感染し「ササニシキ」では病斑が伸展しなかった（図 6）。以上より，pex22 は，*AVR-Pia* であることがわかった。

pex22 の結果は，私たちを勇気づけるものであった。pex33 が *AVR-Pii* として機能するには，*AVR-Pii* の完全なプロモーター領域を得る必要があるに違いないと考えた。とはいえ，pex33 のプロモーター領域がどれくらいの大きさなのかわからない。しかも未知の配列である。最初，Inverse-PCR 法によって pex33 上流領域の配列決定を試みたがうまくいかなかった。そこで，

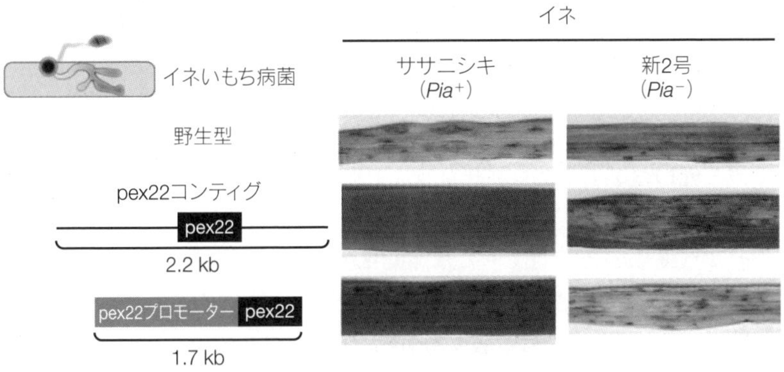

図 6　pex22 を導入した形質転換いもち病菌の接種結果
野生型では，ササニシキ，新 2 号の両方に感染することができる。一方，pex22 のコンティグや，pex22 プロモーターと pex22ORF を導入した形質転換体いもち病菌は，抵抗性遺伝子 *Pia* を持つササニシキには，感染できなくなってしまう。

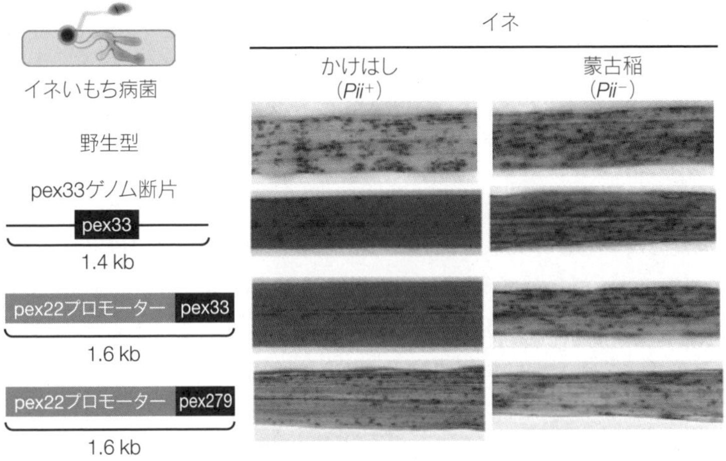

図 7　pex33 を導入した形質転換いもち病菌の接種結果
野生型では，かけはし，蒙古稲の両方に感染することができる。一方，pex33 を含むゲノム断片（TAIL-PCR 法によって同定した上流領域と pex33 のコンティグを含む），pex22 プロモーターと pex33ORF を導入した形質転換体いもち病菌は，抵抗性遺伝子 *Pii* を持つかけはしには感染できない。pex22 プロモーターと pex279ORF 導入した形質転換体いもち病菌は，野生型と同様，かけはし，蒙古稲の両方に感染する。

TAIL-PCR 法に変えてみたところ，pex33 の上流領域を決定することができた。しかも運よく新たに決定した配列の 5' 末端側にレトロトランスポゾンがあることがわかった。おそらくレトロトランスポゾンの手前までがプロモーターとしての機能に必要なところであろうと考えた。そして新たに決定した領域と元のコンティグを併せた断片を形質転換いもち病菌に導入し，「かけはし」と「蒙古稲」に接種した。その結果，形質転換いもち病菌は，「蒙古稲」に感染し，「かけはし」には感染しなかった（図7）。

ただし，pex33 の相補鎖には，pex279 という遺伝子があり，どちらが *AVR-Pii* なのか決着をつける必要がある。そこで，pex22 のプロモーターの下流に pex33 または pex279 をつなげたベクターを構築し，それぞれ導入した形質転換いもち病菌を作出した。共通のプロモーターを用いているので，接種実験による結果に違いがあるならば，その違いは，pex33 と pex279 の違いを反映している。結果は，pex33 を導入した形質転換いもち病菌は，「かけはし」に感染できず，「蒙古稲」には感染できた（図7）。一方，pex279 を導入した形質転換いもち病菌は，両方の品種に感染した。ようやく pex33 が *AVR-Pii* であることを示すことができた。

7.　非病原力遺伝子 *AVR-Pik*, *AVR-Pikm*, *AVR-Pikp*

私たちは，関連解析によって2つの非病原力遺伝子を同定することができたが，満足していなかった。まだ本命である非病原力遺伝子 *AVR-Pik*，*AVR-Pikm*，*AVR-Pikp* がとれていなかったからである。*AVR-Pik*，*AVR-Pikm*，*AVR-Pikp* の保有状況は，供試菌株において，だいたい1対1くらいに分離していたので，関連解析によって取ってこられる可能性が高いと踏んでいたのだ。しかしながら，316 遺伝子の PCR 解析を一度終えた段階では，候補となる遺伝子を見つけることができなかった。いったいどこにあるのだろうか？　遺伝子の有無で決まっているのではなく，DNA 変異によって決まっているのかもしれない。そこで，EcoTILLING 法によって，推定した分泌タンパク質のうち 100 個について，DNA 多型を調べてみた。ほとんどの分泌タンパク質には，DNA 変異が検出されなかった。しかし，pex31 には，多くはないが，DNA 変異が検出された。

pex31 の PCR 解析の結果をもう一度調べてみると，*AVR-Pik*，*AVR-Pikm*，

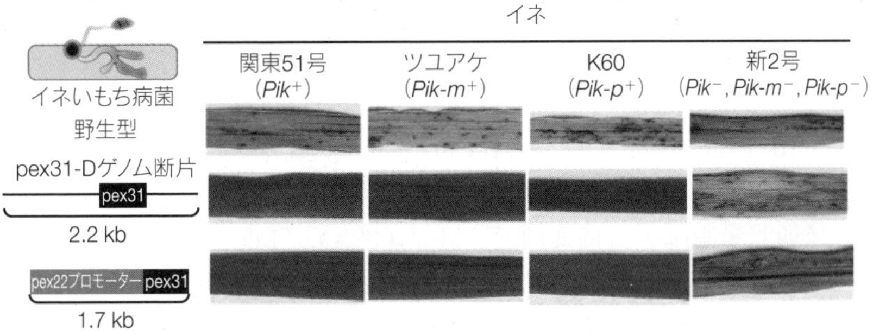

図 8　pex31-D を導入した形質転換いもち病菌の接種結果

野生型では，関東 51 号，ツユアケ，K60，新 2 号のすべてに感染することができる。一方，pex31-D ゲノム断片（TAIL-PCR 法によって決定した上流領域と pex31-D のコンティグを含む），pex22 プロモーターと pex31-D ORF を導入した形質転換体いもち病菌は，抵抗性遺伝子 *Pik*，*Pik-m*，*Pik-p* をそれぞれ持つ関東 51 号，ツユアケ，K60 には感染できない。

AVR-Pikp の保有状況と弱く関連していた（図 4，図 5）。もしかしたら，遺伝子の有無と DNA 変異の両方が組み合わさって，非病原力遺伝子の保有状況との間に関連を示すかもしれないと考えた。この予測は的中し，pex31 の DNA 変異と PCR の増幅パターンの両方をあわせると，見事に *AVR-Pik*, *AVR-Pikm*, *AVR-Pikp* の保有状況と一致した。

pex31 は，114 アミノ酸からなる分泌タンパク質遺伝子をコードしていた。供試菌株の pex31 の塩基配列を決定してみると，5 つの対立遺伝子 A, B, C, D, E があることがわかった。そして，D を持つ菌株は，必ず *AVR-Pik*, *AVR-Pikm*, *AVR-Pikp* を保有していることがわかった（図 5）。さらに，感染葉での遺伝子発現を調べてみると pex31 が発現していることがわかった。いよいよ pex31 の対立遺伝子 D（pex31-D）が，*AVR-Pik*, *AVR-Pikm*, *AVR-Pikp* である可能性が高まった。

454FLX シーケンサーで得られた pex31-D を含むコンティグ断片を導入した形質転換いもち病菌を作出した。形質転換に用いた野生型のイネいもち病菌は，抵抗性遺伝子 *Pik* を持つイネ品種「関東 51 号」，抵抗性遺伝子 *Pik-m* を持つイネ品種「ツユアケ」，抵抗性遺伝子 *Pik-p* を持つイネ品種「K60」，これらの抵抗性遺伝子を持たないイネ品種「新 2 号」のすべてに感染することができる。

そこで，作出した形質転換いもち病菌を「関東51号」,「ツユアケ」,「K60」,「新2号」に噴霧接種した。しかしながら，どの品種に対しても感染することができた。pex33の例もあり，今回もプロモーター領域が欠けていると考え，TAIL-PCR法によって上流領域を決定した。改めて，pex31-Dの予測プロモーター領域とpex31-DのORFを含むゲノム断片をいもち病菌に導入した。今度は予測通り，「関東51号」，「ツユアケ」，「K60」の3品種に感染できず，「新2号」には感染した（図8）。この結果から，pex31-Dは，*AVR-Pik*，*AVR-Pikm*，*AVR-Pikp*として機能することがわかった。さらに，pex22プロモーターの下流にpex31-Dをつなげたベクターを導入した形質転換いもち病菌の場合も，「関東51号」，「ツユアケ」，「K60」に感染できなくなった。よって，pex31-DのORFが，非病原力遺伝子*AVR-Pik*，*AVR-Pikm*，*AVR-Pikp*であることがわかった。

では，同定した非病原力遺伝子だけで，それぞれに対応する抵抗性遺伝子を持つ品種に対して細胞死を引き起こすのか？　それともいもち病菌の他のタンパク質などの分子が非病原力遺伝子による細胞死誘導に必要なのか？本書では詳しく述べないが，同定した非病原力遺伝子を発現させたイネの形質転換体を用いて，同定した非病原力遺伝子だけで，それに対応する抵抗性遺伝子を持つ品種に対して細胞死を引き起こすことを示した（Yoshida *et al.*, 2009）。

さらに，pex31の対立遺伝子によって，*Pik*，*Pik-m*，*Pik-p*を持つイネに対する反応が異なっていることも同様の方法で明らかにした。pex31-Dは，3つの非病原力遺伝子*AVR-Pik*，*AVR-Pikm*，*AVR-Pikp*の機能を持ち合わせているが，pex31-Eは，*AVR-Pik*，*AVR-Pikm*として機能し，pex31-Cは，*AVR-Pik*，*AVR-Pikm*，*AVR-Pikp*のいずれの機能も有していなかった。

おわりに

次世代シーケンサーによって，日本のいもち病菌のゲノム配列を決定したことが，本研究の転換点だったといえる。それによって，70-15菌系にないIna168菌株特有のゲノム領域の存在を知ることができた。EcoTILLINGやPCR実験から，日本菌株特有のゲノム領域の存在を推定したとしても，ゲノム配列という具体的なデータがなければ，所詮，確信にはいたらず，また，現状を打開する術もなく，新規非病原力遺伝子を単離することができなかったに違いない。それに加え，次世代シーケンサーによるゲノム配列決定は，当然のことではあるが，Ina168 菌株特有のゲノム領域を明らかにしただけでなく，未知の配列情報を取得することができたということが最も大きな利点であった。なぜなら，配列情報があったおかげで，エフェクターの候補遺伝子を予測することができ，その先の関連解析を実行することができたからである。以上の経験を踏まえると，今後，次世代シーケンサーによるゲノム配列決定は，モデル生物以外の生物種の生物現象を遺伝子レベルで解明する術を与えてくれる最も強力な武器の 1 つになると考える。ゲノム配列情報があれば，遺伝子予測プログラムによって，遺伝子を予測することが可能である。そして，予測した遺伝子のコードするタンパク質の機能を，公開されている遺伝子・タンパク質データベース，ツールを用いれば，ある程度判定することができる。また，マイクロアレイ法や SuperSAGE 法（Matsumura *et al*., 2010）などの遺伝子発現解析とゲノム配列情報を組み合わせることによって，研究者が標的としている現象時に発現している遺伝子を見つけてくることができるだろう。

本研究では，エフェクターを標的にしていたので，分泌タンパク質のシグナル配列を判別するソフトウェアを用いることで，ゲノム配列と遺伝子予測プログラムから予測されたタンパク質からエフェクター候補を絞り込むことができた。そして，PCR 法による関連解析によって，3 つの非病原力遺伝子候補を選抜し，イネいもち病菌の形質転換実験によって，これら 3 つの遺伝子が，非病原力遺伝子であることを証明した。pex31-D は，3 つの非病原力遺伝子の機能を有していたことを考慮すると，Ina168 菌株の 9 つの非病原力遺伝子のうち実質 5 つのクローニング[†]に成功したことを意味する。また，3 つの遺伝子の PCR 増幅の有無は，サザン解析により遺伝子の有無を反映していることを確かめることができた。それゆえ，PCR 法は，遺伝子の有無を確認するのに効果的であることを示唆している。しかし，ゲノム配列を比較的簡単に決定できるようになれば，全ゲノム比較解析により正確に遺伝子の有無を同定することが可能になるだろう。また，ヒトゲノムコピー数多型研究で行われた 1 塩基多型タイピングアレイと比較ゲノムハイブリダイゼーションという方法を用いて遺伝子の有無（コピー数）を調べる方法もあると思う（Redon *et al*., 2006）。これまで，いもち病菌の非病原力遺伝子のクローニングは，ある非病原力遺伝子を持つ菌株ともたない菌株を交配し，その子孫の連鎖解析によってなされてきた。しかし，この方法による成功例は，わずかしかない。原因として考えられるのは，レトロトランスポゾンなどの繰り返し配列が染色体歩行による遺伝子単離を困難にしていることや，ゲノムライブラリーから遺伝子を含むプラスミドクローンをとることが難しいためである。

関連解析は交配を必要としないので，連鎖解析が難しい生物にも適用することができる。関連解析によって，原核生物の薬剤抵抗性遺伝子の単離（Andries *et al*., 2005）や，ジャガイモ疫病菌の非病原力遺伝子 *AVR3a* の単離（Armstrong *et al*., 2005）がなされている。ただし，関連解析で問題になるのは，供試サンプル間の集団構造（ここでは，集団遺伝学で使われる集団構造を意味する。すなわち，距離による地理的隔離等によって任意交配が行われない分集団構造）によって生じる連鎖不平衡（多型の間にランダムではない相関がみられる現象）である。連鎖不平衡があると偽陽性の関連をひろってしまうことがある。それは，本来の標的である遺伝子のものと相関がある多型をもつ別の遺伝子をとってきてしまう危険性があることを意味する。今回，私たちが，同定した3つの非病原力遺伝子は，*AVR-Pia*，*AVR-Pii*，*AVR-Pik/Pikm/Pikp* は，供試菌株間で遺伝子の有無，DNA 変異が観察された。さらにそのパターンは，菌株のグループ間の違いを反映したものではなかった。すなわち，これら3つの非病原力遺伝子は，他のゲノム領域とは，連鎖平衡であるといえる。このように他のゲノム領域との低い関連性は，病原菌におけるエフェクターの一般的な特徴であるように思われる。関連解析による方法は，他の病原菌からの非病原力遺伝子の単離にも有効であると思われる。

今回同定した非病原力遺伝子は，イネの感染葉ですべて発現していた。今回のスクリーニングでは，ゲノム情報だけに基づいて関連解析を行ったが，遺伝子発現解析を組み合わせることで，よりエフェクター候補を絞ることが可能であると思われる。

私の所属する研究グループでは，今回のゲノム情報に基づいた関連解析をする以前に，SuperSAGE 法により日本のイネいもち病菌が感染したイネ葉で発現している遺伝子からエフェクターを同定する試みもしていた。その際，70-15 菌系ゲノムデータベースに登録されている予測遺伝子のみを利用していた。そのため，70-15 菌系予測遺伝子にはない日本のイネいもち病菌特有の遺伝子が発現していたとしても，気づくことができなかった。イネいもち病菌のように菌株間で遺伝子の保有数が変動するような種では，標的としている菌株のゲノムを決定し，独自に遺伝子予測をする必要がある。その情報に基づいて遺伝子発現についての知見を得，関連解析を行えば，効率的に目的とする遺伝子を単離することが可能になると思われる。

現在，3つの非病原力遺伝子の標的であるイネ側の分子の同定を進めている。そして，エフェクターの機能をより詳細に明らかにしていきたい。

最後にこの研究は，寺内良平研究部長のもと，齋藤宏昌研究員，私が所属する遺伝学ゲノム学分野の藤澤志津子研究助手，神崎洋之研究員，松村英生研究員（現信州大学准教授），研究補助員の方々，神戸大学の土佐幸雄教授，中馬いづみ研究員，京都大学の高野義孝准教授，現イギリスセインズベリーラボラトリーの Sophien Kamoun 博士，Joe Win 博士の共同で行われた。また，*AVR-Pia* に関しては，北海道大学の曽根輝雄准教授のグループが，異なる方法で同時期に私たちとは独立に単離したことを記しておく（Miki *et al.*, 2009）。

引用文献

Allen, R.L., Bittner-Eddy, P.D., Grenville-Briggs, L.J., Meitz, J.C., Rehmany, A.P., Rose, L.E. & Beynon, J.L. 2004. Host-parasite coevolutionary conflict between Arabidopsis and downy mildew. *Science* **306**: 1957-1960.

Andries, K., Verhasselt, P., Guillemont, J., Göhlmann, H.W., Neefs, J.M., Winkler, H., Van Gestel, J., Timmerman, P., Zhu, M., Lee, E., Williams, P., de Chaffoy, D., Huitric, E., Hoffner, S., Cambau, E., Truffot-Pernot, C., Lounis, N. & Jarlier, V. 2005. A diarylquinoline drug active on the ATP synthase of Mycobacterium tuberculosis. *Science* **307**: 223-227.

Armstrong, M.R., Whisson, S.C., Pritchard, L., Bos, J.I., Venter, E., Avrova, A.O., Rehmany, A.P., Bohme, U., Brooks, K., Cherevach, I., Hamlin, N., White, B., Fraser, A., Lord, A., Quail, M.A., Churcher, C., Hall, N., Berriman, M., Huang, S., Kamoun, S., Beynon, J.L. & Birch, P.R. 2005. An ancestral oomycete locus contains late blight avirulence gene Avr3a, encoding a protein that is recognized in the host cytoplasm. *Proceedings of the National Academy of Science of the United States of America* **102**: 7766-7771.

浅賀宏一・加藤肇・山田昌雄・吉野嶺一．2003．世界におけるいもち病研究の軌跡－21世紀の研究発展をめざして－ 日本植物防疫協会．

Comai, L., Young, K., Till, B.J., Reynolds, S.H., Greene, E.A., Codomo, C.A., Enns, L.C., Johnson, J.E., Burtner, C., Odden, A.R. & Henikoff, S. 2004. Efficient discovery of DNA polymorphisms in natural populations by Ecotilling. *Plant Journal* **37**: 778-786.

Dean, R. A., et al. 2005. The genome sequence of the rice blast fungus Magnaporthe grisea. *Nature* **434**: 980-986.

He, P., Shan, L., Lin, N. C., Martin, G. B., Kemmerling, B., Nürnberger, T. & Sheen, J. 2006. Specific bacterial suppressors of MAMP signaling upstream of MAPKKK in Arabidopsis innate immunity. *Cell* **125**: 563-575.

International SNP Map Working Group. 2001. A map of human genome sequence variation containing 1.42 million single nucleotide polymorphisms. *Nature* **409**: 928-933.

一瀬勇規　2007.　MAMPシグナル伝達機構.　蛋白質 核酸 酵素 **52**: 635-641.

Jones, J. D. & Dangl, J. L. 2006. The plant immune system. *Nature* **444**: 323-329.

Matsumura, H., Yoshida, K., Luo, S., Kimura, E., Fujibe, T., Albertyn, Z., Barrero, R. A, Krüger, D. H., Kahl, G., Schroth, G. P., & Terauchi, R. 2010. High-throughput SuperSAGE for digital gene expression analysis of multiple samples using Next Generation Sequencing. PLos ONE 5: e12010.

Melotto, M., Underwood, W., Koczan, J., Nomura, K.. & He, S.Y. 2006. Plant stomata function in innate immunity against bacterial invasion. *Cell* **126**: 831-834.

Miki, S., Matsui, K., Kito, H., Otsuka, K., Ashizawa, T., Yasuda, N., Fukiya, S., Sato, J., Hirayae, K., Fujita, Y., Nakajima, T., Tomita, F. & Sone, T. 2009. Molecular cloning and characterization of the AVR-Pia locus from a Japanese field isolate of Magnaporthe oryzae. *Molecular Plant Pathology* **10**: 361-74.

Nielsen, H., Engelbrecht, J., Brunak, S. & Heijne, G. 1997. Identification of prokaryotic and eukaryotic signal peptides and prediction of their cleavage sites. *Protein Engineering* **10**: 1-6.

Kamoun, S. 2007. Groovy times: filamentous pathogen effectors revealed. *Current Opinion in Plant Biology* **10**: 358-365.

Khang, C. H., Park, S.-Y., Lee, Y.-H., Valent, B., Kang, S. 2008. Genome organization and evolution of the AVR-Pita avirulence gene family in the *Magnaporthe grisea* species complex. *Molecular Plant-Microbe Interactions* **21**: 658-670.

Kiyosawa, S. 1984. Establishment of differential varieties for pathogenicity test of rice blast. *Rice Genetic Newsletter* **1**: 95-97.

Kiyosawa, S., Mackill, D. J., Bonman, J. M., Tanaka, Y., & Ling, Z. Z. 1986. An attempt of classificaton of world's rice varieties based on reacton pattern to blast fungus strains. *Bulletin of the National Institute of Agrobiological Resources* **2**: 13-39.

Redon, R., Ishikawa, S., Fitch, K. R., Feuk, L., Perry, G. H. Andrews, T. D., Fiegler, H., Shapero, M. H., Carson, A. R., Chen, W., Cho, E. K., Dallaire, S., Freeman, J. L., González, J. R., Gratacòs, M., Huang, J., Kalaitzopoulos, D., Komura, D., MacDonald, J. R., Marshall, C. R., Mei, R., Montgomery, L., Nishimura, K.,

Okamura, K., Shen, F., Somerville, M. J., Tchinda, J., Valsesia, A., Woodwark, C., Yang, F., Zhang, J., Zerjal, T., Zhang, J., Armengol, L., Conrad, D. F., Estivill, X, Tyler-Smith, C., Carter, N. P., Aburatani, H., Lee, C., Jones, K. W., Scherer, S. W. & Hurles, M.E. 2006. Global variation in copy number in the human genome. *Nature* **444**: 428-429.

種生物学会（編） 2008. 共進化の生態学－生物間相互作用が織りなす多様性. 文一総合出版.

Yamada, M., Kiyosawa, S., Yamaguchi, T., Hirano, T., Kobayashi, T., Kushibuchi, K. & Watanabe, S. 1976. Proposal of a new method for differentiating races of Pyricularia oryzae Cavara in Japan. 日本植物病理学会報 **42**: 216-219.

Yoshida, K., Saitoh, H., Fujisawa, S., Kanzaki, H., Matsumura, H., Yoshida, K., Tosa, Y., Chuma, I., Takano, Y., Win, J., Kamoun, S., Terauchi, R. 2009. Association genetics reveals three novel avirulence genes from the rice blast fungal pathogen Magnaporthe oryzae. *Plant Cell* **21**: 1573-1591.

第８章　オミクスを組み合わせて適応を担う遺伝子・システムを見つけ出す

Combining genomics platforms to find the genes and systems controlling adaptation in ecology.

Daniel J. Kliebenstein
（Department of Plant Sciences, University of California, Davis）
日本語訳：永野　惇（京都大学生態学研究センター）

はじめに

生物の表現型形質のほとんどは種内で均一ではない。発生から，代謝，環境応答などに至るまでさまざまな形質で，個体間で遺伝的変異が見られる。種内の表現型の多様性を裏打ちしている遺伝的要因や他の生物学的要因を同定することは，生態・進化の研究両方にとって重要な基礎となる。表現型の多様性は重要であり，実際それを測定した研究が無数に存在する。にもかかわらず，表現型の多様性の裏にある遺伝的変異や，表現型の多様性を生み出し維持している力に関してはほとんど明らかになっていない。個別の遺伝子や，ある１つの表現型に関する生態学的・進化学的研究はこれまでもなされてきた。しかしながら，種が全体として，いかに複雑な環境に対し適応し進化するのかに関する研究は，これまで理論的な議論にとどまっていた。理論家たちは，しばしば互いに正反対のモデルや考え方を無数に提案してきたが，それらのモデルや考え方が実際の自然界で成り立つのかどうかは，ほとんど検証されていない。それは，これらを検証するために，多くの個体のすべての遺伝子を調べるような，ほとんど不可能と思われるような実験が必要になるからであった。いや，正確には“ほんの数年前までは”ほとんど不可能と思われるような実験というべきだろう。それは最近では，日常的な実験になりつつあるのである。

種全体の比較を可能にする考え方の１つがシステム生物学だ。システム生物学とは，近年広まりつつある新しい分野で，高度に並列化した摂動実験（遺伝子のノックアウトや薬剤処理など）を施すことで，対象とする生物システムの特徴をとらえることを目的としている＊1（Ideker *et al.*, 2001; Kitano,

2002)。これまでモデル生物を用いた実験室でのシステム生物学的研究で，遺伝子発現制御やタンパク質相互作用，代謝などのネットワークが明らかにされてきた（Fiehn, 2002; Rosenfeld *et al.*, 2002; Covert *et al.*, 2004; Martins *et al.*, 2004）。システム生物学を利用すれば，個々の表現型を記載するだけでなく，相互作用ネットワークの全体像やそのネットワークがいかに形作られるかを規定するルールに迫ることができる（Albert, 2005）。もちろん，植物科学もシステム生物学によって近年大きく前進している（Brady & Provart, 2009）。その重要な例が，新しい代謝酵素や制御遺伝子を同定するために，メタボロームデータとトランスクリプトームデータを統合するというアプローチである＊2（Hirai *et al.*, 2005; Hansen *et al.*, 2007）。共発現関係は，根の発生とそれを制御する遺伝子群の関連づけや，発生のプログラムと非生物学的環境ストレス応答の関連づけといった研究に利用されている（Brady *et al.*, 2007; Dinneny *et al.*, 2008）。現在，オミクス†技術を含む数々のシステム生物学的手法はすべて，自然集団における遺伝的多型の研究に応用されている。たとえば，トランスクリプトミクス（Keurentjes *et al.*, 2008; Kliebenstein, 2009a, c）や，メタボロミクス（Keurentjes, 2009; Kliebenstein, 2009），プロテオミクス（Stylianou *et al.*, 2008），生理学的な表現型の情報（Keurentjes *et al.*, 2008），ネットワーク解析ツール（Hansen *et al.*, 2008a; Kliebenstein, 2009a, b, c），そして全ゲノムシークエンシング（Borevitz & Chory, 2004; Nordborg & Weigel, 2008）などだ。これらのオミクス技術はそれぞれに長所，短所を併せ持っている。しかしそれらを組み合わせれば最大限の力を発揮し，表現型の多様性や遺伝的な多様性を引き起こし維持している生態的・進化的要因を見つけ出すために有効なツールとなる。

システム生物学はこれまでに，複雑かつ動的な代謝制御ネットワークを明らかにした。それはたいていの場合，その“ただ1つの”ネットワークを解明しようという意図のもとで，ある種の中の1つの系統だけを用いて行われてきた。しかしこれは，間違った思い込みがもたらした弊害である。その種

〔訳注〕
＊1：体系的な摂動実験の他，それに対するシステムの応答の網羅的・定量的測定，膨大な測定結果の統合解析と数学的定式化，予測と操作，再構築による検証などもシステム生物学の特徴に含められる。
＊2：共発現関係を手掛かりとして統合することを指している。詳細は第2章，第10章を参照。

にとって最適な唯一のネットワークに向かって，自然選択が一直線に進む，という思い込みだ。この考え方は，野外で生きている生物の姿とは対照的である。野外で生物は，環境の極端な変化（乾燥，洪水，虫害，病害，紫外線，などなど）に常時さらされている。それらに対応し，適応度を最適化する生き方は，それぞれに異なっている。つまり，すべてのありうる環境に対して最適な生き方など存在しないだろう。だとすると，平衡選択[†]はこれまで考えられてきたより広く自然界に起こっていると考えてもいいかもしれない。植物は複雑なストレス応答反応の制御ネットワークをもって，環境の変化に生理的に対処している。一方で，自然集団の遺伝的多様性の研究から，集団内に遺伝的多様性が維持されることもまた，環境の変動を克服する役に立っているということを示す証拠が得られつつある。このことから，システム生物学と生態学・進化学の間に，互いに促進し合う正のフィードバックループが成り立つと考えられ始めている。すなわち，システム生物学は生態学・進化学の研究を助ける素晴らしいツールになりうるだけでなく，同時に生態学・進化学は，システム生物学がもっと柔軟になり，個体間で異なった複数のネットワークを明らかにしなければならないということを教えてくれるのである。

この章ではモデルシステムとして，シロイヌナズナの防御化学物質であるグルコシノレートに焦点を当て，遺伝的多様性を用いた生態学や進化の研究にシステム生物学がどのようにかかわるのかを解説する。これを通じて，遺伝子のネットワークとして解析することで，遺伝子を個別に解析する以上に，種や表現型の進化・生態に関してよく理解できるということを示したい。さらに，条件依存性という厄介な問題（遺伝子型－環境相互作用など）が，実際にはシステム全体を明らかにする希有な材料となる可能性に議論を進める。また，ある生物の持つ条件依存性が，その生物を取り巻く環境から受ける影響を検討する。そしてこの章を読み終わるときには，生物が環境にいかにして適応しているかを理解するためにシステム生物学を応用する可能性を，読者のみなさんに垣間見ていただきたいと思う。

1. 生態的・進化的に重要な遺伝子システムの同定：グルコシノレート系をモデルとして

シロイヌナズナはモデル生物として，ゲノム情報や遺伝マーカー，変異系統などの研究資源が整備されてきた。さらに，シロイヌナズナは大西洋のカーボヴェルデ諸島 Cape Verde Islands からシベリアまで広く分布しており，それらの地域から多数の野生系統がコレクションされている。また，シロイヌナズナは特に攪乱環境に適応している。興味深いことに，攪乱環境では，乾燥などの非生物的ストレスのほか，周囲の植物，病原菌，害虫などの生物的ストレスが激しく変化する。このような変動する生物的ストレスに対する主要な化学的防御機構が脂肪族グルコシノレートであり，周囲の昆虫相が変化する環境での適応度に影響する。(Giamoustaris & Mithen, 1995; Mauricio, 1998; Lankau, 2007; Bidart-Bouzat & Kliebenstein, 2008) *[3]。シロイヌナズナのグルコシノレート系は先に述べたようにさまざまな研究資源が利用可能で，かつ野外での適応度に深く関連している。そこで，表現型の背景にある遺伝的多様性を明らかにし，システム全体の挙動をより深く理解するために，システム生物学をどのように利用できるのかを示すモデルとしてグルコシノレート系は用いられている。

グルコシノレート系は制御・生合成・活性化の３つの過程から成る（図1)。生理活性をもつ最終産物は，量・質ともに，これらすべての過程によって調節される。グルコシノレートの生合成は１分子のアミノ酸（脂肪族グルコシノレートの場合はメチオニン）から始まる。酵素反応１サイクルごとに１つずつ炭素が付加され側鎖が伸長する（図1, MAM)。側鎖伸長したメチオニンはグルコシノレートコアの合成経路へ送られ，メチルチオアルキルグルコシノレート methylthioalkyl GSL となった状態で，一次産物として蓄積する（図1, methylthioalkyl GSL)。シロイヌナズナでは，側鎖伸長サイクルを何回繰り返すかによって，炭素数３から８まで，６種類のメチルチオアルキルグルコシノレートができる。この一次産物は次に一連の酵素反応によって側鎖修飾

〔訳注〕
＊３：脂肪族グルコシノレートには，側鎖の違いなどによって多くの分子種がある。シロイヌナズナは系統によって脂肪族グルコシノレートの組成が異なっており，その組成と周囲の昆虫の種類の組み合わせによって適応度の違いが生じることが示されている。

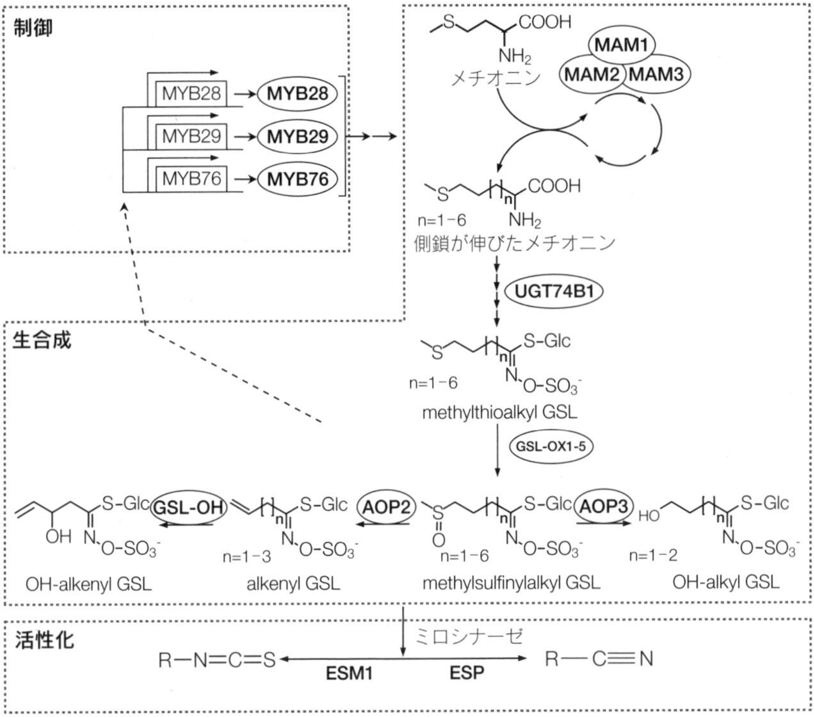

図 1　グルコシノレートの生合成・活性化の簡略化した模式図
メチオニンに何回かの側鎖伸長反応が起こり，その回数は *GSL-ELONG*（*MAM1*, *MAM2*, *MAM3*）のアリル組み合わせによって決まる。できあがったグルコシノレート骨格は，さらに修飾を受けて methylthioalkyl GSL となる。代謝にかかわる遺伝子の協調的な発現は，*MYB28*, *MYB29*, *MYB76* 転写因子によって制御されている。ニトリルやイソチオシアネートへの活性化はすべての種類のグルコシノレートで起こる。その活性化反応において，*ESP* はニトリルへ，*ESM1* はイソチオシアネートへと活性化産物の制御を行う。グルコシノレートの（量や）構造の遺伝的変異の原因となっている遺伝子のみを図示した。点線の矢印は，制御遺伝子への代謝産物からのフィードバックの可能性を示している。GSL, glucosinolate はグルコシノレートを示す。

を受け，多様な脂肪族グルコシノレートが完成する（図 1, OH-alkenyl GSL, alkenyl GSL, methylsulfinylalkyl GSL, OH-alkyl GSL）。グルコシノレートは昆虫による食害時などに，ミロシナーゼとその相互作用タンパク質（ESP, ESM1）のはたらきで活性化され，ニトリル，エピチオニトリルあるいはイソチオアネートになる。ESP がある場合はニトリルやエピチオニトリルに，ESM1 がある場合はイソチオシアネートになる（図 1, 活性化）。制御過程では，

3つの主要な転写因子（MYB28，29，76）が生合成経路を調節している。これらの転写因子は生合成経路のすべての遺伝子，もしくはその一部を調節しているが，活性化過程の遺伝子には影響しない。

図1中の円で囲んだ遺伝子は，シロイヌナズナ自然集団の遺伝的変異とシステム生物学を組み合わせた2つの手法によって同定されたものである。次の2つの節では，さまざまなシステムに応用が期待できるこれらの手法に焦点を当てる。

1.1. 遺伝子発現量多型と遺伝的マッピング

生態的適応において重要な遺伝子を同定するための古典的なアプローチは，まず，目的とする形質に変異を持つ集団を見つけることから始まる。研究者は，すべての個体の遺伝子型と表現型を調べ，ゲノムの多様性と表現型変異の間の関連性の有無を統計的に評価する。この解析が両親を固定したマッピング集団で行われる場合，量的形質遺伝子座（QTL）マッピングとよばれ，両親がわからない集団で行われる場合，全ゲノム関連解析とよばれる（Mackay, 2001; Mackay, 2009）（**コラム1，第7章**）。どちらの場合も，その形質に関連する可能性があるとして特定されるゲノム領域は，数十から数百もの遺伝子を含む長い領域であることが多い。特に，度重なる選択圧の変動を経験した形質の場合にはこの傾向が強い（Chan *et al.*, 2009）。この手法はゲノム上の領域を決定するには非常に優れた手法だが，見つかった領域の中から原因遺伝子を同定するためにはまだ大変な量の作業が必要である。そのため，候補となるゲノム領域の中から原因遺伝子を素早く同定するための方法が望まれる。シロイヌナズナのいくつかのマッピング集団を対象に，HPLC（高速液体クロマトグラフィー）やGC（ガスクロマトグラフィー）を用いてハイスループットな生化学的解析を行うことで，これまでにいくつかグルコシノレートQTLが特定され，その領域中から原因遺伝子が同定された（Kliebenstein *et al.*, 2001a, b, c; Wentzell *et al.*, 2007; Chan *et al.*, 2009）。これらの研究における遺伝子の同定は，遺伝子発現量（以下，単に発現量）の遺伝的変異と表現型のQTLを組み合わせることで原因遺伝子の同定が可能になるかもしれないということを示していた*4。

このような発現量多型解析とQTLマッピングを組み合わせたアプローチをとるには，その集団内での発現量の多様性に関する2つのフィルタが必要だ。実際の発現量の多様性は，次世代シーケンサーやDNAマイクロアレイなどのさまざまな技術によってを調べることができる（Van Leeuwen *et al.*, 2007; West *et al.*, 2007）。1つ目のフィルタは，発現量の系統による違いが大きいという条件である。発現量の差が2倍以上というのが，やや保守的な閾値として用いられている。この条件で絞ることで，候補ゲノム領域の中で，表現型の違いを生み出しうる程度まで発現量の差がある遺伝子をすべて見つけることができる。しかし，ある遺伝子の転写は候補ゲノム領域外の遺伝子によって制御されているかもしれない。そこで，候補ゲノム領域内の多型によって，発現量多型が引き起こされている遺伝子に制限する必要がある。このために用いる2つ目の条件は，集団内で発現量の分布がふた山型になるという条件である。これは，その遺伝子自身の挿入欠失を含む塩基配列多型によって発現量多型が引き起こされていた場合，発現量に対する影響が大きく，発現量の分布はふつうふた山型を示すという観察結果に基づいている（Kliebenstein, 2009a）。QTLマッピングの結果と，これら2つの簡単な条件を用いた発現量多型解析を組み合わせることで，*MAM1*, *MAM2*, *AOP3*, *AOP2*, *GSL-OH*, *ESP*, *ESM1*, *MYB28*, *MYB29*, *MYB76* などのグルコシノレートに関する多型遺伝子の大半を再確認，あるいは新規に単離することができた（Kliebenstein *et al.*, 2001a, b, c; Lambrix *et al.*, 2001; Zhang *et al.*, 2006; Sønderby *et al.*, 2007; Wentzell *et al.*, 2007; Hansen *et al.*, 2008b; Chan *et al.*, 2009）。

発現量多型解析と遺伝的マッピングを組み合わせたこの手法は，他の形質や他の生物でも，自然選択によって変異が維持されている原因遺伝子を迅速に同定する役に立つだろう。さらに，遺伝的マッピングを行わなくても，トランスクリプトームデータを2つのフィルタ越しに見てみるだけで，自然環境下で生物の生態や進化をコントロールしている可能性のある候補遺伝子のリストが得られるだろう。この手法を応用して，まだあまり研究されていない生物で発現量多型解析を行い，得られた遺伝子のリストをもとに，その生物の遺伝的多様性をコントロールしている最も重要な環境要因を予測してみ

〔訳注〕
＊4：同定された原因遺伝子のいくつかは発現量に多型があり，それがグルコシノレートの多型の原因となっていた。このことから，遺伝子発現量の多型を利用すれば，形質のQTLの中から原因遺伝子を同定する手掛かりとなると考えられたということ。

るのも面白いかもしれない。

1.2. 系統解析と遺伝的マッピング

グルコシノレートの生合成にかかわる酵素であるGSL-OX群（GSL-OX1～5）には多くの変異が見られる。このGSL-OX群は前述の手法では同定することができなかった。上で述べた例と違い，1つの領域ではなく複数の遺伝子座に形質がマップされてしまったからだ。このような場合，それぞれの遺伝子座の効果を独立とみなしたうえで，それぞれに対して困難で時間のかかる分子遺伝学的解析を行う必要がある（Borevitz & Chory, 2004）。そのため，現在では複数の遺伝子座にマップされた形質はほとんど解析されない。ところが，系統解析，共発現解析とゲノム重複の情報を組み合わせたことで，詳細な遺伝的マッピングを介さずに，主要な*GSL-OX*遺伝子座から原因遺伝子を一気に同定することに成功した。この解析では，まず，ある1つの*GSL-OX*遺伝子座をマップし，約300遺伝子を含む領域まで絞り込んだ。この約300遺伝子の中から既知のグルコシノレート生合成関連遺伝子と共発現するものを抽出した結果，フラビンモノオキシゲナーゼという種類の酵素の遺伝子1つだけが残った。さらに，これがGSL-OX酵素であること，グルコシノレート生合成において期待される酵素活性をもつということが生化学的に証明された（Hansen *et al.*, 2007）。しかし，まだいくつかの*GSL-OX*遺伝子座がクローニング[†]されずに残っている。そこで次に，ゲノムがわかっている数種の植物の全フラビンモノオキシゲナーゼの系統樹を構築した。この系統樹から，初めに同定された*GSL-OX*遺伝子はグルコシノレートを持つ植物に特有なグループに属することがわかった。そして，同じグループに属する他の遺伝子は，過去の全ゲノム重複の結果，他の主な*GSL-OX*遺伝子座に位置していることもわかった。これらの候補遺伝子についても，すべてがGSL-OX酵素であることが生化学的に確認され，各*GSL-OX*遺伝子座の原因遺伝子であろうということが示された（Li *et al.*, 2008）。同様に，*ESP*遺伝子や*ESM1*遺伝子を手掛かりとした系統解析によって，それぞれの遺伝子ファミリー*5の別の遺伝子が，グルコシノレート活性化過程の多様性の原因と

〔訳注〕
＊5：配列がよく似た一群の遺伝子。

なりうること示された（Burow *et al.*, 2009; Agee *et al.*, 2010）。

上述のような系統解析の応用から，2つの新しいアプローチが可能になると考えられる。1つめは，二倍体の植物でも，そのほとんどが過去に全ゲノム重複を経験しており，その結果，同じ遺伝子ファミリーに属する遺伝子が別々の染色体に点在しているということを利用するものだ（Lynch & Force, 2000; Vision *et al.*, 2000; Rizzon *et al.*, 2006; Freeling, 2009）。このことから，同じ形質に関して別の染色体にマップされた複数の遺伝子座があるとき，それらの原因遺伝子は同じ遺伝子ファミリーに属する可能性があると考えられる。つまり，マップされた位置と，ゲノム上の重複領域のパターンとを比較することで，同じ遺伝子ファミリーが原因となっていそうな遺伝子座を見つけることができる。その情報を利用すれば，GSL-OX 群のように一度に複数の遺伝子座の原因遺伝子を同定できるだろう。グルコシノレート関連遺伝子以外でもこのような手法をとれるということが，さまざまな生物を使った研究で報告されている（Gu *et al.*, 2004; Kliebenstein, 2008; Bikard *et al.*, 2009; Zou *et al.*, 2009）。この方法を使えば，表現型の多様性の原因遺伝子を体系的に，大量に，しかも素早く同定することができるだろう。

もう1つのアプローチは，全ゲノム重複のパターンから外れる遺伝子を種内・種間比較によって探し出すことで，選択圧の違いを見つけられるかもしれないというものだ。たとえば，シロイヌナズナとイネを比較すると，全ゲノム重複の歴史を反映して，どの遺伝子もシロイヌナズナには2コピーずつ，イネには3コピーずつ見られるのが普通である（Rizzon *et al.*, 2006）。グルコシノレート関連遺伝子はこのパターンから大きく外れており，多くの場合，シロイヌナズナには1遺伝子あたり3コピー以上存在するが，イネにはまったく存在しない（Li *et al.*, 2008; Burow *et al.*, 2009）。興味深いことに，他の遺伝子ファミリーでも類似のパターンが見られることがあり，一方で，その逆，イネには存在するがシロイヌナズナには存在しない遺伝子ファミリーも存在する。ゲノム全体の歴史と異なるパターンを示すこのような遺伝子群の機能を明らかにすることで，生物種間の生態の違いや進化の違いを理解することが可能になるかもしれない。

2. エピスタシスの形成・維持における変動選択

グルコシノレートの多様性を制御している遺伝子が明らかになると，次に

「なぜこれらの遺伝子には多型があるのか」というさらに興味深い問いに挑むことができる。これらの遺伝子の変異体を用いた解析から，さまざまなグルコシノレートの活性化産物は，シロイヌナズナを取り巻くさまざまな生物に対して，それぞれ異なる特有の生理活性を示すことがわかってきた（Lambrix *et al.*, 2001; Kliebenstein *et al.*, 2002; Burow *et al.*, 2006; Pfalz *et al.*, 2007; Hansen *et al.*, 2008b; Clay *et al.*, 2009; Pfalz *et al.*, 2009）（図1, 2）。しかし，各活性化産物は，良い効果と同時に悪い効果をもたらすこともある。たとえば，アルケニルグルコシノレートから合成されるニトリルは，寄生性や肉食性のハチ類を強く誘引する効果があるが，植食性のチョウ類の幼虫に対する毒性は低い。ところが，同じアルケニルグルコシノレートに由来するイソチオシアネートは，まったく逆の効果を示すのである（Kliebenstein *et al.*, 2002; Burow *et al.*, 2006; Mumm *et al.*, 2008）。このような効果があるために，周囲に生育する植食性昆虫，肉食性昆虫，競争相手の植物に依存して，異なる選択圧がかかることになる（Lankau, 2007; Lankau & Strauss, 2007; Bidart-Bouzat & Kliebenstein, 2008; Lankau & Strauss, 2008; Lankau & Kliebenstein, 2009）。葉の一次植食者（鱗翅目昆虫，アブラムシ，ナメクジ，ハモグリムシなど）とその捕食者たちを勘定に入れると，このような選択圧の違いはさらに激しくなる（Vanhaelen *et al.*, 2002; Bayhan *et al.*, 2007; Gols *et al.*, 2008）（図2）。グルコシノレート類の各化合物が示す生理活性は，注目する害虫によって異なる。つまり，植物を取り巻くさまざまな栄養段階の生物の中に，具体的にどの植物種・動物種が含まれるかによって，最適なグルコシノレートが左右されるということだ。ある植物種，動物種が環境中に占める割合は年によって大きく変化する。そのため，植物のグルコシノレート組成，そしてそれを制御する遺伝子に対する変動選択が起こると考えられる（Chan *et al.*, 2009）。

シロイヌナズナのグルコシノレート系の生態学的意義と進化に対して，変動選択は2つの大きな影響を与えている。1つめは，このようなタイプの自然選択は予測が難しいということに関係する。どの年にどの昆虫が増えるかを植物が事前に知ることは不可能と考えられる。予測不能な生物的ストレスにより自然選択の方向が変動するとき，その対象となる形質に遺伝的多様性が維持されることになる。つまり，これはある種の両賭け戦略であり＊5，ある世代では不利なアリルでも，その次の世代では有利になる可能性があるとき，すべてのアリルが維持されることが多い（Hopper, 1999; Veening *et al.*,

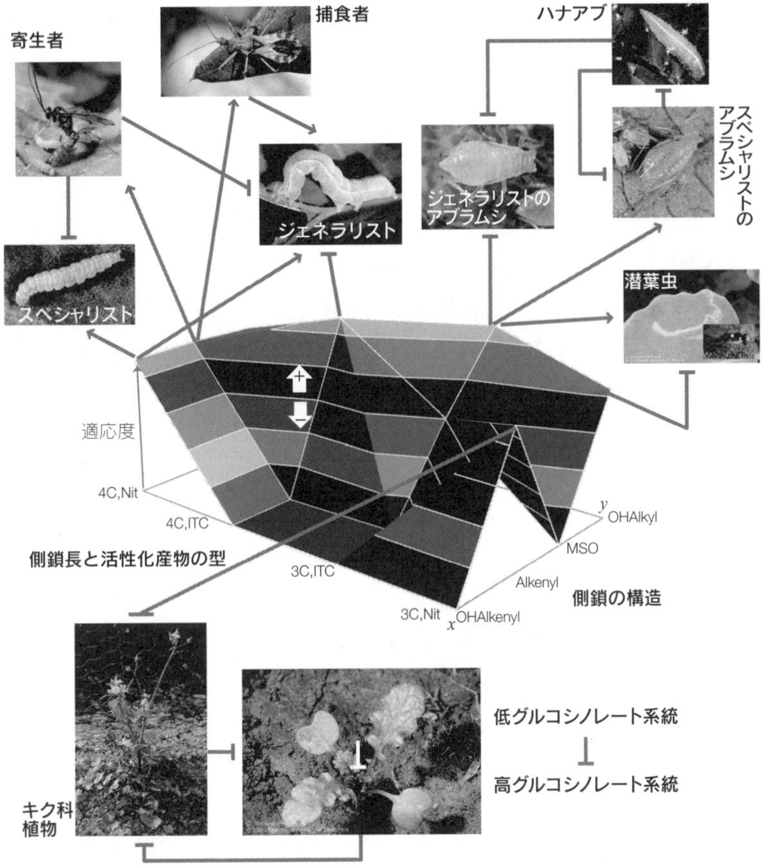

図 2　複数の生物間相互作用とグルコシノレートに関するでこぼこの適応度地形
X 軸は側鎖長と活性化産物の型の組み合わせ，Y 軸は側鎖の構造（図 1 参照），Z 軸はそれぞれの場合の推定適応度を表している。シロイヌナズナの系統コレクションにおけるアリル頻度をもとに算出したグルコシノレート組成の中立モデルからのズレによって適応度を推定した。このため，粗い推定である。＋と－の太い矢印の間がランダムな場合で期待される高さ。ここより高い場合は正の選択，低い場合は負の選択を受けたと推定される。細い矢印は，これまでに報告されている種々のグルコシノレートと植物，昆虫などの相互作用をあらわす（ITC, isothiocyanate，イソチオシアネート；Nit, nitrile，ニトリル）。
写真はすべて University of California Statewide Integrated Pest Management project の許諾のもとに使用。

〔訳注〕
＊6：「両賭け戦略」という言葉は進化生態学においては，ある個体内で複数の形質両方を持つことを指すが，ここでは種内に複数の形質を維持することを指している。

2008)。グルコシノレート関連遺伝子の多くが中間的なアリル頻度を示すことは，変動選択がはたらいていることを示唆しており，両賭け戦略の特徴に一致するように見える（Wright *et al.*, 2002; Kroymann *et al.*, 2003; Bakker *et al.*, 2006; Chan *et al.*, 2009)。さらに，グルコシノレート関連遺伝子に由来する表現型は極めて多様なものになっている（Kliebenstein, 2008)。以上のことから，予測不可能な強い変動選択は，グルコシノレート系の遺伝的多様性に関する両賭け戦略の原因となっていると考えられる。

2つめの大きな影響は，392種類のシロイヌナズナ野生系統に存在する主要なグルコシノレートの分析によってわかってきた。解析の結果得られた頻度曲面は，個々の遺伝子座における多型の頻度を用いて予測したグルコシノレート組成の中立モデルから大きく外れて，でこぼこしたものだった（図2)。したがって，シロイヌナズナのグルコシノレートと関連遺伝子の適応度地形ははっきりした山と谷のある形をしたものになる。興味深いことにこの適応度地形には，適応度†が有意に高い山と，ほぼゼロに等しい谷が含まれている。もしこの集団を実験室内でランダムに交配すれば，すべての組み合わせが同じ確率で見られるはずである。このことは，野生系統で見られたようなでこぼこの適応度地形が生み出されるには，他の生物の存在が必要であることを示唆している（Kliebenstein *et al.*, 2001c; Lambrix *et al.*, 2001; Kliebenstein *et al.*, 2002; Wentzell *et al.*, 2007)。

グルコシノレートに関する適応度地形のでこぼこした形（図2）は，1つの遺伝子の変異で山から別の山へ移ることが難しいということを意味している。その間に必ず通らざるをえない適応度の谷で，その遺伝子型を持つ個体が絶滅してしまう可能性が高いためだ（Whitlock *et al.*, 1995)。この問題に対してシロイヌナズナで見られる解決策の1つが，自然集団で多型を持つグルコシノレート関連遺伝子が複雑なエピスタシスのネットワークを形成していることである（Kliebenstein *et al.*, 2001b; Wentzell *et al.*, 2007; Chan *et al.*, 2009)。このエピスタシスのネットワークはモジュール構造になっており，突然変異や他殖によって，適応度地形の山から山へと飛び移るようにグルコシノレートの種類を変えることを可能にしている（図1，2)。このようなエピスタシスの構造は自然選択の結果としてつくり上げられたと結論したくなるところだが，エピスタシスは代謝など生化学的過程にかかわる遺伝子に多型があれば，必然的に起こりうるものである。したがって，生態学的に重要なこの経路の遺伝的構造が，自然選択によるものなのか，それとも生化学的過程の副産物なのかをはっきりさせなければならない。変化しやすい環境の中でグルコシノレートを持つ植物種が繁殖を成功させるうえで，遺伝的モジュール構造と両賭け戦略をともに用いることが必須であることが，最近の研究で明らかになりつつある（Lankau, 2007; Lankau & Strauss, 2007; Bidart-Bouzat & Kliebenstein, 2008; Lankau & Strauss, 2008; Lankau & Kliebenstein, 2009; Newton *et al.*, 2009a; Newton *et al.*, 2009b）。防御のために化学物質を使う他の植物種でも，同様の仕組みが利用されているのかもしれない。

3. ネットワークとして捉えることでたくさんの遺伝子に対処する

表現型の多様性の背後にある遺伝子を特定するうえで最も厄介な問題は，形質はたいてい複数の遺伝子に支配されており，それらの調節にも数えきれないほどの遺伝子がかかわっているということである。実際かかわっている遺伝子の数がどれだけかは 20 世紀の大半を通じて議論されてきた（Fisher, 1918; Thompson & Skolnick, 1977; Cannings *et al.*, 1978）。そして，最近の研究成果から，1 つの生物種の表現型の多様性を支える遺伝子は数百を軽く超えるということがわかってきつつある（Buckler *et al.*, 2009）。これを聞くと，一見，状況は絶望的であるように思える。まさに「自分が調べている表現型に何百もの遺伝子がかかわっているとしたら，どれから手をつければよいのだ」と頭を抱えたいところだろう。しかし，それは，遺伝子間にまったく関連がないと仮定した場合の話である。現実には遺伝子どうしが完全に独立しているということはなさそうだ。むしろ，ある表現型を制御する遺伝子群は分子的にも進化的にもネットワークを形成してかかわり合っている。したがって，ある 1 つの遺伝子を出発点として，生態学的に重要なネットワークを構成している残りの遺伝子群を見つけ出すことはおそらく可能だろう。このネットワークという見方は，2 通りのやり方でグルコシノレート系に当てはめることができる。

第一に，グルコシノレート関連遺伝子は 1 つの分子ネットワークとして機能している。そのため，まず 1 つの遺伝子を見つけられれば，それを利用してネットワーク全体を芋づる式に特定できるのである。数十から数百のトランスクリプトームデータを利用すれば，すべての遺伝子の間の共発現関係（発現の相関の強さ）を知ることができる（第10章も参照）。これはさながら，遺伝子間の膨大な共発現関係からなる宇宙のようなものになる。しかしながら，類似した過程で機能する遺伝子は，宇宙空間で星が集まって銀河を作るように，互いに強く共発現する集まりを形作る。これを利用すれば，1つの既知遺伝子をエサにすべての共発現遺伝子をつり上げることができ，こうして見つかった遺伝子はよく似た生物学的な役割を担っていることが多い（Saito *et al.*, 2008）。この方法をグルコシノレートシステムに適用した研究から，遺伝的変異を持たないものも含む多数の関連遺伝子が同定された（Hirai *et al.*, 2005; Hansen *et al.*, 2007; Hirai *et al.*, 2007; Sønderby *et al.*, 2007; Hansen *et al.*, 2008b）。興味深いことに，グルコシノレート関連遺伝子と共発現する遺伝子の銀河を改めて見てみると，生合成過程，制御過程，活性化過程の遺伝子など，グルコシノレート関連の表現型を直接コントロールする遺伝子のほぼすべてが含まれている（図3）。したがって，この方法を適用すれば，遺伝子を1つずつ調べる苦労を省いてネットワークの全体像を素早く解明することができると言えるだろう。

シロイヌナズナのグルコシノレート系に見られる2つめのネットワーク的性質は，各野生系統がもつグルコシノレート関連遺伝子の変異に相関があることである。この現象は連鎖不平衡＊7とよばれる（Nordborg *et al.*, 2002; Nordborg *et al.*, 2005; Nordborg & Weigel, 2008）。新しい種の研究をDNA配列レベルから始めることは多いが，このような場合，遺伝子はそれぞれ独立した単位と見なされる。しかし，図1や図2に示すように，単に個々の遺伝子が変化するよりむしろ，ネットワークが全体として変化するように自然選択がはたらくかもしれない。したがって，1つのネットワークに属する遺伝子の変異の組み合わせには一定のパターンが生じる可能性がある。この考えを支持する例として，シロイヌナズナのグルコシノレート関連遺伝子では異なる染色体上に存在する遺伝子の間でも連鎖不平衡が見られる（Chan *et al.*, 2009）。この例では，でこぼこの適応度地形（図1，2）を制御している遺伝

〔訳注〕

＊7：たとえば，遺伝子AにA1，A2というアリル，遺伝子BにB1，B2というアリルがあるとすると，A1-B1あるいはA2-B2といった特定の組み合わせが野生系統中で多く見られるということ。より詳しくは第14章＊3参照。

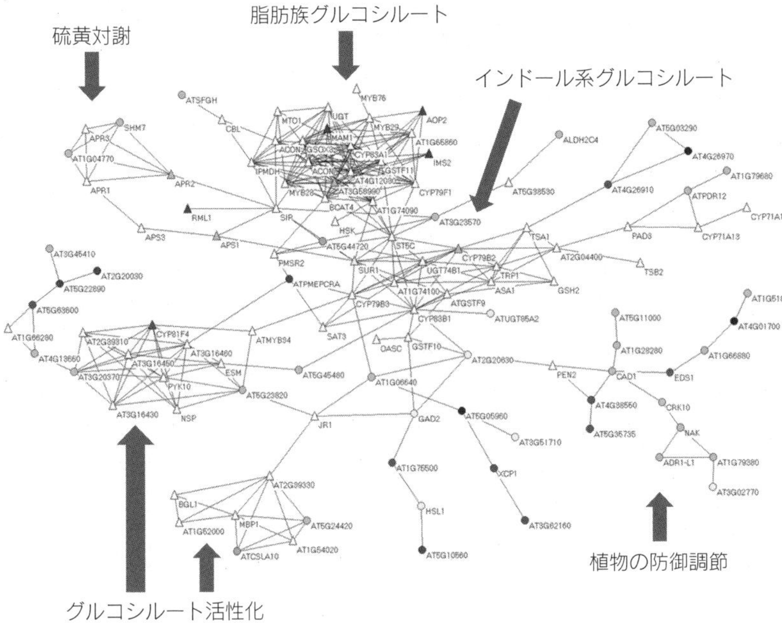

図 3　生体防御機構を担う遺伝子のネットワーク

ATTED-II による遺伝子共発現データを用いたネットワーク。グルコシノレートや防御応答にかかわることが知られている遺伝子を三角形，それらと密接な関係があると予想される遺伝子を円形で示した。

子の多型に連鎖不平衡が見られる。したがって，この中の遺伝子を 1 つ同定すれば，次に連鎖不平衡を利用することで，残りの遺伝子を同定することができると考えられる。実際に，グルコシノレート関連遺伝子と連鎖不平衡を示す未知の遺伝子が複数見つけられたが，これらの遺伝子がグルコシノレートに関係しているかどうかはまだ調べられていない（Chan *et al.*, 2009）。

ほとんどの形質の背後には何百もの遺伝子がかかわっているだろう。しかし，1 つの形質に関連する遺伝子群が分子ネットワークや遺伝的ネットワークとして機能することを考えると，トランスクリプトミクスや全ゲノムシーケンシング技術を利用すれば，それら遺伝子のすべて，あるいはほぼすべてを素早く同定することも可能かもしれない。

4. ネットワークの条件依存性とシステム生物学

変異が多く，生態・進化に重要な役割を果たす可能性がある形質を調べている研究者がしばしばぶつかる壁がある。それは，そのような形質では，遺伝子型の表現型へのあらわれ方が条件によって左右されやすいという問題である。言い換えれば，ある1つの遺伝子型からあらわれる平均的な表現型が，植物の生育環境や生長段階，組織，またはこれらの要因の組み合わせによって異なるということだ（Falconer & Mackay, 1996; Lynch & Walsh, 1998; Wentzell & Kliebenstein, 2008）。上述のような要因と遺伝子型との相互作用を遺伝的条件依存性という。この壁にぶつかった研究者はたいてい，失意のうちにさじを投げ，原因遺伝子の同定が比較的容易だろうと仮定して，条件依存性のなさそうな表現型の研究に乗り換えてしまう。しかし，生態学的，進化的に重要な表現型は，生態学的，進化的な圧力への応答として，条件依存的になっていると考えるべきだろう。この条件依存性から有用な情報を引き出すためには，対象としている表現型に関してさまざまな生物学的側面からよく理解することが肝要である。

たとえば，グルコシノレートの活性化の表現型は，植物の成長段階，組織，栽培時の植物の密度によって変化することが示されてきた（Wentzell *et al.*, 2008; Wentzell & Kliebenstein, 2008）。このように条件によって観察される表現型が異なることは，解析を煩雑にするのではなく，むしろ，情報を与えてくれる。この例では，成長段階，組織，生育密度に関係する何らかの要因が，野外でグルコシノレートの活性化に対する選択圧に影響していることを示唆している。たとえば，アブラナ科の植物は組織ごとに異なる植食者集団がいることは有名だが，この事実から考えると，最適なグルコシノレート組成は，組織によって異なると推測できる（図4）。また，シロイヌナズナの成長は季節と連動しており，その結果，同じく季節変化と連動する植食者集団の消長（たとえば，ナメクジは春に多く，アブラムシは夏に近づくにつれて数が増える）とも強く関係することになる（図4）。さらに，野外での植物の密度は，周辺の植物由来の揮発性物質の濃度に影響を与えるだろう（図4）。植食性昆虫は揮発性物質を目印にして植物に産卵することが多いため，その生産を制御する遺伝子には進化的な圧力がかかっているにちがいない。このように，遺伝的条件依存性は一見解析を複雑にしそうに思えるかもしれない

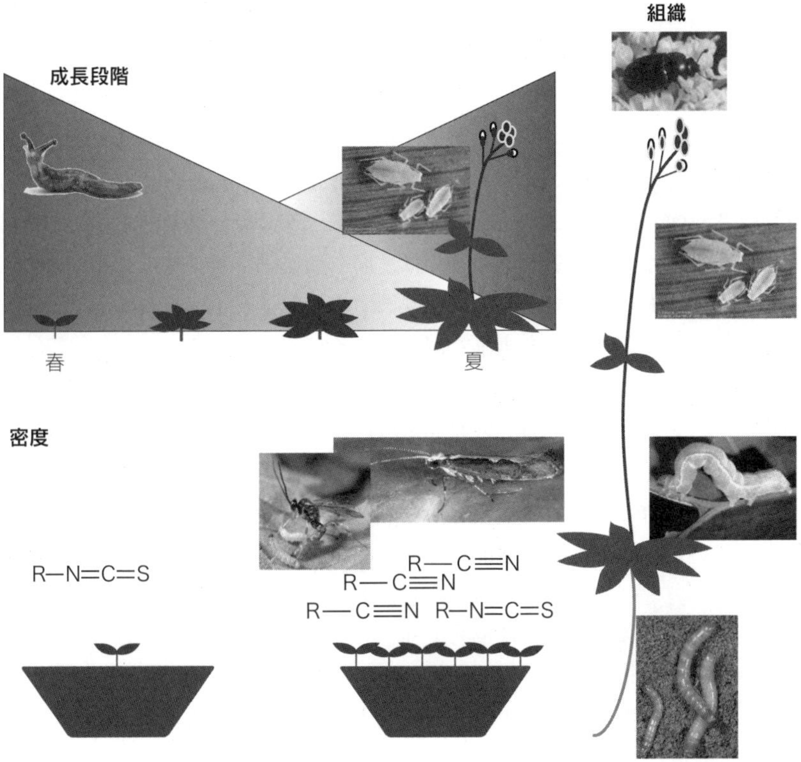

図４ 植物－植食者相互作用の複雑さ
これまでに知られているシロイヌナズナを食害する昆虫などの選好性。植物の組織や生長段階，密度によって主な食害の原因が異なっている。
写真はすべてUniversity of California Statewide Integrated Pest Management projectの許諾のもとに使用。

が，生物学的知見を深める役に立てることも可能なのだ。遺伝子型の表現型へのあらわれ方を条件依存的なものにしている要因を見つけることは，自然界でその表現型に選択圧を与えている要因を明らかにする手助けとなるだろう。

この条件依存性という性質を考えると，「自分が調べている表現型に何百もの遺伝子がかかわっていて，さらにそれが条件によって異なるなら，いったいどうやって手をつければよいのか」と再び頭を抱えたくなるだろう。しかし，このような条件依存的な遺伝子をまとめて素早く同定することが可能になるかもしれない。「系統解析と遺伝的マッピング」の節で述べたように，同じ遺伝子ファミリーのメンバーの遺伝子が，同じ形質に対するQTLを形成する，つまり同じ機能を果たすことがある。一方で，メンバーが互いに機能を分けあうようにして，一部の遺伝子だけが特定の組織や条件ではたらくようになることもある。この過程は部分機能化 sub-functionalization とよばれている（Ohno, 1970; Freeling, 2009）。実際，グルコシノレート系における条件依存性にかかわる遺伝子の多くは，同じ遺伝子ファミリーに属する。このことから，ある条件でその形質を制御する遺伝子が1つ見つかれば，それをもとにすべての遺伝子を素早く同定できる可能性がある。

遺伝的条件依存性の興味深い点は，それが生態学や進化学に関係が深く，同時にシステム生物学の新しい研究領域に影響を与える可能性があるところだ。システム生物学では，普通，ある1つの遺伝子型に関して，何百もの遺伝子が関係し合って1つの表現型が作り上げられる過程を解明することを目標にしている（Ideker *et al.*, 2001; Kitano, 2002; Albert, 2005; Brady & Provart, 2009）。一方，生態学や進化学の研究では，ある生物種にありうるすべての遺伝子型における表現型を理解しようとしている。このことから，生態学と進化学の研究をオミクスやシステム生物学と組み合わせることで，遺伝的多様性という次元をシステム生物学に付加することができる可能性が出てくる（Kliebenstein, 2009a, b, c; Kliebenstein, 2010）。それは，従来のように1つの遺伝子型を扱うだけではたいていの場合手をつけることができなかったものだ。このように，研究と手法は相互作用する関係にある，ということを心にとめておくことが重要である。つまり，研究（生態学，進化学）が手法（オミクス）の基本的な性質を理解する助けになることもあるのだ。

おわりに

この章では，シロイヌナズナのグルコシノレート系から得られた知見をもとに，オミクスが生態学的・進化的に重要な遺伝子を同定するのにいかに役立つ可能性があるかを述べた。ここで示した結果から言えることは，オミクスやシステム生物学を組み合わせれば，生態学的・進化的に重要な表現型の多様性の原因となる遺伝子の大部分を迅速に見つけ出すことができるかもしれないということである。さらに，オミクス，システム生物学を生態学，進化学研究に応用することで，対象とする表現型のことをこれまで可能と思われていた範囲をはるかに超えて詳しく知ることができるだろう。一方で，生態学，進化学はオミクス，システム生物学の研究者に，興味深い知見や研究手段をもたらす大きな可能性がある。このように，これまで隔たった研究領域と考えられていたオミクス，システム生物学と生態学，進化学を組み合わせることで，すぐにでも豊富な成果を得られることだろう。

引用文献

Agee A. E., M. Surpin, E. J. Sohn, T. Girke, A. Rosado B. W. Kram, C. Carter, A. M. Wentzell, D. J. Klie-benstein, H. C. Jin, O. K. Park, H. Jin, G. R. Hicks & N. Raikhel. 2010. MODIFIED VACUOLE PHENOTYPE1 is an *Arabidopsis* myrosinase-associated protein involved in endomembrane protein traf-ficking. *Plant Physiology* On-line.

Albert, R. 2005. Scale-free networks in cell biology. *Journal of Cell Science* **118**: 4947-4957.

Bakker, E. G., C. Toomajian, M. Kreitman & J. Bergelson. 2006. A genome-wide survey of R gene po-lymorphisms in Arabidopsis. *Plant Cell* **18**: 1803-1818.

Bayhan, S. O., M. R. Ulusoy & E. Bayhan. 2007. Is the parasitization rate of *Diaeretiella rapae* influ-enced when *Brevicoryne Brassicae* feeds on *Brassica* plants? *Phytoparasitica* **35**: 146-149.

Bidart-Bouzat, M. G., D. J. Kliebenstein. 2008. Differential levels of insect herbivory in the field associ-ated with genotypic variation in glucosinolates in *Arabidopsis thaliana*. *Journal of Chemical Ecology* **34**: 1026-1037.

Bikard, D., D. Patel, C. Le Mette, V. Giorgi, C. Camilleri, M. J. Bennett & O. Loudet. 2009. Divergent evolution of duplicate genes leads to genetic incompatibilities within *A-thaliana*. *Science* **323**: 623-626.

Borevitz, J. O. & J. Chory J. 2004. Genomics tools for QTL analysis and gene discovery. *Current Opinion in Plant Biology* **7**: 132-136.

Brady, S. M., D. A. Orlando, J. Y. Lee, J. Y. Wang, J. Koch, J. R. Dinneny, D. Mace, U. Ohler & P. N. Ben-fey, P. N. 2007. A high-resolution root spatiotemporal map reveals dominant expression patterns. *Science* **318**: 801-806.

Brady, S. M. & N. J. Provart. 2009. Web-queryable large-scale data sets for hypothesis generation in plant biology. *Plant Cell* **21**: 1034-1051.

Buckler, E. S., J. B. Holland, P. J. Bradbury, C. B. Acharya, P. J. Brown, C. Browne, E. Ersoz, S. Flint-Garcia, A. Garcia, J. C. Glaubitz, M. M. Goodman, C. Harjes, K. Guill, D. E. Kroon, S. Larsson, N. K. Lepak, H. H. Li, S. E. Mitchell, G. Pressoir, J. A. Peiffer, M. O. Rosas, T. R. Rocheford, M. C. Romay, S. Romero, S. Salvo, H. S.

Villeda, H. S. da Silva, Q. Sun, F. Tian, N. Upadyayula, D. Ware, H. Yates, J. M. Yu, Z. W. Zhang, S. Kresovich & M. D. McMullen. 2009. The genetic architecture of *Maize* flowering time. *Science* **325**: 714-718.

Burow, M., A. Losansky, R. Muller, A. Plock, D. J. Kliebenstein, U. Wittstock. 2009. The genetic basis of constitutive and herbivore-induced ESP-independent nitrile formation in *Arabidopsis*. *Plant Physiol-ogy* **149**: 561-574.

Burow, M, R. Muller, J. Gershenzon & U. Wittstock. 2006. Altered glucosinolate hydrolysis in geneti-cally engineered *Arabidopsis thaliana* and its influence on the larval development of *Spodoptera lit-toralis*. *Journal of Chemical Ecology* **32**: 2333-2349.

Cannings, C., E. A. Thompson & M. H. Skolnick. 1978. Probability functions on complex pedigrees. *Advances in Applied Probability* **10**: 26-61.

Chan, E. K. F., H. C. Rowe & D. J. Kliebenstein. 2009. Understanding the evolution of defense metabo-lites in *Arabidopsis thaliana* using genome-wide association mapping. *Genetics*, in press.

Clay, N. K., A. M. Adio, C. Denoux, G. Jander & F. M. Ausubel. 2009. Glucosinolate metabolites re-quired for an *Arabidopsis* innate immune response. *Science* **323**: 95-101.

Covert, M. W., E. M. Knight, J. L. Reed, M. J. Herrgard & B. O. Palsson. 2004. Integrating high-throughput and computational data elucidates bacterial networks. *Nature* **429**: 92-96.

Dinneny, J. R., T. A. Long, J. Y. Wang, J. W Jung, D. Mace, S. Pointer, C. Barron, S. M. Brady, J. Schiefel-bein, P. N. Benfey. 2008. Cell identity mediates the response of *Arabidopsis* roots to abiotic stress. *Science* **320**: 942-945.

Falconer, D. S. & T. F. C. Mackay. 1996. Introduction to quantitative genetics. Longman, Essex.

Fiehn, O. 2002. Metabolomics - the link between genotypes and phenotypes. *Plant Molecular Biology* **48**: 155-171.

Fisher, R. A. 1918. The correlation between relatives on the supposition of Mendelian inheritance. *Transactions of the Royal Society of Edinburgh* **52**: 399-433.

Freeling, M. 2009. Bias in plant gene content following different sorts of duplication: Tandem, whole-genome, segmental or by transposition. *Annual Review of Plant Biology* **60**: 433-453.

Giamoustaris, A. & R. Mithen, R. 1995. The effect of modifying the glucosinolate content of leaves of oilseed rape (*Brassica napus* Ssp *oleifera*) on its interaction with specialist and generalist pests. *Annals of Applied Biology* **126**: 347-363.

Gols, R., R. Wagenaar, T. Bukovinszky, N. M. van Dam, M. Dicke, J. M. Bullock & J. A. Harvey. 2008. Genetic variation in defense chemistry in wild cabbages affects herbivores and their endoparasitoids. *Ecology* **89**: 1616-1626.

Gu, Z. L., S. A. Rifkin, K. P. White & W. H. Li. 2004. Duplicate genes increase gene expression diversity within and between species. *Nature Genetics* **36**: 577-579.

Hansen, B. G., D. J. Kliebenstein & B. A. Halkier. 2007. Identification of a flavin-monooxygenase as the S-oxygenating enzyme in aliphatic glucosinolate biosynthesis in *Arabidopsis*. *The Plant Journal* **50**: 902-910.

Hansen, B. G., B. A. Halkier & D. J. Kliebenstein. 2008a. Identifying the molecular basis of QTLs: eQTLs add a new dimension. *Trends in Plant Science* **13**: 72-77.

Hansen, B. G., R. E. Kerwin, J. A. Ober, V. M. Lambrix, T. Mitchell-Olds, J. Gershenzon, B. A. Halkier & D. J. Kliebenstein. 2008b. A novel 2-oxoacid-dependent dioxygenase involved in the formation of the goi-terogenic 2-hydroxybut-3-enyl glucosinolate and generalist insect resistance in *Arabidopsis*. *Plant Physiology* **148**: 2096-2108.

Hirai, M., K. Sugiyama, Y. Sawada, T. Tohge, T. Obayashi, A. Suzuki, A. Ryoichi, N. Sakurai, H. Suzuki, K. Aoki, H. Godi, O. Ishizaki, D. Shibata & K, Saito. 2007. Omics-based identification of *Arabidopsis* Myb transcription factors regulating aliphatic glucosinolate biosynthesis. *Proceedings of the National Academy of Sciences of the United States of America* **104**: 6478-6483.

Hirai, M. Y., M. Klein, Y. Fujikawa, M. Yano, D. B. Goodenowe, Y. Yamazaki, S. Kanaya, Y. Nakamura, M. Kitayama, H. Suzuki, N. Sakurai, D. Shibata, J. Tokuhisa, M. Reichelt, J. Gershenzon, J. Papenbrock & K. Saito. 2005. Elucidation of gene-to-gene and metabolite-to-gene networks in *Arabidopsis* by integra-tion of metabolomics and transcriptomics. *Journal of Biological Chemistry* **280**: 25590-25595.

Hopper, K. R. 1999. Risk-spreading and bet-hedging in insect population biology. *Annual Review of Entomology* **44**: 535-560.

Ideker, T., T. Galitski & L. Hood. 2001. A new approach to decoding life: systems biology. *Annual Review of Genomics and Human Genetics* **2**: 343-372.

Keurentjes, J. J. B. 2009. Genetical metabolomics: closing in on phenotypes. *Current Opinion in Plant Biology*, in Press.

Keurentjes, J. J. B., M. Koornneef & D. Vreugdenhil. 2008. Quantitative genetics in the age of omics. *Current Opinion in Plant Biology* **11**: 123-128.

Kitano, H. 2002. Systems biology: a brief overview. *Science* **295**: 1662-1664.

Kliebenstein, D. J. 2008. A role for gene duplication and natural variation of gene expression in the evolution of metabolism. *PLos ONE* **3**: e1838.

Kliebenstein, D. 2009a. Quantitative genomics: analyzing intraspecific variation using global gene expression polymorphisms or eQTLs. *Annual Review of Plant Biology* **60**: 93-114.

Kliebenstein, D. J. 2009b. Advancing genetic theory and application by metabolic quantitative trait loci analysis. *Plant Cell*, in press.

Kliebenstein, D. J. 2009c. Quantification of variation in expression networks. In: D Belostotsky (ed.), Plant Systems Biology. Humana Press.

Kliebenstein, D. J. 2010. Systems biology uncovers the foundation of natural genetic diversity. *Plant Physiology* On line.

Kliebenstein, D., V. Lambrix, M. Reichelt, J. Gershenzon & T. Mitchell-Olds. 2001. Gene duplication and the diversification of secondary metabolism: side chain modification of glucosinolates in *Arabidopsis thaliana*. *Plant Cell* **13**: 681-693.

Kliebenstein, D. J. , J. Gershenzon & T. Mitchell-Olds. 2001. Comparative quantitative trait loci map-ping of aliphatic, indolic and benzylic glucosinolate production in *Arabidopsis thaliana* leaves and seeds. *Genetics* **159**: 359-370.

Kliebenstein, D. J., J. Kroymann, P. Brown, A. Figuth, D. Pedersen, J. Gershenzon & T. Mitchell-Olds. 2001. Genetic control of natural variation in *Arabidopsis thaliana* glucosinolate accumulation. *Plant Physiolology* **126**: 811-825.

Kliebenstein, D. J., D. Pedersen & T. Mitchell-Olds. 2002. Comparative analysis of insect resistance QTL and QTL controlling the myrosinase/glucosinolate system in *Arabidopsis thaliana*. *Genetics* **161**: 325-332.

Kroymann. J., S. Donnerhacke, D. Schnabelrauch & T. Mitchell-Olds. 2003. Evolutionary dynamics of an *Arabidopsis* insect resistance quantitative trait locus. *Proceedings of the National Academy of Sciences of the United States of America* **100**: 14587-14592.

Lambrix. V., M. Reichelt, T. Mitchell-Olds, D. Kliebenstein & J. Gershenzon. 2001. The *Arabidopsis* epithiospecifier protein promotes the hydrolysis of glucosinolates to nitriles and influences *Trichoplusia ni* herbivory. *Plant Cell* **13**: 2793-2807.

Lankau, R. 2007. Specialist and generalist herbivores exert opposing selection on a chemical defense. *New Phytologist* **175**: 176-184.

Lankau, R. A. & D. J. Kliebenstein. 2009. Competition, herbivory and genetics interact to determine the accumulation and fitness consequences of a defence metabolite. *Journal of Ecology* **97**: 78-88.

Lankau, R. A. & S. Y. Strauss. 2007. Mutual feedbacks maintain both genetic and species diversity in a plant community. *Science* **317**: 1561-1563.

Lankau, R. A. & S. Y. Strauss. 2008. Community complexity drives patterns of natural selection on a chemical defense of *Brassica nigra*. *American Naturalist* **171**: 150-161.

Li, J., B. G. Hansen, J. A. Ober, D. J. Kliebenstein & B. A. Halkier. 2008. Subclade of flavin-monooxygenases involved in aliphatic glucosinolate biosynthesis. *Plant Physiology* **148**: 1721-1733.

Lynch, M. & A. G. Force. 2000. The origin of interspecific genomic incompatibility via gene duplica-tion. *American Naturalist* **156**: 590-605.

Lynch, M. & B. Walsh. 1998. Genetics and analysis of quantitative traits. Sinauer Associates, Inc., Massachusetts.

Mackay, T. F. C. 2001. The genetic architecture of quantitative traits. *Annual Review Of Genetics* **35**: 303-339.

Mackay, T. F. C. 2009. Q & A: Genetic analysis of quantitative traits. *Journal of Biology* **8**: 23.

Martins, A. M., D. Camacho, J. Shuman, W. Sha, P. Mendes, V. Shulaev. 2004. A systems biology study of two distinct growth phases of *Saccharomyces cerevisiae* cultures. *Current Genomics* **5**: 649-663.

Mauricio, R. 1998. Costs of resistance to natural enemies in field populations of the annual plant *Arabidopsis thaliana*. *American Naturalist* **151**: 20-28.

Mumm, R., M. Burow, G. Bukovinszkine' Kiss, E. Kazantzidou, U. Wittstock, M. Dicke & J. Gershenzon. 2008. Formation of simple nitriles upon glucosinolate hydrolysis affects direct and indirect defense against the specialist herbivore, *Pieris rapae*. *Journal of Chemical Ecology* **34**: 1311-1321.

Newton, E., J. M. Bullock & D. Hodgson. 2009a. Bottom-up effects of glucosinolate variation on aphid colony dynamics in wild cabbage populations. *Ecological Entomology* **34**: 614-623.

Newton, E. L., J. M. Bullock, D. J. Hodgson. 2009b. Glucosinolate polymorphism in wild cabbage (*Bras-sica oleracea*) influences the structure of herbivore communities. *Oecologia* **160**: 63-76.

Nordborg, M., J. O. Borevitz, J. Bergelson, C. C. Berry, J. Chory, J. Hagenblad, M. Kreitman, J. N. Maloof, T. Noyes, P. J. Oefner, E. A. Stahl & D. Weigel. 2002. The extent of linkage disequilibrium in *Arabidopsis thaliana*. *Nature Genetics* **30**: 190-193.

Nordborg, M., T. T. Hu, J. Ishino, J. Jhaveri, C. Toomajian, H. Zheng, E. Bakker, P. Calabrese, J. Gladstone, R. Goyal, M. Jakobsson, S. Kim, Y. Morozov, B. Padhukasahasram, V. Plagnol, N. A. Rosenberg, C. Shah, J. D. Wall, J. Wang, K. Zhao, T. Kalbfleisch, V. Schulz, M. Kreitman & J. Bergelson. 2005. The pattern of polymorphism in *Arabidopsis thaliana*. *PLoS Biology* **3**: e196.

Nordborg, M. & D. Weigel. 2008. Next-generation genetics in plants. *Nature* **456**: 720-723.

Ohno, S. 1970. Evolution by gene duplication. Springer-verlag, New York.

Pfalz, M., H. Vogel & J. Kroymann. 2009. The Gene controlling the indole glucosinolate modifier1 quantitative trait locus alters indole glucosinolate structures and *Aphid* resistance in *Arabidopsis*. *Plant Cell* **21**: 985-999.

Pfalz, M., H. Vogel, T. Mitchell-Olds & J. Kroymann. 2007. Mapping of QTL for Resistance against the *Crucifer* specialist herbivore *Pieris Brassicae* in a new *Arabidopsis* inbred line population, Da(1)-12 × Ei-2. *PLos ONE* **2**: e578.

Rizzon, C., L. Ponger & B. S. Gaut. 2006. Striking similarities in the genomic distribution of tandemly arrayed genes in *Arabidopsis* and rice. *Plos Computational Biology* **2**: 989-1000.

Rosenfeld, N., M. B. Elowitz & U. Alon. 2002. Negative autoregulation speeds the response times of transcription networks. *Journal of Molecular Biology* **323**: 785-793.

Saito, K., M. Hirai & K. Yonekura-Sakakibara. 2008. Decoding genes with coexpression networks and metabolomics – 'majority report by precogs' *Trends in Plant Science* **13**: 36-43.

Sønderby, I. E., B. G. Hansen, N. Bjarnholt, C. Ticconi, B. A. Halkier & D. J. Kliebenstein. 2007. A sys-tems biology approach identifies a R2R3 MYB gene subfamily with distinct and overlapping functions in regulation of aliphatic glucosinolates. *PLos ONE* **2**: e1322.

Stylianou, I. M., J. P. Affourtit, K. R. Shockley, R. Y. Wilpan, F. A. Abdi, S. Bhardwaj, J. Rollins, G. A. Churchill, B. Paigen. 2008. Applying gene expression, proteomics and single-nucleotide polymorphism analysis for complex trait gene identification. *Genetics* **178**: 1795-1805.

Thompson, E. A. & M. H. Skolnick. 1977. Likelihoods on complex pedigrees for quantitative traits. *In*: Pollak, E., O. Kempthorne & T. B. Bailey, Jr. (edS.), Proceedings of the International Conference on Quantitative Genetics, pp 815-818. Iowa State University Press, Iowa.

Van Leeuwen, H., D. J. Kliebenstein, M. A. L. West, K. D. Kim, R. van Poecke, F. Katagiri, R. W. Michel-more, R. W. Doerge & D. A. St.Clair. 2007. Natural variation among *Arabidopsis thaliana* accessions for transcriptome response to exogenous salicylic acid. *Plant Cell* **19**: 2099-2110.

Vanhaelen, N., C. Gaspar & F. Francis. 2002. Influence of prey host plant on a generalist aphido-phagous predator: *Episyrphus balteatus* (Diptera : Syrphidae). *European Journal of Entomology* **99**: 561-564.

Veening, J. W., W. K. Smits & O. P. Kuipers. 2008. Bistability, epigenetics, and bet-hedging in bacteria. *Annual Review of Microbiology* **62**: 193-210.

Vision, T. J., D. G. Brown & S. D. Tanksley. 2000. The origins of genomic duplications in *Arabidopsis*. *Science* **290**: 2114-2117.

Wentzell, A. M., I. Boeye, Z. Y. Zhang & D. J. Kliebenstein. 2008. Genetic networks controlling struc-tural outcome of glucosinolate activation across development. *PLoS Genetics* **4**.

Wentzell, A. M. & D. J. Kliebenstein. 2008. Genotype, age, tissue, and environment regulate the struc-tural outcome of glucosinolate activation. *Plant Physiology* **147**: 415-428.

Wentzell, A. M., H. C. Rowe, B. G. Hansen, C. Ticconi, B. A. Halkier & D. J. Kliebenstein. 2007. Linking metabolic QTL with network and cis-eQTL controlling biosynthetic pathways. *PLoS Genetics* **3**: e162.

West, M. A. L., K. Kim, D. J. Kliebenstein, H. van Leeuwen, R. W. Michelmore, R. W. Doerge & D. A. St.Clair. 2007. Global eQTL mapping reveals the complex genetic architecture of transcript level variation in *Arabidopsis*. *Genetics* **175**: 1441-1450.

Whitlock, M. C., P. C. Phillips, F. B.-G. Moore & S. J. Tonsor SJ. 1995. Multiple fitness peaks and epista-sis. *Annual Review of Ecology and Systematics* **26**: 601-629.

Wright, S. I., B. Lauga & D. Charlesworth. 2002. Rates and patterns of molecular evolution in inbred and outbred *Arabidopsis*. *Molecular Biology and Evolution* **19**: 1407-1420.

Zhang, Z-Y., J. A. Ober & D. J. Kliebenstein. 2006. The gene controlling the quantitative trait locus EPITHIOSPECIFIER MODIFIER1 alters glucosinolate hydrolysis and insect resistance in *Arabidopsis*. *Plant Cell* **18**: 1524-1536.

Zou, C., M. D. Lehti-Shiu, M. Thomashow & S. H. Shiu. 2009. Evolution of stress-regulated gene ex-pression in duplicate genes of *Arabidopsis thaliana*. *PLoS Genetics* **5**.

コラム3 遺伝子が生物群集のあり方を決める？

川越哲博（京都大学生態学研究センター）

想像してほしい。あなたは今，ある河畔林にいる。あなたのすぐ近くにヤナギの木が10本ほど生えている。そのヤナギを見上げてみると，ある木にはさまざまな種類の虫がついて，葉が食い荒らされている。別の木にはほとんど虫がついておらず，葉も青々として元気そうだ。さらに別の木を見るとアブラムシだけがついていて，その隣の木にはイモムシだけがついている。

それぞれの木によって植食者の数や種の組成が違うのはなぜだろうか？　単なる偶然だろうか？　それとも被食に対する抵抗性が遺伝的に違うからだろうか？　もしそうだとして，個体間の遺伝的な違いが群集全体にどう影響するだろうか？

生態学者は長い間，複雑な生物群集がどのように形成されてきたのかを研究し続けてきた。こうした研究の多くは種または集団を最小単位とみなし，冒頭にあげたような個体間の違いがもたらす影響は考慮してこなかった。しかし，ある生物の集団内または集団間の遺伝的変異 genetic variation が，その生物を取り巻く生物群集の組成に影響することを示した研究が最近になって相次いで報告されている。ここではこれらの研究を簡単に紹介し，生物群集の成り立ちを理解するうえで個体間の遺伝的な違いに着目することがなぜ重要かを議論する。

1.　集団の遺伝的変異と生物群集への影響

ある生物群集において，すべての種が同等に群集全体に影響を与えることはまずない。たとえば，いくつかの植物種は種特異的な植食者やその捕食者，さらには落葉分解者などを介して，群集のあり方に大きな影響を及ぼす。このような生物群集の基盤となる種 foundation species の遺伝的変異が生物群集全体に与える影響は，北アリゾナ大学の T. G. Whitham らのグループによって精力的に研究されてきた（Whitham *et al.*, 2006）。彼らはヤナギ科ヤマナラシ属（ポプラ）の2種 *Populus angustifolia* James と *P. fremontii* S. Wats, その F1 雑種，および戻し交配個体を主な研究対象とし，自然林および圃場の人工林での調査を続けてきた。遺伝的に異なる2種とその雑種を対象としたことによって，種内で見られる遺伝的変異よりもさらに大きな変異を扱えたことがこの研究のポイントである。

これらの木に形成された節足動物群集を調べたところ，その種組成が木ごとに異なっていること（Wimp *et al.*, 2005），遺伝的類似度が高い木どうしは，そこに形成される群集の組成も似ていること（Bangert *et al.*, 2006），などを明らかにした。その理由として，彼らは葉に蓄積されている化学防御物質の1つである縮合タンニン濃度の遺伝的変異（特に親種2種および交雑個体の間の違い）に着目した。個々の木の縮合タンニン濃度を調べてみると，タンニン量が異なる木は動物群集組成も異なっていた。縮合タンニン濃度の違いは内生菌群集や落葉を利用する水生生物群集にも影響していた（Bailey *et al.*, 2005; LeRoy *et al.*, 2006）。また落葉に含まれる縮合タンニン濃度が高いほど分解過程が遅くなることも示した（Schweitzer *et al.*, 2004）。

アブラナ科植物ではカラシ油配糖体（glucosinolate，多様な二次代謝産物の総称）が植食性昆虫への防御物質として知られており，アブラナ属 *Brassica* でカラシ油配糖体の多様性と昆虫群集の組成との関係が調べられた。イギリスからフランスにかけての大西洋沿岸には野生キャベツ *Brassica oleracea* L. が自生しており，地域集団間でカラシ油配糖体の生産パターンが異なること，有効な防御物質が昆虫によって異なること，さらに成長が抑制された植食性昆虫に寄生した寄生蜂も成長が抑制されることなどが明らかにされた（Gols *et al.*, 2008; Newton *et al.*, 2009）。つまり，カラシ油配糖体の組成の地域間の違いが植食者群集およびその寄生者にまで影響を及ぼしていた。キャベツの栽培品種（種名は同じく *B. oleracea*）の間でもカラシ油配糖体の組成に変異があり，それぞれの品種には異なる昆虫群集が形成されることも明らかになった（Poleman *et al.*, 2009）。

これらの研究成果は，植物集団における相互作用形質の遺伝的変異が，捕食者も含む動物群集の組成や物質循環などの生態系プロセスにまで波及する可能性を示している。ヤマナラシの研究では，異なる2種とその雑種を対象にしており，厳密には「集団内の遺伝的変異」の影響を調べたとはいえないかもしれない。しかし見方を変えれば「ある機能遺伝子の変異の影響は，“種”

の垣根を取り払って調べることができる」ことを示した研究ともいえる。近縁種どうしは多くの遺伝子をその機能とともに共有している可能性が高いので，近縁種が多く含まれる群集では特定の機能遺伝子の変異を種レベルではなく群集レベルで定量し，それが他種に与える影響を明らかにできるかもしれない。たとえばある林を構成する樹種がタンニン合成系の遺伝的機構を共有している場合，タンニン合成系の群集レベルの遺伝的変異（種内の変異も種間の変異も含む）が植食者群集に与える影響を調べることができる。種を単位とした研究（つまり種間の違いを見出す研究）では，群集形成の具体的メカニズム（ここでは種の違いではなくタンニンの遺伝的変異の影響）にまで踏み込むことは難しいだろう。このような多種にまたがる遺伝的形質のはたらきを明らかにする研究は，群集の形成メカニズムを理解するための重要なステップとなると期待される。

ある遺伝的形質の影響ではなく，ゲノム全体の遺伝的変異の量を調べ，それが生物群集に与える影響を実験的に示した例もある（Crutsinger *et al.*, 2006; Hughes *et al.*, 2008 の総説も参照）。農業では単一品種を栽培するよりも複数の品種を同時に栽培したほうが病害虫の拡大を抑えることができることは以前から知られていた（Zhu *et al.*, 2000）。ゲノム全体で変異を持っていることがどの程度重要なのか，特定の遺伝子がどのように貢献しているのかは今後の課題である。

2.　種間関係の地理的変異とその遺伝的基盤

上に述べたタンニンやカラシ油配糖体の例のように，種間関係は生物群集を形作る主要因である。近年，種間関係のあり方が地理的に大きく変動する例が相次いで報告されるようになった。「同じ種の花と同じ種の送粉者の関係は，どの地域でも同じように相利的である」，この一見当たり前のように思えることが必ずしも正しくないことがわかってきたのである（Thompson & Cunningham, 2002; Thompson, 2005; 東樹・曽田，2009）。種間関係の地理的な変異が共進化の過程にどのような影響を及ぼしてきたかという課題は生態学の大きな挑戦になりつつある。同時に，種間関係の地理的変異は各地域の群集の構成にも大きくかかわっているはずである。

種間関係の地理的変異をもたらす遺伝的基盤を解明した例は少ないが，その例として強い神経毒を持つサメハダイモリとその捕食者であるガーターヘビとの種間関係の研究がある。このイモリとヘビの種間関係にも地理的な変異があり，ある地域ではイモリの毒は弱く，別の地域では強い毒を生産し，ヘビも毒の耐性に地理的変異を示す（Hanifin *et al.*, 2008）。このヘビ側の神経毒耐性にかかわる遺伝子が突き止められている（Geffeney *et al.*, 2005）。この研究をはじめ，種間関係の地理的変異についての研究のほとんどは特殊化した少数種間の関係を対象にしている（ただし Gómez *et al.*, 2009 など）。もっと複雑な生物群集において，種間関係のあり方が地理的にどう変動するか，それはどんな遺伝的機構によって駆動されているのか，その遺伝的機構はどんな自然淘汰を受けてきたのか，といった問題はほとんどわかっていない。

3. 遺伝子の機能を野外環境で調べる

これまで紹介してきた研究は，生物群集の中に隠されていたダイナミックな側面を暴き出すための新たな視点を提供し始めている。では具体的にどの遺伝子の変異がどのように群集に影響しているのだろうか？

ここでは種間関係に関与している機能遺伝子のはたらきを野外環境で調べた研究を紹介したい。この分野ではドイツ，マックス・プランク研究所の I. T. Baldwin らのグループが世界をリードしている。彼らは主にナス科の野生タバコの一種 *Nicotiana attenuata* Torr. ex S. Watson を材料としている。タバコの生産するアルカロイド化合物であるニコチンは，植食者に対する防御物質としての役割を担っている。彼らはニコチン合成にかかわる遺伝子の機能を遺伝子組換え技術によって操作し，ニコチン合成能力のみが異なる系統を作った。この遺伝子組換え系統を野外に移植し，植食性昆虫との相互作用を調べたところ，ニコチン欠損個体はニコチン合成個体よりも大きな食害ダメージを受けていた（Steppuhn *et al.*, 2004; Kessler *et al.*, 2004 も参照）。

送粉昆虫の誘引にかかわる遺伝子の機能も同様のアプローチで研究されている（Kessler *et al.*, 2008）。野生タバコの二次代謝産物が送粉者に与える影響を調べた先行研究により，ベンジルアセトンとニコチンがそれぞれ送粉者の誘引，および忌避にかかわっていることが分かった（Kessler & Baldwin, 2007）。そこでベンジルアセトンとニコチンの合成にかかわる遺伝子の機能を人為的に欠損させた株を作成し，野外に移植して訪花昆虫の行動と植物の繁殖成功を調べた。その結果，ベンジルアセトンとニコチンが両方とも存在することが繁殖成功に重要であった（Kessler *et al.*, 2008）。送粉者誘引物質であるベンジルアセトンの役割は予想通りである。では送粉者忌避物質であるニコチンを生産することがなぜ繁殖成功に重要なのだろうか。それはニコチン欠損株では花の食害者と盗蜜者が増加するためであった。

遺伝子組換え技術を用いた研究の最大の利点は，「着目した遺伝子以外の要因を排除できる」ことにある。つまり着目した遺伝子の機能を実験的に証明することができる。ヤマナラシの縮合タンニンの例では，タンニンと遺伝的に相関している別の形質が動物群集に影響している可能性は否定できない。理想的にはタンニン濃度の変異にかかわる遺伝子（仮にタンニン遺伝子と呼ぶ）を特定し，ゲノムの他の領域はまったく同じままでタンニン遺伝子の機能だけを改変できれば，タンニン遺伝子の影響だけを調べることができる。一方で難点は「目的とする遺伝子が既知であり，対象とする生物で遺伝子組換えが可能である」場合に限定されてしまうことである。もう1つの難点は，野外実験を行う際に遺伝子組換え生物（またはその遺伝子）が自然環境に逃げ出さないよう，細心の注意が要求されることである。しかし操作上・法律上・倫理上の問題がクリアできれば，遺伝子組換え技術は野外実験生態学においても強力な手法となる。

上述の野生タバコの研究は遺伝子の変異を人為的につくり出したものであった。しかし自然群集の成り立ちを理解するうえで重要なのは，野外集団にどのような遺伝的変異が実際に存在し（自然変異 natural variation），それが群集にどんな影響を与えているかを明らかにすることである。なぜなら自然変異そのものが自然群集における進化の産物であり，また新たな進化の源でもあるからだ。シロイヌナズナ *Arabidopsis thaliana*（L.）Heynh. などいわゆるモデル生物の近縁種であれば，蓄積されたゲノム情報をもとに表現型変異の原因となる遺伝子の候補（候補遺伝子 candidate gene）を絞り込むことは比較的容易である。たとえばヨーロッパに分布しているシロイヌナズナの近縁種セイヨウミヤマハタザオ *Arabidopsis lyrata*（L.）O'Kane & Al-Shehbaz（第2章も参照）の自然集団では，トリコームをつくる株とつくらない株が見られる。トリコームは植物表皮上に形成される小さな毛のことで，一般的には植食性昆虫に対する防御形質であると考えられている。シロイヌナズナの研究では，*GL1* 遺伝子が野外系統におけるトリコーム欠損に関与していることがわかっていた（Hauser *et al.*, 2001）。これをもとに *A. lyrata* の研究でも *GL1* をトリコーム表現型変異の候補と考え，野外集団における *GL1* 塩基配列の多型との関連が調べられている（Kivimäki *et al.*, 2007）。

4. 生物群集の研究におけるオミクス技術の可能性

遺伝子が特定できない場合でも，AFLP（陶山，2001 など）などによってゲノムレベルで遺伝子型を決めるやり方は原理的には対象生物を選ばない（Crutsinger *et al.*, 2006）。ゲノム情報が利用できる近縁種がいない場合，集団中の遺伝的変異と群集の組成との関係を明らかにするための有効な選択肢の1つだろう。

候補遺伝子が絞れている場合には，候補遺伝子の塩基配列と表現型との関連，および群集組成との関連を調べることが可能である。また野外群集においては多くの種の多くの個体を調べることになるが，そのような場合には大量の塩基配列データを低コストで生み出す次世代シークエンサーが威力を発揮するだろう。PCR によって目的の遺伝子を増幅した後，個体ごとに異なる塩基配列（識別タグ配列）を PCR 産物に付与することによって，454 シークエンサーから得られる大量の配列の中から特定の個体の配列を取り出す手法も開発されている（Meyer *et al.*, 2008）。この技術を使えば，454 シークエンサーの1回の実験で 1000 個体・10 遺伝子の塩基配列を決定することも理論的に可能である。

次世代シークエンサーは，生物の全転写産物の解読においても大きなポテンシャルを持っている。非モデル生物のタテハチョウ科ヒョウモンモドキの一種 *Melitaea cinxia* において，454 シークエンサーを用いて全転写産物の塩基配列を決定する試み（トランスクリプトーム解析）が成功している（Vera *et al.*, 2008）。野外集団の複数個体を対象にしたトランスクリプトーム解析は，非モデル生物の表現型変異の遺伝的基盤を解明する上で強力なツールとなるだろう。また，環境に応じた遺伝子発現の変化は表現型可塑性をもたらす分子的基礎でもある。ある生物の表現型可塑性が他の種にどう影響するかという課題も近年の群集生態学において注目が増している（Werner & Peacor, 2003; 石原・大串，2009）。トランスクリプトーム解析では転写産物の定量も可能である。塩基配列を解読しただけでは捉えられない遺伝子発現の変化が，群集組成の変化とどう対応しているのだろうか？　新たな研究課題は尽きない。

現実的には，生態学のある一研究室が次世代シークエンサーを導入して自前で稼動させることは（少なくともあと数年は）難しいであろう。したがってこうした設備を持つ研究機関と共同で取り組むことになると思われる。しかし違う見方をすれば「すべてを自分たちでやろうとする必要はない」のである。自然集団の変異と適応進化に着目し続けてきた生態学者と確かな技術的背景を持った分子遺伝学者のコラボレーションは，今までにない新しい成果を生み出し，生物群集の新たな理解をもたらすに違いない。

最後に

ここまで読んで「遺伝子を調べることで，本当に群集生態学は変わっていくだろうか？」と疑問を持つ読者もいるかもしれない。しかしここに紹介した研究は，「いままで研究できなかった新しい問いかけに取り組むことができる」という，科学を発展させるうえで最も重要なポイントを明確に示している。生物群集の形成・維持機構の解明に分子遺伝学を応用する研究はまだ始まったばかりの未知の領域である。未知の領域だからこそ，生物群集にどんな新しい問いかけが可能かをいろいろと考え，わくわくすることができる。本書では“オミクス†”の技術や知見が生態学にもたらすと期待されるさまざまな可能性が示されている。それは群集生態学でも同じだろう。ここに述べたことは，もっともっと膨大な可能性のごく一部かもしれない。最も大事なことは，こうした新技術を生態学で用いることは決して手の届かない夢物語などではなく，近い将来には誰でも実現可能になるということ，そしてこれらオミクス技術はあくまでも“道具”であり，この道具でどのように新しい道を切り拓くかはすべて研究者自身に委ねられているということである。

最後にもう一度想像してほしい。あなたは再び冒頭の林の中に戻ってきた。そして今，あなたは10本のヤナギのゲノムあるいは全転写産物を調べることができる道具を持っている。いや，それは植物だけでなく植食者，送粉者，分解者，いわば群集まるごとゲノム解析できる道具でもある。その道具を使って，あなたならどんなことを知りたいだろうか。

謝辞

佐賀大学の鈴木信彦氏，京都大学の片山昇氏には多くの有益なコメントをいただき，この場をお借りして感謝の意を表します。

引用文献

Bailey, J. K., R. Deckert, J. A. Schweitzer, B. J. Rehill, R. L. Lindroth, C. Gehring & T. G. Whitham. 2005. Host plant genetics affect hidden ecological players: links among *Populus*, condensed tannins, and fungal endophyte infection. *Canadian Journal of Botany* **83**: 356-361.

Bangert, R. K., R. J. Turek, B. Rehill, G. M. Wimp, J. A. Schweitzer, G. J. Allan, J. K. Bailey, G. D. Martinsen, P. Keim, R. L. Lindroth & T. G. Whitham. 2006. A genetic similarity rule determines arthropod community structure. *Molecular Ecology* **15**: 1379-1391.

Crutsinger, G. M., M. D. Collins, J. A. Fordyce, Z. Gompert, C. C. Nice & N. J. Sanders. 2006. Plant genotypic diversity predicts community structure and governs an ecosystem process. *Science* **313**: 966-968.

Geffeney, S. L., E. Fujimoto, E. D. Brodie III, E. D. Brodie Jr. & P. C. Ruben. 2005. Evolutionary diversification of TTX-resistant sodium channels in a predator-prey interaction. *Nature* **434**: 759-763.

Gols, R., R. Wagenaar, T. Bukovinszky, N. M. van Dam, M. Dicke, J. M. Bullock & J. A. Harvey. 2008. Genetic variation in defense chemistry in wild cabbages affects herbivores and their endoparasitoids. *Ecology* **89**: 1616-1626.

Gómez, J. M., F. Perfectti, J. Bosch & J. P. M. Camacho. 2009. A geographic selection mosaic in a generalized plant-pollinator-herbivore system. *Ecological Monographs* **79**: 245-263.

Hanifin, C. T., E. D. Brodie Jr. & E. D. Brodie III. 2008. Phenotypic mismatches reveal escape from arms-race coevolution. *Public Library of Science Biology* **6**: e60.

Hauser, M. T., B. Harr & C. Schlötterer. 2001. Trichome distribution in *Arabidopsis thaliana* and its close relative *Arabidopsis lyrata*: molecular analysis of the candidate gene *GLABROUS1*. *Molecular Biology and Evolution* **18**: 1754-1763.

Hughes, A. R., B. D. Inouye, M. T. J. Johnson, N. Underwood & M. Vellend. 2008. Ecological consequences of genetic diversity. *Ecology Letters* **11**: 609-623.

石原道博・大串隆之　2009.　適応と生物群集をむすぶ間接相互作用　大串隆之・近藤倫生・吉田丈人（編著）進化生物学からせまる（シリーズ群集生態学 2）p. 41-63.　京都大学学術出版局.

Kessler, A., R. Halitschke & I. T. Baldwin. 2004. Silencing the jasmonate cascade: Induced plant defenses and insect populations. *Science* **305**: 665-668.

Kessler, D. & I. T. Baldwin. 2007. Making sense of nectar scents: the effects of nectar secondary metabolites on floral visitors of *Nicotiana attenuata*. *Plant Journal* **49**: 840-854.

Kessler, D., K. Gase & I. T. Baldwin. 2008. Field experiments with transformed plants reveal the sense of floral scents. *Science* **321**: 1200-1202.

Kivimäki, M., K. Kärkkäinen, M. Gaudeul, G. Løe & J. Ågren. 2007. Gene, phenotype and function: *GLABROUS1* and resistance to herbivory in natural populations of *Arabidopsis lyrata*. *Molecular Ecology* **16**: 453-462.

LeRoy, C. J. T. G. Whitham, P. Keim & J. C. Marks. 2006. Plant genes link forests and streams. *Ecology* **87**: 255-261.

Meyer, M., U. Stenzel & M. Hofreiter. 2008. Parallel tagged sequencing on the 454 platform. *Nature Protocols* **3**: 267-278.

Newton, E. L., J. M. Bullock & D. J. Hodgson. 2009. Glucosinolate polymorphism in wild cabbage（*Brassica oleracea*）influences the structure of herbivore communities. *Oecologia* **160**: 63-76.

Poleman, E. H., N. M. van Dam, J. J. A. van Loon, L. E. M. Vet & M. Dicke. 2009. Chemical diversity in *Brassica oleracea* affects biodiversity of insect herbivores. *Ecology* **90**: 1863-1877.

Schweitzer, J. A., J. K. Bailey, B. J. Rehill, G. D. Martinsen, S. C. Hart, R. L Lindroth, P. Keim & T. G. Whitham. 2004. Genetically based trait in a dominant tree affects ecosystem precesses. *Ecology Letters* **7**: 127-134.

Steppuhn, A., K. Gase, B. Krock, R. Halitschke & I. T. Baldwin. 2004. Nicotine's defensive function in nature. *Public Library of Science Biology* **2**: e217.

陶山佳久　2001.　遺伝子の指紋 :AFLP 分析を用いた森林構造の解明. ササ群落の隠された構造を暴く　種生物学研究 23（森の分子生態学）p. 19-37.

Thompson, J. N. 2005. The Geographic Mosaic of Coevolution. University of Chicago Press.

Thompson, J. N. & B. M. Cunningham. 2002. Geographic structure and dynamics of coevolutionary selection. *Nature* **417**: 735-738.

東樹宏和・曽田貞滋　2009.　共進化の地理的モザイクと生物群集　大串隆之・近藤倫生・吉田丈人（編著）進化生物学からせまる（シリーズ群集生態学 2）p. 151-184. 京都大学学術出版局.

Vera, J. C., C. Wheat, H. W. Fescemyer, M. J. Frilander, D. L. Crawford, I. Hanski & J. H. Marden. 2008. Rapid transcriptome characterization for a nonmodel organism using 454 pyrosequencing. *Molecular Ecology* **17**: 1636-1647.

Werner, E. E. & S. D. Peacor. 2003. A review of trait-mediated indirect interactions in ecological communities. *Ecology* **84**: 1083-1100.

Whitham, T. G., J. K. Bailey, J. A. Schweitzer, S. M. Shuster, R. K. Bangert, C. J. LeRoy, E. V. Lonsdorf, G. J. Allan, S. P. DiFazio, B. M. Potts, D. G. Fischer, C. A. Gehring,

R. L. Lindroth, J. C. Marks, S. C. Hart, G. M. Wimp & S. C. Wooley. 2006. A framework for community and ecosystem genetics: from genes to ecosystems. *Nature Reviews Genetics* **7**: 510-523.

Wimp, G. M., G. D. Martinsen, K. D. Floate, R. K. Bangert & T. G. Whitham. 2005. Plant genetic determinants of arthropod community structure and diversity. *Evolution* **59**: 61-69.

Zhu, Y., H. Chen, J. Fan, Y. Wang, Y. Li, J. Chen, J. X. Fan, S. Yang, L. Hu, H. Leung, T. W. Mew, P. S. Teng, Z. Wang & C. C. Mundt. 2000. Genetic diversity and disease control in rice. *Nature* **406**: 718-722.

第９章　メタボロミクスがもたらす新たな可能性 ーモデル植物の分子生物学を超えて

平井優美（理化学研究所・植物科学研究センター）

はじめに

筆者は，植物の代謝およびその環境応答のしくみの解明を目指して研究している。動物と比べた時の植物の特徴の１つは，その同化代謝能力にある。植物は光エネルギーを利用して無機物から糖類やアミノ酸，有機酸などの有機物を合成することができる。これらの化合物は動物の代謝経路にも共通に存在するもので，一次代謝産物とよばれる。さらに，自ら移動することのできない植物は，与えられた環境において生存するために代謝を変化させて適応する。一次代謝産物を材料として，劣悪な環境に対処するための特定の機能を持つ化合物を作ることも多く，こうした化合物を二次代謝産物†とよぶ。植物界には20万種類を超える代謝産物が存在するとも言われているが，その大部分は植物の分類群に特異的な二次代謝産物である。筆者は，このように多様性に富んだ代謝経路およびその制御機構にかかわる「分子実体」を明らかにし，その振る舞いを理解したい，と考えている。つまり分子生物学的な興味から植物代謝研究を行っている。材料にはモデル植物シロイヌナズナ *Arabidopsis thaliana*（L.）Heynh. を使い，方法論としてはオミクス†解析，特にトランスクリプトームとメタボロームデータの統合解析を行っている。こうした方法論は比較的新しいものであり，サイエンスとして胡散臭いと思われることも（残念ながら）ままある。そこで本稿でメタボローム研究を紹介するにあたり，こうしたオミクス的研究戦略を読者に理解していただくには，筆者自身が研究を続けるなかでどのように考え方が変わっていったのかを記すのがよいと思われた。研究者がアクティブに研究生活を送る期間を，仮に大学の卒業研究から大学教官の定年くらいまでと考えると，筆者はちょうどその中間くらいに達したところである。筆者はその間，幸運なことに，シロイヌナズナ研究とメタボローム研究でそれぞれ日本における草分けとなった２つの研究室に在籍していたのであった。本稿では，筆者のこれまでの研究と現在の仕事の紹介を中心に，ここ20年の植物科学の研究戦略の変遷についても触れてみたい。ただし，客観的な研究史ではなく，個人的な雑感がメインであることをご容赦願いたい。また，在籍した研究室でお世話になった先生方，先輩方のお名前を本文中で記す代わりに，参考文献リストを付すことにしたい。

1.「これからは植物栄養学も分子生物学の時代」－シロイヌナズナ研究のスタート

筆者が1988年に卒業研究で入った研究室は，農学部農芸化学科の植物栄養・肥料学研究室であった。植物栄養学は，窒素やリンなどの多量必須元素，鉄や亜鉛などの微量必須元素の植物による吸収と利用に関する学問である。筆者の卒業論文のテーマは，多量必須元素の1つである硫黄に関するものであった。ダイズの種子貯蔵タンパク質，つまりダイズの可食部分に蓄積するタンパク質のうちの特定のサブユニットの蓄積量が，外界の硫黄栄養（土壌中の硫酸イオン）が不足すると増加するという現象が知られており，そのメカニズムについて解明することがテーマである。農学の分野で古くから知られる現象の解明に向けて，その頃までは一般に生理学的アプローチや，生理活性物質などの天然物化学的観点からのアプローチなどがとられてきたが，80年代末頃からは分子生物学的手法で，遺伝子の機能発現という観点で研究しようという機運が高まってきていた。筆者は「これからは植物栄養学も分子生物学の時代だ」といわれた最初の世代の1人である。筆者が研究室に配属になった当時は，遺伝子のクローニング†やその発現解析，形質転換†植物の作製などの分子生物学の実験手法はまだ研究室になかった。そのため筆者の研究室では，その1年くらい前から，理学部の研究室に学生を弟子入りさせて実験手法を習得させるようになっていた。筆者自身は，大学院入試の済んだ4年生の秋から，先輩に連れられて同じ学内の遺伝子実験施設というところに出入りするようになった。ここの植物系の研究室は，日本におけるシロイヌナズナ研究の草分けの1つであり，分子遺伝学を行っていた。筆者も，修士1年になった89年から，本格的にシロイヌナズナを用いた分子生物学をスタートさせたのである。

研究テーマであるダイズ種子貯蔵タンパク質であるが，これは複数種のポリペプチドの混合物である。土壌中の硫酸イオンが不足した条件（以下，S欠条件）で栽培されたダイズ種子においては，含硫アミノ酸（硫黄原子を含むシステイン及びメチオニン）を多く含むタンパク質であるグリシニンの蓄積が減少し，含硫アミノ酸含量のきわめて低いβコングリシニンβサブユニットの蓄積が増加する。これは植物の環境適応メカニズムの1つである。種子貯蔵タンパク質は種子が発芽する際の栄養源であり，植物が次世代を残すための重要な機能を持つ。先の現象は，硫黄含量の減少と引き換えに窒素源としてのタンパク質の総量を保つ，というS欠適応反応であると考えられる。同様の現象は，他の穀物の種子貯蔵タンパク質においても見られることが知られていた。また，βサブユニットのS欠条件での増加は，それをコードするmRNAの増加による可能性が示唆されていた。そこで筆者は，このダイズに見られる現象の分子メカニズムを，シロイヌナズナを用いて解明することにした。

シロイヌナズナは，植物分子遺伝学のモデル生物であり，花の形成を説明するABCモデルの確立において重要な役割を果たした。ABCモデルとは，花の構造に異常を生じたさまざまな変異体の観察に基づいて作られた仮説で，花器官（萼，花弁，雄しべ，雌しべ）の決定はA，B，Cという3タイプのアイデンティティ決定因子のはたらきによるとするものである。後になって，モデルを構成する因子の遺伝子が実際にクローニングされて発現パターンが調べられ，このモデルの正しさが証明された。さらに，ABCモデルはシロイヌナズナ以外の多くの植物種に当てはまるという普遍性が示されている。

ABCモデルの成功とともにシロイヌナズナを用いた研究は世界的に急速に増えてきた。それは，さまざまな現象をさまざまな植物種を使って別々に研究していた時代から，共通のモデル植物を利用することで幅広い現象に関する知識を共有する時代への変化であり，生命の総合的理解へとつながった（塚谷，2006）。しかし89年当時はまだ，研究室や学術集会での研究報告の際には，「なぜわざわざシロイヌナズナを使うのか？」を説明するスライドが必要であった。そして時には「戦う」必要があった。戦った相手も，後にはシロイヌナズナを認めないわけにはいかない状況となったのは感慨深い。

1.1. 形質転換シロイヌナズナを用いた生理学的研究

修士課程で筆者は，まず形質転換シロイヌナズナを構築した。ダイズから単離したβサブユニット遺伝子のプロモーター領域†（βプロモーター）と，レポーターであるGUS遺伝子（大腸菌由来β-グルクロニダーゼ遺伝子）＊1をつないだキメラ遺伝子を導入したシロイヌナズナである。この植物をS欠条件で栽培すると，種子においてβプロモーターからの転写が促進されてGUS活性が上昇した。つまり，ダイズに存在すると予想されるS欠応答の分子機構（S欠の感知→シグナル伝達→遺伝子発現変化）が，シロイヌナズナにも存在するという普遍性が示され，さらに，S欠応答はβプロモーターの転写活性の増大に起因することが示された（Hirai *et al.*, 1995）。

ところで，種子貯蔵タンパク質蓄積のS欠応答反応は，外界の硫黄栄養の絶対量ではなく，窒素栄養との比に応答して起こることが現象として知られていた。一方，バクテリアにおいては，S欠時に*O*-アセチルセリン（OAS）（図1）が転写因子CysBと結合して硫黄同化にかかわる遺伝子発現を誘導することが知られていた。OASは硫黄同化系と窒素同化系が合流するポイントにある代謝産物であり，植物においてもOASがS欠シグナルとしてはたらく可能性が示唆されていた。筆者は，S欠応答メカニズムに関する知見を得るべく，上記の形質転換シロイヌナズナを用いていくつかの生理実験を行った。その結果，培地中の硫黄（硫酸イオン）/窒素（硝酸イオン）比が低いほど種子中のOAS量が増え，同時にβプロモーターの転写活性が高くなることがわかった。また，ダイズの未熟種子（いわゆるエダマメ）を用いた実験から，OASを外部から与えると種子中のβサブユニットタンパク質が増加することがわかった。これらの結果から，βプロモーターは，硫黄/窒素比の増大にともなって増えるOASに応答して転写活性を増すことが示唆された（Kim *et al.*, 1999）（ただし今では，植物におけるS欠による遺伝子発現誘導のしくみはバクテリアとは異なることがわかっている）。

＊1：一般に，レポーター遺伝子は興味のある遺伝子プロモーターの転写活性を簡便に調べる目的で用いる。当該プロモーターがはたらくとGUS遺伝子が転写・翻訳されてβ-グルクロニダーゼタンパク質ができる。β-グルクロニダーゼによって分解されて色素や蛍光物質を生じるような適当な基質を与え，発色や蛍光の強さからβ-グルクロニダーゼ活性（GUS活性），つまり当該プロモーターの転写活性を測定する。

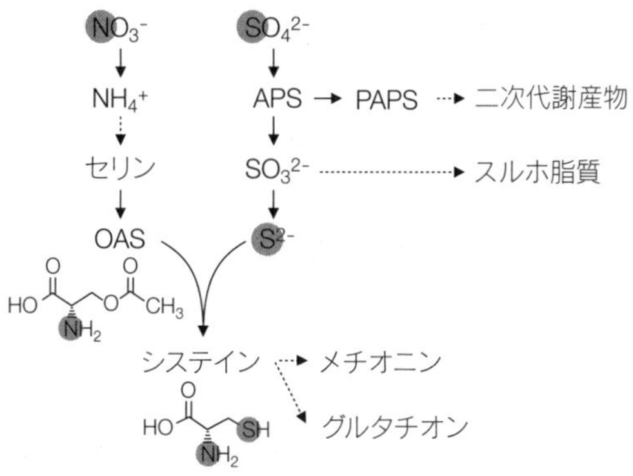

図 1　硫黄・窒素同化経路
破線は 2 段階以上の反応からなる経路を示す。APS：アデノシンホスホ硫酸，PAPS：ホスホアデノシンホスホ硫酸。

余談だが，この頃の植物生理関連の学会発表では，プロモーター－GUS融合遺伝子を導入した形質転換シロイヌナズナの話が目立ち，イントロダクションを聞かなければどれも同じに思えたものである。言い換えると，「個別の遺伝子」の「転写制御」が，いろいろな現象を理解するキーとして捉えられた時期であったといえようか。

1.2. シロイヌナズナを用いた分子遺伝学

上記の実験によってS欠応答に関するいくつかの示唆を得ることができた。生理実験は分子メカニズムを推測するうえでの重要な示唆を与えるものである。得られた情報に基づいて仮説を構築し，それを検証するために新たな実験を行う。これは真実の解明に必要なスパイラルであるが，生理実験それだけではどこまで行っても示唆が得られるだけで，分子実体にはたどり着けない。

そこで筆者は，S欠応答機構にかかわる遺伝子を直接的に見出すことを目指して，上記の形質転換シロイヌナズナを突然変異誘起処理し，S欠応答機構に異常を生じた変異体の収集を試みた。S欠でβプロモーターの転写活性が誘導されるためには，硫黄の減少を感知して，その情報をβプロモーターに結合する転写制御因子に伝えるしくみがあるはずである。このしくみに仮に10個の遺伝子がかかわっているとすれば，10種類の変異体が得られると期待できる。

そして得られた変異体の表現型を元にS欠応答機構のモデルをたてようと計画した。だが残念ながら，本研究では突然変異体の候補はいくつか得られたものの，詳細な解析には至らなかった。筆者ら以外にも硫黄代謝にかかわる変異体単離の試みはいくつかあったが，多くは不成功に終わっている。

一般的に，代謝にかかわる変異体は植物では単離が難しいように思われる。植物の代謝はその経路が網の目のようになっており，また同一の作用を持つ酵素を複数の遺伝子がコードしていることが多い。このため，特定の経路がブロックされても他の経路を使って必要な代謝産物をつくることができるのではないだろうか。

硫黄代謝の変異体単離の話に戻すと，すぐれた成功例もある。たとえば後の2006年になって，筆者らと同様の研究手法，つまりS欠誘導性のプロモーターにつないだ緑色蛍光タンパク質GFP遺伝子の発現を指標にして，*sulfur limitation1*（*slim1*）変異体が単離された。*slim1*変異体では，GFP蛍光のS欠誘導の程度が下がるのみならず，他の多くのS欠応答性遺伝子で応答の程度が小さくなっていた。このことから，原因遺伝子*SLIM1*はS欠応答のマスター制御因子と結論された（Maruyama-Nakashita *et al.*, 2006）。

1.3. 遺伝子の個別クローニングの時代

筆者は，先に述べた研究を94年に「硫黄栄養応答性遺伝子の発現制御機構」という学位論文にまとめた。硫黄栄養応答性遺伝子とはダイズのβサブユニット遺伝子のことである。当時，この遺伝子は植物由来の唯一の硫黄応答性遺伝子であった。S欠にさらされた植物では，根からの硫酸イオン取込み能が上昇し，また硫酸イオンをシステインに同化する経路（図1）上の酵素の活性が上昇することが知られていたが，硫酸イオンの吸収と同化にかかわる遺伝子の単離は植物では意外に遅かった。最初の論文は92年に出され，ホウレンソウなどからシステイン合成酵素を精製してそのアミノ酸配列を元に遺伝子を単離したことを報告した。その後，他の硫黄同化系遺伝子群が，バクテリアの機能欠失変異体を相補する植物のcDNAなどとして相次いで単離された。このように，90年代には遺伝子はその「機能」に基づいて，タンパク質の精製やバクテリアの変異体の相補によって個別にクローニングされていた。このように単離された硫黄同化系遺伝子のいくつかはS欠で発現誘導を受けることが後に示された。

2. ゲノミクス，そしてポストゲノミクスの時代へ－技術革新とともに

2000年のシロイヌナズナゲノム配列解読によって，シロイヌナズナの持つタンパク質をコードする遺伝子が約25,000個であることが示された。これにより，シロイヌナズナの研究戦略は大きく変わることとなった。上述のように注目する機能からそれを担う遺伝子を捜すのではなく，あらかじめ塩基配列としてのみわかっている遺伝子geneの未知の機能を解明する機能ゲノミクスfunctional gen<u>omics</u>が主体となった。また，同じ頃発達してきたDNAアレイ作成技術により，それまで個別の遺伝子について行ってきた発現解析を，数千～数万遺伝子について一斉分析できるようになった。後述するように，アレイを用いた転写産物transcriptの一斉分析（トランスクリプトミクスtranscript<u>omics</u>）†によって明らかにされ公開されている，「どの遺伝子がどの器官・組織でいつ発現するか」という情報は，いまではシロイヌナズナの遺伝子機能推定に不可欠なものとなっている。さらに，構造を破壊せずに生体高分子をイオン化するソフトイオン化法の開発により，質量分析（MS＊2）を用いてタンパク質proteinを一斉分析するプロテオミクスprote<u>omics</u>†も可能となった。

2. 1. メタボロミクスとは？

メタボロミクスmetabol<u>omics</u>†は，ゲノミクス，トランスクリプトミクス，プロテオミクスに続く第4のオミクス†といわれる。MSや核磁気共鳴（NMR）を用いて，生体試料内の低分子代謝産物metaboliteを網羅的に一斉分析することを目指すものである。MSを用いる場合，生体試料から代謝産物の混合物（数千種類と見積もられることもある）を抽出し，クロマトグラフィーや電気泳動で分離してMSで検出する。NMRを用いる方法は，MSによる方法に比べて感度が低い弱点があるものの，生体試料を生きたまま測る非侵襲計測が可能であるため代謝フラックス解析への利用が期待されている。MSを検出器に用いる方法は，プロテオミクスの場合と同様，化合物を壊さずにイオン化するソフトイオン化法が90年代に実用化されたことで実現した。現在，液体クロマトグラフィー－質量分析法（LC-MS），キャピラリー電気

＊2：mass spectrometryの略で「マス」と発音することが多い。

泳動－質量分析法（CE-MS）でよく使われるエレクトロスプレーイオン化法（ジョン・フェン博士が開発）は，会社員のノーベル賞受賞として話題となった，マトリクス支援レーザー脱離イオン化法（株式会社島津製作所・田中耕一氏が開発）とともに，2002年のノーベル化学賞の対象となったものである。

3. オミクス研究のスタート

筆者は1997年に，東京近郊の大学の薬学部にある遺伝子資源応用研究室というところにポスドク研究員として異動した。そして2000年暮れ，研究室の教授が「ポストゲノム科学を基盤とする植物同化代謝機能のダイナミクス解明」という研究課題で比較的大型のグラント（研究助成金）を獲得し，筆者もトランスクリプトーム，プロテオーム，メタボロームの研究をスタートすることになった。シロイヌナズナゲノム解読完了が「Nature」誌に発表されたのが同じく2000年12月，シロイヌナズナアレイ解析のおそらく最初の論文が出たのが2000年8月，ガスクロマトグラフィー－質量分析法（GC-MS）による植物代謝産物プロファイリングの最初の論文がやはり2000年のことである（Fiehn *et al.*, 2000）。当時，国内ではメタボロミクスという言葉はまだほとんど聞かれなかったと思う。グラントの採択が決まった直後，当の教授が冗談交じりに「本当に採択されちゃったよ，どうしよう」というようなことをおっしゃったと記憶しているが，実際いま振り返ってみると，この時代としては先駆的でかなりチャレンジングな提案だったと思う。しかし，そのチャレンジが現在の植物メタボロミクスと植物オミクス研究の発展につながっていることを思うと，その先見の明に感嘆すると同時に，自分がその場に居合わせて今なおその流れの中にいることを幸運に思う。

こうして筆者は，S欠条件下のシロイヌナズナのオミクス解析を行うことになった。

この頃までには，個々の遺伝子に関する個別の研究によって，硫黄の吸収・同化経路上のどの遺伝子がS欠条件下で発現誘導されるのか，ある程度わかってきていた。しかし，硫黄原子はシステインやメチオニンとしてタンパク質に取り込まれるのみならず，ビタミンや補酵素，葉緑体膜のスルホ脂質，生体防御にかかわる揮発性化合物，酸化還元にかかわるグルタチオンなどの化合物を構成し，生命活動のあらゆる局面にかかわっている。植物がS欠に適応して正常に生育するためには，硫黄同化系以外の多くの代謝系で適応のための変化が起きているのではないだろうか。S欠の感知というインプットからさまざまな応答反応というアウトプットまでの，植物の応答の「全体像」を明らかにするのが，この研究テーマの目的である。

今では一般的になったDNAアレイであるが，これを用いて発現解析を計画する場合，その目的は「特定の条件下や変異体で発現の変化する遺伝子をスクリーニングしたい」か「何か研究の糸口となる情報を見つけたい」といったことではないだろうか。前者の場合は，複数枚のアレイを用いた実験によって統計的に有意差がある遺伝子を選べばよいのであまり難しくない*3のだが，後者の場合，膨大なデータを手にしたあとで，さてどうしたものかと途方に暮れることになりがちである。オミクス以前の研究では，まず仮説をたて，その妥当性を検証するための実験をデザインするものであるが，アレイ解析の場合，仮説を立てていなくても，数万遺伝子の発現量データというそれまで扱ったこともない膨大なデータが「とりあえず」出てしまうためである。DNAアレイがようやく使えるようになった2000年代初頭，アレイデータの解析例は少なかった。だが筆者は，網羅性を旨とするトランスクリプトーム解析をする以上は，S欠条件で発現の変化する遺伝子の単なるスクリーニングには陥らずに,全データを使って見えてくるものを捉まえよう，という方針を立てた。また同時に，まったく同一のサンプルのメタボローム解析も行った。その結果，両データをどう解析をすると何が見えてくるのか—同じデータを何度も何度も手を変えていじってみることとなった。

このあと，自分の採った研究手法を自分で確信できるようになるまでに数年を要することとなる。

4. トランスクリプトームとメタボロームの統合解析1 －代謝の記述

筆者は，S欠応答の全体像を知るために，S欠に適応して見かけ上正常に生育している以下のシロイヌナズナのトランスクリプトーム解析とメタボロ

*3：もっとも，選んできた遺伝子群になにか生物学的意味を見出すのは別の話である。

ーム解析を行った。

実験1：S欠条件で播種から約3週間（抽薹直前まで）水耕栽培したもの（長期的S欠処理）

実験2：通常栄養条件の無菌寒天培地で約3週間栽培した植物体をS欠寒天培地にシフトして2日間栽培したもの（短期的S欠処理）

また先述の形質転換シロイヌナズナの実験から，βプロモーターのS欠応答に関しては，硫黄と窒素の比が重要であり*O*-アセチルセリン（OAS）がシグナルとなっていることがわかっていた。そこで，「S欠応答反応全体が硫黄/窒素比を感知して起こっているのか」，「OASがS欠応答反応全体を引き起こすシグナルであるのか」を調べるため，以下のシロイヌナズナも同様に解析した。

実験3：窒素源を減らしたN欠条件で1と同様に栽培したもの（長期的N欠処理）

実験4：硫黄源，窒素源とも減らしたSN欠条件で1と同様に栽培したもの（長期的SN欠処理）

実験5：2と同様にOAS添加寒天培地にシフトしたもの（短期的OAS処理）

上記の栄養処理区とコントロール実験区の植物体をロゼット葉と根に分けて，それぞれ試料とした。予想ではN欠応答は，S過剰応答，すなわちS欠応答の「裏返し」になると思われた。

トランスクリプトーム解析には，日本シロイヌナズナDNAアレイコンソーシアム（JCAA）が作成したマクロアレイを用いた。2000年代初頭は日本の植物研究者が安価に利用できるアレイがなかったため，若手研究者や大学院生が自分たちで手を動かしてマクロアレイを作成，配布したのである。これはシロイヌナズナの複数の組織から得たEST: Expressed sequence tag[†]をナイロンメンブレンにブロットしたものであり，約9,000遺伝子に対応する約13,000の重複のないESTが搭載されていた。またメタボローム解析は，受託分析を行うカナダの会社に依頼して，infusion法によるフーリエ変換イオンサイクロトロン共鳴（FT-ICR）/MS分析を行った。infusion法というのは，抽出物（代謝産物の混合物）をクロマトグラフィーなどによる分離を経ずに直接MSに導入する方法であり，原理的には抽出物中のすべての化合物を検出できると考えられる。FT-ICR/MS分析は，イオン化された化合物が真空の磁場中でサイクロトロン運動することを利用し，その回転周期から

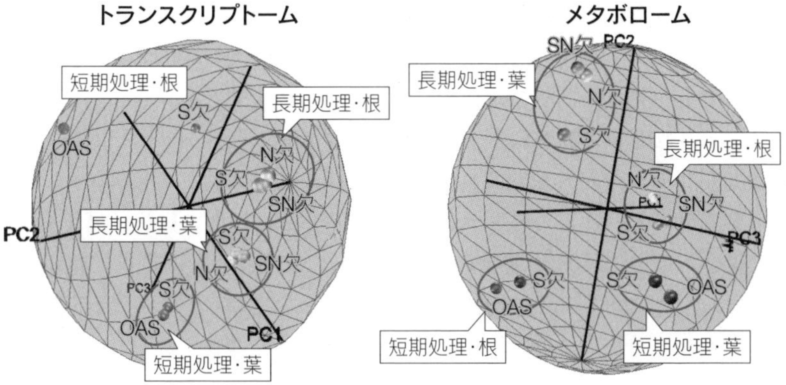

図 2　主成分分析 (Hirai *et al.*, 2004 から改変)
各処理区におけるシグナル強度の，コントロール区に対する対数比を用いて解析した。

イオンの精密質量（ミリマス）を求める方法であり，精密質量から計算によりイオンの組成式を求めることができる。技術的にまだ解決すべき課題が残されている方法論ではあったが，とにかく，約 3,000 の代謝産物と期待されるシグナルを検出することができた。

得られた 13,000EST † と 3,000 推定代謝産物の定量データから，どうやって生物学的情報を抽出するか？――上述のようにだいぶ試行錯誤したのだが，行ったことの 1 つは，主成分分析によって各処理によるトランスクリプトーム，メタボロームの変化の全体的傾向を見ることである（図 2）。図中の小さい球は各処理区のサンプルを表しており，全体の大きな球（3 次元空間）中での位置が近いということは，トランスクリプトーム，メタボロームの変化の傾向が全体として似ている，ということを意味している。ここからわかることはいくつかある。すなわち，トランスクリプトーム，メタボロームいずれの場合も，

(1) 処理によらず葉と根の違いによってグループ分けされることから，器官による応答の違いが処理区による違いより大きいと考えられる。(2) 同じ S 欠処理でも，短期的処理と長期的処理で応答が大きく異なる。また短期的処理は寒天培地栽培，長期的処理は水耕栽培で行ったため，栽培条件の違いも応答の差になっていると思われる。(3) OAS 処理は β サブユニット遺伝子のような特定の遺伝子発現において S 欠と同様の

効果をもたらすのみならず，全体的な遺伝子発現・代謝産物蓄積プロファイルに対してもS欠同様の効果を示す。(4) N欠処理は，予想に反してS欠処理と同様の全体的プロファイルの変化をもたらす。

ことが示された。おおむね，トランスクリプトームとメタボロームとで同様の傾向が見られたが，短期的S欠処理とOAS処理は根のメタボロームに対する影響は似ているもののトランスクリプトームに対する影響は異なっていた（図2)。これは，代謝産物の蓄積パターンは細胞の機能維持に直接的にかかわるためにある範囲で維持されるようになっており，その代謝産物蓄積パターン維持のために遺伝子発現がダイナミックに変動する，ということを示しているとも考えられる。

また，処理や器官の違いによる発現/蓄積のパターンに基づいて遺伝子および代謝産物を分類することを目的として，一括学習自己組織化マップ（BL-SOM）法（Kanaya *et al.*, 2001）を行った。BL-SOM法の詳細については割愛するが，ここでは分類のためのクラスタリング手法として用いている（後述)。筆者のデータでは，階層クラスタリングやk-mean法に比べて精度よく（ここでは「生物学的な知識により合致する」という意味で)，遺伝子が分類された。これにより，いくつかの代謝経路については関連遺伝子の多くが同じクラスに分類される，すなわち，同じ代謝経路にかかわる遺伝子群が「本実験条件において共発現している」ことがわかった。この解析は，のちのATTED-IIを用いた共発現解析（第10章）にいたる原点になっている。

さらに，二次代謝産物の一種であるグルコシノレート類＊4（図3）の蓄積パターンの変化は，その生合成・分解に関与する遺伝子群の発現パターンの変化で説明できるのに対し，糖や有機酸などの一次代謝産物の蓄積パターンは関連遺伝子の発現パターンのみでは説明できないことが示された。一次代謝産物はその機能上，蓄積量あるいは蓄積量比が大きく変動しないよう制御

＊4：グルコシノレート（カラシ油配糖体）は，主にアブラナ科の植物に見られる含硫黄二次代謝産物であり，生合成前駆体となるアミノ酸の種類や側鎖修飾の種類によって120種以上の分子種が知られている。これを分解する酵素であるミロシナーゼは，グルコシノレートとは異なる細胞に蓄積されているが，食害に遭って植物組織が壊れると，両者が交じり合ってグルコシノレートは分解し，揮発性のイソチオシアネート（カラシ油）を生じる。イソチオシアネートは広食性の植食者に対する忌避物質として，また狭食性の植食者に対する誘引物質としてはたらく生理活性物質である。ヒトにとって，イソチオシアネートはアブラナ科野菜の辛味成分であり，近年では発がん物質解毒酵素を誘導する成分としても注目されている。

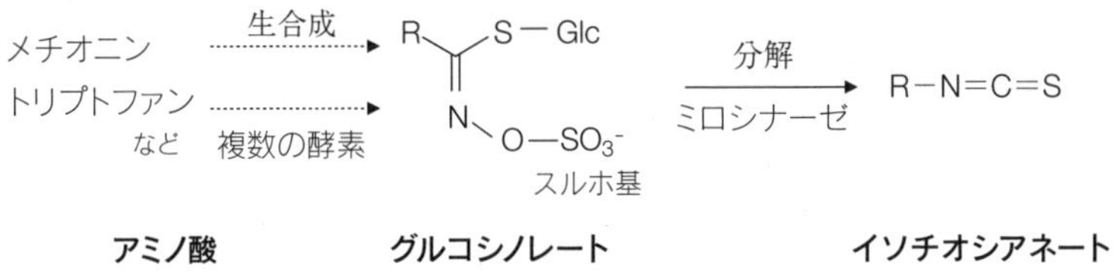

図３　グルコシノレートの生合成と分解
破線は２段階以上の反応からなる経路を示す。メチオニンからの生合成，トリプトファンからの生合成には，それぞれ異なる酵素群が関与する。

されることが重要であると考えられ，そのために転写制御のみならずタンパク質量や酵素活性など複数のレベルで微調整されているためであろう。

上記の結果を2004年に発表した論文で報告した（Hirai *et al.*, 2004）のであるが，この論文は翌2005年度の植物バイオテクノロジー分野最多引用論文となった（Lawrence, 2006）。同じ05年度に論文数の伸び率の最も高かった分野はナノテクノロジーとメタボロミクスである（Lawrence, 2006）から，本論文はタイムリーな発表であり，メタボロミクスとトランスクリプトミクスの統合研究の先行例として植物以外の分野からも注目（引用）されたようである。だが正直に言うと，この論文をまとめるのには苦労し，執筆中は寝付かれない日々を過ごしたものである。というのも，この論文はオミクスの視点からとはいえ代謝の「記述」にすぎず，分子メカニズムや機能の発見を書くことができなかったからである。分子生物学的立場では，全体像の概略を「ぼんやり」と示すのではなく，実験生物学的に認められた方法で「はっきり」と証明することが必要なのだ。

しかしこの研究の延長線上にある次の仕事で，明快な発見をすることができた。

5. トランスクリプトームとメタボロームの統合解析２ －未知遺伝子の機能推定

次の実験では，上述の実験２と同様の方法でシロイヌナズナをＳ欠培地に移植後，経時的に６タイムポイントでサンプリングして，ロゼット葉と根のトランスクリプトーム，メタボロームの時系列データを取得した。この頃には市販のマイクロアレイが高価ながらも利用可能となってきており，22k

マイクロアレイ（約22,000遺伝子の転写産物を検出するアレイ）を用いた。メタボロームデータは，先と同じFT-ICR/MSによって取得した。トランスクリプトーム，メタボローム両データとも，各タイムポイントにおけるS欠でのシグナル強度をコントロール（硫黄十分培地に移植したもの）のシグナル強度で割った比の対数として扱った。転写産物量であれ代謝産物量であれ対数比は等価の数値であるので，両者を同一のマトリクス（定量データの一覧表）に統合し，BL-SOM法による遺伝子・代謝産物のクラスタリングを行った＊5（図4，5）。

次に，どんな代謝産物や遺伝子が同じクラスター（同じ経時的パターンを示すグループ）に分類されるかを検討した。一例として，グルコシノレート類，その分解産物であるイソチオシアネート類がそれぞれクラスターを形成しており，グルコシノレート代謝が同調的に制御されていることが示唆された（図5）。また，グルコシノレートやフラボノイドのような二次代謝産物の生合成にかかわる遺伝子群は，それぞれにクラスターをつくることがわかった。このことは，二次代謝産物の生合成にかかわる遺伝子群は，S欠の葉（または根）という条件依存的に共発現していることを意味している。

このことから逆に，「共発現する遺伝子群は同じ代謝経路や生理現象に関与している可能性が高い」という仮定のもとに，機能既知の遺伝子と共発現している未知遺伝子の機能の予測が可能と考えた。具体的には，既知のグルコシノレート生合成酵素遺伝子が多数含まれるクラスターの中に，塩基配列からスルホ基転移酵素をコードしていると考えられる機能未知遺伝子を見出し，グルコシノレート生合成経路のスルホ基転移反応にかかわっていると予測した（図3参照）。これを実験的に証明するため，当該の機能未知遺伝子を大腸菌で発現させて組換えタンパク質をつくり，試験管内で予想される基質と反応させたところ，予想通りの反応産物が合成された。これによって予測した機能は実験的に裏づけられた（Hirai *et al.*, 2005）。同様にして，グルコシノレート生合成関連の転写因子や酵素をコードする遺伝子の候補が多数

＊5：より正確には，対数比の絶対値の大きさによらず経時変化のパターンが類似していれば同じグループに分類されるよう，各遺伝子・代謝産物ごとに（6つの対数比の自乗和）＝1となるようにノーマライズした。これにより，どのタイムポイントにおいてもS欠による変動がほとんどない遺伝子・代謝産物については，誤差範囲の対数比の振れが拡大されてクラスタリング結果に影響を与えてしまうため，あまり変動しない遺伝子・代謝産物のデータは除いてBL-SOMを行った。

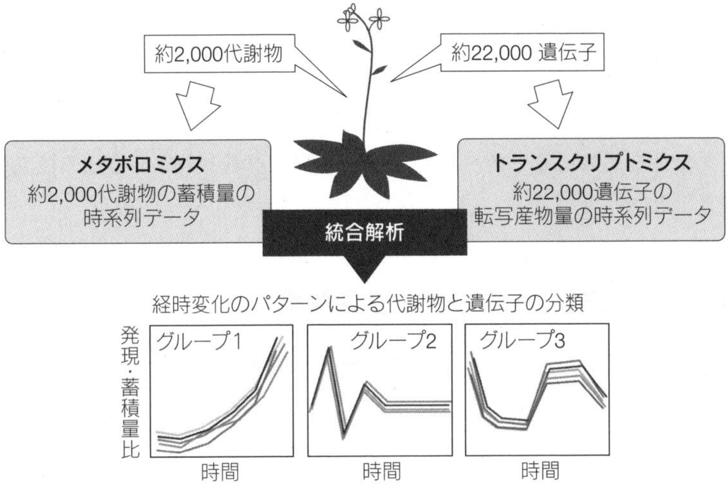

図4　トランスクリプトームとメタボロームの統合解析の概念図
同一のサンプルを用いて取得したトランスクリプトームデータとメタボロームデータを，適当な前処理の後に統合して解析した。ここでは，時系列データを用いて遺伝子と代謝産物を経時変化のパターンに基づいて分類した例を示す。たとえば，グルコシノレートの生合成にかかわる多数の遺伝子が同じグループに分類された。

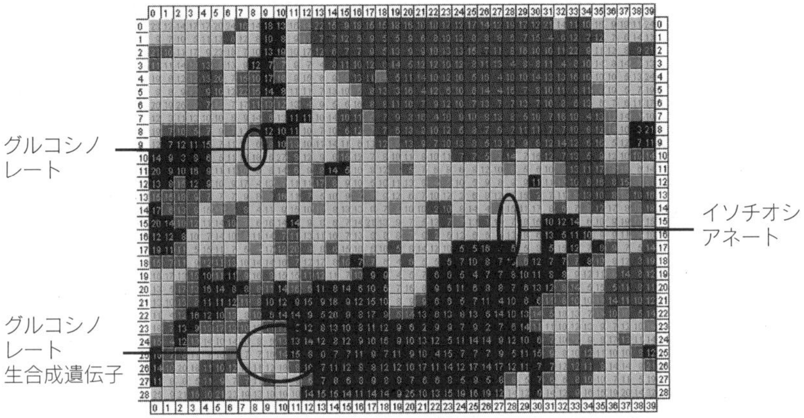

図5　BL-SOMによる遺伝子・代謝産物の分類
BL-SOM解析により格子状（この例では縦29×横40）の「特徴地図」が得られ，発現・蓄積のパターンが類似している遺伝子・代謝産物は同じマスの中に分類される。各マスに書かれている数字は，そこに分類された遺伝子・代謝産物の数を示す。隣り合ったマスには，パターンの似ているものが分類されることが多く，この例ではグルコシノレート，イソチオシアネートの複数の分子種，グルコシノレート生合成遺伝子群がそれぞれ特定のマス目の領域に分類され，それぞれ互いに似た経時変化を示していることがわかる。

見つかった。

本研究は元々グルコシノレートの生合成に注目したものではなかったが，Ｓ欠条件で発現，蓄積の変化する遺伝子，代謝産物をスクリーニングせず，データ全体を眺めることで，未知遺伝子の機能予測というある種の仮説構築ができたと思っている。

6. 仮説構築のためのオミクス解析

Ｓ欠条件でのデータを用いて遺伝子機能予測を行っていた2004年秋，大林によりATTEDにて遺伝子共発現リストがリリースされた。詳細は大林氏の**第10章**に譲るが，これは国際コンソーシアムAtGenExpressによって大規模に取得された，さまざまな実験条件や器官でのシロイヌナズナアレイデータを元に，共発現する遺伝子対を見つけることのできるウェブツールである。さまざまな実験条件にわたって見られる共発現関係であるので，先に述べたＳ欠での「条件依存的な共発現」に対して「条件に依存しない共発現」であるといえる。公開当時はまだ共発現リストは論文にはなっておらず，国内の植物関連研究者の最大のメーリングリストであるnazunaを使って，大林氏によってリストの公開がアナウンスされた。筆者はメールを見てすぐにATTEDを使ってみたと記憶しているが，その有用性はたちどころに理解された。筆者が自前のデータを用いてBL-SOM解析から見つけてきた共発現する遺伝子セットが，ウェブ上でクリックするだけで芋づる式に見つかってきたからである。それで直ちに，当時の研究室のメンバーに対して，大変なデータベースが公開「されてしまった」ことを知らせるメールを送ったのであった。共発現関係，すなわち未知遺伝子の機能推定に重要な意味を持つ情報が一覧表として見られるようになり，（論文のネタとなる）新規遺伝子機能が一覧表となって公開されたも同然だったためである。

もちろん筆者らもその恩恵に浴した。シロイヌナズナのColumbiaというアクセッション＊6では，グルコシノレートはメチオニン，トリプトファンをそれぞれ前駆体とする分子種に大別され，異なる遺伝子がコードする酵素

＊6：異なった産地から採取された種子をもとに，それぞれ自家受粉を繰り返して維持されてきた近交系統のこと。

によって生合成される（図3）。S欠条件ではどちらの生合成にかかわる遺伝子も同様な発現変化を示し，共発現していた。しかし実験条件によっては，メチオニンからグルコシノレートをつくる経路にかかわる遺伝子群と，トリプトファンからの経路にかかわる遺伝子群とで異なる発現変化を示す。そのため，さまざまな実験条件で取得されたデータを用いて共発現関係を調べるATTEDを用いることで，メチオニン由来経路の遺伝子群とトリプトファン由来経路の遺伝子群を異なるグループに分類することができる。これによって，どちらの経路にかかわっているのかも含めてより詳細に遺伝子機能を予測することができた。筆者らおよび他の研究グループによる生化学的，分子生物学的，逆遺伝学的実験によって，それら予測機能の多くが正しいことが証明されてきている（Hirai *et al.*, 2007; Sawada *et al.*, 2009a; Sawada *et al.*, 2009b ほか）。

ここで強調したいことは，自前で取得した，あるいは公開データベース上のオミクスデータからは，その実験の当初の目的を超えた発見があり得る，ということである。近年のコスト低下によって，個別の研究室でも比較的容易にオミクスデータを得ることができるようになっている。そのため，ともすると実験デザインを熟慮することなしにオミクス解析を行い，結果を手にしたものの何も発見できなかった，ということになるようで，「仮説のないオミクス解析」との批判にさらされることとなる。確かに，特定の現象やメカニズムを明らかにするのに適した切り口，実験デザインというものがあって然るべきであり，十分に実験デザインを練ってからデータを取ることは重要である。しかし一方で，オミクスデータは必ずやある条件における生物の状態（スナップショット）をあらわしているものであり，そこから何を読み取れるかは研究者の洞察力にかかっている。真に新しい発見は，実験開始前に立てた仮説を超えたところにこそある。アプリオリな知識に依存せず，データそのものから仮説を構築する（data-driven hypothesis generation）という「仮説構築のためのオミクス解析」こそが，オミクスの研究戦略としてのブレイクスルーなのではないだろうか。

科学的に真実を解明することは，ジグソーパズルの組み立てにたとえられる。小さな実験的事実というピースを地道に順番につないでいって初めて，大きな真実が見えてくる。しかし，ジグソーパズルをする時には，どんな絵柄になるのかあらかじめわかっていて，完成図を参照しながら組み立てるものである。分子生物学や生化学などによる個別解析が「ピースを見つけて組み合わせる」ことならば，オーム解析は「全体の絵柄を大まかに示す」ものだと筆者は考えている（つまり先述の通り，オミクスデータから得られる仮説は，実験生物学で認められた方法論によって証明されることが前提になっているといえる）。

7. メタボロミクスのツール化

トランスクリプトームデータセット→共発現解析→遺伝子機能予測→実験による証明，という方法論を確立できたので，2005年に現所属先に異動したときには，次はトランスクリプトームデータとメタボロームデータを対象とした，共発現解析に替わる新しいデータマイニングの手法を確立しよう，と意気込んでいた。筆者自身は分子生物学がバックグラウンドであるが，同年4月に発足したメタボロミクス技術基盤の確立を担うグループのメンバーとなり，技術開発者そのものでなくユーザーの立場でメタボロミクスの研究ツール化に貢献しようと思ったのである。

核酸という単一の物質を扱うゲノミクスやトランスクリプトミクスが単一の分析機器（シーケンサー，DNAアレイ）で分析可能なのに対し，水溶性・脂溶性や中性，イオン性など，それぞれ異なる化学的性質を持つ代謝産物を単一の原理で一斉分析することは，そもそも不可能である。そこで，中性化合物の多い二次代謝産物群はLC-MSで，イオン性のものが多い解糖系やTCAサイクルの化合物はCE-MSで，というように，適切な化合物分離の手段とそれにふさわしいイオン化の方法がMSによるメタボロミクスでは用いられる。これら複数の分析手段によって得られる情報をすべて統合して初めて，網羅的なメタボローム解析ができる。また，核酸を増幅させるPCRに相当する方法が化合物にはないため，一斉分析によるハイスループット性を重視するメタボロミクスでは，個別に濃縮する必要のある微量成分や，特別な分離手段を必要とする代謝産物は基本的に対象外としている。さらに，たとえば同じLC-MSでもメーカーや機種により，出てくる生データ自体やその出力形式が異なるという，データ統合上の問題がある。単一の機器から出てくる生データ自体が複雑である上に機器間の統合が必要であるため，生データを処理して生物学者が向き合えるマトリクスにするためには，情報科学のサポートが必須である。筆者らの研究グループには，分析化学と情報科学をそれぞれバックグラウンドに持つ研究者らがおり，両者の共同作業によって近年その技術が確立されてきている。メタボロミクス技術の詳細やそのさまざまな応用研究例については他の成書を参照されたい（福崎，2008）。

しかし，トランスクリプトミクスにおいては，技術的にほぼ完成されて自動化（マニュアル化）の進んだ機器を導入しさえすれば誰でもマイクロアレイ解析ができるのに対して，メタボロミクスに関しては，機器を使いこなせて解析に習熟したスペシャリストがいなければデータが出せない事情は相変わらずである。このため，分析機器が稼働する部分のスループットは高くても，生物学者にわかるマトリクスになるまでを考えると，メタボロミクスのデータ生産のスループットはアレイ解析に遠く及ばない。また，メタボロミクスの最大の問題点は，標準化合物が入手できなければ真に化合物同定はできないということである。冒頭に述べたように，植物界には20万種類超の代謝産物が存在すると言われ，単一の植物でも数千種類を持つだろうと言われている。その多くが標準化合物として入手困難な，植物分類群に固有の二次代謝産物であろう。実際，非ターゲットメタボローム分析＊7では1,000を超えるシグナルを検出しているのに，9割方がunknown metaboliteとなってしまう。たとえば変異体と野生株の判別のような，代謝産物蓄積パターンの違いのみが重要な場合はよいが，植物生理学や機能ゲノミクスのような研究では，代謝産物同定ができなければそこで考察がストップしてしまう。

こうした状況から，筆者の研究チームの分子生物学者である澤田が2009年に開発したのがワイドターゲットメタボロミクスの方法論である（第13章参照）。可能な限り多数の代謝産物シグナルを非ターゲット分析で検出することを目指すメタボロミクスにおいて，この方法論は，「あらかじめ計測対象を定めたターゲット分析のターゲットを拡張していく」という逆転の発想に基づくものである。シグナルを検出した時には化合物同定が済んでいるのでトータルスループットがきわめて高い。現状では約700化合物の分析が可能である。この技術開発により，アレイデータに匹敵する1,000の単位のメタボロームデータの取得が現実のものとなった。

＊7：あらかじめ計測したい化合物を定めずにすべてのイオンを検出し，あとから検出シグナルに対して化合物同定を行う方法。

8. ワイドターゲットメタボロミクスによる大規模メタボロームデータの取得

大規模に植物のメタボロームデータを収集･公開しているデータベースは，現状ではほとんどない。そこで筆者らは，公開を目指してワイドターゲットメタボロミクスによるデータ取得を開始した。現在行っている1つは，植物種横断的に代謝産物蓄積パターンを調べるものである。ナショナルバイオリソースプロジェクト（http://www.nbrp.jp/）によって収集し提供されるイネやダイズなどの分析を開始している。あらゆる器官や栽培条件を網羅できるわけではないが，植物種による代謝産物プロファイルの違いを知るうえでの足がかりとなるだろう。もう1つは，国内外の機関で整備されているシロイヌナズナ遺伝子破壊株の分析である。筆者らが対象とするのは，基本的には1遺伝子にT-DNAやトランスポゾンが挿入されて機能を欠失したラインであり，その代謝産物プロファイルは遺伝子機能破壊による表現型＊8と捉えることができる。これは遺伝子機能推定に有用な情報となると思われる。これらのデータは順次，筆者らのグループのウェブサイトであるPRIMe（Platform for RIKEN Metabolomics, http://prime.psc.riken.jp/）（Akiyama *et al.*, 2008）から公開することを目指している。

9. 新たなデータマイニング手法の確立へ

冒頭に述べたように，筆者は代謝とその環境応答のしくみの解明を目指している。グルコシノレート生合成に関与する遺伝子群が共発現していることに示されるように，二次代謝においては，関与する遺伝子群が少数の転写制御因子による制御の下で同調的に発現している場合が多いと思われる。環境変化に適応するための生理機能を持つ代謝産物を生産するという点で，このような一括制御は合目的的である。一方，体構成成分の供給やエネルギー代謝など生命の基本的な機能にかかわる一次代謝では，環境変化によらず代謝産物濃度を一定に保つようなロバストネス（頑強性）が重要であろう。このような制御システムとしてはたとえば，最終代謝産物による生合成酵素のフ

＊8：代謝産物プロファイルはinvisible phenotypeとよばれることがある。

ィードバック抑制がよく知られている。これは個別の代謝経路の制御のしくみとして知られているが，より広範囲に代謝全体を制御する未知のメカニズムがあるのではないだろうか。筆者は，オミクスデータを眺めることで代謝の全体像を俯瞰し，未知の代謝制御機構を予測したいと思っている。ワイドターゲットメタボロミクスによって数百種の代謝産物の蓄積プロファイルが数千の単位で得られるようになったので，多数の突然変異体の観察から花器官形成の ABC モデルが打ち立てられたように，多数の代謝スナップショットの観察から代謝制御のモデルを構築するのが現在の目標である。

これに先駆けて，36 種の代謝産物（アミノ酸とグルコシノレート）のターゲット分析ではあるが，約 2,700 ラインのシロイヌナズナ遺伝子破壊株の種子を分析して得たデータセットの解析を行っている。手始めに，これらの遺伝子破壊株における代謝産物蓄積量の相関を調べたところ，特定のアミノ酸間に正の相関があった（Hirai *et al.*, 2010）。たとえば，ロイシン，イソロイシン，バリン，チロシン，ヒスチジン，リジン，アルギニンの蓄積量には正の相関つまり「共蓄積」の関係があり，これらのアミノ酸の量のバランスが重要な意味を持っている可能性がある。一方で，こうした関係性の失われた遺伝子破壊株も見つかってきている。*Calmodulin 9*（*CAM9*）遺伝子の破壊株では，ロイシン，イソロイシン，バリンの蓄積が 10 ～ 110 倍程度増加していた（Hirai *et al.*, 2010）。これは，*CAM9* 遺伝子がこれらのアミノ酸量を制御している可能性を示している。

また，同様のターゲット分析を，225 種のシロイヌナズナアクセッションについても行っている（Hirai *et al.*, 2010）。1 つの代謝産物の蓄積量をひとつの表現型と見るならば，仮に 100 代謝産物を分析したデータは 100 個の表現型の定量データと考えることができるため，こうしたデータセットは生態学やバイオインフォマティクスなど他の分野の研究者からも注目されるようになってきている。筆者ら自身は，シロイヌナズナアクセッションの 1 塩基多型 SNP †; single nucleotide polymorphism の公開情報とあわせて，特定の代謝産物の蓄積量を制御している遺伝子の探索を試みている。

一方で，同じ遺伝子型の植物個体を複数分析すると，同じ条件（たとえば同一のシャーレ内）で栽培したにもかかわらずまったく同一の代謝産物プロファイルを示さず，データが分布することが観察される。分布の中心は遺伝子型によって決定されるが，代謝産物プロファイルのこうしたゆらぎは，各個体がある程度は場当たり的に環境変化に対応していることのあらわれであるように思われる。代謝制御のメカニズムを真に理解するには，明確な遺伝子機能に帰着させるだけでなく，確率的なゆらぎを扱う必要があるのではないかと考えている。

10. 今後の展望

最近筆者は，他の植物種を材料にした研究を考えようとして，無意識のうちにシロイヌナズナ研究の発想（単純なゲノム構成，遺伝子破壊株やアレイやデータベースなどの充実した研究ツール，容易な形質転換など）になっているのに気づき愕然とすることが増えている。シロイヌナズナが主流の20年ほどが過ぎて，シロイヌナズナで観察される現象が普遍的ではない場合も多く知られるようになってきた。加えて実用植物への応用研究も期待される昨今，今後はまた，さまざまな植物種を研究材料にする時代になるであろう。しかし20年前と異なるのは，今後はどの植物で研究を行ってもシロイヌナズナでの知見がレファレンスデータとなるであろうことである。

植物の生理を遺伝子機能に帰着させる研究分野においては，メタボロミクス単独で説明できることは多くなく，他のオミクスとの統合が重要と言われる。筆者がメタボローム研究を開始した当時は，「メタボロミクスで何ができるのか？」という問いをよくかけられたものである。ゲノム解読が完了したときのような，パラダイムシフトを期待しての問いだったように思う。しかし少なくとも分子生物学の立場では，メタボロミクスはツールとして利用できれば十分で，他の情報とあわせて分子メカニズムの理解に役立てばよいのではないかと筆者は思っている。

一方で，メタボロミクスは分子生物学をいったん離れる契機にもなるように思う。トランスクリプトミクスはもちろんのこと，プロテオミクスの場合も，対象であるタンパク質が遺伝子によってコードされているものである以上，ゲノム情報と直接の関係がある。糖鎖修飾などによるバリエーションはあるにせよ，コアとなるタンパク質の種類はゲノム解読によってほぼ有限個に限定されるだろう。それに対し，代謝産物はゲノム情報によって直接的に構造が決まるものではない。また別の見方をすれば，代謝産物は，それを持つすべての生物においてまったく同一の構造をとっているといえる。つまり，ゲノミクスでは「シロイヌナズナの遺伝子と相同なダイズの遺伝子」という考え方をするところ，メタボロミクスにおいては「シロイヌナズナのグルコースはダイズのグルコースそのもの」である＊9。こうした点で，メタボロミクスでは，ゲノム情報を完全に離れた研究展開もできるのではないだろうか。この本の読者が，ゲノムに帰着する考え方とは異なる発想で本稿を読んで，メタボロミクスに新たな可能性を見出してくれるならば望外の喜びである。

参考文献

Akiyama, K, E. Chikayama, H. Yuasa, Y. Shimada, T. Tohge, K. Shinozaki, M. Y. Hirai, T. Sakurai, J. Kikuchi & K. Saito. 2008. PRIMe: a web site that assembles tools for metabolomics and transcriptomics. *In Silico Biology* **8**: 339-345.

Fiehn, O., J. Kopka, P. Dormann, T. Altmann, R. N. Trethewey & L. Willmitzer. 2000. Metabolite profiling for plant functional genomics. *Nature Biotechnology* **18**: 1157-1161.

福崎英一郎（編）2008. メタボロミクスの先端技術と応用．シーエムシー出版．

Hirai, M. Y., T. Fujiwara, M. Chino & S. Naito. 1995. Effects of sulfate concentrations on the expression of a soybean seed storage protein gene and its reversibility in transgenic *Arabidopsis thaliana*. *Plant & Cell Physiology* **36**: 1331-1339.

Hirai, M. Y., M. Klein, Y. Fujikawa, M. Yano, D. B. Goodenowe, Y. Yamazaki, S. Kanaya, Y. Nakamura, M. Kitayama, H. Suzuki, N. Sakurai, D. Shibata, J. Tokuhisa, M. Reichelt, J. Gershenzon, J. Papenbrock & K. Saito. 2005. Elucidation of gene-to-gene and metabolite-to-gene networks in *Arabidopsis* by integration of metabolomics and transcriptomics. *The Journal of Biological Chemistry* **280**: 25590-25595.

Hirai, M. Y., Y. Sawada, S. Kanaya, T. Kuromori, M. Kobayashi, R. Klausnitzer, K. Hanada, K. Akiyama, T. Sakurai, K. Saito & K. Shinozaki. 2010. Toward genome-wide metabolotyping and elucidation of metabolic system: metabolic profiling of large-scale bioresources. *Journal of Plant Research* **123**: 291-298.

Hirai, M. Y., K. Sugiyama, Y. Sawada, T. Tohge, T. Obayashi, A. Suzuki, R. Araki, N. Sakurai, H. Suzuki, K. Aoki, H. Goda, O. I. Nishizawa, D. Shibata & K. Saito. 2007. Omics-based identification of *Arabidopsis* Myb transcription factors regulating

＊9：とはいえ，同一の化合物が生物種によって異なる機能を担うことや逆に，同じ機能を異なる代謝産物が担っていることは十分あり得るだろう。

aliphatic glucosinolate biosynthesis. *Proceedings of the National Academy of Sciences of the United States of America* **104**: 6478-6483.

Hirai, M. Y., M. Yano, D. B. Goodenowe, S. Kanaya, T. Kimura, M. Awazuhara, M. Arita, T. Fujiwara & K. Saito. 2004. Integration of transcriptomics and metabolomics for understanding of global responses to nutritional stresses in *Arabidopsis thaliana*. *Proceedings of the National Academy of Sciences of the United States of America* **101**: 10205-10210.

Kanaya, S., M. Kinouchi, T. Abe, Y. Kudo, Y. Yamada, T. Nishi, H. Mori, & T. Ikemura. 2001. Analysis of codon usage diversity of bacterial genes with a self-organizing map (SOM): characterization of horizontally transferred genes with emphasis on the *E. coli* O157 genome. *Gene* **276**: 89-99.

Kim, H, M. Y. Hirai, H. Hayashi, M. Chino, S. Naito & T. Fujiwara. 1999. Role of *O*-acetyl-l-serine in the coordinated regulation of the expression of a soybean seed storage-protein gene by sulfur and nitrogen nutrition. *Planta* **209**: 282-289.

Lawrence, S. 2006. Trends in biotech literature 2005. *Nature Biotechnology* **24**: 380.

Maruyama-Nakashita, A., Y. Nakamura, T. Tohge, K. Saito & H. Takahashi. 2006. *Arabidopsis* SLIM1 is a central transcriptional regulator of plant sulfur response and metabolism. *Plant Cell* **18**: 3235-3251.

Sawada, Y., A. Kuwahara, M. Nagano, T. Narisawa, A.Sakata, K. Saito & M. Y. Hirai. 2009a. Omics-based approaches to methionine side chain elongation in Arabidopsis: characterization of the genes encoding methylthioalkylmalate isomerase and methylthioalkylmalate dehydrogenase. *Plant Cell Physiology* **50**: 1181-1190.

Sawada, Y, K. Toyooka, A. Kuwahara, A. Sakata, M. Nagano, K. Saito & M. Y. Hirai. 2009b. Arabidopsis bile Acid: sodium symporter family protein 5 is involved in methionine-derived glucosinolate biosynthesis. *Plant Cell Physiolosy* **50**: 1579-1586.

塚谷裕一　2006. 変わる植物学　拡がる植物学. 東京大学出版会.

第10章　遺伝子共発現データベースATTED-II：共にはたらく遺伝子を探そう

大林　武（東北大学大学院情報科学研究科）

1.　網羅的研究の基盤

1.1.　ゲノム解読の意義 〜 役者の洗い出し

1990年の後半から現在にわたり，さまざまな生物のゲノム配列が解読され続けている。植物に関してはモデル植物シロイヌナズナのゲノム解読が日米欧共同で行われ，2000年に『Nature』誌に発表された（Arabidopsis Genom Initiative, 2000）。これによりシロイヌナズナの遺伝子総数は約27000と判明し，シロイヌナズナを包括的に研究する道が開けた。シロイヌナズナのあらゆる生命現象は，この27000の遺伝子の組み合わせによって実現されているはずである。

また，すべての遺伝子の配列が判明していることから，1つの遺伝子を手掛かりにして配列が類似の遺伝子（ホモログ† 遺伝子とよばれ，機能が似ていると期待できる）を探すことができるようになった。この作業は，ゲノム配列が解読される前ならば，手掛かりとなる配列を用いてmRNAライブラリーをスクリーニングする必要があった。ある特定のホモログ遺伝子をスクリーニングするためには，そのホモログ遺伝子の発現量が高い条件でmRNAライブラリーを作成する必要があるため，存在するかどうかわからないホモログ遺伝子を探すのは困難であった。特にこれ以上ホモログ遺伝子が存在しないことの証明は難しいため，ホモログ遺伝子の数の確定は不可能であった。

ゲノム配列が解読されたことにより，その生物におけるすべてのホモログ遺伝子を瞬時に決定することが可能になった。注目している現象を解き明かすためのパーツがもれなく手の内にあるというのは，種々の実験の結果を解釈するうえで，非常に重要なことである。

さて，注目している現象に関連する遺伝子を配列相同性から列挙した次に行うことは，各遺伝子の役割の違いを調べることである（図1）。ここで注

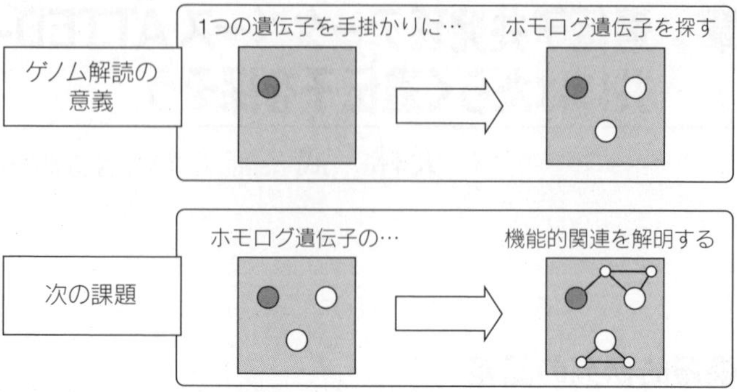

図1　注目している生命現象を解明する手順
黒い丸は最初に手掛かりに使う遺伝子。白い丸はゲノムデータベースなどを用いて探した，機能が関連する遺伝子群。

目したいのが，これらの遺伝子は単体である生体機能を担っているのではないということだ。人が社会の中において1人で生きていないのと同じように，いかなる遺伝子も他の遺伝子と関係しながら与えられた役割を完遂している。転写因子と被制御遺伝子のようなゆるいつながりの遺伝子ペアもあれば，超分子複合体のサブユニットのようにいかなるときにもパートナーとしてはたらく強いつながりの遺伝子ペア（遺伝子群）もあるだろう。これらの機能パートナーの特定は，遺伝子機能を理解するうえで必須であり，この「機能パートナーを探す」ことが本章で取り上げる内容である。

生体内の機能パートナーを探すには，遺伝子の共発現を利用する方法，タンパク質間相互作用を利用する方法，文献における共起関係を利用する方法など，遺伝子と遺伝子の関係性についての大規模データを利用する。本章では筆者が研究している遺伝子の共発現について述べる。

1.2. トランスクリプトーム解析

1. 2. 1. なぜトランスクリプトーム解析を行うのか

遺伝子の機能を理解するために，遺伝子の発現パターンを調べることは頻繁に行われる。ゲノムにコードされている遺伝子が機能を発揮するまでにはさまざまな制御が存在するが，mRNA量の制御はその最初の段階であるため，mRNA量の変動パターンを調べることは遺伝子機能を理解するうえで重要な情報となる。また，mRNAの測定はタンパク質の測定と比較してはるかに簡便である点も，大規模な測定を行ううえで重要なことである。

さまざまな生理条件の中でも組織特異性やホルモン応答性は特に重要な手掛かりとなる。それらの情報は単に「どこではたらいているか」「どのような制御下にあるのか」にとどまらず，機能する系そのものについての示唆を与えてくれる。たとえば，ヒトのアクアポリン2の遺伝子について調べたいとしよう。この遺伝子が水ポンプとして生体膜越しの水輸送を担うことはわかるのだが，それではこの遺伝子はどのような「生体機能」を担うのだろうか。公共のデータベースで遺伝子発現パターンを調べると，この遺伝子は生体内で腎臓特異的に発現する遺伝子であることがわかる。腎臓の主たる機能が尿生成であることから，このアクアポリンの機能として，尿生成にかかわる水の再吸収をしている可能性を考えることができる。このように発現する細胞を特定できれば「なぜこの遺伝子が個体に必要なのか」を推測することができる（BOX1を参照）。

1. 2. 2. マイクロアレイ

遺伝子の発現パターンを調べる実験は比較的容易であるが，近年に至るまですべての遺伝子の発現パターンを包括的に調べることはできなかった。この全遺伝子の発現パターンを一度に調べるという挑戦は，1996年にスタンフォード大学のブラウンらによって発表されたDNAマイクロアレイ法により実現することになる（マイクロアレイの章を参照）。DNAマイクロアレイ法は，数千から数万種類のDNA断片を高密度に貼りつけた基板上に，サンプルmRNA由来の標識核酸をハイブリダイズすることで，サンプルmRNAの量を測定する方法である。この方法により，すべての遺伝子の発現情報を1回の実験で得ることができるようになった。遺伝子の発現量を網羅的に測定する方法としてはEST法やSAGE法などの配列ベースの方法もあるが，簡便さと定量性の面からマイクロアレイ法が広く利用されている。

1. 2. 3. 筆者が用いていたマイクロアレイシステム

筆者が博士課程で所属していた東京工業大学大学院生命理工学研究科・高宮太田研究室では，太田助教授（現・教授）の指導のもと，マイクロアレイの実験系の立ち上げと，それを用いたシロイヌナズナの病傷害応答ならびに組織特異性の解析を行い，遺伝子発現の観点から植物個体のシステム的理解を目指していた。このときに用いていたマイクロアレイは，DNAプローブをガラス基板上に固定する現在のようなマイクロアレイではなく，8 cm ×

12 cmのサイズのメンブレンにDNA断片を貼りつけた「マクロアレイ」とよばれていたものだった。市販のマイクロアレイおよびその周辺装置が非常に高価だった当時でも，ラジオアイソトープが使用できる環境であれば比較的安価に導入することができた（図2）（第9章のシロイヌナズナのマクロアレイコンソーシアムを参照）。

実験条件の検討やデータの補正方法の検討の末，マイクロアレイ実験は順調に進むようになり，遺伝子発現データは各実験者のパソコンの中に，マイクロソフトExcelのファイルとして蓄積していった。各実験者が自らのデータを解析し，発現変動している遺伝子リストの解釈を進めていった。しかしこの状態では，せっかく同じマイクロアレイのプラットフォームを利用しているにもかかわらず，自分の実験における興味深い遺伝子が，他の実験者のデータではどういう挙動を示しているのかを調べることをできなかった。しかし，全実験者のデータファイルを，逐一，すべてのパソコンに入れる作業は煩雑であり，現実的ではない。われわれのマイクロアレイデータは研究室全体の資産にはなっていなかったのだった。他に直面していた問題は，われわれが解析に用いていたマイクロソフトExcelは，大量に存在するプローブ（遺伝子）のグラフを描くといった用途には向いていないことであった。

BOX1「遺伝子機能」の2つの側面；「分子機能」と「生物学的プロセス」

遺伝子発現パターンやタンパク質相互作用情報から機能の関連する遺伝子を探すことは，BLAST（配列相同遺伝子検索プログラム）を使って配列相同性のある遺伝子を探すことと，どう似ていてどう異なるのであろうか。どちらの方法でも機能の関連した遺伝子を探すことができるのだが，その「機能」の意味するところは少し異なる。

ここで，遺伝子が担う「機能」というものを2つの側面で考えてみたい。

1つは「分子機能」であり，これはタンパク質1分子としての活性のことである。この機能は遺伝子単独で決定されるため，アミノ酸配列の似ている遺伝子どうしの分子機能は似ていることになる。すなわちBLASTを用いたホモログ遺伝子の検索が，ある遺伝子の分子機能を理解するのに非常に強力である。たとえば，注目している遺伝子がシトクロムP450であったならば，その遺伝子の分子機能は酸化還元反応の触媒であることがわかる。

もう1つの機能は「生物学的プロセス」である。これは，細胞レベルのプ生データの可視化は，データの解釈に用いるのみならず，実験系が成熟していないうちはトラブルシューティングにも有用である。これらのことから，研究室内のマイクロアレイデータを一括して管理し，どのパソコンからでも比較閲覧できるシステムが必要だった。

当研究室にとって非常にタイミングがよかったことに，2001年12月25～26日にかずさDNA研究所でバイオインフォマティクスに関する講習会が開かれ，マイクロアレイデータの研究室内データベースを立ち上げる目的で，筆者も参加させていただいた。この「ゲノム情報解析技術チュートリアル」は当時日本の植物業界で随一のバイオインフォマティクスの専門家であったかずさDNA研究所の中村保一研究員（現・国立遺伝学研究所教授）が企画されたもので，定員6名で泊まり込みという強化合宿のような講習会だった。「参加者のやりたいことについて，わからないことが具体的にあれば教えましょう」というスタンスの講習会だったため，LinuxがOSを意味していることすらわからなかった筆者は，必死になってLinuxやPerl言語の本を読み，また参加準備用メーリングリストを活用しながら「具体的に」わからない点を探していった。実のところ，多くの場合「わからない」というのは「何がわからないのかわからない」のであって，わからないことが具体

ロセス，ならびに個体レベルの高次機能を含めたものである。前述した分子機能とは異なり，この生物学的プロセスは分子機能の異なる遺伝子が複数組み合わさることで実現される機能である。そのため，配列類似性から推定された個々の遺伝子の機能だけに注目していては，高次の機能の推測は難しい。

ここで，ATTEDを用いて探す発現パターン類似遺伝子は，遺伝子が必要とされる場面に注目しているため，同じ「生物学的プロセス」を有していると期待することができる。たとえば，ある代謝系の一連の酵素が共発現しているのはよい例である。その反面，各々の遺伝子がどのような分子機能を担っているかは予測できない。

このように，「分子機能」と「生物学的プロセス」は遺伝子の機能を考えるうえで必須の2側面を構成しており，実際，生物学における共通語彙集である遺伝子オントロジーの3カテゴリーのうちの2つに相当する（残り1つは細胞内局在）。遺伝子機能予測を多角的に行うためには，「分子機能」を予測するための配列相同性と，「生物学的プロセス」を予測するための発現パターン相同性を，組み合わせて利用することが効果的である。

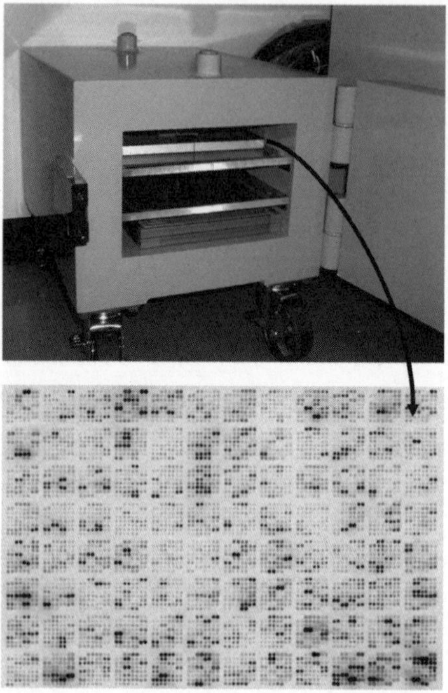

図2 筆者らが用いていたマクロアレイ

筆者が所属していた研究室では放射性同位体を用いたマクロアレイを利用してシロイヌナズナの研究を行っていた。このシステムではノーザンブロット法と同様に放射線を用いて遺伝子発現量を測定するため，自然放射線の影響を受けてしまう。われわれはその影響を排除するために，厚さ10 cmの鉛による遮蔽箱を作成し利用していた。

的に提示できるようになれば，独り立ちの一歩手前にいるようなものであろう。大いに奮起して講習会に臨んだ結果，この講習会の狙い通りに独り立ちへの貴重な一歩を踏み出すことができた。

こうして筆者らの研究室には，研究室内マイクロアレイデータベースができあがった。複数のマイクロアレイ実験を統合的に解析し理解することができるようになり，われわれの植物個体のシステム的理解は大きく前進した。各遺伝子の発現情報を詳細に見ている間にわかったこととして，「同じ遺伝子を測定するプローブでも，まったく異なる発現パターンが得られることがある」「遺伝子の発現パターンを正しく測定できるプローブは，異なる実験においても発現レベルが同じであることが多い」など，データを解釈するノウハウが一気に蓄積した。

収集したさまざまなデータの中で，2003年夏にシロイヌナズナの7組織8809遺伝子の発現パターンを公開したのがATTEDの始まりである（当初は*Arabidopsis thaliana* tissue-specific expression databaseの頭文字から命名したが，後に変更することになる）。

2. データの蓄積量に応じたマイクロアレイデータ解析法

2.1. 発現変動遺伝子のリスト化

マイクロアレイを用いた遺伝子発現量解析は，通常2サンプル以上を同時に取り扱い，その2サンプル間の遺伝子発現量の変化を調べる。2サンプルの場合は，「コントロールサンプル」と「処理サンプル」を比較する。たとえば，「光照射前」をコントロールとして「光照射」の影響を調べたり，「水処理」をコントロールとして「植物ホルモン処理」の効果を調べたりする。通常，処理の副次的効果が出ないよう比較的短時間の処理を行い，一部の遺伝子のみが変動する条件をサンプルとすることが多い。

2.2. 発現変動遺伝子の分類（遺伝子クラスタリング）

マイクロアレイデータが少ないうちは，コントロールサンプルに対して，注目しているサンプルにおいて発現変化した遺伝子を調べることになるが，ある程度マイクロアレイデータが蓄積すると，遺伝子クラスタリングを行うのが一般的である。遺伝子クラスタリングは，単一のサンプル対で遺伝子が上昇したのか減少したのかを調べるのではなく，そのような変動が複数のサンプルを通じてどのようなパターンを示したかによって，遺伝子を分類する方法である。有名なクラスタリング法としては，「階層的クラスタリング法」「kmeans 法」「SOM 法」などがあり，特に階層的クラスタリングは視覚的にわかりやすいため，人気のある方法である（マイクロアレイの章を参照）。細かい違いはあるが，どの方法にも共通していることは，これらのクラスタリングは遺伝子グループを作ることである。

簡単な例として，図3に「処理前」「30分後」「3時間後」の3点からなるマイクロアレイデータを考えよう。発現変動を示さない遺伝子が多く存在する一方で，発現変動を示した遺伝子は図の6分類のいずれかに収まるはずである。このようにすると，遺伝子機能を考えるうえで，非常に見通しがよくなる。一般的に，一過的応答遺伝子は情報伝達に関する遺伝子が多く，早期応答，後期応答ではそれぞれ異なる細胞機能が発現する。発現パターンの同じ遺伝子は協調的にはたらく可能性があり，すなわちこれは機能パートナー探しに利用することができる。しかし同じ分類に入る遺伝子が多いため，直接の機能パートナーを見つけるには至らない。また，各分類の狭間にいる

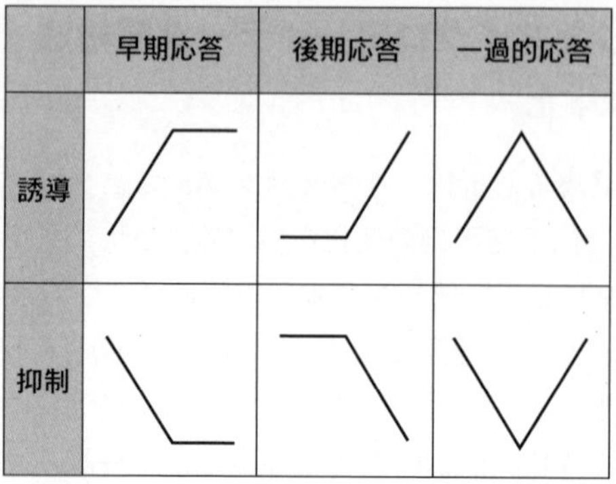

図 3　遺伝子クラスタリングの概念図
3 サンプルのマイクロアレイデータ（たとえば処理前，処理 30 分後，処理 1 時間後の時系列データ）を用いて遺伝子クラスタリングを行うと，基本的に 6 つの発現パターンに分類することができる。各々の遺伝子発現パターンの集合は特定の生物学的プロセスの時空間パターンを意味するため，各遺伝子が担う生物学的プロセスの理解が容易になる。

ような遺伝子を上手く取り扱えない問題もある。

2.3.　遺伝子共発現リスト

マイクロアレイ法がまだ十分に普及していなかった 2003 年に，シロイヌナズナの主たる遺伝子発現パターンをすべて明らかにしてしまおうという壮大なプロジェクトが始動していた。AtGenExpress という名のその国際プロジェクトは，日本からは理化学研究所植物科学センターの嶋田博士のグループが参加しており，他にはドイツのマックスプランク研究所など複数の国の研究グループで構成されていた。

筆者にとって幸運であったのは，おぼつかない技術ながら自前のマイクロアレイのデータ解析ができるようになったちょうどそのタイミングで，この国際プロジェクトによる膨大な量のマイクロアレイデータが公開され始めたことだった。

大量のマイクロアレイデータを用いて，遺伝子クラスタリングを行うとどうなるだろうか。シンプルな例であった図 3 を元に考えると，サンプル数の増加に応じて，分類群を次々と増やしていく必要があるだろう。

しかし 20000 以上の遺伝子を，数千の分類群に分けても理解は進まない。人間が直感的に理解できる分類数は多くないのだ。少数のグループに分類できればよいのだが，複雑な特徴を備えたものを少数のグループに分類できるだろうか？　たとえば世界中のすべての人間をいくつかに分類することを考えてみよう。いろいろな側面からの分類が可能だが，たった 1 つの分類を与えることはとてもできそうにない。グルーピングは，単純な特徴に注目する

co-expressed genes; At1g16470 -- ATTED

Top 300 correlated genes to At1g16470

rank	correl	function
0	1.00	20S proteasome alpha subunit B
1	0.86	20S proteasome alpha subunit E1
2	0.84	20S proteasome beta subunit G1
3	0.81	20S proteasome beta subunit A
4	0.81	26S proteasome regulatory subunit, putative
5	0.80	26S proteasome regulatory subunit S3, putative
6	0.80	20S proteasome beta subunit D2
7	0.80	26S proteasome non-ATPase regulatory subunit 7, putative
8	0.79	26S proteasome AAA-ATPase subunit
9	0.79	20S proteasome beta subunit B
10	0.79	26S proteasome regulatory subunit, putative
11	0.78	20S proteasome alpha subunit B, putative
12	0.78	20S proteasome beta subunit E1
13	0.78	26S proteasome regulatory complex subunit p42D, putative
14	0.78	20S proteasome alpha subunit F1
15	0.78	20S proteasome beta subunit D
16	0.78	26S proteasome regulatory subunit, putative

図 4 共発現遺伝子リスト

共発現データベース ATTED に，プロテアソームのサブユニットの 1 つの遺伝子を問い合わせしたときの共発現遺伝子リスト。発現パターンの同じ遺伝子を，発現パターンの類似性強度（ピアソンの相関係数）にしたがって表示されている。プロテアソームサブユニットの共発現遺伝子はみなプロテアソームの他のサブユニットであることがわかる。また，遺伝子リストに登場するいくつかの遺伝子では，機能に「putative」とついているが，それらの遺伝子も他のプロテアソーム遺伝子と共発現していることから，実際にプロテアソームサブユニットとして機能していることが類推される。

から効果的なのだ。血液型性格診断が流行するのはたった 4 分類だからであって，これが 100 分類もあったとしたらとても挨拶代わりの話題にはならないだろう。

分類が難しいのであれば，どうすればよいのだろうか。筆者は分類することを放棄し，遺伝子間の発現パターンの類似性をそのまま表示することにした。すなわち，ある 1 つの遺伝子に注目したときに，それ以外の遺伝子との間の発現パターン類似性を高い順に並べたものである。このような出力形式は，分子生物学者が使い慣れている配列相同遺伝子の検索プログラムの BLAST の出力形式に類似しており，直感的でわかりやすい。この遺伝子リストを遺伝子共発現リストとよぶことにする（図 4）。

実はこれは階層的クラスタリングのための中間データにほかならないのだが，計算がシンプルであるばかりでなく，各遺伝子が思考の中心になる点が

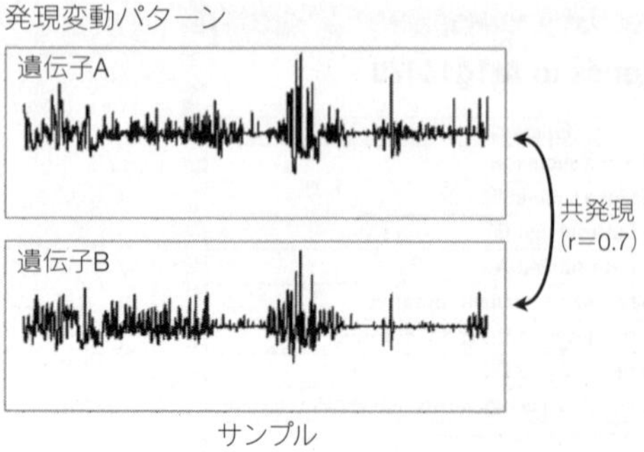

図 5　遺伝子発現パターンの類似性

２つの遺伝子について，多数のマイクロアレイサンプルにおいてどのような発現変動パターンを示したか，というグラフである。まったく発現変動の示さない遺伝子の場合は横一直線になる。この発現変動パターンの類似性が遺伝子共発現強度であり，通常ピアソンの相関係数によって評価される。

よいと筆者は考えている。もちろん遺伝子グループでの解釈も重要だが，最終的には各遺伝子の単位で実験を行うのが分子生物学的な研究なのである。

2. 3. 1. 遺伝子発現パターンの類似性（共発現）の計算方法

発現パターンの類似性はマイクロアレイデータの利用できる任意の遺伝子ペアについて計算することができる（図 5）。横軸に大量のサンプルがあり，縦軸は遺伝子発現変動強度である。もともとの発現レベルは無視しており，発現変動のみに注目する。発現強度がまったく変化しない遺伝子の場合は横に一直線の線になるが，そのような遺伝子は存在しない。あらゆる細胞に必要とされるために常に一定のレベルで発現すると言われるハウスキーピング遺伝子（リボソーム，アクチンなど）でさえ，種子や葯，もしくは茎頂分裂組織の様な特殊な組織においては発現強度が大きく変化する。

これらの発現パターンの類似性は，通常ピアソンの相関係数を用いて計算され，2 つの遺伝子がまったく同じ発現パターンを示せば 1，完全に無関係な発現パターンならば 0 を示す。

筆者は 2004 年当時に AtGenExpress で公開されていた 771 枚のマイクロアレイデータから，すべてのシロイヌナズナ遺伝子対の遺伝子共発現度を計算した。得られた共発現遺伝子リストを吟味してみたところ，ともにはたらくべき遺伝子群が期待通り共発現していたことから，未知の遺伝子の探索にも使えそうな感触であった。しかし，こういった公共のマイクロアレイデータ（BOX 2）の大規模な二次利用は行われておらず，また 20000 以上もある遺伝子の各々について，遺伝子共発現の有効性を吟味することはできないため，これがどの程度生物学研究に役に立つのかはわからなかった。

そこで，当時指導していただいていた太田助教授と相談し，前述した組織特異性の公開データベース ATTED にて公開することにした。あれこれ考えるより，ユーザーから意見をいただくのが一番であろうとの判断だった。そうしたところ，前章の平井博士をはじめとした千葉大学遺伝子資源応用研究室（斉藤和季教授）の方々から，非常に好意的な反応を頂戴することができた（これが縁となり，後に筆者は同研究室にポスドク研究員として雇用していただいた）。この共発現データの公開は 2004 年 11 月のことであり，ATTED が開設当初の組織特異性データベースから，新たに遺伝子共発現データベースになった瞬間である。

BOX2: 公共のマイクロアレイデータの蓄積

各研究者により測定されたマイクロアレイデータは公共のデータベースに登録されるようになった。その量は膨大で，マイクロアレイの 1 回の実験が設備費を除いて 5 万円程度かかることを考慮すると，2010 年時点ですでに数百億円相当のデータが登録されていることになる（図）。

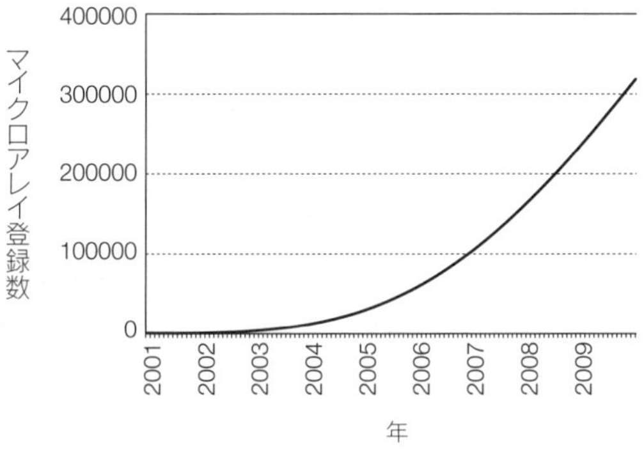

図　NCBI GEO に登録されているマイクロアレイの増加曲線

このデータを利用することで，特定のサンプルで発現している遺伝子のリストや，注目する遺伝子の発現パターンの得ることが可能になった。
各研究者がデータを登録し，公開するデータベースを 1 次データベースとよぶのに対して，そこに登録されているデータを加工して作成するデータベースを 2 次データベースとよぶ。

シロイヌナズナの遺伝子発現データに関するいくつかの 2 次データベースで，各遺伝子の発現パターンを見ることができる。特に Genevestigator や Bio Array Resource eFP Browser はデータが整理されていて見やすい。共発現データベースの ATTED もそのような 2 次データベースの 1 つである。

当時，遺伝子共発現の指標にはピアソンの相関係数を用いていたのだが，現在はそれを改良した共発現指標を用いている。マイクロアレイ法では低発現量遺伝子がノイズの影響を受けやすいために，相関係数の分布は注目する遺伝子に依存する。そのため，異なる遺伝子ペアの共発現度や，異なるデータに由来した共発現度を比較することは難しい。この問題を回避するためには，ピアソンの相関係数で遺伝子リストを作成した時の「順位」を用いるとよいことを筆者らは見出し，以後，この相関順位を遺伝子共発現の指標として用いるようにした（Obayashi & Kinoshita, 2009）。

2. 3. 2. 遺伝子共発現の利用例

ここで ATTED の遺伝子共発現リストの利用例を紹介したい。ATTED は 2007 年に ATTED-II と名称を変更したが，遺伝子共発現に関する限り根本的な違いはない。ATTED-II を利用して目的とする遺伝子の機能を予想し，それを遺伝子破壊により確認するアプローチは多く行われているが，ここでは 2008 年に発表された高林らの研究（Takabayashi *et al.*, 2008）を再解析したものを紹介する。この論文では ATTED-II の共発現データ ver. c1.0 を基に解析されたが，より効果の大きい最新の ver. c4.1 で再解析を行った。問い合わせ遺伝子（ガイド遺伝子ともよばれる）として用いた *ndhN*（*At5g58260*）は，葉緑体の呼吸鎖複合体の 1 つの NADPH 脱水素酵素複合体の 1 つのサブユニットであり，この複合体に必須の遺伝子を探すことが目的である。

表 1 は問い合わせ遺伝子 *ndhN* に対する共発現遺伝子を，共発現強度 MR（遺伝子 A から見た遺伝子 B の共発現順位と，遺伝子 B から見た遺伝子 A の共発現順位の幾何平均値であり，値が小さいほど強い共発現を示す）の順にトップ 30 まで表示している。共発現遺伝子リストの中の 2 つの遺伝子は，問い合わせ遺伝子と結合してはたらく遺伝子として知られていたので，ポジティブコントロールとして扱うことができる。このように共発現すべき遺伝子に強い共発現が観察されたことから，他の共発現遺伝子の中に問い合わせ遺伝子の機能に必須な遺伝子が含まれていると期待できる。遺伝子機能を考慮して複数の破壊株を準備し，NDH 活性に変化がないか調べたところ，4 つ遺伝子の破壊株で NDH 活性が消失していることから，この 4 つは問い合わせ遺伝子の機能発現に必須の遺伝子であることが判明した。

このように，遺伝子共発現を用いて機能関連遺伝子の候補を挙げ，遺伝子破壊で検証するというのが，破壊株ライブラリーが充実しているシロイヌナ

表 1　共発現遺伝子を用いた機能関連遺伝子探索の例 (Takabayashi *et al.*, 2008 より改変)

MR	共発現遺伝子	ポジティブコントロール	破壊株における NDH 活性
1	*At1g14150*		
2	*At1g70760*	既知サブユニット	
2.5	*At2g01590*		活性消失！
3	*At3g01440*		
3.2	*At1g64770*		活性消失！
3.5	*At1g19150*		
4.4	*At1g16080*		
4.5	*At2g39470*		
6	*At1g64680*		
6.6	*At1g74880*	既知サブユニット	
6.7	*At3g19480*		
7.8	*At4g39710*		
8.9	*At1g15980*		活性消失！
9.2	*At3g16250*		活性消失！
9.6	*At2g28605*		活性残存
12.4	*At4g26530*		
13	*At3g48420*		活性残存
13.3	*At4g12830*		
14.1	*At3g44020*		
14.1	*At1g49380*		
16.7	*At4g33470*		
17	*At1g11860*		
17.1	*At1g27480*		
17.7	*At5g57930*		
18.1	*At1g31190*		
18.4	*At5g27290*		活性残存
19.1	*At5g01920*		
19.4	*At1g65230*		活性残存
20.1	*At1g22630*		
20.2	*At5g62140*		

遺伝子共発現の利用例として，シロイヌナズナの葉緑体上に存在する呼吸鎖複合体の 1 つ NADPH 脱水疎酵素複合体（NDH 複合体）の活性に必須な遺伝子を探索する例を挙げる。表は NDH 複合体の既知のサブユニットである *ndhN* からの共発現リストである。

ズナでの強力なアプローチになりつつある。これは「複合体構成タンパク質の同定」の例であるが，他にも「代謝系酵素の同定」「制御・被制御関係の同定」の研究などが発表されている。

3. 遺伝子共発現ネットワーク

3.1. 遺伝子共発現ネットワークの作成

問い合わせ遺伝子に対する共発現遺伝子リストは，あたかもBLASTの出力結果のようにシンプルで理解しやすいが，複数の遺伝子間の共発現関係を一度に把握するには向いていない。

複数の遺伝子間の共発現を表現する方法として，共発現リストをある閾値で切り，遺伝子間の関係を「共発現の関係がある」「共発現の関係がない」の二値に簡略化し，共発現関係のみをつないだ遺伝子ネットワークとして表現する方法がある。大きなネットワークは表現しづらい欠点があるものの，複数の遺伝子の関係を，遺伝子グループではなく，各遺伝子が見えた状態で表示することが可能である。

共発現遺伝子ネットワークの有効性を示す例として，植物ホルモンの1つであるジャスモン酸生合成系の酵素遺伝子であるOPCL1に注目したときに，共発現遺伝子リストと同ネットワークがどのように表示されるかを図6に示した。

共発現遺伝子リストでは，関連はしているが微妙に異なる細胞プロセスに関する遺伝子が混ざって表示されており，リスト上の遺伝子間の関係がわからないために理解しにくい（図6-a；説明のため機能別に色の濃度を分けてある）。一方でこれらの遺伝子は，遺伝子ネットワーク表示を行うと見事に同じ機能の遺伝子でグループを構成することがわかる（図6-b；遺伝子にリストと同じ濃度をつけた）。ネットワークの中央に位置する黒く囲った7遺伝子は，ジャスモン酸の生合成遺伝子であり，OPCL1の近くによく集まっている。JA合成系遺伝子グループの上部には3つの転写因子（転写因子は八角形で締める）によるグループ（■）が存在している。MYC2はジャスモン酸合成系を制御することが知られており，ジャスモン酸合成系遺伝子の近くに存在するのは理解しやすい。一方でネットワーク下部の4つのJAZ遺伝子グループ（■）とネットワーク左部の2つのAPS遺伝子（▩）はジャスモン酸によって誘導される遺伝子であり，これもジャスモン酸合成系の近くに存在することがよく理解できる。

このようにして見ると，遺伝子共発現ネットワークは，「遺伝子間の関係」と「遺伝子グループ間の関係」を同時に表示していることがわかる。制御遺

a

共発現強度 (MR)	遺伝子
1.7	poxygenase
1.7	OPR3
2	JAZ5
2	MYC2
3.3	AOC3
4.2	LOX3
5	APS3
5.2	ERF2
6.2	strictosidine syn.
6.3	JAZ6
6.7	At2g26530
6.9	At5g53050
7.3	AOS
8	At2g42760

b

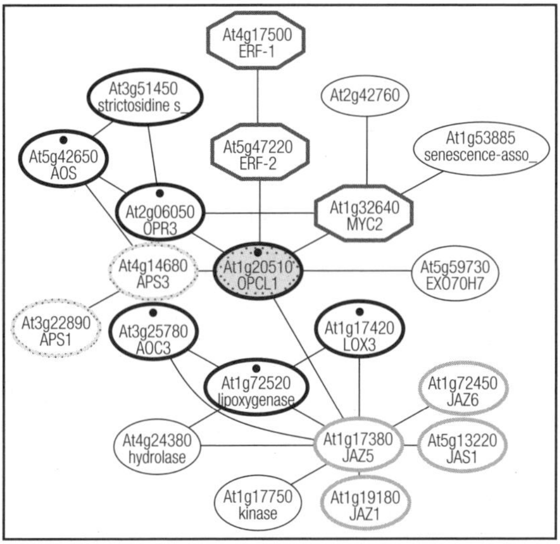

6　OPCL1 を問い合わせ遺伝子にした共発現遺伝子リストとネットワーク

共発現遺伝子リストでは詳細な共発現強度を参照できる一方で，リストに登場する遺伝子間の関係はわからない。ネットワークでは遺伝子間の構造を容易に理解できる。ネットワーク上の丸は通常の遺伝子，八角形は転写因子を示している。便宜上，同じ生物学的プロセスに関する遺伝子は同じ濃度をつけている。■：ジャスモン酸生合成系。░：硫黄同化系。■：ジャスモン酸シグナル伝達系。■：ジャスモン酸合成系を制御する転写因子。なお B の OPCL1 が░で塗りつぶされているのは，この遺伝子を中心にネットワークを描いていることを示している。

伝子（■）からジャスモン酸合成（■），そして各種遺伝子（■，░）と情報が伝わっていく様子が，共発現ネットワークから浮かび上がってくる。

さて，この共発現ネットワークを利用する若干の問題として，これらの機能グループは，共発現ネットワークを見る人が，その人の知識を用いて見抜く必要があることだ。ゲノムスケールの解析を行っていると，解析者の知らない遺伝子に遭遇することも多く，ネットワークが意味していることを正しく読み取ることは簡単ではない。しかし，このため ATTED-II では，京都大学化学研究所の KEGG アノテーション[†]を利用して，同じパスウェイの遺伝子には同じ印をつけるようにしている。図 7 のジャスモン酸合成遺伝子についている●印は，この 6 つの遺伝子がリノレン酸代謝（ジャスモン酸合

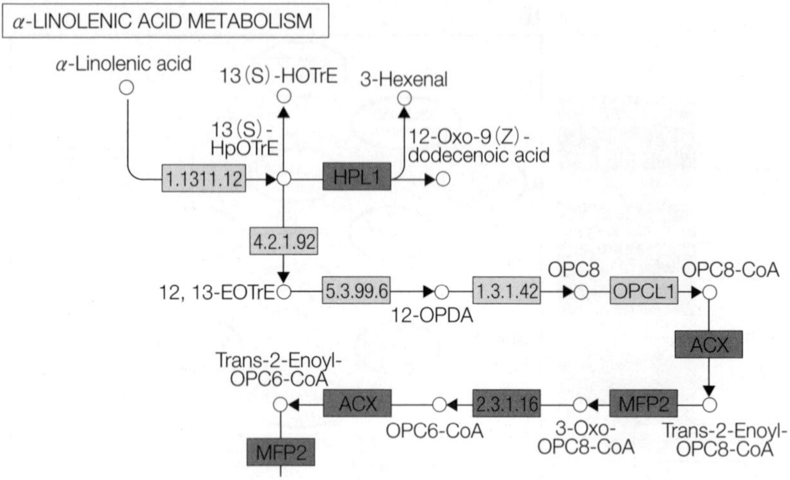

図 7　パスウェイアノテーションの表示
パスウェイ情報（生物学的機能を達成するための遺伝子の集合を加えた遺伝子ネットワーク）を，KEGG データベースで描いている。同じパスウェイの遺伝子には同じ濃度でマークしてある。またそれらの遺伝子がパスウェイ上でどのような位置関係にあるかを表示することができる。

成系を含む）の遺伝子であることを示している。ATTED-II ではさらに，この 6 つの遺伝子がリノレン酸代謝系のどの部分に位置しているのかを，KEGG マップ上で表示することができる。図 7 はジャスモン酸合成の 6 つの遺伝子がリノレン酸から始まるジャスモン酸合成系の前半部分に対応しているのがわかる。この OPCL1 までの前半部分の反応は葉緑体で進み，これ以降の反応（ベータ酸化）はペルオキシソームで進むため，ここで制御グループが分かれていると推測される。

3.2. タンパク質間相互作用情報との重ね合わせ

この遺伝子ネットワーク形式の表示は共発現という「2 遺伝子間の関係性」を表示したものである。2 遺伝子間の関係性を示すアノテーションとしては，他にはタンパク質間相互作用情報が重要である。こちらは元々二値の情報（「結合する」「結合しない」）であるため，リスト形式の表示には向かず，ネットワーク形式で表示されることが多い。

このタンパク質間相互作用情報もまた公共のデータベース（IntAct,

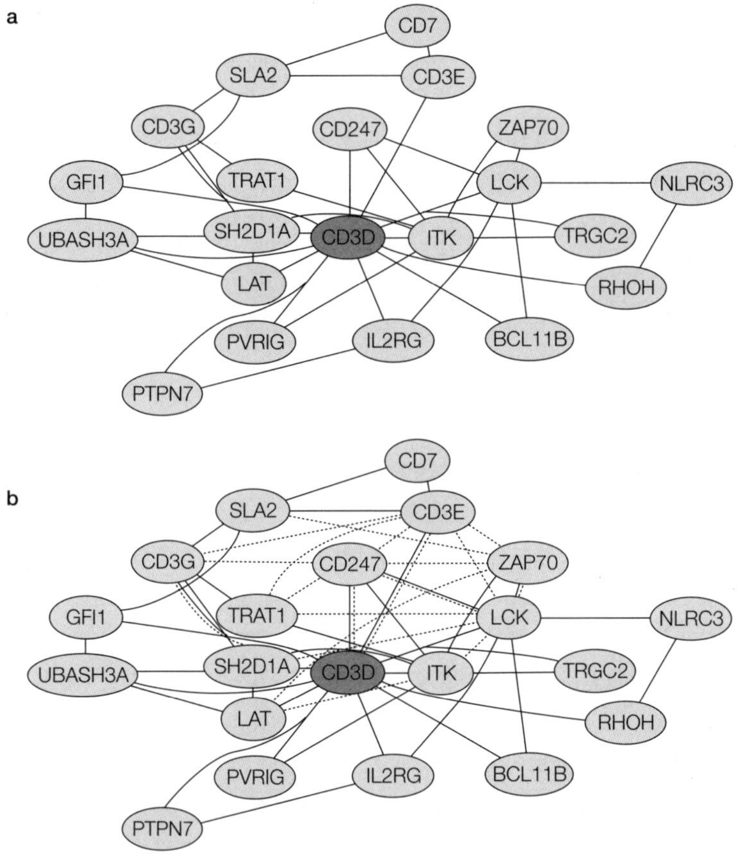

図 8　共発現情報と PPI 情報の重ね合わせ

a：共発現情報（実線）のみのネットワーク。b：a にタンパク質間相互作用情報（波線）を加えたネットワーク。共発現情報では見つけられない遺伝子の集合が判別でき，ネットワークの解釈が深くなる。共発現情報もタンパク質間相互作用情報も 2 遺伝子間の情報であるため，ネットワーク表示との相性がよい。現在のところ植物のタンパク質間情報はやや不足しているので，動物版の共発現データベース COXPRESdb の例を用いている。

TAIR など）にて公開されており，遺伝子共発現とタンパク質間相互作用の関係を調べる目的で，ATTED-II の共発現ネットワークにタンパク質間相互作用情報を加えた（図 8：a の共発現ネットワークにタンパク質間相互作用情報を加えたのが b)。図 8 では，漠然と広がっている共発現遺伝子ネットワークが，タンパク質相互作用情報を加えることで，コアネットワークとそれ以外の部分に判別できるようになっている。

ところで，共発現ネットワークとタンパク質間相互作用ネットワークは必ずしも一致しない。それは，共発現関係が mRNA レベルの制御であり，一方でタンパク質間相互作用ネットワークがタンパク質レベルの制御であり，この2つの制御対象が異なるからである（完全に同じであったなら，複数段階の制御は必要ない）。このように異なる制御情報を組み合わせることで，遺伝子共発現のみ，タンパク質間相互作用情報のみでは発見できない遺伝子の機能グループも発見することが可能であろう。

3.3. Google Map を用いた表示

遺伝子ネットワークは遺伝子数が少ないうちは容易に描画できるが，遺伝子が多くなってくると，次第に理解しづらくなってくる。遺伝子間の関係は複雑なのに対して，それを2次元で表示しようとする無理がたたってくるのだが，どのようにして理解可能な密度のネットワークを作成するかは大きな問題である。ATTED-II では順位ベースの共発現指標 MR を用いることで，疎なネットワークを描画している。

もう1つの問題は細部と全体像をどのようにシームレスにみせるかという問題である。この点については，筆者らは Google 社のサービスである Google Maps API を用いることにした。Google Maps API を用いることで，任意の画像について Google Map と同じインターフェイスで閲覧することが可能である。図9は ATTED-II の共発現を Google Map で表示しているスクリーンショットである。拡大率を変える，上下左右に動かす，特定の遺伝子にフラグを立てる，各遺伝子をクリックして詳細画面に移動する。このような Google Map の機能が，遺伝子ネットワークを見るうえで非常に有効にはたらく。

これは，共発現ネットワークが遺伝子の地図に相当すると考えると，納得がいく。地図であれば，地図を表示する Google Map との相性は必然的によくなる。出発点となる遺伝子から始めて周囲の遺伝子の森を散策し，次々と新しい研究対象を見つけてほしい。

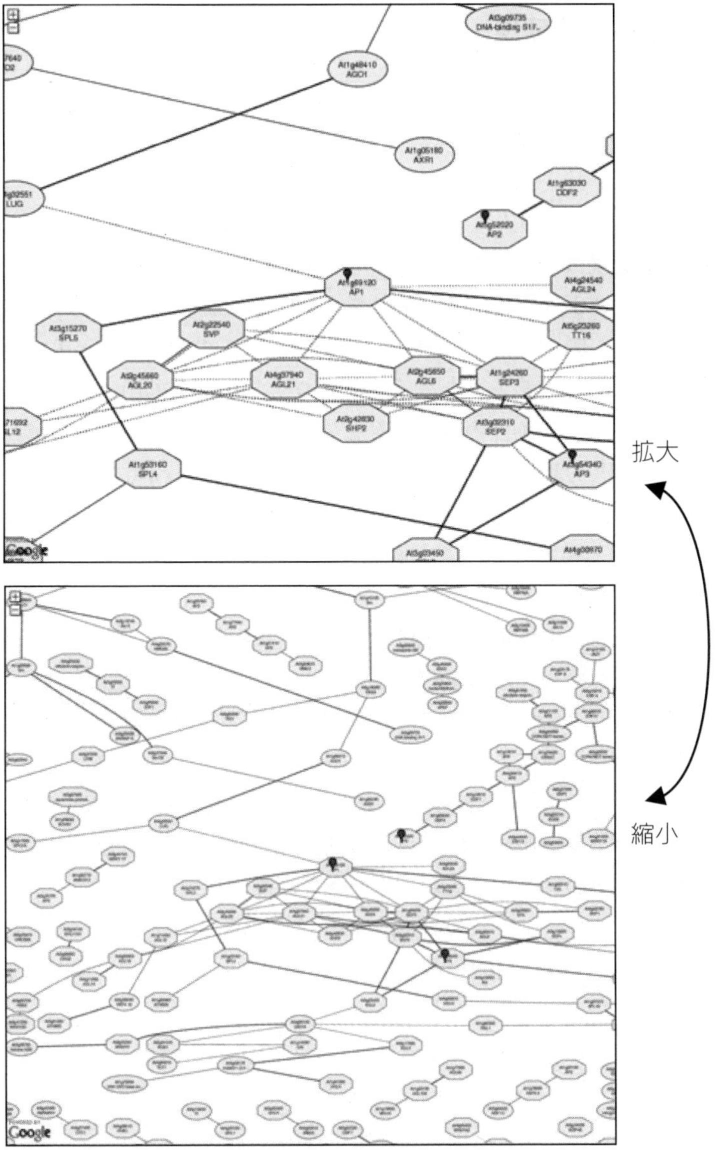

図 9　Google Map で表示する遺伝子共発現ネットワーク

Google 社が提供している地図ビューア，Google Map と同様の操作で共発現ネットワークを参照できる。拡大縮小，移動，クリックによる詳細ページへの移動などが可能であり，指定した遺伝子群に印をつけることもできる（この例では 3 つの遺伝子にバルーンがついている）。

4. もっと共発現

遺伝子共発現で推測された機能的関係をさらに掘り下げる試みを紹介する。

4.1. 実験条件の比較

4. 1. 1. 遺伝子リストでの比較

遺伝子共発現はさまざまなサンプルセットから作成することができ，それらの比較はどのような条件で共発現が成立しているのかを解釈する重要な手掛かりになる。図10は図6で用いたOPCL1からの共発現遺伝子について，条件特異的な共発現データを表示したものである。OPCL1に対する共発現遺伝子の多くは，光条件の変化に対しては共発現関係にないことがわかる。また，組織の共発現に対して，ストレス条件やホルモン条件で強く共発現している傾向が見られる。このことから，これらの一群の共発現遺伝子が，ストレス条件下で植物ホルモンの制御を受けて機能していることが想像できる。

4. 1. 2. 相関関係の詳細

遺伝子発現パターンの相関関係は，注目している2つの遺伝子の機能的関係を示すと期待される。ATTED-IIの遺伝子共発現は多数（1000以上）のサンプルにおける遺伝子発現パターンの相同性を示しているが，これらのサンプルの中には，この2つの遺伝子ペアの機能発現に重要であるサンプルとそうでないサンプルがあるはずだ。共発現に重要なサンプルを調べることは，その遺伝子ペアの役割を考えるうえで非常に重要である。

図11は，2つの遺伝子（光科学系Iの反応中心タンパク質D2（At1g03130）と光収集タンパク質LHCB4.2（At3g08940）がさまざまなサンプルにおいてどのように協調的に発現しているのかを示す図であり，ATTED-IIでは，CoexViewerというツールで実装されている。X軸の遺伝子があるサンプルで発現上昇すれば右へ，抑制すれば左へプロットされる。同様にY軸の遺伝子においても，発現上昇で上へ，発現抑制で下へプロットされる。右上がりの直線に乗っているということは，発現変動が同期していることを示している。この2つの遺伝子の場合，わずかなサンプルを除いて，ほぼ完全に発現変動が同期しており，強い共発現が観察される。特に右上のサンプルは2つの遺伝子が同時に強く誘導されるサンプルであり，この場合は赤色光の照

Top 300 coexpressed genes to At1g20510

☑Coex in specific conditions ☐Osa Gene ☐Osa Coex

	Locus*	Function*	MR* (all) [sort]	MR* (tissue) [sort]	MR* (abiotic) [sort]	MR* (biotic) [sort]	MR* (hormone) [sort]	MR* (light) [sort]	COR (all)	Link
0	At1g20510	OPCL1	0.0	0.0	0.0	0.0	0.0	0.0	1.00	
1	At1g72520	lipoxygenase	1.7	4.2	5.5	20.1	2.5	2058.9	0.82	[locus] [list]
2	At2g06050	OPR3	1.7	25.5	2.0	2.2	1.0	2489.0	0.77	[locus] [list]
3	At1g17380	JAZ5	2.0	23.3	1.4	6.8	4.2	13029.3	0.79	[locus] [list]
4	At1g32640	MYC2	2.0	5.3	6.0	27.5	31.4	2260.8	0.76	[locus] [list]
5	At3g25780	AOC3	3.3	263.4	1.4	34.1	18.7	129.1	0.71	[locus] [list]
6	At1g17420	LOX3	4.2	58.9	4.9	27.9	18.3	15519.6	0.72	[locus] [list]
7	At4g14680	APS3	5.0	43.9	33.8	9.2	23.4	2117.0	0.67	[locus] [list]
8	At5g47220	ERF2	5.2	17.8	36.9	62.8	13.7	288.9	0.71	[locus] [list]

図 10　ATTED-II の共発現遺伝子リスト
ATTED-II の共発現遺伝子リストは全サンプルから計算した共発現を軸として，組織，非生物学的ストレス，生物学的ストレス，植物ホルモン処理，光応答の各々から計算した共発現値を参照できるようになっている。テーブル上部のチェックボックスを操作することでイネの共発現を表示することもできる。

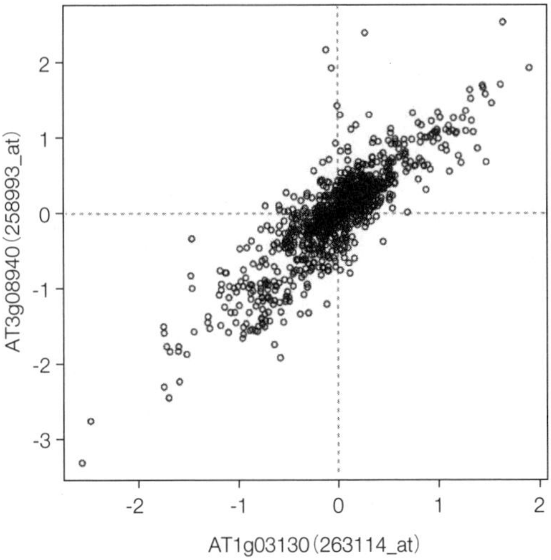

図 11　共発現関係の詳細
横軸は光化学系 I の反応中心タンパク質 D2 遺伝子（AGI コード At1g03130，プローブ名 263114_at）の平均発現レベルに対する発現変動量。縦軸は同様に光収集タンパク質 LHCB4.2 遺伝子の発現変動量である。多数のサンプルに対して，この2遺伝子の発現変動パターンが同じであれば，右上がりの直線に近づく。45°の直線とは限らずこの例においても LHCB4.2 の変動強度の方が強いため，45°より傾斜の強い直線になっている。グラフの右上および左下にプロットされているサンプルがこの2つの共発現にとって特に重要なサンプルになる。

射などが重要であることがサンプルのアノテーションからわかる。一方で，例外的に光収集タンパク質のみで発現誘導が観察されるのは熱処理した根のサンプルであり，生理的意義まではわからないが，この2つの遺伝子の違いを考えるうえで注目すべき特徴である。

4.2. 比較共発現 ～ 種間比較

遺伝子共発現データは，ある程度の規模の遺伝子発現データがあれば，構築することができる（「自前で遺伝子共発現を計算する」を参照）。植物ではシロイヌナズナの他にも，イネをはじめとするいくつかの種でマイクロアレイを用いた遺伝子発現データが利用可能であり，ATTED-II ではシロイヌナズナに加えて，イネの共発現データを公開している。

共発現データは単一の種の中の遺伝子の関係性を示すものだが，共発現データどうしを複数の種で比較することも可能である。たとえば，シロイヌナズナとイネの共発現を比較する場合には，シロイヌナズナのある2つの遺伝子間の共発現度と，その2つの遺伝子各々のイネオーソログ† （異なる種の遺伝子であるが，配列相同性から祖先が共通と推測される遺伝子）の共発現度を比較することになる。

この比較は，まず共発現データの信頼性を考えるうえで参考になる情報であろう。現在主たる遺伝子共発現データベースはすべてマイクロアレイデータをもとに構築されているが，マイクロアレイは低発現量の遺伝子の発現パターンを正確に定量化するのが苦手である。ところが複数の種について計算された共発現データが，注目している遺伝子群について類似しているのであれば，それらの共発現関係は信頼できる。また，そのような信頼性の高い共発現関係を発見するための，元の遺伝子発現データも信頼できることになる。

また種の相違を考えるうえでも重要である。たとえば，同じく筆者が構築，公開している動物の共発現データベース COXPRESdb では，ヒト，マウス，ラット，チキン，ゼブラフィッシュ，ショウジョウバエ，線虫の7種を比較することができるが，より近い種では共発現が保存されていて，遠くなるほど保存性が失われていく。図12はヒトの共発現が他の種でどのように保存されているかを示している。ヒトの遺伝子 SLC39A7 は COPG と非常に強く共発現している（共発現度 MR=3.9）。この共発現関係はマウス（Mmu と表示）とラット（Rno と表示）でも観察されるため，少なくとも哺乳類全般に保存

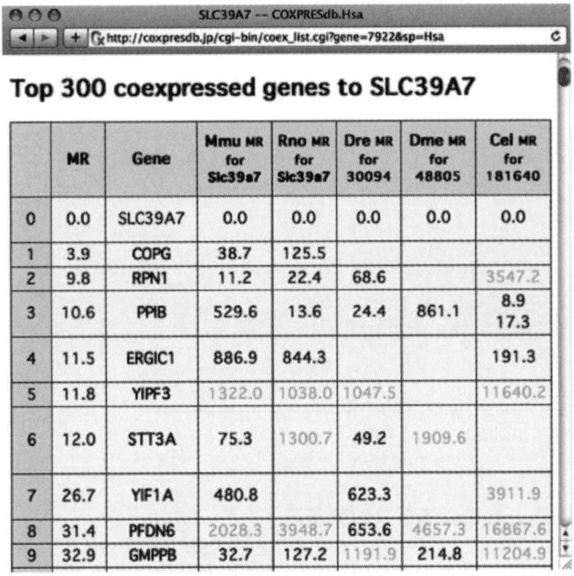

	MR	Gene	Mmu MR for Slc39a7	Rno MR for Slc39a7	Dre MR for 30094	Dme MR for 48805	Cel MR for 181640
0	0.0	SLC39A7	0.0	0.0	0.0	0.0	0.0
1	3.9	COPG	38.7	125.5			
2	9.8	RPN1	11.2	22.4	68.6		3547.2
3	10.6	PPIB	529.6	13.6	24.4	861.1	8.9 17.3
4	11.5	ERGIC1	886.9	844.3			191.3
5	11.8	YIPF3	1322.0	1038.0	1047.5		11640.2
6	12.0	STT3A	75.3	1300.7	49.2	1909.6	
7	26.7	YIF1A	480.8		623.3		3911.9
8	31.4	PFDN6	2028.3	3948.7	653.6	4657.3	16867.6
9	32.9	GMPPB	32.7	127.2	1191.9	214.8	11204.9

図 12　共発現遺伝子リストの種間比較

種間比較を行うことによって，共発現の信頼性見積もることができる。一般的にはより近縁の種で共発現が保存されやすい。図はオーソログ関係が同定しやすい動物の例であり，ヒトの遺伝子 SLC39A7 からの共発現遺伝子リストである。各々の共発現遺伝子対が，マウス（Mmu），ラット（Rno），ゼブラフィッシュ（Dre），ショウジョウバエ（Dme），線虫（Cel）においてどの程度共発現しているかが共発現強度 MR（数値が小さいほど，強い共発現を示す）で示されている。薄い数字は MR が 1000 以上であり共発現しているとは言いがたい関係で，空白はマイクロアレイデータが利用できなかったことを示す。

されている関係であると推定できる。オーソログデータベースの HomoloGene によれば，COPG は哺乳類とニワトリにしか存在しておらず，SLC39A7 はニワトリに存在していない。よってこの SLC39A7 と COPG の関係は哺乳類特異的であることがわかる。ヒトの SLC39A7 に対する共発現遺伝子は他の種でも軒並み保存されているので（図 12），この遺伝子の主たる機能は変化していないと考えられるが，哺乳類のみで COPG と強い機能パートナーとなっているのは興味深い。植物でも早晩このような種間比較が可能になり，双子葉のみで保存，被子植物のみで保存している共発現関係などが見出せると期待される。遺伝子全体での傾向としては，遺伝子配列の保存性と同様に，近縁の種ほど共発現データは似てくる。

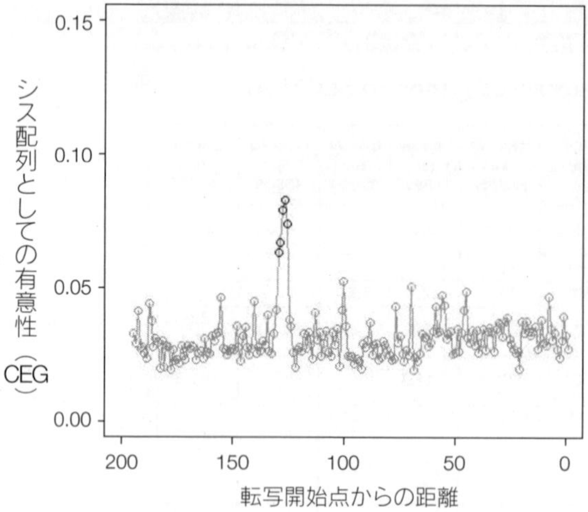

Position	cis	CEG
130	CGTGGCA	0.07
131	ACGTGGC	0.08
132	CACGTGG	0.08
133	CCACGTG	0.07
134	GCCACGT	0.06

図 13　ATTED-II におけるシス配列予測

ATTED-II ではマイクロアレイデータを用いたシス配列予測も行っている。転写開始点上流の 200 bp におけるすべての 7 塩基について，転写開始点からの距離，発現に与える影響を計算し，有意性の高いシス配列部位を強調して表示する。CEG と書かれているのは，ある 7 塩基がある距離に存在したときにどのくらい遺伝子発現に影響を与えうるかという，筆者が用いた有意性尺度である。

4.3. 相関関係から因果関係へ（シス配列予測）

共発現解析では，遺伝子発現の観点から各遺伝子の機能の関係の強さを調べることができる。その一方で，どの遺伝子が作用してどの遺伝子がはたらく，といった因果関係はわからない。共発現解析の次の課題の 1 つとして，この因果関係の解析が挙げられる。どの転写因子によって制御されているのかを予測することで，遺伝子間の因果関係を議論することが可能になり，また実験による検証も容易になる。

ATTED-II では，転写開始点から上流 200 bp の領域に存在する転写因子結合配列（シス配列）の予測を行っている。同領域に含まれるすべての 7 塩基に対して，その塩基が存在している位置（転写開始点からの距離），遺伝子発現に与える影響を調べ，同じ配列が同じ位置にある他の遺伝子と比較することで，そのシス配列がその位置にある場合の転写発現に与える影響を推定している。図 13 では，At1g06680 遺伝子の上流 140 塩基の場所に CACGTG という配列がシス配列としてはたらいている可能性が高いことを示してい

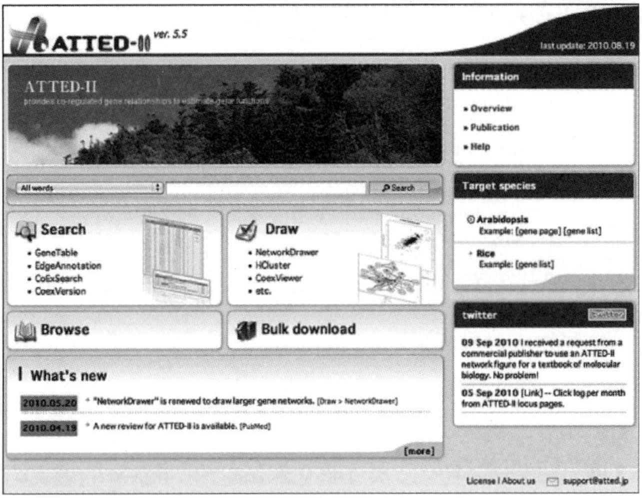

図 14　ATTED-II のトップページ
キーワードで遺伝子を検索し，その遺伝子の共発現データを利用するといった基本的な使い方のほかに，ATTED-II は「Search」「Draw」「Browse」「Bulk download」の 4 つの機能を提供している。

る。また，すべての 7 塩基に対して，遺伝子発現への有効性プロファイルを作成し，さらにこのプロファイルと転写因子の発現パターンを比較することで，各シス配列と関連の強い転写因子を列挙することが可能である。

この機能を実装した際に ATTED を ATTED-II に変更し，ATTED は *Arabidopsis thaliana* trans-factor and cis-element prediction database を意味するものとした。シス配列予測ならびに転写因子予測は発展途上であるが，相関係数による解析を超える重要なステップとして，引き続きシス配列予測にも力を入れていきたいと考えている。

4.4. アクセシビリティ

ATTED-II のトップページは**図 14** のようになっており，検索をして各遺伝子からの共発現遺伝子を閲覧するといった基本的な使用法のほかに，4 つの機能を提供している。「Search ボックス」「Draw ボックス」には ATTED-II で利用可能なさまざまなツールが格納されている。「Search ボックス」では，さまざまな側面から遺伝子情報を検索し，その結果を表形式で閲覧することができる。「Draw ボックス」では遺伝子ネットワーク，階層的クラス

表2　ATTED-II の共発現データを利用しているデータベース

データベース名	URL	機能
KaPPA-View4	http://kpv.kazusa.or.jp/kpv4/	代謝マップベースのトランスクリプトーム，メタボローム総合解析
CoP	http://pmnedo.kazusa.or.jp/kagiana/cop/	ネットワークベースの共発現グループの提示
PosMed-plus	http://omicspace.riken.jp/PosMed/	文献を利用したポジショナルクローニング支援ツール
Ondex	http://www.ondex.org/	種々のデータをネットワーク表示

タリング，共発現の詳細表示など図を描画するときに用いる。「Browse ボックス」では，細胞内器官に輸送される遺伝子についての共発現ネットワークを Google Map で見ることができる。「Bulk download ボックス」では共発現データの一括ダウンロードが可能である。一括ダウンロードしたデータを元に計算機を用いた解析や，別のデータベースと組み合わせて利用するなどの応用が可能にある。すでにいくつかのデータベースでは，ATTED-II の共発現データを取り込み，ATTED-II とは異なった方法で利用している。特に有用と思われるものを**表2**に記す。

データベースの更新や Web サーバの不具合，もしくは講習会などの情報は，ソーシャルメディアの１つである twitter 用いて流している。twitter アカウントがなくても通常の RSS リーダで更新を受け取ることができるので，ATTED-II をよく使う人はチェックすることをお勧めしたい。

さて，ATTED-II のような研究用データベースでは，モバイル環境からのアクセスが考慮されることはあまりない。しかし，学会会場でのディスカッションなどでちょっと調べたいときに，携帯電話から ATTED-II を参照できれば便利かもしれない。試験的ではあるが，携帯用 ATTED もオープンにしている（http://atted.jp/m/）。ここでは，各遺伝子の機能と共発現遺伝子を見ることができる。

また，携帯用サイトでは，共発現遺伝子リストを用いたミニゲームも公開している。指定された２遺伝子の間を共発現遺伝子をたどって移動するゲームであり，各遺伝子の共発現関係を知っているとスムーズにクリアできるようになっている。特に研究を始めたばかりの学生の頃は，各遺伝子の機能がまったくわからないので，見知らぬ土地で迷う感覚に近いと思う。気軽に共発現の世界で遊んでもらい，各遺伝子の特徴をつかんでほしい。

5. 自前で遺伝子共発現を計算する

ある程度の規模のマイクロアレイデータが確保できれば，遺伝子共発現は自前で計算することが可能である。非モデル生物における共発現解析では必然的に自前での計算が必要になるが，モデル生物においても特別な実験条件のデータを用いた計算など，自前で計算する利点があるだろう。ここでは自前で遺伝子共発現を作成する際に考慮する事柄を紹介する。

5.1. 条件特異的共発現と非特異的共発現

共発現データを理解するうえで1つ重要なのは，どのようなマイクロアレイサンプルから計算した共発現データなのかという点である。まずサンプル収集の基本的な考え方である条件特異性の観点を述べる。

どのようなサンプルからでも共発現解析は可能であるが，サンプルセットによって解析できる遺伝子群は異なってくる。たとえば，根においてさまざまな刺激を与えたマイクロアレイ実験があるとしよう。ここから計算した共発現データは，根ではたらく遺伝子の機能ネットワークを推定するのには最適なデータであるが，その一方で地上部の組織における遺伝子機能ネットワークを推測するには向いていない。このように，サンプルを取得する条件が異なれば，解析できる遺伝子は異なってくる。

ATTED-II では，特定の遺伝子，特定の現象への解析に特化するのではなくて，あらゆる現象の解析に利用できるように，多様なサンプルからなるマイクロアレイデータを利用し，条件非特異的な遺伝子共発現を提供するのを目指している。このためには，各遺伝子がまんべんなく発現制御されるようなサンプル収集が好ましい。逆に言えば，反復実験の回数の偏り，似通った条件や詳細なタイムコースは，そのサンプル条件が他の条件よりも共発現の計算に強く影響してしまうために，データを間引くなどの操作が必要になる。この間引く操作を自動的に，そして最も合理的に行うため，ATTED-II ではサンプル類似度を計算し，似ているサンプルは共発現関係への寄与が小さくなるように重み付けを行い，遺伝子間の相関係数を計算している（実際このようにすると遺伝子機能予測能が向上する）。

しかしこの条件非特異的共発現データにも欠点がある。1つ目は，あらゆる遺伝子について解析ができるというのは，実際には大多数の条件で大多数の遺伝子について効率よく解析できるということであり，裏を返せば特別な条件（もしくは組織）で機能する遺伝子ネットワークを調べることは難しいことを意味している。2 つ目は，負の相関を示す遺伝子ペアの検出が難しいことである。負の相関は，抑制作用を持つ制御遺伝子とそのターゲット遺伝子のような関係で見られるが，これらは必ずしも全サンプルで負の相関を示しているとは限らない。多くのサンプルでは正の相関を示し，特定のサンプル条件でのみ負の相関を示すこともある。このような場合にすべてのデータを一度に扱うと，部分的な正の相関と負の相関が打ち消し合ってしまい検出が難しくなる。

ATTED-II では非特異的共発現に加えて，5 種類の条件特異的な共発現データを作成し，比較閲覧できるようになっている。まずはじめに非特異的共発現データを検討し，それに引き続いて，細かい条件特異性を検討していくことで，広く深い共発現解析が可能になった。数ある共発現データベースの中で，さまざまな条件の共発現データを一度に比較できるのは，2010 年 9 月現在 ATTED-II だけである。

自前で共発現データを計算する場合には，特定の現象についてのデータを基にした条件特異的共発現になることが多いと考えられる。このような場合，あらゆる条件のデータを利用する非特異的共発現と比べて，利用するマイクロアレイの枚数が少なくなっていることにも注意したい。筆者の研究室で取得した数十のマイクロアレイデータを基に条件特異的共発現データの計算を試みたことが何度かあるのだが，多くの遺伝子が同じ発現パターンを示してしまい，各遺伝子の特徴が出てこないのだ。グルーピングならば大雑把なパターンの分類でよいのだが，数万の遺伝子の発現パターンを区別しようと思うと，マイクロアレイの実験数が足りなくなってしまう（筆者の感覚ではマイクロアレイ数 100 枚程度あれば，単独で解析できる共発現データを得ることができると考えている）。そのような場合には，非特異的共発現は既存のデータベースのものを利用し，まず非特異的共発現で絞り込みをし，その後条件特異的共発現で解釈を深める順序に従う。もしくは適当な重みをつけて，両者を統合してしまうのも有力な方法である。

5.2. 共発現解析の手順

5. 2. 1. サンプルの収集

サンプルの収集では，自らマイクロアレイ実験を行う場合と，公共のマイクロアレイデータベースからダウンロードする場合，それらを組み合わせる場合が考えられる。どちらであれ，どのようなサンプル群を集めているかを意識しながら，なるべく高品質で大量のマイクロアレイデータを収集する。明らかにデータの質が低いマイクロアレイはプローブ強度の分布を参考にして除いておく（第9章参照）。公共のマイクロアレイデータベースを利用する場合には，そのデータが膨大であるために，一つひとつ実験条件を確認するのは容易ではない。そのため検索を用いて目的のマイクロアレイを選択できると楽になる。シロイヌナズナではCressExpressにおいて，キーワード検索を用いた実験シリーズの選択，および独自のマイクロアレイデータ評価法による質の高いデータの選別が可能であり，簡便にマイクロアレイデータの収集を行うことができる。今度同様のサービスが他の種において利用できることが期待される。

5. 2. 2. マイクロアレイデータの補正（第9章参照）

補正は必ず実験シリーズごとに行う。これはマイクロアレイ実験上の環境の小さな違いがデータに反映してしまうためである。実験環境は実験シリーズごとに特異的なので実験シリーズごとの補正を行うことによって，その影響を小さくすることができる。2色法ではlowess補正，1色法ではquantile補正を用いるのが一般的である。

この補正を行った後に，各遺伝子についてコントロールとの比に変換しておく。生物学的な揺らぎおよび測定ノイズにより，実験シリーズごとに発現のベースラインは微妙に異なる。各遺伝子についてコントロールもしくは平均発現レベルとの発現比を扱うことで，各実験シリーズ特有のシステムノイズを減らすことができる。

5. 2. 3. 共発現の計算

さまざまな共発現の指標が存在するが，基本的には最もシンプルなピアソンの相関係数でよい。ピアソンの相関係数は一般的には外れ値に弱いが，マイクロアレイのサンプル数が多くなると外れ値に対しても頑健になる。

計算に用いるソフトとしては，やや古いがARACNEが有名である。しかしこの計算はさほど難しくないので，自分でプログラムを書いてみることもお勧めしたい。データ数が多くなければ，Perl 言語のようなインプリンタ言語が簡便であり，データ量が多い場合は C 言語のようなコンパイル型の言語を用いることで計算速度を 100 倍近く改善することができる。

5. 2. 4. 計算したデータの検証

共発現することが想定されるポジティブコントロールが，期待通り共発現しているかを確認する。より包括的に評価する場合には，遺伝子オントロジー Gene Ontology †のアノテーションなどを用いて，同じ細胞プロセスを司る遺伝子が共発現しているかを調べる。条件特異的共発現においては，すべて遺伝子について共発現がうまくとれるとは限らないため，注目している機能についてのポジティブコントロールを準備する必要がある。

5. 2. 5. 他の共発現データとの比較

作成した共発現データと，ATTED-II の共発現データと比較してみよう。種が異なる場合には，遺伝子のオーソログ関係を用いて比較する。この比較を行うことで，多少マイクロアレイデータが不足していても，共発現の信頼性を判断することができるだろう。ただし植物ではオーソログ関係の整備が遅れており，たとえば，NCBI HomoloGene ではシロイヌナズナとイネのオーソログ関係しか利用できない（2010 年 9 月現在）。共発現データベース GeneCAT では種間の遺伝子を結びつけるのに BLAST を利用しており，多少擬陽性が増えるかもしれないが，種間の対応関係を拾える可能性が高い。

5. 2. 6. ネットワーク描画ツール

遺伝子共発現ネットワーク，もしくはタンパク質間相互作用ネットワークのように二項関係をネットワーク表示するニーズは高い。現在，共発現ネットワークは ATTED-II と GeneCAT の両データベースにおいて利用できるが，どちらのデータベースにおいても Graphviz をいうソフトを利用しており，描かれたネットワークを手動修正することができない。**表 3** に挙げたネットワーク描画ツールは，どれもインタラクティブな描画に優れたツールである。これらのツールはソフトウェアをダウンロードする必要があるため，初心者にはやや敷居が高いと感じるかもしれない。そのなかで，Cytoscape には Web 版が用意されているため，試しに使ってみるには好都合である。ATTED-II は Cytoscape との連携を重視しており，ユーザーが描いた共発現ネットワークを，Web 版 Cytoscape，ならびに通常版 Cytoscape で表示，

表 3　ネットワーク描画ツール

ツール名	ダウンロード用 URL	プラットフォーム
DP-Clus	http://kanaya.naist.jp/DPClus/	
Cytoscape	http://www.cytoscape.org/	Java
Pajek	http://vlado.fmf.uni-lj.si/pub/networks/pajek/	Windows 専用
Biolayout	http://www.biolayout.org/	

解析することも可能である。独自の遺伝子ネットワーク解析を行いたい場合には，ぜひ試していただきたい。

おわりに

遺伝子共発現によるアプローチの有効性は，平井博士の研究に始まる多くの研究において遺伝子同定が成功していること，ならびに現在多くの共発現データベースが存在していること（Usadel *et al.*, 2009）から明らかである。

この遺伝子共発現アプローチの成功は，データの共有化による分子生物学全体の成果でもある。配列データが蓄積されるようになり，BLAST というツールができてホモログ遺伝子の同定は格段に楽になった。さらにゲノム配列が解読・公開され，ホモログ遺伝子をもれなく列挙することが可能になった。それと同様に，大規模遺伝子発現データが蓄積されるようになり，ATTED-II をはじめとした共発現検索ツールが登場し，配列相同性とはまったく異なる遺伝子探索が可能になった。これらに共通するのは集積した膨大なデータとそれを利用するツールという点である。

現行の共発現データベースの問題点としては，どのデータベースも Affymetrix 社の GeneChip により取得された遺伝子発現データを利用しているため，低発現量の遺伝子の発現パターンが正確に取得できないことにある。この点は，マイクロアレイ技術のさらなる改善や，次世代シークエンサーによる発現量解析に期待したい。後者に関しては，ゲノム配列が解読されていない，もしくは遺伝子領域が確定していない非モデル生物における発現量解析も可能であり，非モデル生物においても，早晩，共発現情報が利用できるようになるであろう。

精密な遺伝子の機能地図を使うことができれば，研究戦略を立てやすくなる。しかしながら，タンパク質間相互作用情報やパスウェイの注釈が加わり，大分解釈が容易になったとはいえ，この遺伝子共発現の地図を読み解くには依然として注目している現象に関する多くの知識が必要とされる。この平面上に展開している遺伝子間関係から，プロテオーム，メタボローム，フェノームといった高次のオミクス†の層をイメージし，もしくは細胞，組織，個体といった生命現象の高次性を取り扱っていく必要がある。その意味で，この共発現遺伝子を元にした地図そのものは，何も解釈がされていない生命現象の白地図なのではないか。そしてさまざまな研究者がその長い研究を通じて，各々の色で，各々の塗り方で，この白地図を染めていただければ幸いである。

そのような多くの研究の基盤となるよう，筆者も引き続き努力を続けていきたい。

引用文献

Arabidopsis Genome Initiative. 2000. Analysis of the genome sequence of the floowering plant *Arabidopsis thaliana*. *Nature*, **408**: 796-815

Obayashi, T. & Kinoshita, K. 2009. Rank of correlation coefficient as a comparable measure for biological significance of gene coexpression. *DNA Research* **16**: 249-60.

Takabayashi, A., N. Ishikawa, T. Obayashi, S. Ishida, J. Obokata, T. Endo & F. Sato 2008. Three novel subunits of *Arabidopsis* chloroplastic NAD（P）H dehydrogenase identified by bioinformatic and reverse genetic approaches. *Plant Journal* **57**: 207-219.

Usadel, B., T. Obayashi, M. Mutwil, F. M. Giorgi, G. W. Bassel, M. Tanimoto, A. Chow, D. Steinhauser, S. Persson, N. J. Provart 2009. Coexpression tools for plant biology: opportunities for hypothesis generation and caveats. *Plant, Cell and Environment* **32**: 1633-1651.

第3部

オミクスを使いこなそう：技術解説

オミクス（網羅的解析）とはすべての遺伝子や転写産物，代謝産物などを対象とした解析で，現代の生物学に欠かせないものになりつつある。実験コストは年々低下しているので，これまでオミクスとは無縁と思われていた分野の研究者でも，独自の視点からオミクスを取り入れた研究ができるようになってきている。その一端は第１部，第２部でご紹介したとおりだ。

全体を広く見るオミクスを横糸とすれば，個々の分子，形質に関して詳しく解析を行う個別研究は縦糸である。本書は横糸（オミクス）に注目して編集されているが，当然ながら，縦糸（個別研究）の重要性を否定するものではない。両者は互いに補い合っていくべきものだ。実際，ある遺伝子や形質に着目して解析する場合，オミクスのデータだけでは決定的な結論が得られない場合が多い。ある遺伝子がその形質に本当にかかわっているのか，いかにしてその形質を支配しているのかを分子生物学的に明らかにするためには，遺伝学，生化学，細胞生物学などのさまざまな角度からの解析が必要となることはいうまでもない。このような個別解析に関しては，その分野の専門家との共同研究が近道だろう。

オミクスは膨大なデータをもたらす。それは実際に実験を行ってデータを出した研究者だけでは，到底使いきれないほどの情報量だ。そこで，データは広く公開され，多くの人が利用できるようになっている。つまり，自らオミクス実験を行わなくとも，膨大な公開データを，それぞれの興味にしたがって解析できるということだ。

公開されたオミクスデータを用いて研究を行う際には，そのデータがいかにしてとられたものかを理解していることが大切である。それを知らないままに解析を行うと，思いもよらない間違いを犯す原因となる。一方で，使いこなすことができれば，オミクスデータはこれまでにない強力な武器となるだろう。

第11章　生態学者のためのDNAマイクロアレイ入門

永野　惇（京都大学生態学研究センター）
大林　武（東北大学大学院情報科学研究科）

1. DNA マイクロアレイとは

DNA マイクロアレイ解析は，溶液中に特定配列の核酸がどれだけの量含まれるかを，並列に測定する方法である。検出したい配列の DNA（プローブ）を表面に固定化した基盤（マイクロアレイ）に，蛍光物質などで標識したサンプル溶液をハイブリダイゼーションし，蛍光の強さを測ることで目的の配列の核酸がサンプル溶液にどれだけ含まれていたかを調べる（図 1）。現在利用可能なマイクロアレイでは，数万～数百万種類のプローブ（1 プローブ

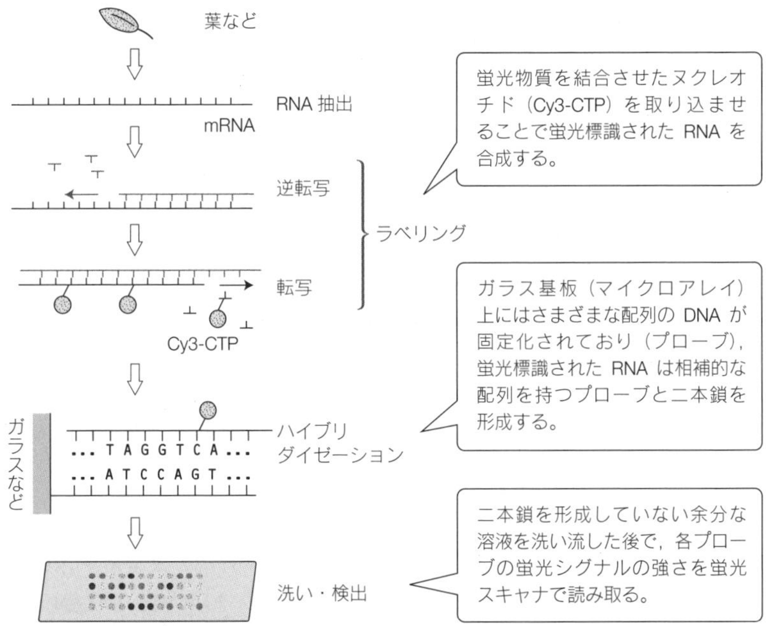

図 1　DNA マイクロアレイ実験の概要

BOX 1：マイクロアレイのさまざまな利用法

端的にいえば，DNAマイクロアレイは，溶液中に特定配列の核酸がどれだけの量含まれるかを，並列に測定する方法である。この観点から見れば，トランスクリプトーム（mRNA量）測定以外の利用法に関しても理解しやすいだろう。さまざまな用途に関して，対象にする核酸がRNAかゲノムDNAかによって分けられ，さらにDNAを用いるものに関しては全ゲノムのDNAをそのまま用いるのか，何らかの前処理によって特定の部分を濃縮したものを用いるのか，ということで分けられる（表）。さまざまな用途における違いを模式的に表したのが図である。トランスクリプトームの定量にはcDNA配列の一部をプローブとしたマイクロアレイを用いるが（図-a），ゲノム配列をプローブとしたタイリングアレイを用いて定量することもできる（図-b）。タイリングアレイは，プローブをゲノム配列に対して「タイルを敷き詰めたように」設定したマイクロアレイである。敷き詰めるといっても，実際には数十から数千塩基の間隔でプローブが設定されているものが用いられることが多い。このタイリングアレイに，ゲノムDNAをハイブリダイズすることでアレイ設計のもとになったリファレンスゲノムとの間の多型を調べることができる（aCGH: array-based comparative genome hybridization，図-c）。欠失領域や塩基置換はシグナルの低下として検出される。この方法では，たとえば塩基置換を発見できても，それがどの塩基なのかはわからない。そこで，どの塩基かを明らかにする（リシーケンスする）ために設計されたマイクロアレイも存在する（図-d）。そのマイクロアレイでは，プローブの中央の塩基をA，T，G，Cの4種類すべてのパターンで用意し，そのセットをゲノム配列に対して1塩基ずつずらしながら設定してある。4種類のプローブのどれからシグナルが得られるかを順に見ていけば，どの塩基なのかを明らかにできる。図-dにおいては，リファレンスゲノムがA，ゲノムXではTになっている多型を調べた結果を模式的に示している。注意が必要なのはゲノムYのようにすぐ近くに連続して塩基置換がある場合で，このようなときには2つめの塩基置換のせいで4種類すべてのプローブからシグナルが得られなくなってしまう。このため多型が密に存在する領域のリシーケンスをマイクロアレイで行うのは非常に難しい。トランスポゾンなどの挿入箇所の同定や，DNAメチル化†，ヒストンのアセチル化を調べる場合（エピゲノム解析）は，それぞれに対応した方法でDNAを濃縮したものをハイブリダイズする（図-e）。トランスポゾンの場合は相補的な配列のDNA，ヒストンのアセチル化やDNAメチル化の場合はアセチル化ヒストンやメチル化DNAに対する抗体を用いて，挿入箇所やメチル化，アセチル化領域の近傍のゲノムDNAを濃縮する。濃縮の度合いを

表　マイクロアレイを用いたさまざまな実験

実験の目的	用いるサンプル	濃縮方法	マイクロアレイ
トランスクリプトームの定量	mRNA	—	cDNA配列
ゲノムの多型解析高密度ジェノタイピング	ゲノムDNA	—	ゲノムDNA配列（タイリングアレイ）
リシーケンス	ゲノムDNA	—	リシーケンスアレイ（図-d）
トランスポゾン等の挿入箇所の同定	ゲノムDNA	トランスポゾン等の配列を用いたプルダウン	ゲノムDNA配列（タイリングアレイ）
転写因子などの結合部位の同定	ゲノムDNA	抗体を用いたプルダウン	ゲノムDNA配列（タイリングアレイ）
エピゲノム解析（ヒストンのアセチル化，DNAのメチル化など）	ゲノムDNA	抗体を用いたプルダウン	ゲノムDNA配列（タイリングアレイ）

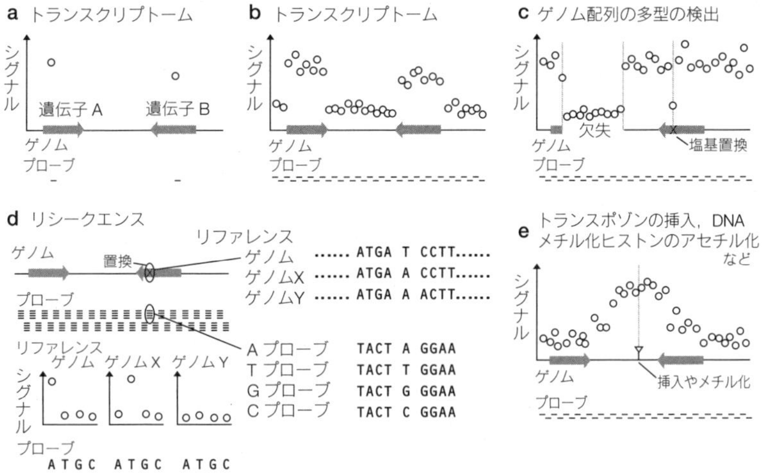

図　マイクロアレイのさまざまな利用方法の模式図

横軸はゲノム上の位置，その下の短い横棒はプローブとして設定した塩基配列に対応する位置，○はその位置のプローブで得られたシグナルの強さを表している。

マイクロアレイで検出することで，挿入箇所などの情報を得ることができる。ただ，ある程度の長さのゲノムDNA断片を用いて濃縮を行うので，得られるシグナルもある程度幅をもったものになる点には注意が必要である。マイクロアレイを用いたリシーケンスやエピゲノム解析の問題点のうちいくつかは，次世代シーケンサーを用いることで解決するので，今後はそちらに移行していくものと思われる。

あたり25～60塩基）に関する情報が一度に得られる。ちなみに，DNAチップという言葉もあるが，多くの場合DNAマイクロアレイと同義と考えて差し支えない。

どのようなことに使えるのか

DNAマイクロアレイを利用してできることは多岐にわたる（BOX 1も参照）。書き連ねてみると，トランスクリプトームの定量（mRNA量の全遺伝子に関する定量）（第1，8章），系統間・亜種間での塩基配列上の多型（欠失，重複，1塩基多型（SNP））をゲノム全体に関して調べる超高密度ジェノタイピング（第7，8章），リシーケンス（ゲノム解読済みの種に関して，ゲノムを解読した個体とは別個体の塩基配列の解読）（Clark *et al.*, 2007），全ゲノムのトランスポゾンの挿入箇所の同定（Gabriel *et al.*, 2006），転写因子の結合領域の同定（Farnham, 2009），エピジェネティックな状態の定量（ヒストンのアセチル化，DNAのメチル化など）（Zhang *et al.*, 2006）などがある。変わったところでは，さまざまな微生物の16 Sリボソーム RNA（16 S rRNA）の配列をプローブとしたアレイを用いた群集解析や，酵母のすべてのタグ付き遺伝子破壊系統を競合培養して相対増殖速度を定量する解析

BOX 2：実験誤差と生物学的誤差

現行のマイクロアレイの測定精度はかなり高い。そのため，ラベリングや洗いなどの実験操作の微妙な違いをも結果に反映してしまう。たとえば，1チューブのRNAサンプルを用いてA，Bの2人が，別の日にそれぞれ2回の実験を繰り返したとしよう。その結果を類似度によって階層的に分類（クラスタリング）すると図のようになるだろう。この図から実験者の違いによる微妙な操作の癖や，実験日の違いによる微妙な違いをも検出してしまうことがわかる。この実験者や実験日による違いは実験の結果に影響を与える。場合によっては，実験で検出しようとしている目的の変化を覆い隠してしまうこともありうる。比較したい一連の実験は極力同じ実験者が同じ日に処理するなどの対策を，実験計画の段階で講じておくことが大事である。余談だが，このような実験者・実験日による違いの影響はマイクロアレイ固有の問題のように語られることもある。しかしながら，他の実験手法でも当然，同じように起こりうる問題である。実験精度の低さや測定点の少なさなどが原因で見えていないだけと考える方が自然であろう。

(Pierce *et al.*, 2006; Hillenmeyer *et al.*, 2008) なども行われている。メーカーによってはオリジナルの配列を載せたマイクロアレイを，市販品と同じ価格で1枚から作成してくれる。工夫次第でまったく新しい使い方も考えられるかもしれない。

DNA マイクロアレイのそもそもの目的は，mRNA の蓄積量を多数の遺伝子に対して一度に測定する，というものであった。それまで mRNA 量の測定は，主としてノザンブロットや定量 PCR を用いて行われていたが，これらの方法ではコスト・労力の両面から，多数の遺伝子に関して測定するのは現実的ではない。そこで，ノザンブロットを並列化するための手法として DNA マイクロアレイが開発された。初期には，アレイ作成の技術が未成熟であったことや，統計手法の検討が十分ではなかったために，「アレイのデータはバラつきが大きすぎて使えない」と言われたことがあった。現在では，高精度のマイクロアレイが工業的に作られ，実験操作がキット化されるようになり，また（専門家の間では議論が残るものの）標準的な統計手法が確立したことにより，高精度のデータが安定して得られるようになっている。むしろ高精度であるがゆえに，実験者の意図しない実験間の違いを鋭敏に拾ってしまうこともあるため，実験計画・解析は慎重に検討する必要がある（BOX 2）。

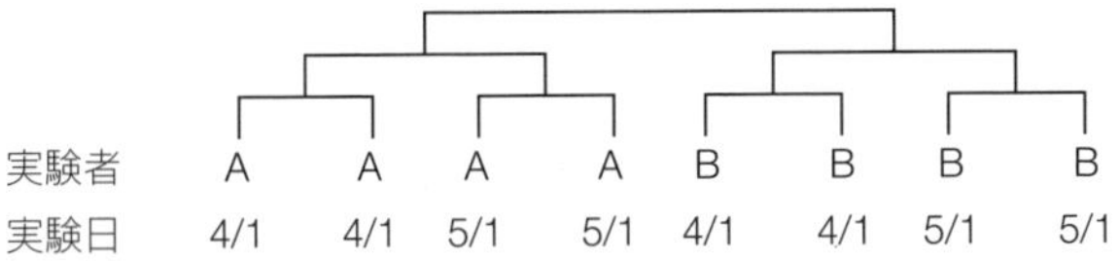

図　実験者や実験日による影響を示す模式図

同じ RNA を用いて，異なる実験者が，異なる実験日に行ったマイクロアレイ実験の結果を，互いの類似度でクラスタリングした場合の仮想的な結果を示す。

ここまでで述べたような，1 チューブの RNA から複数回のアレイ実験を行ったときに見られるばらつきを技術的誤差 technical error とよぶ。それに対して，別々の個体から個別に RNA を調整し，それぞれに対してアレイ実験を行ったときに見られるばらつきは，技術的誤差と個体間の個体差（生物学的誤差 biological error とよぶ）を合わせたものになっている。多くの場合，生物学的誤差は技術的誤差よりかなり大きい。そのため，実際の実験では別々の個体から独立に実験を繰り返し（生物学的反復という），結果の再現性やばらつきを確認することが大切である。

2. 実験の流れ

図1に一般的なDNAマイクロアレイ実験の流れをまとめた。さらに詳しい実験操作や原理などについては，各メーカーのプロトコルや市販の分子生物学実験の解説書を参照されたい。以下では各ステップについて注意すべき点を見ていこう。

2.1. RNA，DNA抽出

なにはともあれRNA，DNAの抽出がまず必要である。しかしながら，ここが最も躓(つまづ)きやすいステップでもある。モデル生物の場合，核酸抽出が容易か，そうでなくてもよく検討されたプロトコルが存在する。非モデル生物の場合，まずここで困難をともなう可能性がある。また，マイクロアレイに用いるための核酸サンプルは，PCRの鋳型に用いるためのDNAより，量・品質の両面でかなり高い要求がある点に注意が必要である。

ゲノムDNAを用いてゲノムの多型を見ることが目的の場合は，当然ながらどの部位・時期の組織から抽出してもよい。しかしながら，トランスクリプトームを見たい場合は，抽出に用いる組織の部位・時期が決定的に重要である。実験の目的によって慎重に選ばなければならない。たとえば，花の色に関係する遺伝子の発現を知りたいのであれば，葉や根ではなく花を用いるべきだろう。

サンプルの保存・核酸抽出の際には，内在性のRNA分解酵素やDNA分解酵素による分解を最小限に抑える気遣いが必須である。サンプル保存時の凍結融解は最小限にする，サンプルは酵素を不活化するバッファ中で破砕する，あるいは液体窒素で凍結破砕後すぐにバッファに懸濁するなど，基本的なことだがきちんと守るようにする。加えて，サンプリング時の傷害などに対する，ストレス応答遺伝子の発現も避けなければならない。ストレス応答によるmRNAの蓄積量変化は，速い場合では数分で生じる。場合によっては，1時間もあれば何十倍もの変化が起こりうる。そのため，野外のサンプルを用いる場合，サンプルを冷蔵で持ち帰ることは避ける（冷蔵輸送中も刻々とトランスクリプトームは変化している！）。その場で液体窒素によって凍結し持ち帰るのが理想的だが，困難な場合が多い。現実的には固定・RNA分解酵素の不活性化ができるRNA later（Ambion）などの保存液を用いるの

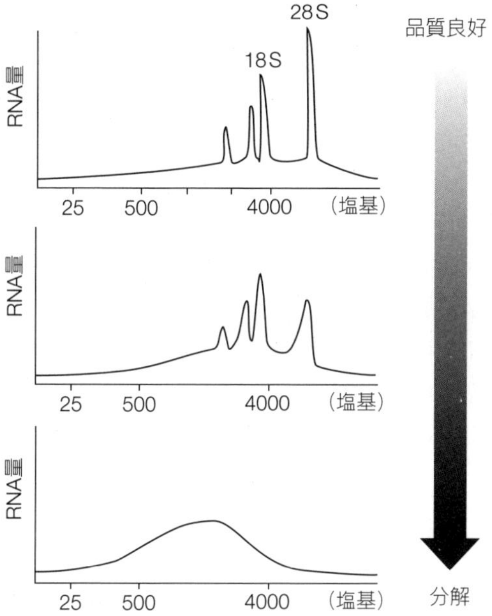

図2　RNA分解の程度を示す模式図
図は被子植物の緑葉の代表的な例を元に作図。実際には種や組織によって，品質が良好であった場合のサイズ分布が異なる場合がある。

がよいだろう。葉片などのサンプルであれば浸けた状態で，常温で数日〜数週間の保存が可能である。

前述したように，増幅やラベリングの方法によって違いはあるものの，一般にマイクロアレイ実験には高い品質の核酸が要求される。抽出した核酸の品質は電気泳動によって確認する。Bioanalyzer（Agilent technologies）によるマイクロ流路を用いた電気泳動でのチェックが一般的である。RNAの場合，28S rRNAと18S rRNA（原核生物の場合は23Sと16S）の比から品質を判断する方法が一般的に知られている。図2にあるように，28Sと18Sのピークが，面積で見ておよそ2：1であれば良好とされ，分解が進むにしたがって両方のピークが低くなっていくとともにその比が逆転する。しかしながら，RNAのサイズ分布は必ずしも普遍的なものではなく，種や組織によって大きく異なっている場合がある。たとえば，植物の場合は28Sと18Sに加えて，葉緑体に由来するピークも見える（図2）。また，ショウジョウバエやカキ（貝類）では，たとえ品質が良好でも28Sにあたるサイズのピークが非常に低い。このような場合，「長いRNA分子ほど，そのどこかで切れてより短い分子になりやすい」ということから分解の度合いを推測する。つまり，分解が進むにつれ，高分子量のシグナルほど，相対的に早く減衰する。Bioanalyzerには，RIN: RNA integrity numberというRNAの品質指標を出力する機能がある。RINは28 S /18 Sの比より精度よくRNAの品質を評価できるとされている（Schroeder *et al.*, 2006）。しかしながら，RINはヒト・マウス・ラットのデータを元に作られた指標であるため，それらと大きくパターンの異なる生物種では使えない。最近，植物版RINも作られたとのことなので，植物には利用可能になるかもしれない。

ゲノムDNAの場合は，電気泳動をしたとき，数十kbの大きさにやや広がったバンドとして見ることができれば品質は十分によいと言える（抽出時に切れるので数十kb程度の断片になる）。分解が進むにつれ，平均的な大きさが小さい方にシフトしていくと同時に，バンドが小さい方に尾を引くように広がっていく。

2.2. ラベリング ～ 検出（画像の取得）

ラベリングから検出に至る作業に関しては，使用するマイクロアレイに対応したキットやプロトコルがメーカーによって用意されている。精製されたDNAやRNAの状態になってしまえば，多くの場合，生物種の違いを気にする必要はない。ただし，ラベリングの処理は真核生物（特に哺乳類の培養細胞）向けに設計されていることがあるため，用いる生物種によってはそのまま適用可能ではないこともある。たとえば，RNAのラベリングの中で行う逆転写反応にoligo dTプライマーを用いている場合，原核生物にはそのままでは使えない。これは，真核生物ではmRNAの3' 末端にpoly A配列があり，それに相補的なoligo dTプライマーを用いて逆転写反応を行うことができるが，原核生物ではpoly A配列がないためである。当然のことではあるが，キット化されている処理とはいえ，実際に行っている反応の原理をきちんと理解したうえで実験をする必要がある。この点は，そのキットが想定しているものとは異なる材料を用いる場合は特に重要になる。

2.3. 画像データの数値化・バックグラウンドの補正

これ以降はコンピュータを使った作業になる。各ステップを行うための非常に多くの有料，無料のツールが存在しているが，それらのツールの詳細には触れず，基本的な考え方を説明したい。

表 1　バックグラウンドの影響
発現レベルの低い遺伝子は，バックグラウンドの揺らぎの影響を強く受ける。

	処理前の発現量	処理後の発現量	推定変動量
発現レベルの高い遺伝子	1000 ± 20	5000 ± 20	5 倍
発現レベルの低い遺伝子	10 ± 20	50 ± 20	不定

まずスキャナで得られた画像から各プローブの蛍光強度を数値に変換する。変換方法はマイクロアレイのプラットフォームに依存するので各メーカーから提供されているツールを利用するが，基本的には見かけのシグナル強度からバックグラウンドの値を引いたものが，出力されるシグナル強度になる。ツールによっては，各プローブについて，バックグラウンドレベルのシグナルや，蛍光強度の飽和といった補足情報を出力するので，得られたシグナル強度の信頼性を判断するのに利用できる。

マイクロアレイの解析では基本的に「何倍変動したか」というデータの見方をするため，発現レベルの低い遺伝子（シグナル強度の低いプローブ）はバックグラウンドの影響を受けやすく，その後の解析に悪い影響を与える可能性がある。**表 1** に発現レベルの高低により，どのようにバックグラウンドの影響を受けるかをまとめた。発現レベルの高い遺伝子では，バックグラウンドが揺らいでも正しく遺伝子発現の変動量を見積もることができるが，発現レベルの低い遺伝子ではもはや見積もることは困難である。確実な解析を行うために，このような発現レベルの低い遺伝子（シグナル強度の低いプローブ）は解析対象から除いてしまうことが考えられるが，「バックグラウンドレベルの値しかない（ほとんど発現していない）」という情報も時に有益であることから，このようなシグナル強度の低いプローブを解析から除くべきなのかは，解析目的に依存する。どのようなプローブを解析から除外したらよいのか見当がつかない場合には，除外の基準をさまざまに変化させた場合の最終結果を比較するのがよいのだが，初めは全プローブを有効としてデータ解析してみるのも一案である。解析によって興味深い結果を示しているプローブが絞られたら，その各プローブについてシグナル強度や，補足情報を確認すればよい。なお，このような発現レベルの低い遺伝子についてマイクロアレイ解析を行う場合には，繰り返し実験による再現性の確認が欠かせない（BOX 3 参照）。

また，単一のプローブのみならず，マイクロアレイ上の多数のプローブがバックグランドレベルの値しかない場合には，実験そのものに失敗してしまっている可能性が考えられる。その場合は該当するマイクロアレイのデータは破棄してしまった方がよい。それを判断するには一連の実験のシグナル強度の分布を比較するのがよいだろう。シグナル強度の分布は基本的に各実験で同じはずなので，箱ひげ図（box plot）を用いて一連のマイクロアレイデータのシグナル強度の分布を比較すると，ラベリングなどの失敗があれば全体のプローブ強度が減少するので簡単に判断できる（図3）。

2.4. マイクロアレイ間で比較可能な値に変換（正規化）

前述したマイクロアレイデータのバックグラウンドは，実験中の各ステップで混入するさまざまなノイズが集積したものである。バックグラウンドの値を正確に見積もることができれば，それを減じることで真の値が得られそうだが，バックグラウンドはスポットごとに異なるため，正確に見積もるの

BOX 3：マイクロアレイ解析における反復実験の重要性

マイクロアレイ解析の反復実験はBOX 2で述べたように生物学的反復であるため，その重要性は，基本的には通常の実験と変わらないはずである。ところがマイクロアレイでは反復実験が重要であるとよく言われ，それはあながち間違いとも言えない。マイクロアレイ解析における反復実験の重要性は，この解析が網羅的解析であるということに起因している。

現在のマイクロアレイの測定精度はきわめて高いが，発現レベルの低い遺伝子では，表にあるようにバックグラウンドの揺らぎによって，測定誤差が大きくなる。単一の遺伝子を測定するのであれば，その遺伝子に応じた感度を設定することが可能であろうが，発現レベルの非常に高い遺伝子と低い遺伝子を同時に測定するとなると，どうしても測定精度は下がることになる。反復実験による1つの効果は，そうした測定精度が低い遺伝子の結果を安定させるためである。

また，網羅的解析であるということは，そこから多くの結論が得られる可能性がある。ところが，解析対象遺伝子が多ければ必然的に擬陽性となる遺伝子も多くなり，得られた結論の信頼性を見積もることが重要になってくる。反復実験があることで統計的に取り扱いやすくなり，得られた結論の信頼性を客観的数値として扱うことが可能になる。

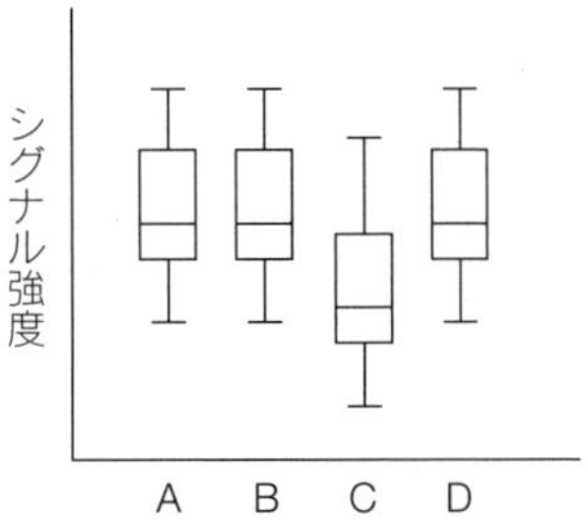

図 3　箱ひげ図を用いた分布の確認
4 枚のマイクロアレイ（A, B, C, D）からなる実験の結果。マイクロアレイ C のシグナル強度が全体的に低く，何らかの失敗が疑われる。

は難しい。

ノイズにはランダムノイズと系統ノイズがある（図 4）。今，ある状態のある遺伝子の発現量が 10 だったとしよう（単位は mRNA の分子数，もしくはプローブの蛍光強度）。ランダムノイズは測定の過程ですべての遺伝子に無関係に作用し，このノイズの影響を受けて測定値は真の値を中心にばらつくことになる。この場合，測定される分布の平均値は真の値であると期待されるので，同じ条件で実験を反復することで，正確な値を得ることができる。

一方である特徴を持った遺伝子に強く作用するノイズもある。たとえば，マイクロアレイの基盤上の位置に依存したノイズや，発現量に依存したノイズ，プローブの配列に依存したノイズなどがある。これらの系統的なノイズは，ノイズの原因を推定し，傾向を明らかにすることで補正し真の値を推定することが可能になる。マイクロアレイごとに系統的なノイズの入り方は異なるため，系統的なノイズに対処しなければ，マイクロアレイ間でデータを比較することも，2 色法のアレイで 2 つの色素の値を比較することもできない。

図 5 はマイクロアレイ上に乗っているすべてのプローブの蛍光強度の分布を模式的に示している。測定された mRNA の分布は測定中に混入するさまざまなノイズにより，真の分布とは異なったものになる。そしてすべての系統的なノイズを推定し，補正し，真の分布を得ることは難しい。どのように比較するのかと言えば，測定された分布を直接対応させることが行われる。2 色法のマイクロアレイであれば，各プローブの対応関係を用いて補正する重み付き局所回帰法（lowess 法）を行い，1 色法のマイクロアレイの場合は，プローブ強度分布を揃える分位点法（quantile 法）による補正がよく用いられる。

ハイブリダイゼーション操作に依存した系統的なノイズは，基本的に取り

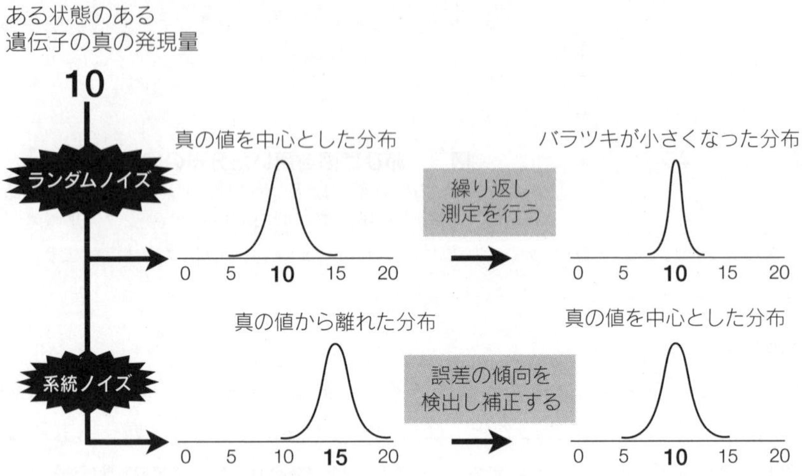

図4　ノイズの種類とその対処法

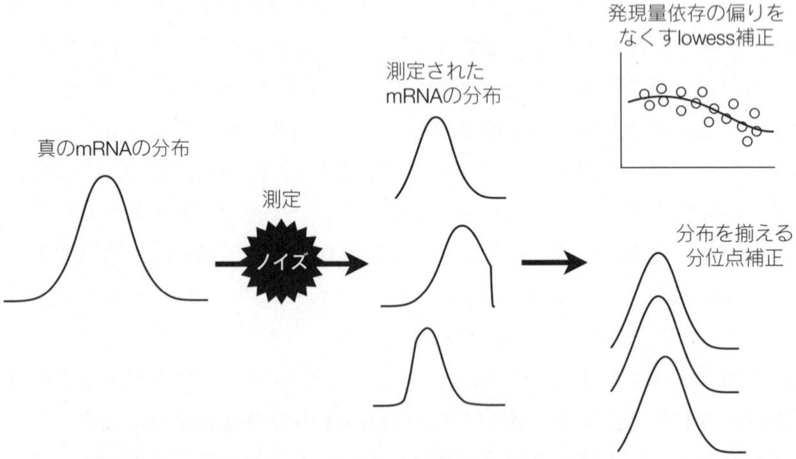

図5　測定されたマイクロアレイデータの補正

除くことができないため，直接比較を行うマイクロアレイは，可能な限り同時にラベリング，ハイブリダイゼーションなどの操作を行うようにする。系統的なノイズはシグナル強度の分布に反映することも多いため，前節の箱ひげ図を用いた分布の簡易確認は必ず行うようにしたい。

2.5. データ解析

正規化された複数のデータを用いて,発現変動したプローブの解析を行う。基本的にはコントロールサンプルのマイクロアレイに対して処理サンプルのマイクロアレイが何倍変動したかを計算すればよい。反復実験があれば検定を行うこともできる。変動強度ならびに検定の有意性の閾値を設定すると,発現変動プローブをリスト化することができる。マイクロアレイの解析は大量のデータを扱うため難しそうに見えるが,基本的にはこの発現変動プローブのリストの一つひとつを詳細に見て,「対応する遺伝子の機能は何か」「どのような補足情報が付加されていたか」を確かめ,そのサンプルで起きている分子動態を,解析者の頭の中で再構成することになる。

比較するマイクロアレイが多い場合には,その発現変動パターンでプローブを分類するとわかりやすい。これは一般にクラスタリングとよばれる作業で,マイクロアレイデータでは階層的クラスタリングを行い,発現パターンをヒートマップで表示するのが直感的であり,人気のある方法である。図6のヒートマップは64遺伝子の34サンプルにおける発現量をグレースケールで表している。発現変化のパターンが類似の遺伝子は近くに並ぶように遺伝子の順序を入れ替えてあり,その近さの程度を階層構造で示している(階層的クラスタリング)。いくつかの遺伝子グループが形成されていることがわかり,それらの遺伝子はこのサンプル群において協調的に機能する遺伝子であると想像できる。サンプルも同様にクラスタリングされており,処理の妥当性の検証や,サンプルの分類に利用することができる。

また,発現変動している遺伝子群をGene Ontologyなどを用いて遺伝子機能で分類することも可能であり,マイクロアレイ解析結果の大雑把な傾向を知る目的に用いられる。これらのデータ解析はGeneSpring, Spotfireなどの有料ソフトウェアを用いると簡便に行うことができるが,無料の統計パッケージR(http://www.r-project.org)を用いても解析が可能である。Rはコマンドラインのソフトウェアであるため初めは使いにくいが,解説書(後述の参考図書2, 3)も存在するので是非チャレンジしてもらいたい。

また,マイクロアレイデータは論文投稿時にMIAME: minimal information. about a microarray experiment(http://www.mged.org/Workgroups/MIAME/miame.html)ガイドラインにしたがったデータベース(NCBI GEO: http://

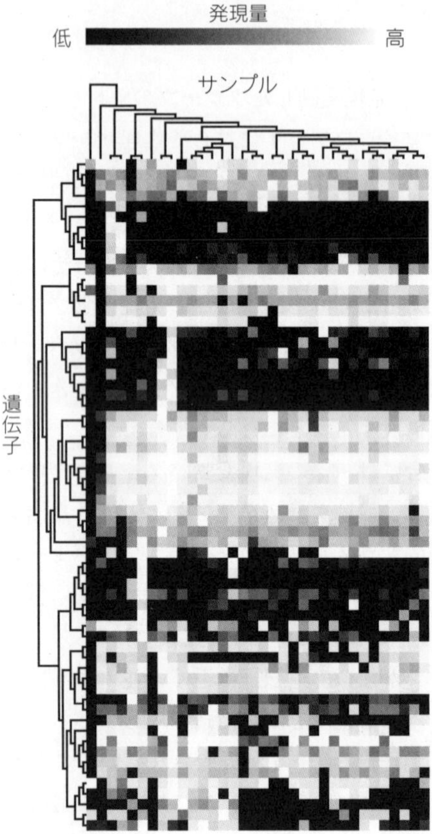

図6　階層的クラスタリングと発現パターンのヒートマップ表示

www.ncbi.nlm.nih.gov/geo/, ArrayExpress: http:// www.ebi.ac.uk/microarray-as/ae/ など）に登録されることから，そのようなマイクロアレイデータを用いてデータ解析の練習をしてみるのもよい。

2.6. 費用と実験設備

核酸抽出からマイクロアレイまですべて込みで，実験に必要な消耗品代としては1サンプルあたり3～5万円程度になる。もちろん，アレイのフォーマットなどによっても値段が変わる。また，北海道システムサイエンスやタカラなどが受託解析のサービスを提供しているが，これらに頼んだ場合，消耗品の実費の2～3倍の費用がかかる。潤沢に資金があるなら，受託解析に頼めば確実に水準の高いデータが得られる。しかしながら少しでも安くあげたいのが人情であろう。そのためには自分で実験することになる。知り合いの“つて”を辿って，スキャナなどの装置をどこかで借りられればそれもよいが，農業生物資源研究所ではマイクロアレイ解析室をオープンラボとして開放している（http://www.nias.affrc.go.jp/nias-openlab/）。学術機関に所属している研究者であれば，消耗品代程度の実費負担で利用可能である。実験操作は自ら行うことになるが，専門の技術員が横に張りついて指導してくれるので，基本的な分子生物学実験が行えるレベルの技術があれば問題なくデータを得ることができるだろう。

2.7. 近縁種のマイクロアレイか，自ら設計するか

モデル生物に近縁であれば既に設計されているマイクロアレイを用いて解析を行うことができる（**第1，2章**）。よくある質問に「どのくらい近縁であれば使えますか？」というものがあるが，この質問に答えるのはなかなか難しい。使える，使えないの2値的なものではなく，アレイ設計の元になった種から離れれば離れるほどデータの品質は悪くなっていくというほかない。それでもあえてイメージを書くと，科が同じであればなんとか使えることもある，くらいだろう。たとえば，シロイヌナズナ（アブラナ科シロイヌナズナ属）のマイクロアレイを使って，コカイタネツケバナ（アブラナ科タネツケバナ属）の遺伝子発現を調べた研究がある（Morinaga *et al.*, 2008）。場合によっては，既存のマイクロアレイは用いずに，オリジナルのマイクロアレイを設計するという選択肢もある。先に述べたように，メーカーによってはプローブの配列情報さえ用意すれば，1枚からマイクロアレイを作成してくれる。そこでプローブ配列の設計だが，ゲノム配列かあるいは，最低でもEST: Expressed sequence tag† (cDNAの端読み情報）があればそれを元に設計することが可能である。プローブとしては，ゲノム中に似た配列がなく，各プローブの二本鎖形成時の熱安定性（目安としてTm値）が近くなるような配列を選ぶとよい。

2.8. マイクロアレイ解析を成功させるために

実験や解析の大まかな流れを理解し，必要な費用や装置の算段もついたら，いよいよマイクロアレイ解析を始めよう。

ただ，その前に大切なことがある。何を明らかにするのが目的かを，計画

段階で明確にしておくことである。最終的にどのように解析をして，どんな結果が出ると期待されて，それをどのように見せればよいのか，ちゃんとイメージできるようにしておかなければいけない。きちんとイメージできていれば，おのずとそのために必要なサンプルが見えてくる。たとえば，低温処理の有無などの条件間での遺伝子発現の違いを知りたいとき，サンプルの遺伝的背景を揃えておくことが重要である。純系でない複数個体を用いて遺伝子発現を比較した場合，シグナルの違いが，mRNAの発現量の違いと，mRNAの塩基配列多型によるプローブとの結合強度の違い，どちらに起因するのかアレイの結果だけから区別するのは難しい。重要な遺伝子に関しては，シーケンスや定量PCRで確認する必要がある。先ほどのコカイタネツケバナの例では，ほぼ純系化した植物を用いて低温処理の有無によるトランスクリプトームの違いを見ている（Morinaga *et al.*, 2008）。純系化したおかげで，シグナルの違いが発現量の違いによることが言えるのである。

DNAマイクロアレイに限らず，網羅的解析技術を用いれば非常に多くの情報を得ることができる。それだけに，きちんと目的を絞っておかないとデータの洪水の中でおぼれることになる。あるいは，データを取ってしまってから，そのサンプル設定からは目的とすることに答えられないことがわかってお蔵入りということなる。筆者は実際，データがお蔵入りしていくのをいくつも見てきたし，恥ずかしながら自分が行った実験の中にもお蔵入りしたものもある。1実験あたりのコストも結構なものなので，無駄にするのはなかなかに辛い。それでも一般的な分子生物学の場合は，サンプルを取り直してもう一度行えば済むことが多いが，生態学ではサンプルをもう一度取るのが困難なこともあるだろう。目的がはっきりしていれば，そのために必要なサンプルや解析が自ずと見えてくるし，場合によっては定量PCRなどで予備実験をすることもできる。そうすれば，お蔵入りは極力避けられるだろう。とはいえ，やってみないとわからないこともある。非モデル生物の場合，なおさらだ。しかし，だからこそ（細心の注意を払って）チャレンジしてみてほしい。誰にも予想のつかない結果こそ，実験の醍醐味なのだから。

2.9. より詳しく知りたい方のために

より詳しく知りたい方のために日本語で読める参考図書を挙げておく。

1. 統合ゲノミクスのためのマイクロアレイデータアナリシス（S. I. コハ

ネ・A. J. ビュート・A. T. コー 著，2004，シュプリンガーフェアラーク）

2. RとBioconductorを用いたバイオインフォマティクス（R. ジェントルマンほか編著，2007，シュプリンガーフェアラーク）
3. 統計解析環境Rによるバイオインフォマティクスデータ解析（樋口千洋・石井一夫 著，2007, 共立出版
4. DNAチップ/マイクロアレイ臨床応用の実際（遺伝子医学MOOK 10号，2008，メディカルドゥ）

1は基本的な考え方からやや進んだ解析まで丁寧に解説されている。2，3は解析手法の解説のみならず, Rのサンプルコードが豊富に掲載されており，参考になる。4は日本人著者によるレビュー集で，興味のある部分の拾い読みでさまざまな利用例を概観することができる。また，4の巻末にはマイクロアレイのメーカーや価格などの一覧表がついている。

参考文献

Clark, R. M., G. Schweikert, C. Toomajian, S. Ossowski, G. Zeller, P. Shinn, N. Warthmann, T. T. Hu, G. Fu, D. A. Hinds, H. Chen, K. A. Frazer, D. H. Huson, B. Scholkopf, M. Nordborg, G. Ratsch, J. R. Ecker & D. Weigel. 2007. Common sequence polymorphisms shaping genetic diversity in *Arabidopsis thaliana*. *Science* **317**: 338-342.

Farnham, P. J. 2009. Insights from genomic profiling of transcription factors. *Nature Reviews Genetics* **10**: 605-616.

Gabriel, A,. J. Dapprich, M. Kunkel, D. Gresham, S. C. Pratt, M. J. Dunham. 2006. Global mapping of transposon location. *PLoS Genetics* **2**: e212.

Hillenmeyer, M. E., E. Fung, J. Wildenhain, S. E. Pierce, S. Hoon, W. Lee, M. Proctor, R. P. St Onge, M. Tyers, D. Koller, R. B. Altman, R. W. Davis, C. Nislow & G. Giaever. 2008. The chemical genomic portrait of yeast: uncovering a phenotype for all genes. *Science* **320**: 362-365.

Morinaga, S-I., A. J. Nagano, S. Miyazaki, M. Kubo, T. Demura, H. Fukuda, S. Sakai & M. Hasebe. 2008. Ecogenomics of cleistogamous and chasmogamous flowering: genome-wide gene expression patterns from cross-species microarray analysis in *Cardamine kokaiensis* (Brassicaceae). *Journal of Ecology* **96**: 1086-1097.

Pierce, S. E., E. L. Fung, D. F. Jaramillo, A. M. Chu, R. W. Davis, C. Nislow & G. Giaever. 2006. A unique and universal molecular barcode array. *Nature Methods* **3**: 601-603.

Schroeder, A., O. Mueller, S. Stocker, R. Salowsky, M. Leiber, M. Gassmann, S. Lightfoot, W. Menzel, M. Granzow & T. Ragg. 2006. The RIN: an RNA integrity number for assigning integrity values to RNA measurements. *BMC Molecular Biology* **7**: 3.

Zhang, X., J. Yazaki, A. Sundaresan, S. Cokus, S W. Chan, H. Chen, I. R. Henderson, P. Shinn, M. Pellegrini, S. E. Jacobsen, J. R. Ecker. 2006. Genome-wide high-resolution mapping and functional analysis of DNA methylation in arabidopsis. *Cell* **126**: 1189-1201.

第12章　次世代シーケンサーの原理と機能
－ゲノムは簡単に読めるのか－

菅野茂夫（京都大学大学院理学研究科）
永野　惇（京都大学生態学研究センター）

最近，次世代シーケンサー（あるいは第二世代シーケンサー）という言葉を頻繁に目にするようになった。DNA の配列を決定する機械が“シーケンサー”なのだが，「次世代」という印象的な言葉がついている。「なんでも，××のゲノムが 1 週間で決定されたらしい」「自分のゲノムが 10 万円くらいで読めるらしい」という噂がまことしやかに流れているが，いったいどこまでできるのだろうか？

1．「何が次世代？」
―ジデオキシ法と次世代シーケンサーの違い―

2000 年代前半まで，“DNA シーケンサー”といえばジデオキシ法により DNA の塩基配列決定を半自動で行う機械であった。2005 年の Roche 454 Genome Sequencer 20（GS20）の登場を皮切りに次々と大規模並列シーケンサーとよばれる機械が市場に出回るようになった（Metzker, 2010）。「次世代シーケンサー」は間違いなく 21 世紀初頭の大きな技術的イノベーションの一つである。次世代シーケンサーの何が「次世代」なのか？　結論からいうと，ジデオキシ法とはまったく異なる方法を用いており，出力される情報の規模が文字どおり「桁違い」なのである。

次世代シーケンサーの新しさを説明する前に，1980 年代から現在に至るまでの DNA 塩基配列決定の主流であるジデオキシ法について触れる。ジデオキシ法はその名のとおり「ジデオキシ」ヌクレオチドをポリメラーゼ反応の基質の一部に用いる塩基配列決定法である。まず，塩基配列を読みたい DNA 断片を増幅，濃縮する（Step1)。濃縮した DNA を鋳型としてポリメ

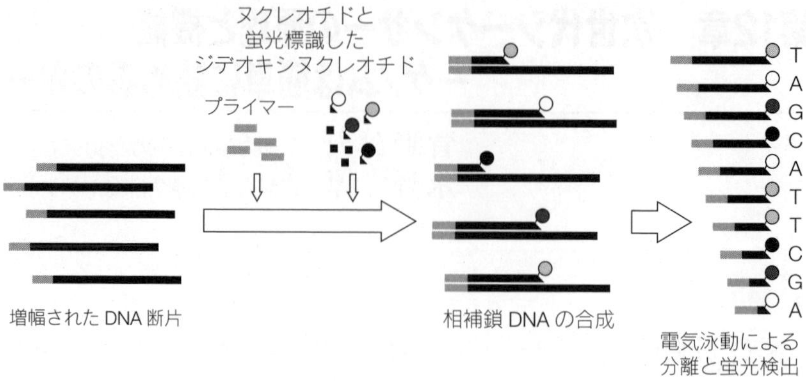

図1　ジデオキシ法の原理

ラーゼ反応でDNAを合成する（Step2）。最後に合成産物を電気泳動して塩基配列を決定する（Step3）。一連の流れの中でStep2が肝である。ポリメラーゼ反応の基質としては通常のヌクレオチドと蛍光物質でラベルしたジデオキシヌクレオチドを用いており，ポリメラーゼがジデオキシヌクレオチドを取り込むと，ポリメラーゼ反応がストップする。

通常のヌクレオチドとジデオキシヌクレオチドの，どちらが取り込まれるかはランダムに決まるために，図1のように，3' 末端に蛍光物質が結合したさまざまな長さのDNA断片ができることになる（A, T, G, Cの4つの塩基それぞれ別の蛍光物質を使用してある）。合成した一本鎖DNAを電気泳動することで短い順に並べ，配列を推測することができる。ジデオキシ法を用いると500～1000 bpほどの長さのDNAを1塩基あたり99.99%の精度で読むことができる。大量の塩基配列を決定したい，という視点からジデオキシ法を見ると，弱みは「電気泳動」というステップが必要になる点だ。電気泳動を並列に処理し，電気泳動像の取得を並列化するには限度があり，1回で96サンプル並列処理できる機械（ABI 3730）であっても十分高性能といえる。つまりABI3730の1ラン*1で読める塩基はたかだか700塩基×96リード*1程度=67, 200 bp（67 kbp）である。それでもこの機械を用いて，

*1：ラン（run）　シーケンサーによる1セットの解析。
　　リード（read）　ひと続きで読まれた配列断片。リード長はその長さ。

総計3,000,000,000塩基（3 Gbp）もあるヒトゲノムは解読された（Frazier *et al.*, 2003; International Human Genome Sequencing Consortium, 2004）。もちろん多くの人間がかかわり，世界規模のプロジェクトとして進めてようやく得られた成果であった。その苦労は想像に難くないだろう。

さて，ジデオキシ方法でヒトゲノムが決定された2003年の翌年には米国のNIH; National Institute of Healthは次なる目標を打ち出した（NIH, 2004）。オーダーメイド医療に向けた「個人ゲノム」を読むプラットフォームの整備である。個人によって薬の効果，副作用がまったく異なる場合があるが，その一部は各個人の遺伝子型の違いで説明できることが明らかになっていた。したがって，究極的には各個人のゲノム情報を踏まえて治療を行うことが，個人に最適な医療であると期待される。「ヒト1人のゲノム情報を1,000ドルで読む」という目標を設定し，改良された塩基配列決定法の模索が始まった。このNIHのプロジェクトは「1,000ドルゲノムプロジェクト」とよばれている。

大量の塩基配列を短時間,安価に読むために現在採用されている発想は「並列化」だ。つまり，1本の長い配列を読むのではなく，数万本以上の短い断片をまとめて読むのである。ジデオキシ法の最大の欠点は「並列処理が不得意」という点であった。一方，次世代シーケンサーはすべてジデオキシ法に比べると桁違いの並列処理を行う。次世代シーケンサーのために整備された化学反応のほとんどは並列処理実現のため，といっても過言ではない。機種によって異なるが，短く断片化されたDNA配列を1ランあたり合計500 Mbp～30 Gbp＊2，1塩基あたり99.5～99.9%程度の正確性で出力する能力が達成されている。得られる情報の規模は，ジデオキシ法に比べて実に100万倍以上である。

＊2：文中の性能などの数値は特に断りのない限り，初稿執筆時（2010年2月）のものである。頻繁に性能の向上が行われているため，利用にあたっては各社のウェブサイトなどで最新の数値を確認することをお勧めする。

2. 次世代シーケンサー 454, Illumina GA, SOLiD と その原理

世に普及しているいわゆる次世代シーケンサーは3種類ある＊3。454 Genome Sequencer FLX（以下454，Roche社），Genome Analyer II（以下 Illumina GA，開発したベンチャー企業の名前から Solexa とよばれることもある，Illumina社），SOLiD3（以下SOLiD，Life Technologies社（旧名 Applied Biosystems）である。ジデオキシ法は「濃縮した解読対象のDNA（STEP1）を鋳型に特殊なDNAを増幅し（STEP2），合成産物を泳動する（STEP3）ことで配列を決定する」という方法であった。一方，次世代シーケンサーは「適切な方法で処理した解読対象のDNA（STEP1）を鋳型に，DNAを増幅する過程を解析する（STEP2）ことで配列を決定する」という方法である。すなわち電気泳動を使わないで，ポロニーアレイとよばれる平面で並列に行われるそれぞれの反応をCCDカメラで一括して見ることにより「超並列化」を可能としている。DNAを合成する過程で塩基配列を読む，という発想は「Sequence by synthesis」とよばれ，454，Illumina GA，そして一部の一分子シーケンサー（**コラム4**参照）においても用いられている。

DNAの準備（STEP1），塩基配列決定法（STEP2）は，3種類の次世代シーケンサーでそれぞれ独自の方法を用いており，その結果，各機種は独自の特徴を持っている。以下，454, Illumina GA, SOLiD の順に紹介していく。

2.1. 454

Roche社によって販売される454は次世代シーケンサーの中で最も長い歴史をもち，DNA二重らせん構造の解明を行ったJim Watsonの個人ゲノムを読んだ実績をもつ（Wheeler *et al.*, 2008)。454の最大の特徴は読める断片の長さが400 bpと長いことである。400 bpという長さはジデオキシ法に比べても遜色なく，ゲノム情報がまったく未知の高等生物のゲノムを新しく

＊3：市場に出回っているものは他に2種類ある。ハーバード大学が提供する Polonator と Helicos社が提供する HeliScope である。そのうち2009年5月に販売を開始した Polonator（Metzker, 2010）は低コストで，試薬やプロトコルすべてがオープンソースである面から注目するべきシーケンサーであろう。HeliScope は増幅を経ずに“一分子のDNAを”解析する機械である。詳細は**コラム4**参照。

決定することができると期待される（454LifeScience, 2008）。1 回で読める塩基配列の総和は 500 Mbp ほどである。500 Mbp も出力されるなら十分だと考えるかもしれない。ところが実は，ゲノムを決めるという作業はそんなに甘くはない（理由は 3 節で説明する）。454 では DNA の準備にはエマルジョン PCR 法を，配列決定にはパイロシーケンシング法を用いる＊4。

● DNA の準備（エマルジョン PCR）

「DNA の準備」は DNA 配列を増幅するステップである。ジデオキシ法を用いる場合，複数の DNA 断片が混合している場合は配列を決定することは非常に難しいが，これは次世代シーケンサーにおいても同じである。ジデオキシ法においての PCR やプラスミドの調整にあたるのが「エマルジョン PCR」とよばれる作業である。油液中の水滴（もしくは水中の油滴）が安定に存在しているものをエマルジョンとよぶ。エマルジョン中の水滴内で PCR を行うため，エマルジョン PCR とよぶ。

図 2-a で示すように

a）DNA を断片化し，その断片の両端にアダプタープライマー（既知の配列をもった短い DNA 断片）を結合させる。

b）1 つの水滴中に，ビーズと DNA 分子が，たかだか 1 つ含まれるようにエマルジョンを調製し，ビーズに DNA を結合させる。

c）水滴中のビーズについた DNA 断片 1 分子を PCR で増幅させる。

というステップからなる。a）～ c）のステップでできたビーズの一群を「ライブラリー」とよぶ。ライブラリーはそのまま保存しておくことが可能である。454 シーケンサーでは，ライブラリーを構成する約 100 万のビーズひとつひとつについて，同時並列に配列決定を行う。

●配列決定の方法（パイロシーケンシング）

エマルジョン PCR によってビーズの準備ができたら，配列の決定である。まず準備したビーズを 1 つずつの別のホールの中に入れて，固定する。このホールは 454 FLX Titanium では 340 万個ある。340 万個のホール内に入ったビーズはすべて並列に「パイロシーケンシング法」とよばれる方法で塩基配列決定される（図 2-b）。パイロシーケンシング法は 1996 年に Nyren らに

＊4：Roche 社のウェブサイトにはわかりやすく原理を解説した動画があるので，興味がある方はそちらもご参照されたい。http://454.com/products-solutions/multimedia-presentations.asp.

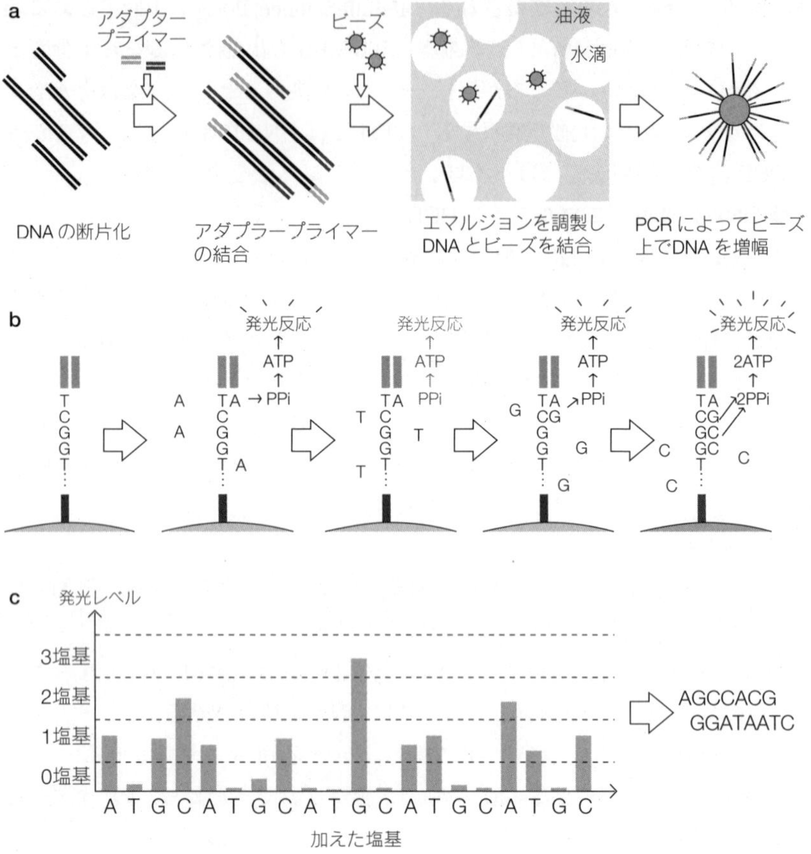

図2　454によるシーケンシング
a：ライブラリーの準備。b：パイロシーケンシングの原理。c：パイロシーケンシングの結果。

よって開発されたもので，DNAポリメラーゼがDNAを合成する際に生じるリン酸（PPi）を利用する（Ronaghi *et al.*, 1996）。まず，ポリメラーゼ反応によって生じたリン酸はスルフリラーゼによってATPに変換される。次にATPはルシフェリンに結合し，発光を示す。ポイントは1回のポリメラーゼ反応を1つの塩基に対してのみ行う点である。たとえば基質にdATPのみを用いると，伸長部位がAのDNAを含むビーズのみが発光する。dATPを洗い流して次の基質……という反応を繰り返していく。入れた基質の情報と，発光したか否かの情報を突き合わせて，配列を決定できる（図 2-c)。

パイロシーケンシング法の最大の問題は，AAA といった同じ塩基が連続する領域における配列決定エラーが起こりやすい点である。A の伸長が 1 回起こった DNA と 2 回起こった DNA ではシグナルが 2 倍異なるので判別ができるが，A の伸長回数が多くなるにつれて判別が難しくなる。たとえば，A の伸長が 7 回起こった DNA と 8 回起こった DNA の区別は容易ではない。このことから 454 では 1 塩基挿入もしくは欠失型の配列決定エラーが起こりやすいことがわかっている。

2.2. Illumina GA

Illumina GA はバイオベンチャー Solexa 社が開発したシーケンサーを Illumina 社が買い取ったもので，Solexa ともよばれる。Illumina GA の特徴は読める DNA 断片の長さが 75 bp と短いが，1 回で読める塩基配列の総和は約 18 Gb と非常に大きいことが挙げられる。75 bp という短い配列を読めても仕方がないのでは？　と思われる方もいるかもしれない。実は，Illumina GA に関しては「すでにゲノムが決定されている生物に対して解析する」ということがある程度前提であり，1000 ドルゲノムプロジェクトの目指す方向性を満たす機械となっている。すでにゲノムが決まっている生物のゲノムを読んだ場合，75 bp がわかれば，ゲノム情報を元に，どの部分の配列かどうかを比較的容易に調べることができる（3.3 参照)。これまでのところ，次世代シーケンサーは主にモデル生物の解析や医科学の分野で利用されている。ゲノム科学を行う研究者だけでなく，広く分子生物学者の中でユーザーが増え続けており，Illumina GA は 2010 年時点では最も普及している次世代シーケンサーであるといえる（Metzker, 2010)。Illumina GA では DNA の準備には「ブリッジ PCR」という方法を用い，配列の解読にはリバーシブルターミネーター（Reversible terminator）法を用いている＊5。

● DNA の準備（ブリッジ PCR）

Illumina GA では 454 のようにビーズは用いず，特殊なガラスのスライドの上に DNA を張りつける，という方法を用いる。スライド上に，1 つの配

＊5：動画サイトにはわかりやすく原理を解説した動画があるので，興味がある方はそちらもご参照されたい。http://www.youtube.com/watch?v=77r5p8IBwJk，http://www.youtube.com/watch?v=HtuUFUnYB9Y.

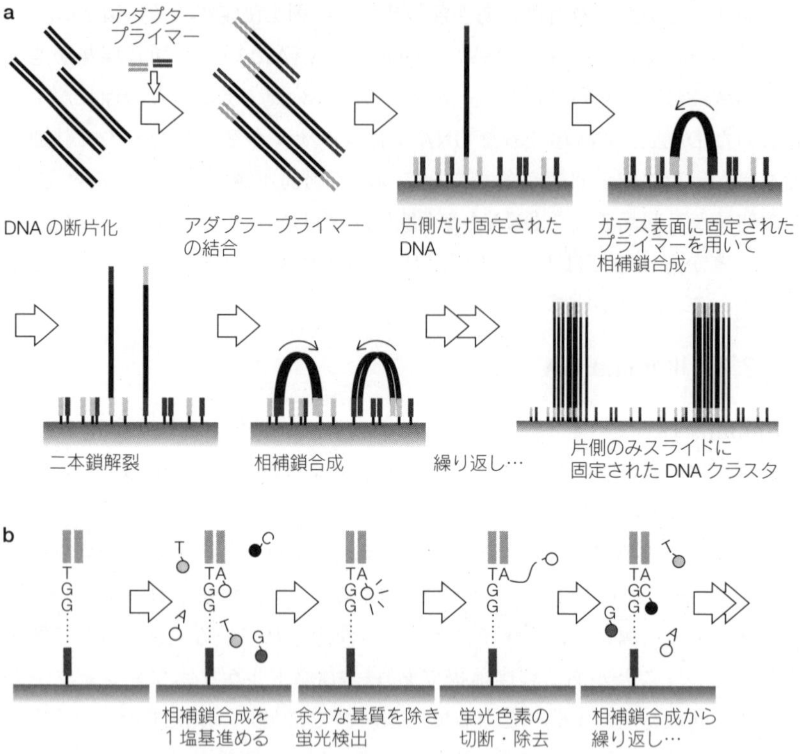

図 3　Illumina GA によるシーケンシング
a：ブリッジ PCR。b：リバーシブルターミネーター法。

列に由来する DNA を高密度に存在させるためにブリッジ PCR という Illumina GA 特有の PCR を行う。図 3-a で示すように

a）DNA を断片化し，その両端にアダプタープライマーを結合させる。
b）表面に多数のプライマー配列を固定化したスライドに，DNA を結合させる。
c）スライド表面のプライマーを利用して，ブリッジをしたような状態の DNA 断片を PCR によって増幅することで，最終的に断片の片側のみスライドに固定された同一配列からなる DNA クラスタを形成する。(ブリッジ PCR)

というステップからなる。

●配列決定の方法（リバーシブルターミネーター法）

リバーシブルターミネーター法はTurcattiらによって開発された，蛍光物質が結合した人工ヌクレオチドを用いることで実現される（Turcatti *et al.*, 2008）。人工ヌクレオチドはA，T，G，Cそれぞれに別の色の蛍光物質（計4色）を結合しており，3' 末端は蛍光物質によってマスクされている。このため，ジデオキシ法の時と同様に，人工ヌクレオチドを用いてポリメラーゼ反応を行うと1塩基だけとりこむとポリメラーゼ反応が停止する。この人工ヌクレオチドが革新的なのは，蛍光（すなわち塩基の種類の情報）を読み取った後，蛍光物質だけをはずすことができる点である。蛍光物質が外れると末端が通常のDNAと同様になり，反応を再開させることができる（Bentley *et al.*, 2008）。したがって,「1塩基だけ反応を進める」→「蛍光を読み取る（反応した塩基の種類を決める)」→「末端の蛍光物質をとる」→「1塩基だけ反応を進める」……という繰り返しにより, 塩基配列を読むことができる（図3-b)。可逆的な（Reversible）末端（Terminator）というのが肝である。化学反応自体は1塩基ごとに停止するので挿入・欠失型の配列決定エラーは起こりにくいが，蛍光分子の取り外しが不完全だった場合に，前の塩基の蛍光を持ち込んでしまうことがあり，塩基置換型の配列決定エラーが生じる可能性が高い。リバーシブルターミネーター方法が454のパイロシーケンシング法と決定的に異なる部分は，パイロシーケンシング法は「発光」を用いるのに対し，こちらは「蛍光」を用いる点である。蛍光は異なる色の蛍光物質を用いて4つの塩基を区別できるという利点がある一方，蛍光を励起するためのレーザーや検出のためのフィルターが必要となるため，454に比べて装置が複雑である。

2.3. SOLiD

SOLiDはヒトゲノムなどを決定するために用いられた「現世代」シーケンサーABI3730を開発したLife Technologies社(旧Applied Biosystems社)によって販売されたシーケンサーで，発売時期は454（2005年)，Illumina GA（2007年）に比べて2008年と比較的遅い。性能としては，読める長さは50 bp程度と短く，出てくる配列が30 Gbp程度と非常に大きい。読める長さは短いが, 出てくる配列は大きいという点はIllumina GAと共通である。SOLiDの用途はIllumina GAと同様に「すでにゲノムが読まれている生物」

についての利用が主である＊6。

●DNA の準備（エマルジョン PCR）

DNA の増幅までは 454 と同様にエマルジョン PCR で行う。エマルジョン PCR については，ビーズの大きさなどを除けば原理的には 454 とまったく同様であり，ライブラリーの保存が可能である。

●配列決定の方法（2 塩基エンコーディング法）

エマルジョン PCR によって作成したビーズの一群は，454 のようにホールに入れずに，Illumina GA のように特殊なスライドの上に固定する。スライド上に固定したビーズに対して「2 塩基エンコーディング（Two-base encoding）法」を用いて並列で塩基配列の決定を行っていく（図 4-b）。2 塩基エンコーディングは，Housby らによって 1998 年に開発された，ポリメラーゼではなくリガーゼを用いる新しいタイプの塩基配列決定法である（Housby & Southern, 1998）。「蛍光物質がついた 8 塩基の DNA 断片（プローブ）を読むべき配列にアニーリングし，リガーゼでプライマーとつなげる」→「結合したプローブの種類を特定するために，蛍光を読み取る」→「プローブを切断して 5' 側の 3 塩基と蛍光物質を取り除く＊7」→「次の 8 塩基のプローブをアニーリング」……というサイクルを繰り返した後，さらに「サイクルの繰り返し」自体も DNA を一本鎖に戻して何度も行うという非常に複雑な工程を経て配列が決定される。詳細は図 4 を見てほしい。この複雑な工程の背景には，Illumina GA が 4 色の蛍光物質を 4 種類の塩基に結合させたのに対して，SOLiD では 4 色の蛍光物質を 16 種類の「3' 末端の 2 塩基のならびが決まったプローブ」に対応させていることがある（図 4-a）。たとえば AA, GG, CC, TT は青，CA, AC, GT, TG は緑，などである。これだけでは配列が一意に決まらないのだが，SOLiD は塩基が既知の配列を直前に読ませることと，1 塩基ずつずらして結合反応を行うことで解決している。

具体的な例で説明しよう。仮に 4 塩基分の配列を読み，青緑青という結果を得たとする。先に述べたように，AA, GG, CC, TT は青，CA, AC, GT, TG

＊6：Life Technologies 社のサイトにはわかりやすく原理を解説した動画があるので，興味がある方はそちらも参照されたい。http://www.appliedbiosystems.com/absite/us/en/home/applications-technologies/solid-next-generation-sequencing/videos-webinars.html.

＊7：プローブの 5 塩基目と 6 塩基目の間をリン酸結合ではなくホスホロチオレート（Phosphorothiolate）結合にしておくことで，銀イオンで特異的に切断している。

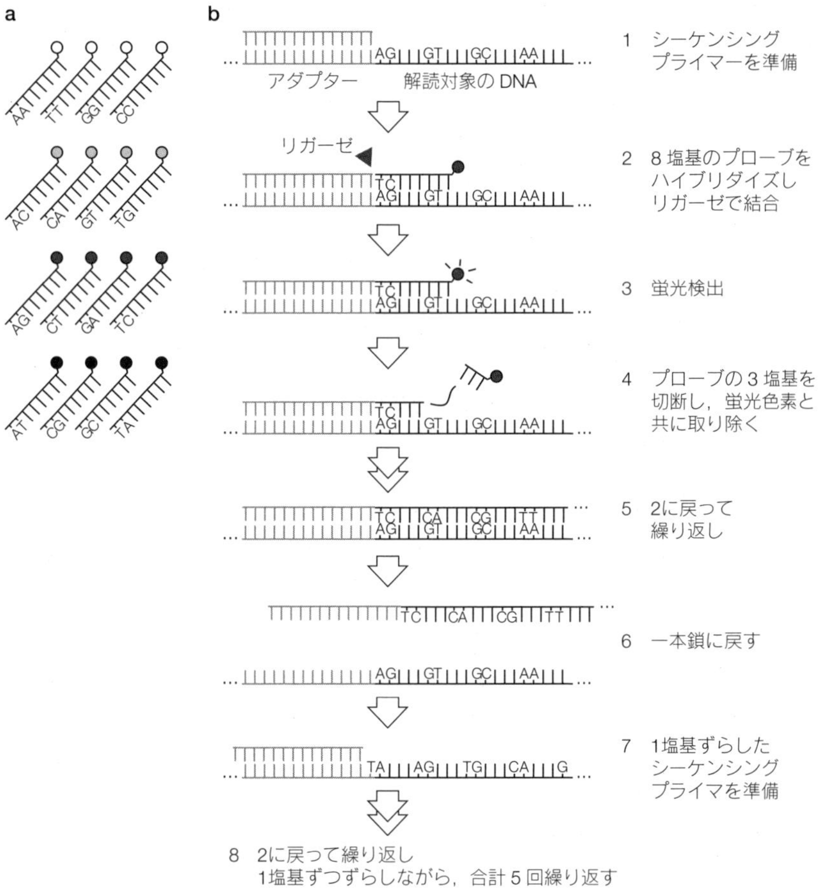

図 4　SOLiD によるシーケンシング
a：16 種類の配列に 4 色の蛍光が対応したプローブ。b：2 塩基エンコーディング法。

は緑とすると，青緑青は AACC, GGTT, CCAA, TTGG という可能性がある。ここではじめの 1 塩基が既知で仮に A だとすると，可能性は AACC の 1 つに絞られるというわけだ。塩基配列との対応がイメージしやすいように 4 色の蛍光の情報を ATGC に置き換える場合の説明をしたが，実際の解析は，4 色の蛍光の情報のままで行われる。例として，リファレンスとなるゲノムが既知の生物において 1 塩基置換を検出する場合を考えてみよう。実際の 1 塩基置換と，シーケンス反応におけるエラーとの判別は頭の痛い問題だ。2

塩基エンコーディング法では，実際に1塩基置換がある場合は，連続する2つの蛍光シグナルに影響する。一方，シーケンス反応におけるエラーは個々の蛍光シグナルごとに低い確率で独立に起こるので，2つ連続して起こることはまれである。そこで，リファレンスとなるゲノム（を4色に置き換えたもの）と比較して2つ連続して一致しない箇所には，1塩基置換があると考えることができる。このように2塩基エンコーディング法では，1つの塩基を2度読む形になっている。そのため，454やIllumina GAに比べて正確性が高いと期待されている。

3. それで，ゲノムは読めるの？（*de novo* ゲノムシーケンシング）

それでは本題である「次世代シーケンサーで簡単にゲノムが解読できるのか？」という問題を取り扱いたい。具体的に，染色体ごとにひと続きになった塩基配列がパッと簡単に手に入るかといえば，答えは基本的に「No」である。次世代シーケンサーで配列をただ読むだけなら（それなりに費用をかければ）まだ難しくはない。しかし次世代シーケンサーから出てくる結果は，ここまでで述べたように大量の短い配列なので，それらを整理し染色体ごとにひと続きにしたものを作らなくてはいけない。このステップにはいまだ大きな困難がある。やはり，新規のゲノム解読は簡単ではないのだ。

ただ，「次世代シーケンサーで“以前よりずっと”簡単にゲノムが解読できるのか？」という問いに関しては間違いなく「Yes」と答えられる。費用ひとつとってもそれは明らかだ。ヒトゲノムを新規に454を使って読むならば約1億円（100万ドル）ですむ。一方，2003年に完了したヒトゲノムプロジェクトの予算は約3兆円（300億ドル）であった。3兆円は国家プロジェクト規模の金額であるが，1億円は科学研究費のプロジェクト規模の金額であることに注意していただきたい。これは，みんなで寄ってたかって1つのゲノムを何とか解読した時代から，それぞれの興味にしたがっていろいろなゲノムを解読できる時代に移ったことを表している。実際，世界中のゲノムセンターが連携して，454をはじめとした次世代シーケンサーを用いて，脊椎動物すべての科の生物のゲノムを決めようという動きはすでに始まっている（Genome 10K Community Of Scientists, 2009）。さらに重要なのは技術革新がまだまだ続くということである。次世代シーケンサーのランニングコストは年々下がっていくと予想され，数人で運営される研究室がある生物種のゲノムを決定する時代は目前であるといえる（本が出版される時点ではもうきているかもしれない）。

以下，まったくゲノム情報がない生物 X のゲノムを新規（*de novo*†）に解読するという状況を例として，次世代シーケンサーを用いた解析の流れを概説する。

3.1. シーケンサーの選択

まず，何はともあれ配列を読まなければ始まらない。では，どの次世代シーケンサーで読むのがよいのだろうか。配列を読むにあたっては読んだ後の解析についても十分に検討したうえで望まなくてはならない。コンピューターで大量の短い配列を整理し，なるべく長くつなげていく操作にはさまざまなアルゴリズムが存在するが（Kasahara & Morishita, 2006），その際に重要なのは「信頼性の高いひとつながりの配列の長さ」と，「配列の量」である。原理の解説のところで述べたが，Illumina GA, SOLiD の 2 つの機種は読める塩基配列の長さが非常に短いが，読める量は多い。一方，454 は読める塩基配列の長さは長いが，読める量は少ない。両者の長所を合わせもったようなシーケンサーは残念ながらまだ開発されていないので，現在のところ両者を組み合わせるのが最も効率的と考えられる。

すなわち，454 による比較的長い配列断片で配列同士をつなぎ合わせつつ，Illumina GA, SOLiD による大量の短い配列断片で量的な不足を補い，精度を上げていくという方法である。ここでは，話を簡単にするために 454 でゲノムが未知の生物 X のゲノムを大まかに読むとしよう。たとえば X のゲノムサイズが 500 Mbp だとする。454 は約 500 Mbp の配列を読める。したがって X のゲノムを読むには 454 で 1 回読めばよい！　というわけにはいかない。

3.2. シーケンスの「深さ（Depth）」

次世代シーケンサーでゲノムを読む場合には「深さ（デプス，Depth）」，「冗長度」という概念がよく用いられる。ゲノムサイズ（読む配列のサイズ）の何倍量の配列データを得たか？　という考え方である。上記の 500 Mbp の生物Xのゲノムを454で1回だけ読むのは「1×」に当たる。454を用いて「1×」の深さで読まれた配列は，ゲノム上から100万か所の数百bpを読んだ状態になっている。ある部分の配列はまったく読めておらず，ある場所は何度も読まれている。そのためゲノムはブチブチに切れた状態でしか解読されていない。さらに，次世代シーケンサーのDNA配列の正確性はジデオキシ法のそれよりも低いと考えられており，1回だけ読めただけでは信頼性のあるデータとはいえない。通常，「信頼性の高いゲノムを決定した」という際には「20×」から「30×」の深さが必要であるとされている。すなわち，Xのゲノムを決めるには454を20～30ランしなくてはならない（454を20ランするには約3000万円ほどの費用がかかる）。

3.3. アセンブル（Assemble）

454 30ランの結果のデータの解析がまた大変だ。次世代シーケンサーは「短い断片」を出力する。その短いDNA断片はDNAの長くつながった染色体に由来している。したがって，次世代シーケンサーで読んだ配列は互いに同一の配列を含むか否かなどの情報をもとにつなぎ合わせて，できる限り1本の染色体に近づけなくてはならない。読めた塩基配列をつなぎ合わせる作業を「アセンブル（Assemble）」とよぶ。

アセンブルの結果できた配列をコンティグ（Contig）†とよぶ。アセンブルの作業にはプログラミングも含めて，コンピュータの扱いに長けた人間が不可欠である。先ほどの生物Xでは，30回454を動かした結果，配列情報だけで15 Gbpの量になる。一般的なパソコンの，いわゆる「メモ帳」では開くことすらできない。アセンブルは配列と配列の情報を照らし合わせてつなげていく作業であり，1つくらいは人間の目でできるかもしれない。ただ，量が尋常ではないので，当然コンピュータープログラムにやらせることになる。次世代シーケンサーのデータのアセンブルを行うためのプログラムは有償，無償問わず多数開発されているが（Flicek & Birney, 2009），それらを使いこなすには，場合によってはUnixの知識が必要となる。また，アセンブルの結果の信頼性の判断も，やはり状況に応じてプログラムを組んで調べることになる。

ソフトを使いこなせても断片がきれいに結合するか*8どうかは未知数だ。たとえば，繰り返し配列が多い領域の結合は容易ではない。本稿では詳しく触れないが，ほぼ一定距離（10 kb など）にある 2 つの配列をペアで解読する方法（メイトペア（mate pair）法）を部分的に用いるなどをして，補完しなければきれいなアセンブルは難しいと考えられている（阿形清和博士，personal communication）。完全に結合した状態のゲノムを求めるのであれば BAC クローンの配列確認などで，次世代シーケンサーのデータを別の方向からサポートすることが必要となる。

3.4. アノテーション，データベース化

アセンブルして，途中にある程度切れ目はあるものの，信頼性のあるコンティグの集まりができたとしよう。これをもってすぐに「X のゲノムが決まりました！」とは言えない。複数の人間が利用できて，自分もほしい情報を取り出すためにはアセンブルした結果をある程度解釈して，注釈づけ（アノテーション†）し，データベース化していく必要がある。たとえば，「ある遺伝子のオーソログ†があるか否かを調べる」ということですら，アセンブルした配列群を生物学的に解釈し，データベースとして扱えないと，結果が非常にわかりにくいものになる。決定したコンティグを対象に遺伝子コード領域を予測するプログラムを走らせて，発見できた遺伝子に番号をつけたり，発現解析の結果からエクソン，イントロンを予測したりする必要がある。特に真核生物を扱う場合，スプライシング（splicing）が起こるために遺伝子の重要なドメインなどが見落とされるケースが多く，「オーソログがあるか？」という問いに対して適切な答えをするには，読めたゲノム DNA の配列だけでは不十分であろう。次世代シーケンサーが出した結果を視覚的に見るための「ゲノムブラウザ」を構築するのも，ゲノム情報を利用する際には非常に有益である。

3.5. 情報解析のインフラの重要性

以上でみてきたように，ゲノムの解読のために必要なものは次世代シーケンサーを動かすための費用ももちろんのこと，情報解析技術が非常に重要で

＊8：新規のゲノムの場合，答えがわからない状態なので何をもって「きれい」とするかが難しいという問題もある。現状はコンティグの平均長や N50 値（コンティグ長を長い順に足していき，ゲノム全体の長さの 50% を超えた時のコンティグ長）が長い結果をよしとしていることが多い。

あることがわかる。今後シーケンシング技術の開発が進めば「DNAの塩基配列を読む」という操作にかかる費用は飛躍的に小さくなることが予想される。今後のボトルネック[†]はアセンブルソフトとその実行に必要な大容量メモリー，アノテーション付け・データベース化の技術，そしてデータの保存などの情報解析のインフラになると想像される。実際，「個人ゲノム情報をもとにした医科学研究」にはPetaバイトスケール（Petaは，Teraの1,000倍，Gigaの1,000,000倍）のデータの可視化，解釈が必要と言われており（Cochrane *et al.*, 2009），大規模のゲノム情報を保管する設備・システムづくりが急務である。

3.6. 適切な生物Xの選定

以上「次世代シーケンサーで“比較的”簡単になったゲノム決定」について概説した。実際にゲノムを決定することになると，最も重要な決断を生物学者はしなくてはならない。その決断いかんで決定は簡単にも困難にもなる。すなわち，「どの生物種のゲノムを読むか？」である。倍数化している生物のゲノムを決定するのは大変困難である。ある配列に「似たような配列」が必ず存在することが，アセンブルの作業を困難にする。また，純系化されていない（できない）生物のゲノムを決定するのも難しい。ゲノムにヘテロな座位が多くあると，アセンブルの際に多くの情報が必要になる。また，ハプロタイプ（それぞれのアリルが相同染色体のどちらに属するか）を判別することは困難を極める（阿形清和博士，personal communication）。

一方，すでにゲノムが決定している生物の近縁種のゲノムを決定することは行いやすいはずである。もちろん“近縁種”にもいろいろとあるので一概には言えないし，結局のところ現段階では「ケースバイケース」と書く方が公平である。しかしながら，近縁種のゲノム情報を参照できることは，アセンブルの作業にもデータベース化の作業にも有利にはたらく。

もちろん，原点に立ち返れば，「生物学的に面白い特徴をもつ生物である」ということが，ゲノム決定の困難さよりもよほど重要であるが，生物種によってゲノム決定の困難さが大きく異なるという事実は心に留めておく必要がある。

3.7. トランスクリプトーム解析

ある生物で用いられている転写産物の総体を「トランスクリプトーム」とよぶ。遺伝子は転写されて初めて機能するので，遺伝子産物に興味がある生物学者にとって，「ゲノム」を決めることより「トランスクリプトーム」を決定することが大事な場面も多々ある。次世代シーケンサーを用いたトランスクリプトームの新規の配列決定には，ゲノムに比べて楽な点，困難な点がそれぞれ存在する。楽な点の1つには「ゲノムのように長い断片をアセンブルする必要がない」ということが挙げられる。mRNA は長くても 15 kb 程度であり，つなげなくてはならない配列の長さは短い。実際，樹木において，標準化した cDNA ライブラリの塩基配列を読むことで新規にアセンブルを行い，多くの遺伝子や多型の同定を行った例もある（Parchman *et al.*, 2010）。一方，困難をもたらす要因としては，遺伝子ごとに発現量が大きく異なっていること，重複遺伝子やスプライシングバリアントの存在などがある。どこまで知りたいか？　という目的の設定で，その後の解析の難しさも変わってくるだろう。

ゲノムやトランスクリプトームの配列情報が明らかになれば，次は転写量や，エピジェネティックな状態（たとえば DNA のメチル化の程度）などが知りたくなるかもしれない。このような量的な情報は，それぞれの配列が独立にいくつの断片として読まれたかということから得られる。配列断片の数を数えるという発想で定量するため，信頼性のある結果を得るためにはそれなりの数の配列断片を読む必要がある。発現の高い遺伝子に関しては読んだ配列断片が少なくてもそれなりの情報が得られるが，発現の低い遺伝子に関してはより多くの配列断片を読まないと信頼性のある結果は得られない。現行のマイクロアレイと同等以上の定量精度を達成するには，（一概には言えないが目安として）サンプルあたり概ね 10^7 個の配列断片を読む必要がある。これは Illumina GA の1レーン（1ランは8レーンからなる）から得られる断片数とほぼ等しい（Mortazavi *et al.*, 2008; Bloom *et al.*, 2009）。このため，今のところ遺伝子発現の定量に関してはマイクロアレイに比べるとやや割高になる。しかしながら，あらかじめプローブを設計する必要がないということや，DNA メチル化†の高解像度での同定，アリル特異的な発現の定量など，次世代シーケンサーが有利な点は数多くあり，またコストは日々低下しているので，徐々に置き換わっていく可能性が高いだろう（第11章も参照）。

3.8. モデル生物でのリシーケンス（re-sequence）

3.1.，3.2. では未知の生物種Xの「ある1個体の」ゲノムやトランスクリプトームを「新規に」決定することを取り扱ってきた。次のステップとして複数個体の情報を得られると，比較や集団遺伝学的な解析，関連解析を行うことができる。決定済みのゲノム配列（リファレンス配列）に，別の個体や別の系統から得た塩基配列を貼りつけていく作業はマッピング（mapping）とよばれる。マッピングをゲノム全体で行って，別の個体や別の系統のゲノムを再構成していく作業は「リシーケンス」とよばれる（厳密にはゲノムを決定しているわけではない）。新規に（*de novo* に）決定する場合として454という選択肢しか解説しなかったが，「リシーケンス」では1塩基あたり配列決定コストが安い Illumina GA，SOLiD が大活躍する。マッピングは決定済みの配列に対して短い断片を貼りつけていくとはいえ，マッピング用プログラムのパラメータによって結果が変化する場合も往々にしてある。同じ配列が繰り返す領域や，塩基置換が続く領域などでは，特に注意深く結果を検討する必要がある。

リシーケンスの得られる情報は，塩基置換や挿入・欠失など，参照配列からの変異の情報ということになる。この時，配列の解析上の問題から，塩基置換より挿入欠失変異の同定が難しい。特に大きな挿入や転座などはメイトペア法を併用しないと同定が困難である。リシーケンスとはいえそれなりの深さで読む必要があるため，多数のサンプル数で行うことはコストの面で難しいかもしれない。その場合，興味がある領域が絞られているなら，目的の領域のDNAのみを抽出する手法（targeted capture や target-enrichment とよばれる）が使える可能性がある。ただ，現状ではその実験コスト自体がそれなりに高い（1実験あたり10万円程度）。たとえばヒトやトウモロコシのように遺伝子間領域が広大なゲノムから，エクソン部分だけを濃縮してリシーケンスする場合には有効だろう（Mamanova *et al.*, 2010）。

4. 次世代シーケンサーを“使う”には

4.1. 次世代シーケンサーを買う？

シーケンサーの装置自体の値段，そしてランニングコストなどを考えると「シーケンサーを買う」という選択肢は資金がよほど潤沢な場合以外には現実的ではないだろう。また，大型機械の常として，設置場所や“お守り役”の確保の問題もある。そのため，現状では各研究室単位ではなく，研究所や大学の共同利用機器として購入されている場合が多い。

4.2. 共同利用や受託解析

日本では，理化学研究所オミックス基盤研究領域 Life Science Accelerator 構築グループ連携促進室で 454, Illumina GA, SOLiD の 3 つの次世代シーケンサーの共同利用申請が可能である。他にも基礎生物学研究所では SOLiD の利用申請が可能である。こういった施設は今後増えてくると考えられるので，多くの場合は共同利用申請する方が安上がりだろう。受託解析を行う企業も存在するので，ケースに合わせて柔軟に使い分けられればと思う。

ちなみに，世界的にみると中国の BGI，イギリスのサンガーセンター，アメリカのワシントン大学ゲノムセンターなどには「数十台」の単位で次世代シーケンサーが入っている。このような規模のゲノムセンターは日本にはない。これらのセンターは設備とともに，多数のバイオインフォマティシャンも有しており，常にさまざまな生物のゲノムを読める体制が整っている。場合によっては共同研究の可能性もあるかもしれない。BGI の Yang Huanming 所長は「面白いプロジェクトであれば費用を全額 BGI でもつこともありうる」とコメントしている（Cyranoski, 2010）。また，企業に受託解析を依頼する場合でも海外の方が安い場合もある。

結びにかえて

生物の遺伝情報が DNA に含まれているという事実から，DNA の塩基配列決定技術は生物学の根幹を支える技術であるといえる。過去に 3 度，世界規模で DNA の配列決定技術開発が行われている。1 つ目は DNA 配列を決定すること自体を目的としたもの。2 つ目は Human Genome Project の黎明期，3 つ目は「個人ゲノム」の情報を医学に利用する機運が高まった

2004年から現在にかけてである。その時代，時代によって多くのDNA塩基配列決定技術が開発され，そして消えていった。本原稿を書いている2010年現在もDNA塩基配列決定技術開発の“生存競争”の真っただ中である。いずれはHuman Genome Projectの際のABI 3730 Automation sequencerのような「Golden Standard」が確立されるかもしれないが，本稿は2010年2月時点での「途中経過の報告」でしかないことをご容赦いただきたい。

現実問題として，日進月歩の情報についていくのは大変だ。また，論文や各社の公式情報ではなかなか実際のところがつかみにくい部分がある。そこで，SEQanswers（http://seqanswers.com/）などのコミュニティサイトでの情報収集が有用だろう。まだ始まったばかりだが，日本語で読めるコミュニティサイトとして，次世代シーケンサー現場の会（http://ngs-field.org/）もある。

最後に，次世代シーケンサーの最新の状況について教えていただいた，阿形清和博士（京都大学）と川原善浩博士（農業生物資源研究所）に深く御礼申し上げる。

2011年1月，補足

本稿執筆時より各機種ともバージョンアップや後継機種投入が進められ，性能が向上している。たとえば，454 Genome Sequencer FLX Titaniumは2010年中に約1000塩基／リードとなる見込みと発表されていた。Illumina GAの後継機種はHiSeq 2000と名づけられ，100塩基／リード，20億リード／ランの性能となっている。Life Technologiesは日立ハイテクノロジーズ社と共同で，より使いやすく，性能も向上させた5500 SOLiD xlを開発した。一方で1ランあたりのリードを減らす代わりに，コストを下げ，使い勝手を向上させる改善も進められている。454 Genome Sequencer FLXの縮小版ともいえるGS juniorは，1ランあたりのリード数を10分の1として，本体価格，ランニングコストを低く抑えている。同様にIlluminaもMiSeqと名づけられた小型機を発売している。HiSeq 2000，5500 SOLiD xlには，それぞれランあたりのリード数が半分の，HiSeq 1000，5500 SOLiDという機種も用意されている。また，HiSeq 1000，5500 SOLiDは1ランの中でそれぞれ8，6サンプルを独立のレーンとして解析できる。さらに，サンプルごとに異なった数塩基のインデックス配列を付加したものを混ぜてシーケンスすることで，1レーンで複数サンプルを区別しつつ解析する技術もある(Muliplexing, Indexingなどとよばれる)。1サンプルあたりのリード数が少なくてよい用途なら，上手く利用すれば，コストを抑えて多サンプルの処理が可能だろう。

引用文献

454LifeScience. 2008. 454 Life Sciences Launches the GS FLX Titanium Series Reagents, Effectively Replacing Traditional Sanger Sequencing. 454 Life Sciences press releases.

Bentley, D.R., Balasubramanian, S., Swerdlow, H.P., Smith, G.P., Milton, J., Brown, C.G., Hall, K.P., Evers, D.J., Barnes, C.L., Bignell, H.R., Boutell, J.M., Bryant, J., Carter, R.J., Keira Cheetham, R., Cox, A.J., Ellis, D.J., Flatbush, M.R., Gormley, N.A., Humphray, S.J., Irving, L.J., Karbelashvili, M.S., Kirk, S.M., Li, H., Liu, X., Maisinger, K.S., Murray, L.J., Obradovic, B., Ost, T., Parkinson, M.L., Pratt, M.R., Rasolonjatovo, I.M., Reed, M.T., Rigatti, R., Rodighiero, C., Ross, M.T., Sabot, A., Sankar, S.V., Scally, A., Schroth, G.P., Smith, M.E., Smith, V.P., Spiridou, A., Torrance, P.E., Tzonev, S.S., Vermaas, E.H., Walter, K., Wu, X., Zhang, L., Alam, M.D., Anastasi, C., Aniebo, I.C., Bailey, D.M., Bancarz, I.R., Banerjee, S., Barbour, S.G., Baybayan, P.A., Benoit, V.A., Benson, K.F., Bevis, C., Black, P.J., Boodhun, A., Brennan, J.S., Bridgham, J.A., Brown, R.C., Brown, A.A., Buermann, D.H., Bundu, A.A., Burrows, J.C., Carter, N.P., Castillo, N., Chiara E Catenazzi, M., Chang, S., Neil Cooley, R., Crake, N.R., Dada, O.O., Diakoumakos, K.D., Dominguez-Fernandez, B., Earnshaw, D.J., Egbujor, U.C., Elmore, D.W., Etchin, S.S., Ewan, M.R., Fedurco, M., Fraser, L.J., Fuentes Fajardo, K.V., Scott Furey, W., George, D., Gietzen, K.J., Goddard, C.P., Golda, G.S., Granieri, P.A., Green, D.E., Gustafson, D.L., Hansen, N.F., Harnish, K., Haudenschild, C.D., Heyer, N.I., Hims, M.M., Ho, J.T., Horgan, A.M., Hoschler, K., Hurwitz, S., Ivanov, D.V., Johnson, M.Q., James, T., Huw Jones, T.A., Kang, G.D., Kerelska, T.H., Kersey, A.D., Khrebtukova, I., Kindwall, A.P., Kingsbury, Z., Kokko-Gonzales, P.I., Kumar, A., Laurent, M.A., Lawley, C.T., Lee, S.E., Lee, X., Liao, A.K., Loch, J.A., Lok, M., Luo, S., Mammen, R.M., Martin, J.W., McCauley, P.G., McNitt, P., Mehta, P., Moon, K.W., Mullens, J.W., Newington, T., Ning, Z., Ling Ng, B., Novo, S.M., O'Neill, M.J., Osborne, M.A., Osnowski, A., Ostadan, O., Paraschos, L.L., Pickering, L., Pike, A.C., Chris Pinkard, D., Pliskin, D.P., Podhasky, J., Quijano, V.J., Raczy, C., Rae, V.H., Rawlings, S.R., Chiva Rodriguez, A., Roe, P.M., Rogers, J., Rogert Bacigalupo,

M.C., Romanov, N., Romieu, A., Roth, R.K., Rourke, N.J., Ruediger, S.T., Rusman, E., Sanches-Kuiper, R.M., Schenker, M.R., Seoane, J.M., Shaw, R.J., Shiver, M.K., Short, S.W., Sizto, N.L., Sluis, J.P., Smith, M.A., Ernest Sohna Sohna, J., Spence, E.J., Stevens, K., Sutton, N., Szajkowski, L., Tregidgo, C.L., Turcatti, G., Vandevondele, S., Verhovsky, Y., Virk, S.M., Wakelin, S., Walcott, G.C., Wang, J., Worsley, G.J., Yan, J., Yau, L., Zuerlein, M., Mullikin, J.C., Hurles, M.E., McCooke, N.J., West, J.S., Oaks, F.L., Lundberg, P.L., Klenerman, D., Durbin, R., and Smith, A.J. 2008. Accurate whole human genome sequencing using reversible terminator chemistry. *Nature* **456**, 53-59.

Bloom, J.S., Khan, Z., Kruglyak, L., Singh, M., and Caudy, A.A. 2009. Measuring differential gene expression by short read sequencing: quantitative comparison to 2-channel gene expression microarrays. *BMC Genomics* **10**, 221.

Cochrane, G., Akhtar, R., Bonfield, J., Bower, L., Demiralp, F., Faruque, N., Gibson, R., Hoad, G., Hubbard, T., Hunter, C., Jang, M., Juhos, S., Leinonen, R., Leonard, S., Lin, Q., Lopez, R., Lorenc, D., McWilliam, H., Mukherjee, G., Plaister, S., Radhakrishnan, R., Robinson, S., Sobhany, S., Hoopen, P.T., Vaughan, R., Zalunin, V., and Birney, E. 2009. Petabyte-scale innovations at the European Nucleotide Archive. *Nucleic Acids Reserch* **37**, D19-25.

Cyranoski, D. 2010. Chinese bioscience: The sequence factory. *Nature* **464**, 22-24.

Flicek, P., and Birney, E. 2009. Sense from sequence reads: methods for alignment and assembly. *Nature Methods* **6**, S6-S12.

Frazier, M.E., Johnson, G.M., Thomassen, D.G., Oliver, C.E., and Patrinos, A. 2003. Realizing the potential of the genome revolution: the genomes to life program. *Science* **300**, 290-293.

Genome10KCommunityOfScientists. 2009. Genome 10K: a proposal to obtain whole-genome sequence for 10,000 vertebrate species. *Journal of Heredity* **100**, 659-674.

Housby, J.N., and Southern, E.M. 1998. Fidelity of DNA ligation: a novel experimental approach based on the polymerisation of libraries of oligonucleotides. *Nucleic Acids Reserch* **26**, 4259-4266.

InternationalHumanGenomeSequencingConsortium. 2004. Finishing the euchromatic sequence of the human genome. *Nature* **431**, 931-945.

Kasahara, M., and Morishita, S. 2006. LARGE-SCALE GENOME SEQUENCE PROCESSING. (Imperial College Press).

Mamanova, L., Coffey, A.J., Scott, C.E., Kozarewa, I., Turner, E.H., Kumar, A., Howard, E., Shendure, J., and Turner, D. J. 2010. Target-enrichment strategies for next-generation sequencing. *Nature Methods* **7**, 111-118.

Metzker, M.L. 2010. Sequencing technologies - the next generation. *Nature Reviews Genetics* **11**, 31-46.

Mortazavi, A., Williams, B.A., McCue, K., Schaeffer, L., and Wold, B. 2008. Mapping and quantifying mammalian transcriptomes by RNA-Seq. *Nature Methods* **5**, 621-628.

NIH. 2004. REVOLUTIONARY GENOME SEQUENCING TECHNOLOGIES - THE $1000

GENOME. NIH grant RFA-HG-04-003.

Parchman, T.L., Geist, K.S., Grahnen, J.A., Benkman, C.W., and Buerkle, C.A. 2010. Transcriptome sequencing in an ecologically important tree species: assembly, annotation, and marker discovery. *BMC Genomics* **11**, 180.

Ronaghi, M., Karamohamed, S., Pettersson, B., Uhlén, M., and Nyrén, P. 1996. Real-time DNA sequencing using detection of pyrophosphate release. *Analytical Biochemistry* **242**, 84-89.

Turcatti, G., Romieu, A., Fedurco, M., and Tairi, A.P. 2008. A new class of cleavable fluorescent nucleotides: synthesis and optimization as reversible terminators for DNA sequencing by synthesis. *Nucleic Acids Research* **36**, e25.

Wheeler, D.A., Srinivasan, M., Egholm, M., Shen, Y., Chen, L., McGuire, A., He, W., Chen, Y.J., Makhijani, V., Roth, G.T., Gomes, X., Tartaro, K., Niazi, F., Turcotte, C.L., Irzyk, G.P., Lupski, J.R., Chinault, C., Song, X.Z., Liu, Y., Yuan, Y., Nazareth, L., Qin, X., Muzny, D.M., Margulies, M., Weinstock, G.M., Gibbs, R.A., and Rothberg, J.M. 2008. The complete genome of an individual by massively parallel DNA sequencing. *Nature* **452**, 872-876.

コラム4 次世代の先にあるもの 超高速シーケンシングを目指して

永野　惇（京都大学生態学研究センター）

いわゆる次世代シーケンサーが市場にあらわれてから数年が経過し，ある程度のところまでは普及が進んだ。それにともなって，改善されるべき問題点も意識されるようになってきている。たとえば，ランニングコストの高さや，機器価格の高さ，ラン*1時間の長さ，実験操作・前処理の複雑さ，リード*1の短さ，出力データの取り扱いの難しさなどが挙げられるだろう。このような次世代シーケンサーの問題点は，次々世代のシーケンサーによって解決されると期待されている。"次々世代"シーケンサーの中には，すでに発売されているもの，発売秒読みの段階にあるものもある。一方で，技術開発はますます加速しており，超高速シーケンシングを実現する可能性のある新技術が次々と報告されている。次々世代以降のシーケンサーは，第3世代シーケンサー*2，第4世代シーケンサー*2，一分子シーケンサー*2などさまざまな名称でよばれている。それらのすべてを紹介することは，とても著者の手に負えない。仮に手を尽くして網羅的なリストを作成したとしても，今後も新技術が次々と発表され，あっという間にそのリストは古くなってしまうだろう。そこで，本稿では，いくつかのシーケンサーの紹介を通じて，メリット，デメリットや今後の見通しを述べることとする。

HeliScope：初めて市販された一分子シーケンサー

Helicos BioSciences Corporation 社の HeliScope は，市販品として初の一

＊1：ラン（run）はシーケンサーによる1セットの解析。リード（read）は一続きで読まれた配列断片。リード長はその長さ。

＊2：何をもって第3世代，第4世代とするかは諸説ある。詳しくは，Schadt によるレヴュー（Schadt *et al.*, 2010）や，Genaris 社のウェブサイトなど http://www.genaris.co.jp/GOC_sequencer_summary.htm を参照されたい。

分子シーケンサーである。そもそも，一分子シーケンサーとよばれる機器は，何が一分子なのだろうか。たとえば，454 であっても，エマルジョン PCR の鋳型となるのは一分子の DNA なので（第 12 章参照），一分子シーケンサーとよんでもよさそうな気がする。しかしながら実際には，一分子シーケンサーとはよばれない。必ずしも統一された定義があるわけではないので，ここでは配列情報の読み出し段階で一分子に由来したシグナルを検出するものを一分子シーケンサーとしよう。

HeliScope は，基質平面に固定された短い DNA 断片に対して，相補鎖を 1 塩基ずつ合成，蛍光検出を繰り返し配列情報を得ていく。原理的には，Illumina GA のリバーシブルターミネーター法に似た方法といえるだろう（第 12 章参照）。Illumina GA では基質に固定後，ブリッジ PCR によって増幅した DNA 分子集団を対象にシーケンス反応を行うのに対して，HeliScope では増幅せずに，1 分子の DNA に対してシーケンス反応を行う。通常，1 分子の蛍光物質に由来するシグナルは非常に弱いためノイズとの弁別が困難であるが，基質表面の化学処理やシーケンス反応の最適化，全反射顕微鏡（TIRF）による蛍光検出などによって，これを可能にしている（Thompson & Steinmann, 2010）。Helicos BioSciences Corporation 社の文献によると，実際のシーケンス性能は，約 35 塩基／リード，1G リード／ランほどである（Thompson & Steinmann, 2010）。2010 年 12 月時点で，HeliScope はウィルスゲノム（Harris *et al.*, 2008），バクテリアゲノム（Hart *et al.*, 2010），ヒトゲノム（Pushkarev *et al.*, 2009）のリシーケンス，酵母やマウス ES 細胞，iPS 細胞のトランスクリプトーム解析（Lipson *et al.*, 2009; Ozsolak *et al.*, 2009; Ozsolak *et al.*, 2010a; Ozsolak *et al.*, 2010b），ChIP-Seq 解析＊3（Goren *et al.*, 2010）に用いられた報告がある。

1 分子シーケンシングのメリットとしてよく挙げられるものの 1 つに，シーケンシングバイアスの低減がある。次世代シーケンサーでは，PCR をベースとした反応などによって検出可能なレベルまで増幅を行う。この際，配

＊3：ChIP（クロマチン免疫沈降）とは，ヒストンの修飾などを調べる際に用いられる手法。調べたい修飾を受けたヒストンに特異的な抗体を用いて，その抗体と結合する染色体断片を抽出する。抽出されてくるかどうかを調べることで，目的の染色体領域でヒストンが修飾を受けているかどうかを知ることができる。ChIP-Seq 解析は抗体によって抽出されてきた染色体断片を次世代シーケンサーなどで片端から読むことで定量する方法。

列のGC含量などさまざまな要因によって，増えやすいもの，増えにくいものが存在する。そのため，たとえばゲノム配列を決定したい場合も，何度も読まれる部分と，ほとんど読まれない部分が出てきてしまい，その違いは，時に100倍以上にもなる。一方で，一分子シーケンサーでは増幅反応を経ずにシーケンスを行うので配列のGC含量などに影響を受けにくく，ゲノム全体にわたって比較的偏りなく読むことができるとされている（Hart *et al.*, 2010）。

トランスクリプトーム解析に関しても，1分子シーケンサーならではのメリットがある。HeliScopeでダイレクトRNAシーケンシングという方法を用いれば，従来法より正確に，ごく微量のRNAからトランスクリプトーム解析を行うことができると主張されている（Lipson *et al.*, 2009; Ozsolak *et al.*, 2009; Ozsolak *et al.*, 2010a; Ozsolak *et al.*, 2010b）。ダイレクトRNAシーケンシングでは，基質平面上にオリゴdT分子（Tのみからなる短いDNA分子）を固定したものを用いる。そこにサンプルRNAをハイブリダイズすることで，3' 末端にpoly A配列をもったRNAを基質平面上に固定し，それに対して逆転写酵素を用いて一分子シーケンシングを行う（最近発表されたプロトコルでは，基質平面上で一度合成したcDNAを鋳型にして，一分子シーケンシングを行っている（Ozsolak *et al.*, 2010b））。主としてmRNAの3' 末端付近の配列が得られると期待され，それを数えることで各遺伝子の発現量を定量する。必要なサンプルRNA量はごく少なく，250 pgで可能と報告されている（Ozsolak *et al.*, 2010a）。実際，1000細胞分のRNAを用いた実験でも，良好な再現性が示されている（Ozsolak *et al.*, 2010b）。また，次世代シーケンサーによる解析に比べて，定量性が高いとされている。ChIP-Seq解析への応用に関しても，トランスクリプトームの場合と同様のメリットが期待されるだろう（Goren *et al.*, 2010）。

一分子であるがゆえのデメリットも存在する。特に重要なものは，塩基あたりの配列決定エラー率の高さであろう。次世代シーケンサーではある1塩基の配列読み出しに際して，多数の分子に由来するシグナルを検出する。そのため，その中の1分子でシーケンス反応に失敗していても，検出されるシグナルには致命的な影響を及ぼさないと考えられる。しかしながら，1分子シーケンサーでは，その1分子でシーケンス反応に失敗することは，結果に致命的な影響を及ぼす。シーケンス反応も化学反応である以上，一定の確率での失敗は避けられない。HeliScope における 1 塩基あたりのエラー率は 2 ～ 7% と報告されており（Harris *et al.*, 2008），これは次世代シーケンサーの 1 塩基あたりのエラー率より 1 桁以上高い値である（Li & Wang, 2009）。エラー率が高くなると，得られたリードの中で実際にデータとして利用できる割合が低くなる。特に短いリードにおいてエラーがある場合，ゲノムの対応する部分を特定できなくなり，そのリードはまったく無駄になってしまう可能性が高まる。そこで対策として，HeliScope では同じ分子を 2 回繰り返して読む方法が提案されており，これを用いれば 1 塩基あたりのエラー率を 1% 以下に抑えることができる（Harris *et al.*, 2008）。

PacBIO　RS：一分子リアルタイムシーケンシング

Pacific Biosciences 社の PacBio RS は，次世代シーケンサーとはまったく異なった原理のシーケンシング方法を用いた一分子シーケンサーである（Eid *et al.*, 2009）。同じく一分子シーケンサーを標榜する HeliScope は従来の次世代シーケンサーと近い原理の方法を用いているので，対照的といえる。PacBio RS のシーケンシング方法は，一分子の DNA 合成反応をリアルタイムで見るというところから，一分子リアルタイムシーケンシングと名づけられている。シーケンシング反応は，アルミにあいた直径数十 nm の穴（ウェル）の中で行われる（図 1-a）。ウェルの底はガラスになっており，そこに固定された 1 分子の DNA ポリメラーゼが，鋳型となるサンプル DNA と，塩基ごとに異なる色の蛍光色素で標識されたヌクレオチド（dNTP）を用いて DNA 合成反応を行う。この DNA 合成反応は細かく見ると，① dNTP の DNA ポリメラーゼへの取り込み，② dNTP の分解と DNA への結合，③ DNA ポリメラーゼが次の塩基への移動という過程の繰り返しによって進行する。この時，①で DNA ポリメラーゼにとり込まれた蛍光色素つきの dNTP はウェル底面の近傍に一定時間留まることになり，その間，それぞれの塩基に対応した蛍光を発する。この蛍光を検出することで，合成されていく塩基をリアルタイムに知ることができる仕組みである。さらに，dNTP の蛍光色素はリン酸基の先に結合しているため，②の過程において切り離される。そのため，②③の間には蛍光がない時間が生じ，同じ塩基が続く場合でも 1 塩基ずつを見分けることができる（図 1-b）。

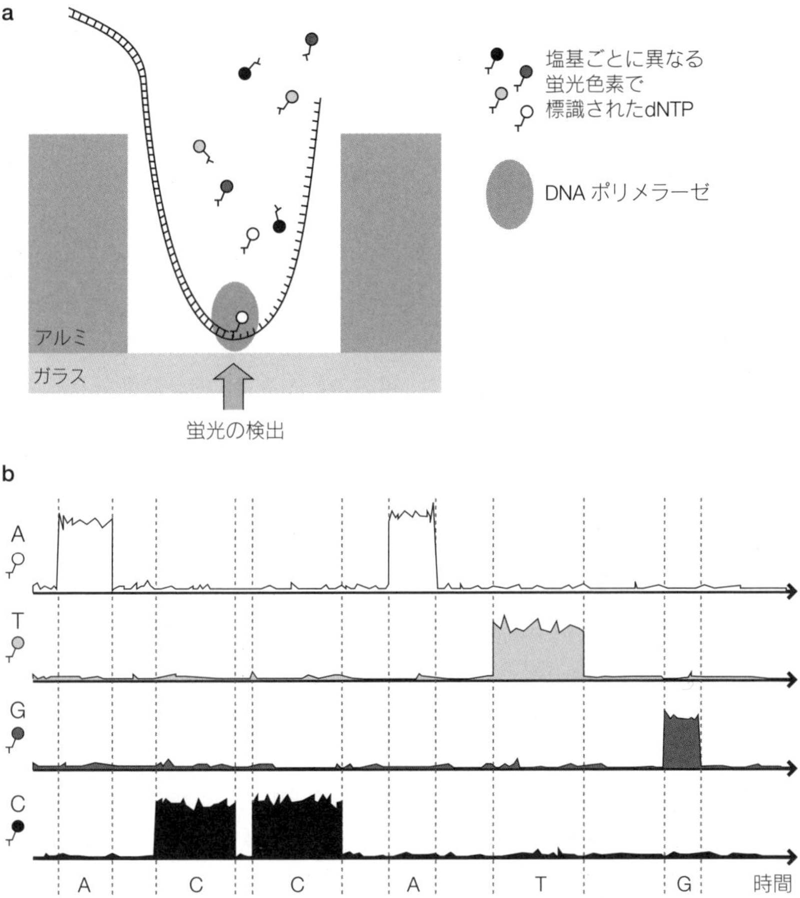

図 1　PacBio RS シーケンサーの原理
a：直径数十 nm の穴の底に固定された DNA ポリメラーゼが DNA を合成していく際の蛍光を底面から検出する。b：蛍光色素ごとのシグナル。同じ塩基が続く場合でも，間に蛍光の見られない時間が生じるため，それぞれを区別することができる。

実際のシーケンシングには消耗品として指の先ほどの大きさのチップを用いる。試作機では 1 つのチップに 45000 ウェルが搭載されている（一般発売版では 75000 ウェルになる見込み）。なお，各ウェルへの DNA ポリメラーゼの固定は，現状では 1 分子ずつ完全に制御できるわけではなく，ポアソン分布に従う確率的なプロセスとして行われる（Korlach *et al.*, 2010）。そのため，（0でも2でもなく）1分子のDNAポリメラーゼが固定されるのは多くとも半分程度のウェルになると見込まれる。各ウェルの配列決定の速度は，約2～4 bp/secと報告されており，並列性を考えなければ，これまで実用に供されているどのシーケンサーと比べても桁違いの速さである。1リードの長さは，長いものでは連続して数千塩基にも及ぶと報告発表されている。これは，いわゆるショートリードの次世代シーケンサーよりはるかに長いだけでなく，ジデオキシ法のシーケンサーよりも長い。1リードが長くなれば，反復配列など従来のシーケンサーが苦手とする配列の解読に役立つだろう。また，シーケンシング反応が非常にシンプルであるため，前処理・実験操作が簡単になると期待される。さらに，現在のところ具体的な結果が公表されているのは，DNAポリメラーゼを用いたDNAシーケンシングのみであるが，代わりに逆転写酵素を用いればRNAシーケンシングが可能であると発表されている。

2010年2月，コールドスプリングハーバー研究所やワシントン大学のゲノムセンター，農薬・種苗会社のモンサント社など北米10機関への試作機納入決定が発表された（Pacific Biosciences, 2010a）（同じ発表で，2010年後半に一般発売予定とされていたが，2011年前半に延期されたようだ）。また，Expression Analysis社はPacBio RSを用いた受託解析を行う予定であるとの発表を行っている（http://www.expressionanalysis.com/）。

一方で，Pacific Biosciences社との共同研究として，すでにいくつかのプロジェクトでPacBio RSが使用されつつあるようである。そのうちのひとつ，ハイチで流行しているコレラ菌（*Vibrio cholerae*）のゲノム決定が，2010年12月9日にオンラインで発表された（Chin *et al.*, 2011）。この論文の著者の1人であるJohn Mekalano博士によると，Pacific Biosciences社がサンプルDNAを受け取ったのが11月10日で，その2日後の11月12日には結果が出ていたとのことである（Pacific Biosciences, 2010b）。この論文中で，平均リード長667～954塩基，（一読みでの）配列決定精度81.0～83.2%，総リードの5%で1871～2857塩基以上のリード長という数字が実際の性能として報告されている（Chin *et al.*, 2011）。ここからもわかるように，HeliScopeと同様，塩基あたりのエラー率が高い。そこで対策としてPacBio RSでは，環形にしたDNAをシーケンシングに用い，同じ配列を複数回読むことで精度を向上させる方法が用いられている（Travers *et al.*,

2010)。

従来の次世代シーケンサーとは質的に異なる利点として，メチル化などのDNA修飾の直接検出がある。PacBio RSにおける一分子リアルタイムシーケンシングでは，DNA合成反応の進行速度の情報が詳細に得られるという特徴を利用して検出を行う。これまでの研究から，メチル化シトシンなどの修飾塩基では修飾の有無によって合成速度が異なることがわかっている。この違いを検出することで，バイサルファイト処理（**コラム1参照**）などの下処理なしに直接DNAメチル化[†]を特定する方法が報告されている（Flusberg *et al.*, 2010）。現段階で，原核生物でよく見られるメチル化アデニンはうまく検出できるものの，真核生物で転写制御との関連が明らかになっているメチル化シトシンに関しては検出精度が十分ではない（Flusberg *et al.*, 2010）。しかしながら，今後シーケンス反応系の最適化やデータ処理の方法の改善によって，メチル化シトシン，ヒドロキシメチル化シトシンなどに関しても精度よく検出できるようになると見込まれている（Flusberg *et al.*, 2010）。現在，塩基レベルの分解能でシトシンのメチル化を検出するためには，バイサルフェイト処理によってメチル化シトシンをチミンに変換しシーケンスする方法がよく用いられている。このような下処理なしに，DNAの修飾を検出できるようになれば，必要なサンプルDNA量が少なくなり，また，定量精度が高まることが期待できる。

Ion Torrent：光を使わないシーケンサー

各社の次世代シーケンサーや，ここまでで述べたHeliScope，PacBio RSはどれも，塩基の検出に光を用いていた。蛍光や発光による光シグナルを，CCDカメラによって，電気的シグナルに変換して記録しているわけである。しかしながら最近，さらなる高速化，低コスト化，高密度化を達成するために，光を検出に用いずに，直接，電気的シグナルとして反応の検出を行うことが望まれている。電気的シグナルとして直接検出できるようになれば，CCDによる光の検出に関連したノイズ・タイムラグがなくなる面でも有利であろう。また，高価な蛍光色素や発光基質を用いなくてもよくなることから，ランニングコストが低減される可能性が高い。

この“光を用いないシーケンシング”を実現したのがLife Technologies

社のIon Torrentシステムである。シーケンシング反応の原理としては，4種類のヌクレオチドを順に加えていき，DNAの伸長反応時に出る水素イオンを検出することで，塩基を順番に解読していくというものである。これは，454 FLXの方法をベースとして，発光の代わりに，水素イオンを検出する方法ともいえるだろう。具体的には，水素イオンはマイクロウェル中のセンサーによって電圧変化として検出される。極小のpHセンサともいうべきこのマイクロウェルを，半導体作成技術を応用してチップ上に多数集積させたものを用いてシーケンシングが行われる。なお，ビーズに固定したうえで増幅したDNAを鋳型として用いており，少なくとも現状では，一分子のDNAの合成反応を検出できるわけではないようである。2010年12月現在，Ion Torrentを用いた研究論文は未だ発表されていない。そのため，詳細な性能は明らかではないが，Ion Torrentのウェブサイトによると，最初のバージョンとして，100塩基 / リード，130万ウェル / ラン，約2時間 / ランという数字が示されている。

さらにその先へ

ここまでHeliScope，PacBio RS，Ion Torrentを紹介してきた。これら以外にも，さらに先のシーケンシング技術を目指した開発競争が，数々のベンチャー企業やIBMのような巨大企業によって繰り広げられている（Schadt *et al.*, 2010）。それらのうち，2つを紹介しよう。1つ目は，ナノポア（ナノメーターサイズの穴）を用いた方法でOxford Nanopore Technologies社など数社が開発に取り組んでいる。ナノポアを分子が通過する際，その分子の形状によって異なった電位変化が生じる。たとえば，DNAが通過していく際には，塩基の種類によって異なった電位変化が生じる。この違いを利用することで，ナノポアを通過していくDNAの塩基配列を解読しようというものである。Oxford Nanopore Technologies社による原理を実証した論文が発表されているものの，まだ具体的な製品の発売という段階ではないようだ（Clarke *et al.*, 2009）。2つ目は，電子顕微鏡や走査型プローブ顕微鏡を用いた方法で，直接，塩基配列を“見て”しまおうというものだ。たとえば，Halcyon Molecular社は，塩基特異的に重金属でラベルしたDNAを整列させたうえで，特殊な透過型電子顕微鏡で見ることによってシーケンシングを行う装置の開発を行っている（Schadt *et al.*, 2010）。Halcyon Molecular 社によると実現すれば，1リード150,000塩基以上を連続して読み，ヒトゲノムを10分以内，100ドル以下で解読する性能となるらしい。実現のための要素技術として重要な「塩基特異的な重金属ラベリング法の開発」が，米国国立ヒトゲノム研究所（NHGRI）"Advanced Sequencing Technology Awards 2010" の10のプロジェクトのうち1つとして採択され，研究費を得たとの発表がなされている。これからもわかるように，現在は技術開発の段階にあり製品化まではしばらくかかるだろう。

これらの技術が実用化され，私たちが気軽に使えるようになるのが，いつになるのかはまだわからない。しかし，5年後，10年後には，現在よりはるかに，早く，たくさん，長く，安く，簡単に，シーケンシングができるようになるのは確実だろう。その時に何ができるだろうか。装置がベットの横におけるサイズになり，数分でシーケンシングが終わるようになれば，病原体の検出・診断に使えるようになるだろう。風邪かなと思ったら，ハナミズか何かをちょっとシーケンシングしてみるようになるかもしれない。さらに，装置が持ち運びできるサイズになり，数秒でシーケンシングが終わるようになれば，鞄に放り込んで野外調査に持っていけるだろう。さまざまな生物のゲノムを読むのはもちろんのこと，さまざまな状況におけるトランスクリプトームなども容易に調べられるようになる。トランスクリプトームがわかればそこから，生物が今どういう状態なのかを知ることができるかもしれない。つまり，その生物は今，熱ストレスを受けているのか，栄養は足りているのかなどの目には見えないさまざまなことがわかる可能性がある。この他にも思いもつかない使い方がいくらでもありそうだ。今から面白い使い方を考えてみるのもよいだろう。今はまだ夢物語でも，近い将来現実になる可能性は決して低くないのだから。

参考文献

Chin, C.S., Sorenson, J., Harris, J.B., Robins, W.P., Charles, R.C., Jean-Charles, R.R., Bullard, J., Webster, D.R., Kasarskis, A., Peluso, P., Paxinos, E.E., Yamaichi, Y., Calderwood, S.B., Mekalanos, J.J., Schadt, E.E., and Waldor, M.K. 2011. The origin of the Haitian cholera outbreak strain. *New England Journal of Medicine* **364**, 33-42.

Clarke, J., Wu, H.C., Jayasinghe, L., Patel, A., Reid, S., and Bayley, H. 2009. Continuous base identification for single-molecule nanopore DNA sequencing. *Nature Nanotechnolgy* **4**, 265-270.

Eid, J., Fehr, A., Gray, J., Luong, K., Lyle, J., Otto, G., Peluso, P., Rank, D., Baybayan, P., Bettman, B., Bibillo, A., Bjornson, K., Chaudhuri, B., Christians, F., Cicero, R., Clark, S., Dalal, R., Dewinter, A., Dixon, J., Foquet, M., Gaertner, A., Hardenbol, P., Heiner, C., Hester, K., Holden, D., Kearns, G., Kong, X., Kuse, R., Lacroix, Y., Lin, S., Lundquist, P., Ma, C., Marks, P., Maxham, M., Murphy, D., Park, I., Pham, T., Phillips, M., Roy, J., Sebra, R., Shen, G., Sorenson, J., Tomaney, A., Travers, K., Trulson, M., Vieceli, J., Wegener, J., Wu, D., Yang, A., Zaccarin, D., Zhao, P., Zhong, F., Korlach, J., and Turner, S. 2009. Real-time DNA sequencing from single polymerase molecules. *Science* **323**, 133-138.

Flusberg, B.A., Webster, D.R., Lee, J.H., Travers, K.J., Olivares, E.C., Clark, T.A., Korlach, J., and Turner, S.W. 2010. Direct detection of DNA methylation during single-molecule, real-time sequencing. *Nature Methods* **7**, 461-465.

Goren, A., Ozsolak, F., Shoresh, N., Ku, M., Adli, M., Hart, C., Gymrek, M., Zuk, O., Regev, A., Milos, P.M., and Bernstein, B.E. 2010. Chromatin profiling by directly sequencing small quantities of immunoprecipitated DNA. *Nature Methods* **7**, 47-49.

Harris, T.D., Buzby, P.R., Babcock, H., Beer, E., Bowers, J., Braslavsky, I., Causey, M., Colonell, J., Dimeo, J., Efcavitch, J.W., Giladi, E., Gill, J., Healy, J., Jarosz, M., Lapen, D., Moulton, K., Quake, S.R., Steinmann, K., Thayer, E., Tyurina, A., Ward, R., Weiss, H., and Xie, Z. 2008. Single-molecule DNA sequencing of a viral genome. *Science* **320**, 106-109.

Hart, C., Lipson, D., Ozsolak, F., Raz, T., Steinmann, K., Thompson, J., and Milos, P.M. 2010. Single-molecule sequencing: sequence methods to enable accurate quantitation. *Methods in Enzymology* **472**, 407-430.

Korlach, J., Bjornson, K.P., Chaudhuri, B.P., Cicero, R.L., Flusberg, B.A., Gray, J.J., Holden, D., Saxena, R., Wegener, J., and Turner, S.W. 2010. Real-time DNA sequencing from single polymerase molecules. *Methods in Enzymology* **472**, 431-455.

Li, Y., and Wang, J. 2009. Faster human genome sequencing. *Nature Biotechnology* **27**, 820-821.

Lipson, D., Raz, T., Kieu, A., Jones, D.R., Giladi, E., Thayer, E., Thompson, J.F., Letovsky, S., Milos, P., and Causey, M. 2009. Quantification of the yeast transcriptome by single-molecule sequencing. *Nature Biotechnology* **27**, 652-658.

Ozsolak, F., Goren, A., Gymrek, M., Guttman, M., Regev, A., Bernstein, B.E., and Milos, P.M. 2010a. Digital transcriptome profiling from attomole-level RNA samples. *Genome Research* **20**, 519-525.

Ozsolak, F., Ting, D.T., Wittner, B.S., Brannigan, B.W., Paul, S., Bardeesy, N.,

Ramaswamy, S., Milos, P.M., and Haber, D.A. 2010b. Amplification-free digital gene expression profiling from minute cell quantities. *Nature Methods* **7**, 619-621.

Ozsolak, F., Platt, A.R., Jones, D.R., Reifenberger, J.G., Sass, L.E., McInerney, P., Thompson, J.F., Bowers, J., Jarosz, M., and Milos, P.M. 2009. Direct RNA sequencing. *Nature* **461**, 814-818.

PacificBiosciences. 2010a. Pacific Biosciences Announces Early Access Customers for its Single Molecule Real Time System. Pacific Biosciences Press Release Feb. 23, 2010.

PacificBiosciences. 2010b. Pacific Biosciences and Harvard Scientists Decode Genome of Haitian Cholera Pathogen. Pacific Biosciences Press Release Dec. 9, 2010.

Pushkarev, D., Neff, N.F., and Quake, S.R. 2009. Single-molecule sequencing of an individual human genome. *Nature Biotechnology* **27**, 847-850.

Schadt, E.E., Turner, S., and Kasarskis, A. 2010. A window into third-generation sequencing. *Human Molecular Genetics* **19**, R227-240.

Thompson, J.F., and Steinmann, K.E. 2010. Single molecule sequencing with a HeliScope genetic analysis system. *Current Protocols Molecular Biology* Chapter 7, Unit7.10.

Travers, K.J., Chin, C.S., Rank, D.R., Eid, J.S., and Turner, S.W. 2010. A flexible and efficient template format for circular consensus sequencing and SNP detection. *Nucleic Acids Research* **38**, e159.

第13章　植物代謝研究におけるメタボローム解析技術 －ワイドターゲットメタボロミクスの開発－

澤田有司（理化学研究所・植物科学研究センター）
平井優美（理化学研究所・植物科学研究センター）

はじめに

植物は多種多様な化合物を作っている。動物にとって栄養源となる成分もあれば，何らかの生理活性を持っていて医薬品原料やサプリメントになる成分もある。生物が生体内で作ったり分解したりしてできる有機化合物を「代謝産物」とよぶ。植物界全体には代謝産物が20万種類以上もあると見積られているが，その多くは植物の種類に特異的なもので，特定の代謝産物は特定の種類の植物しか作ることができない。では，さまざまな植物に含まれる多様な代謝産物はどのように作られるのだろうか？　この疑問に答えるために，各代謝産物ができる仕組みが調べられてきた。代謝産物の発見からその生合成の基礎研究が始まり，関連する化合物群を検出するさまざまな分析方法が開発されてきた。つまり，代謝産物の検出技術は，昔も今も生合成研究の成否を決める重要な技術である。

代謝産物の生合成研究は，古くは植物から抽出した酵素（反応を触媒するタンパク質）を使った生化学的な実験が研究の主流だった。抽出したタンパク質をさまざまな性質を利用して分画し，酵素活性のある画分を使ってタンパク質の本体を解明する方法である。1990年前後の高感度解析の主力は，放射性同位体（^{14}C，^{35}S など）で標識した化合物の放射能検出法であった。筆者のひとりの澤田も，大学院生時代にはお世話になった方法である（Sawada *et al.*, 2002）。

1990年代には，植物分野でも遺伝子操作技術が普及し，大学院進学前の学部生でも標的酵素をコードする遺伝子を単離することが可能になってきた。植物の遺伝子を大腸菌や酵母などに導入し，目的の酵素を過剰に生産させ，試験管内でその遺伝子の酵素機能が確認できるようになった。異種発現したタンパク質を利用することによって，植物から抽出した酵素を利用する場合と比較して，安定的に酵素反応が調べられるようになった。当時大学生であった筆者（澤田）も，凄腕の先輩方に指導されながら，そうした研究を行ったひとりであった。同時期に分析機器の性能も向上してきた。この結果，現在では，放射性同位体で標識していない化合物を使って反応産物を調べる方法が，代謝産物検出の最初の選択肢になっている。

これらの手法で各研究者が決定した生合成酵素の遺伝子配列と機能の情報は年々増加し，インターネット上の公開データベースを介して，世界中の研究者が共有できるようになった。当初は，個別の代謝産物生合成研究の論文投稿時に遺伝子をGenBankなどのデータベースに登録していたため，遺伝子の塩基配列の情報と機能の情報がセットで緩やかに増加していた。やがて，配列決定と機能同定の均衡がゲノム科学の急速な発展により崩れた。個別の生合成経路に着目した研究ではなく，ある植物においてある条件下で発現している遺伝子転写産物の塩基配列のみを網羅的に決定する研究や，ゲノムプロジェクトなどのように全遺伝子配列（ゲノム）を決定する研究の登場により，膨大な遺伝子塩基配列の情報だけが先行して公開され，ぽつりぽつりと機能同定情報が見られる状況になってから十年ほど経過しただろうか。

今では，各遺伝子について機能に関する注釈（アノテーション[†]）がついているが，それらは機能既知の遺伝子配列との類似性から推定された機能であり，実験データに基づかない場合が多い。全ゲノム配列の解明により，各分野では遺伝子やタンパク質などの全体（オーム）を調べる「オーム解析」が提唱されてきた。そして代謝産物すべてを指す言葉「代謝産物（メタボライト）」＋「すべて（オーム）」＝メタボロームも同様の流れで誕生した。

本稿では，筆者のひとりである澤田が学部時代の機器分析化学の経験に基づき理化学研究所で確立した植物メタボローム解析技術を紹介する。確かに十年前からは想像できないほど分析機器の性能は向上した。しかし，研究者が納得する標準的なメタボローム解析手法はない。現在でも世界中で試行錯誤を重ねながら利用されている，液体クロマトグラフィーと質量分析をベースとしたメタボローム解析と，それに至る解析機器の変遷について，本稿が興味や理解の手助けになれば幸いである。なお，メタボローム解析では，検体から抽出した代謝物の混合物を分離する手法（ガスクロマトグラフィー，液体クロマトグラフィー，キャピラリー電気泳動など）と，代謝物を検出する方法（質量分析または核磁気共鳴（NMR）を基盤とする多種類の方法）

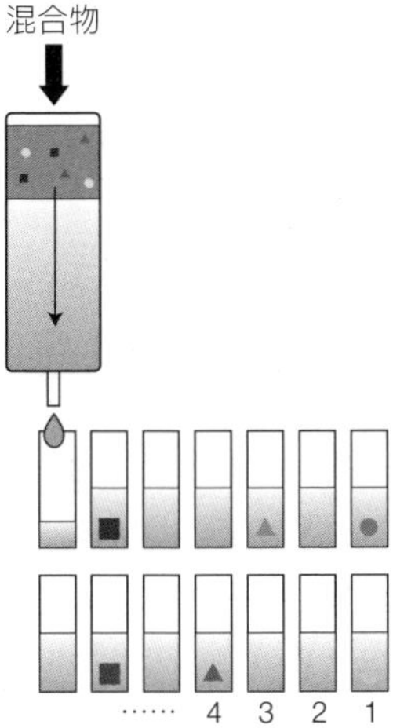

図 1　代謝産物の単離方法

の組合せで多様な分析機器が用いられる。各機器の詳細については成書(『機器分析の手引き』化学同人刊)を参照されたい。

液体クロマトグラフィーとは

ここで，混合物の分離手段の1つである液体クロマトグラフィー(LC: liquid chromatography)の概略を紹介しておこう。図1に液体クロマトグラフィーの原理を示す。この方法では，シリカゲルなどの微粒子である充填剤を筒状の容器(カラム)に詰めて，そこに溶媒に溶かした化合物の混合物を流し，化合物によって分子の大きさや充填剤との親和性が異なることを利用して混合物を分離する。たとえば，充填剤と親和性の低い化合物は「早く」カラムから溶出し，親和性の高い化合物は「ゆっくり」カラムから溶出するので，カラムの出口から出てくる溶媒を一定量ずつ順番に試験管等に集める(集めたものをフラクションとよぶ)ことで，混合物を分ける(分画する)ことができるのである。充填剤の物性や溶出させる溶媒を変えることによって，幅広い代謝産物を分離することができる。カラム中に溶媒を流すには，オープンカラムとよばれる溶媒の重力落下を用いる方法と，ポンプで圧力をかけて送液する方法とがある。高速液体クロマトグラフィー(HPLC)とよばれる方法では，内径2.0～4.6 mm程度のカラムを利用し，高い圧力をかけて送液する。また，混合物試料は注射器を使ってカラムに導入する

(injection する)。

どのフラクションにどんな化合物が入っているかを知るためには，溶液に光を当てると化合物の種類によって特徴的な吸収波長（特性吸収波長）を示すという性質などを利用する。混合物中の化合物が予想できる場合は，あらかじめ準備した標準化合物溶液の吸光スペクトルと比較して，フラクション中の化合物の有無を調べる定性解析ができる。また吸光の度合いを利用して，化合物の量を調べる定量分析ができる。つまり，異なる濃度の標準化合物溶液の吸光度をあらかじめ測定して検量線を作っておき，未知試料の吸光度を測定することで含まれる化合物を定量するのである。このようにフラクション中に化合物を検出する機械を検出器というが，実際には溶媒を試験管に分取しないで連続的に検出することが多く，検出器はレコーダーにつながっていて自動的に結果を記録する。同じカラム，同じ溶媒を使って分析すれば，同じ化合物は同じフラクション／同じ時間に溶出される。この化合物をカラムに入れてから出てくるまでの決まった時間を，その化合物の保持時間とよび，化合物同定の指標のひとつとなる。一方，未同定の化合物であればさらに，質量分析，核磁気共鳴などの情報から化合物の構造決定を行う。分析機器の性能は向上したが，未同定化合物の同定に関しては，現在でもこの地道な構造決定の作業が必須である。

代謝産物のアナログ解析時代

およそ10年前の筆者の学部学生時代にはオーム科学なんておしゃれな言葉は研究室には見当たらなかった。出身研究室の主な研究テーマはマメ科植物に特徴的なイソフラボンの生合成機能の解明で，植物から代謝産物を抽出し，特定の化合物を検出していた。当時の研究手法では，分析機器にたどりつくまでの過程が長かった。まず，対象の植物組織を乳鉢，乳棒ですり潰し，有機溶媒を加え抽出する。この中には目的以外の代謝産物も多数含まれる。このため，LCなどにより代謝産物を分ける作業（分画）が次に必要になる。分画とひと言で言ってもその方法は1とおりではなく，標的化合物の性質に適した条件（LCに用いる溶媒の種類など）を決定したうえでの分画が重要である。

最後に分析機器の目詰まりを防止するためのフィルター濾過を行い，これでやっと分析可能な試料が調製できる。筆者が調べていたイソフラボンは既

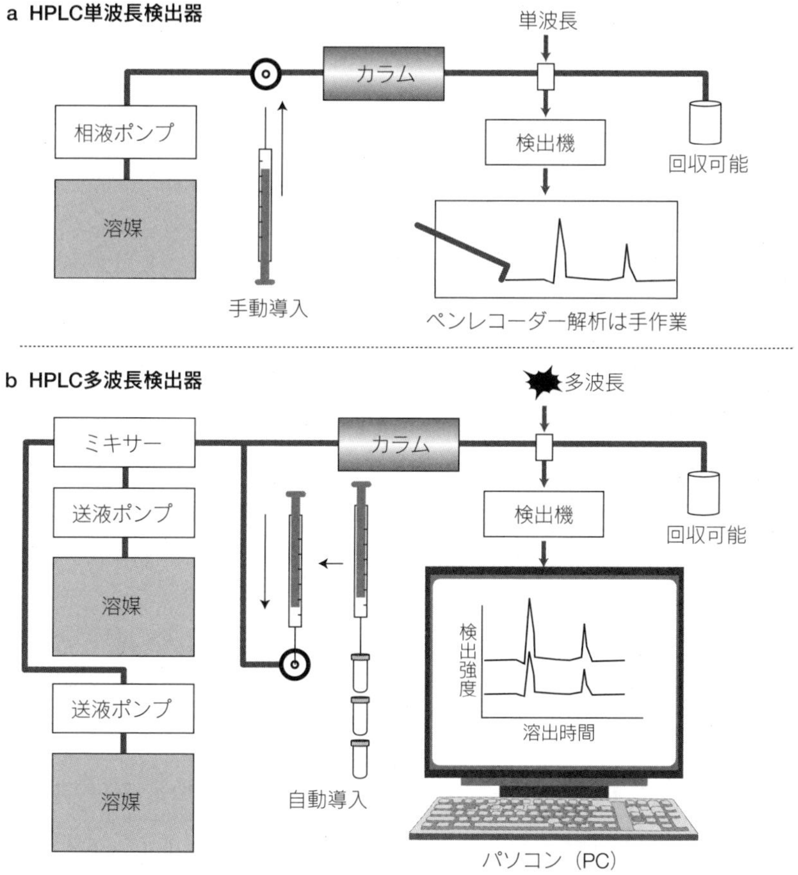

図 2　典型的な HPLC

知の代謝産物であるため，植物体からあらかじめ精製したイソフラボンを標準化合物に用いて，LC を用いて定性・定量分析を行っていた。

筆者の学部時代は，試料導入用の注射器を片手に HPLC（図 2-a 参照）に張りついていた。導入された試料はカラムの分離を経て，フラボノイドの検出に適した波長で検出された。当時はまだ単波長検出器しかなく，それはペンレコーダーにつながっていた。これは地震計のような動作をするもので，化合物を検出すると，ペン先が左右に振れて方眼紙に結果が直接記録される。方眼紙は指定した速度で動いており，横軸に試料をカラムに導入してからの時間，縦軸に検出機の出力を表した波形（クロマトグラム）が得られる。つまり，一定時間（保持時間）をかけてカラムを通過した化合物が検出器を通過すると吸光度が上昇してピークを描く。打ち込んだ未知試料のクロマトグラムを標準化合物のそれと比較することで，未知試料に含まれるフラボノイドを検出・同定していた。

当時の検出器では試料を過剰に導入すると，ピークの頂点が紙面から突き抜けてしまったし，試料が少なければ検出できなかった。したがって，紙面に見やすい波形を描かせるために，機器の感度や方眼紙を送り出す速度などを調整し，適当な濃度に調整した試料を一発で打つ必要があった。この“一期一会クロマトグラム”を得るために，毎日シャーと音をたて勢いよく跳ね上がるペン部分を見つめながらドキドキしていたものである。

定量のためにピークの面積が知りたいときには，クロマトグラムを拡大コピーしてピーク部分をはさみで切って，微量天秤で紙の重さを測ることで代用した。ただし，対象ピークが多い場合はこの解析作業だけで一日仕事であった。クロマトグラムを発表や論文に使う場合は，スキャナーで取り込んだ後，パソコン上でピークをなぞった。データのデジタル化も一苦労であった。また，検出した代謝産物を回収したければ，配管の一部を折り曲げてナスフラスコなどに回収した。この，植物材料の培養・栽培，代謝産物の抽出，分析，解析などは，すぐに数か月たってしまう気の長い作業であった。

デジタル解析時代の到来

修士課程の終わり頃には，試料を自動的に注入するオートサンプラーつきの HPLC-PDA（Photodiode array, 多波長検出器）が研究室に導入されて，分析作業が一気に楽になった（図2-b参照）。今までは人が張りついて1個ずつ試料を導入していたが，オートサンプラーが代わりを務めて終夜運転が可能になった。分析条件はパソコン上で一括設定できるようになった。さらに，分析結果はパソコンに取り込まれるので，見やすい波形を書かせるために試料を打ち直しするようなことはなくなった。ピークを切り取り，微量天秤の値を手で書き取ってパソコン入力していた頃から比べれば一気にデジタル化が進んで手間が激減した。

また，それまで筆者の使っていたHPLCの送液ポンプは1つしかなかったが，新しく導入されたHPLCには2つポンプがついていた。この2ポンプ同時稼動により2種類の溶媒を送液しながら混合することができるようになり，最適の溶媒の濃度をその場で変更することが可能になった。これにより，1回の分析のなかで経時的に溶媒の濃度を変更し，より多種類の代謝産物を一度に分離することが可能になった。

さらに，同時に導入された多波長検出機（PDA）も強力なツールであった。それまでは検出に適した波長を化合物ごとに決定するために，本実験の前にあらかじめ化合物を単離し，別の機器（分光光度計）を使って特性吸収波長を調べる必要があった。その結果をもとに検出波長を決定し，本実験ではHPLC に接続した単波長検出器で検出していた。この方法では，多波長を同時に検出できなかったので，特性吸収波長の異なる複数の化合物を対象とする場合は，検出器の波長設定を変えつつ同一試料の測定を何度も繰り返す必要があった。一方，PDA では1回の分析で多波長の同時検出が可能であるため，一度の測定で複数の化合物を検出できたのである。これらの分析機器の機能向上によって，測定にかかっていた時間が大幅に短縮された。多成分（当時は2～5化合物程度）の一斉解析が可能になってきた。

HPLC-PDA-MS の登場

さて，博士課程後半になると，HPLC-PDA に質量分析装置（MS）*1を備えたHPLC-PDA-MS が学部の共通機器として導入された。上記のHPLC-PDA の機能に加え，その後ろに接続したMS によって検出化合物の質量値*2がわかってしまう夢のような分析機器である。しかし，途中からタンパク質を網羅的に検出するプロテオーム解析用に仕様が変更され，筆者が直接利用する機会はなかった。

数年後，後輩の1人が技術員として研究所勤めを始めたときに次のチャンスが訪れた。彼はHPLC-PDA-MS を使い，検出対象をあらかじめ絞らない非ターゲットのメタボローム解析を行い始めた。この2004年頃には“網羅的な解析”という言葉を学会などで聞くようになっていた。しかし，筆者自身はメタボローム解析にはまったく興味がなく，自分で化学合成した化合物

＊1：高電圧をかけた真空中で化合物にエネルギーを与えてイオン化させ，静電力によって装置内を飛行するイオンを電気的・磁気的な作用などによって分離し，その後それぞれを検出する方法。イオン化された化合物の分子量をイオンの荷数で割った値を質量電荷比（m/z）といい，m/z を横軸，検出強度を縦軸とするマススペクトルを得ることができる。

＊2：正確には，質量電荷比がわかる。

の特徴を添えて後輩にサンプル測定をお願いした。この結果，自分の調製した化合物の質量値があっさりとわかった。この結果を見て，HPLC-PDA-MSは既知化合物を対象とすると非常に強力であることが容易に理解できた。

しかし一方で，HPLC-PDA-MSに導入する試料は，HPLC-PDAより気を使う必要があることがわかった。MSは高感度検出できる機器なので，微量の夾雑物でも検出される。また，強酸性の試薬や不揮発性の試薬は，たとえHPLC部分での標的化合物の分離に最適のものであっても，後に続くMS部分での化合物のイオン化を阻害してしまうために，使用できない。使用溶媒の自由度が高いHPLC-PDAでの分析経験者としては，こうした制限のある状況はあまり面白くないが，化合物の質量値が容易にわかるよさは捨てがたい。かようにHPLC-PDA-MSにも得手不得手がある。

分析の技術革新と要望のミスマッチ

筆者は，2005年4月研究員（リサーチアソシエイト）として（独）理化学研究所の門をたたく。配属先はメタボローム基盤研究グループである。グループの主目的はメタボローム解析技術の確立である。物性がそれぞれ異なる数千〜数万種類もの代謝産物を1つの分析機器で検出できないことは，先行する研究機関の結果から明らかになっていた。そこで，各種分析機器を用いた非ターゲット解析を組み合わせて検出範囲を拡大しようという壮大な計画を担当する部門であった。

この非ターゲット分析は，当時も今も発展途上の技術である。非ターゲット分析は，広範囲分析が本来の目的であり，個々の化合物の検出精度は旧来のターゲット分析より悪化する場合が多い。このため，技術革新（できるようになったこと）と要望（やりたいこと）のミスマッチが起きていた。

当時の筆者は，非ターゲット分析用の各種高額分析機器は何でもできるスーパーマシンだと考えていた。確かに本稿で紹介したような昔のHPLCに比べたらスーパーマシンであるが，各分析機器には得手不得手がある。さらに，植物界全体の代謝物の種類は数万〜20万超と推定されているのに対して，個々の分析機器で検出するシグナルは数千に及ぶものの同定できる数は各機器でそれぞれ数百種程度ときわめて範囲が狭い。

これらの非ターゲット分析の現状をまとめると以下のとおりである。1）試料に含まれる代謝産物の濃度に対して検出感度が足りない場合が多い，2）

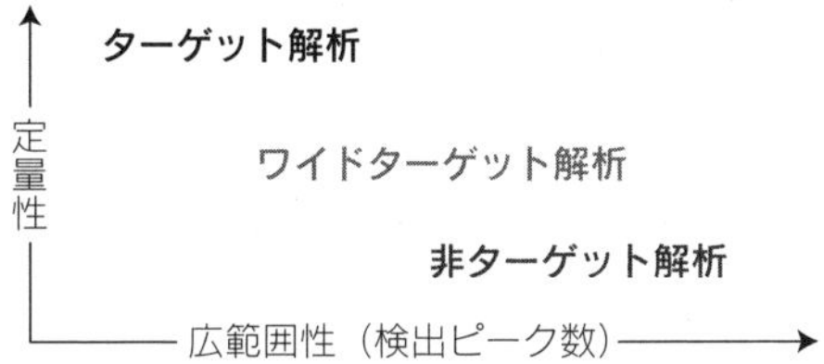

図３　代謝産物の一斉検出方法の比較

多くの手法はサンプルの前処理，分析，解析など結果が出るまでに膨大な時間がかかる＊3ため，数千サンプルあるような大規模な検体処理に向いていない，3）非ターゲット分析で検出したシグナルの標準的な解析方法がない，4）検出したシグナルを検索するデータベースが存在しない。結果的に他のオーム解析データに比べて公開データが少ない（Lu & Last, 2008）。

一方，メタボローム解析を要望する側の生物学研究者は，高感度検出，広範囲測定，多検体処理を望んでいる。さらに，検出した化合物はすべて同定できると考えている場合が多い。確かに，他のオーム解析では，上記の要望の多くを満たしているが，メタボローム解析は対応できていない。前項で紹介した昔のアナログ解析時代を経たメタボローム技術開発側の研究者は，自分で確立した新手法に満足している。しかし，非ターゲット分析技術の現状（限界）を知らないで分析を依頼した生物学研究者は，結果を見ると“がっかり”してしまう。このミスマッチをメタボローム基盤研究グループに配属されて１年目で痛感した筆者は，すくなくとも自分のサンプルは自分で測定しようと考えた。標的はアミノ酸およびアブラナ科に特徴的なグルコシノレートであった。今思えば，これがターゲット解析より多くの化合物の同時解析を目指した「ワイドターゲットメタボロミクス」（Sawada *et al.*, 2009）（後述）の前身であった。ターゲット解析，ワイドターゲット解析，非ターゲット解析の定量性と広範囲性の関係は図３に示した。

＊3：メタボローム解析ではハイスループット性が求められており，実際に非ターゲット分析の場合，分析機器の稼働時間は１サンプルあたり10～数十分程度と高いサンプル処理能力を実現している。しかし，現状では試料の抽出・サンプル調製を手作業で行うことが多く，また，機器から出力される生データを，エクセルなど通常のソフトウェアで解析可能なフォーマットに変更する作業には，高度な専門性を有する研究者の手が必要である。したがって，実験の最初（試料抽出）から最後（データ解析）までを通したスループット（トータルスループットとよぶ）の点では，非ターゲット分析系はハイスループット性を実現できていない。

ハイスループットターゲット分析方法の確立

メタボローム基盤研究グループに配属になって2年目，ようやくHPLC-PDA-MSを使用する機会が訪れた。HPLC部分は，内径が細いミクロカラムを流路に用い，高圧をかけて微量送液が可能なキャピラリーLCとよばれる機器だった。LCでは,流路が細いほど検出感度が向上する(原理は図4参照)。この機器は，これまで使っていた典型的なHPLCと比較して感度は100倍近い，夢の分析機器であった。半年ほど検討して1回の分析あたり20分で17種のアミノ酸が分析できるようになった（図5)。残念ながら機器の移動にともない日の目を見ることなく，この系は使用不可になってしまった。

しかし，代替で使用可能になった機器は，より高圧での分析が可能な次世代HPLCに質量分析装置がついた機器であった。商品名でいうとWaters社のUPLC-ZQMSである。UPLC: Ultra Performance Liquid Chromatographyでは，より高圧で送液できるために，カラムに使用する充填剤の粒子径を限界まで小さくすることが可能で,そのため分離能が向上している（図6)。また,カラムの内径が細いセミミクロカラムを利用して感度を向上させることが可能である（図4-b)。

分離能が向上すれば短い時間で多数の化合物を分離することができる。このため分析速度は旧来のHPLCの5～10倍以上に向上し，1回の分析あたり4分で筆者の標的とする17種のアミノ酸と18種のグルコシノレートの測定が可能になった。質量分析装置のイオン化部分の洗浄などのメンテナンス時間を含め，1000サンプル/週のペースでサンプル抽出，分析，解析が可能になった。筆者は大規模なバイオリソースを分析して，データセットを取得することを目指しているが，測定対象を植物体にすると栽培に多大な時間と労力がかかるので，まずは対象を種子に絞った。種子であればサンプリングもスプーンでとって容器に入れるだけである。破砕操作も乳鉢と乳棒では数がこなせないので，12 × 8列にチューブの並んだ96穴プレートにジルコニアビーズを入れて攪拌することで，種子を破砕する方法を採用した。破砕後の抽出,遠心,フィルター濾過などの前処理も96穴プレート形式で行い,最終的に96穴プレートに回収した溶液を直接分析した。これらの検討の結果，筆者ひとりで数千サンプルの前処理が可能になった。

非ターゲット分析の場合は，取得した生データの解析手法を独自に確立す

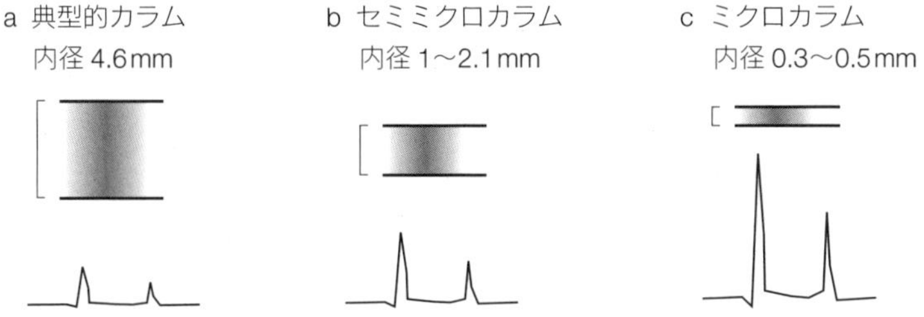

図 4　流路と感度の関係
流路が細いほど試料の拡散が防がれ，濃い状態で検出できるため感度が上昇する。

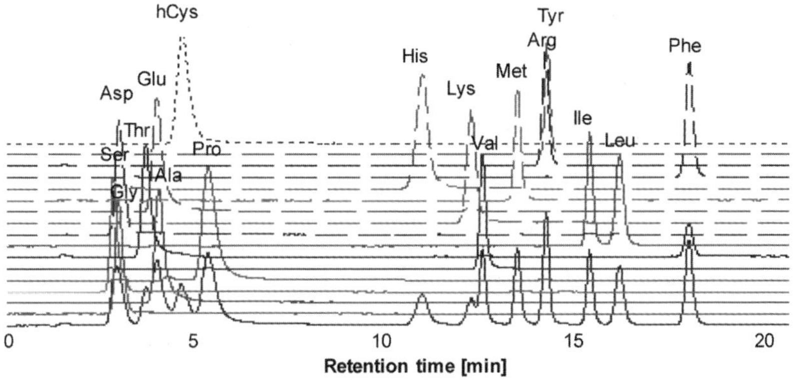

図 5　キャピラリー LC-MS によるアミノ酸の検出

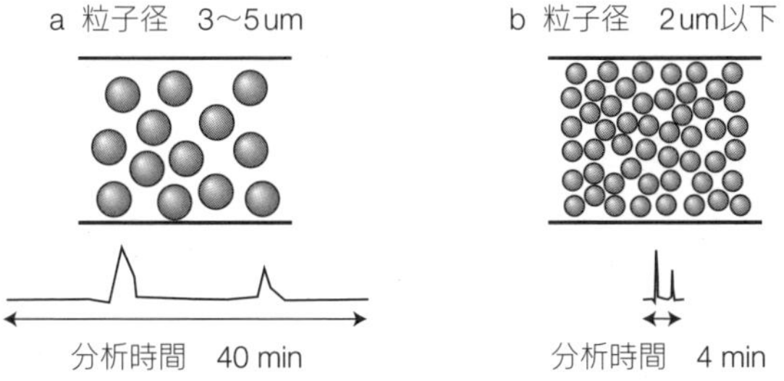

図 6　カラムの比較
充填剤の粒子径が小さいと分離能が向上し，短時間で分析可能になる。

る必要があるが，この方法では既知化合物を測定しているため，装置に付属しているソフトで，取得した生データの解析が可能である。また，上述のように，代謝産物の同定にはLCでの保持時間が鍵となるのだが，この機器は，UPLCに試料を導入してから各代謝産物が検出されるまでの時間の誤差は，1000サンプル分析して1秒以内という優れたものであった。

この方法を使って，全ゲノム配列が解明されているモデル植物シロイヌナズナの遺伝子破壊株を約3000ラインと野生型株を約400系統測定した（Hirai *et al.*, 2010）。さらに次の計画を立てていると，筆者（澤田）はボス（本稿共筆者の平井）によび出された。この時ボスは大規模研究費獲得（科学技術振興機構・CREST）と分析機器選定の計画を話してくれた。専用機が利用可能になれば理想の分析系確立が実現できる。さて自分の理想の分析系はどんなものなのだろうか？

新規メタボローム解析プラットフォーム －ワイドターゲットメタボロミクス－

理想の分析の目標は，高速，高感度，広範囲検出である。特に種子として保存可能な植物のバイオリソースは数百～数千の単位で利用可能であるため，多検体処理が可能な手法が必須である。広範囲性のみを考えれば非ターゲット解析が適しているが，多検体処理には適していない。以上のことを考慮して，標準化合物を参照データとしたターゲット分析を拡張しようと考えた。この「ワイドターゲットメタボロミクス」と名づけた解析法は，特定の数種類～10数種類程度の代謝物を対象に定量解析するターゲット解析と，対象を定めずにできるだけ多くの代謝物の検出を目指すが，定量性に乏しい非ターゲット解析の中間をいくものである（図3参照）。これを実現するための改良点を順に説明する。

多検体処理には，試料の抽出からデータ解析までのトータルスループットを向上させる必要がある。そこで，手作業が多かった抽出以降の溶媒の分注，乾燥，再溶解，フィルター濾過を自動化する必要があった。運よくこれらの操作を自動化できる自動分注機が開発されていた（ハミルトン社，Microlab STAR）。そこでサンプルの前処理過程を整理し，自動分注機に適応可能な前処理過程を実現した。この結果，抽出後に機器にセットするのみで分析可能なサンプルが自動調製できるようになった。

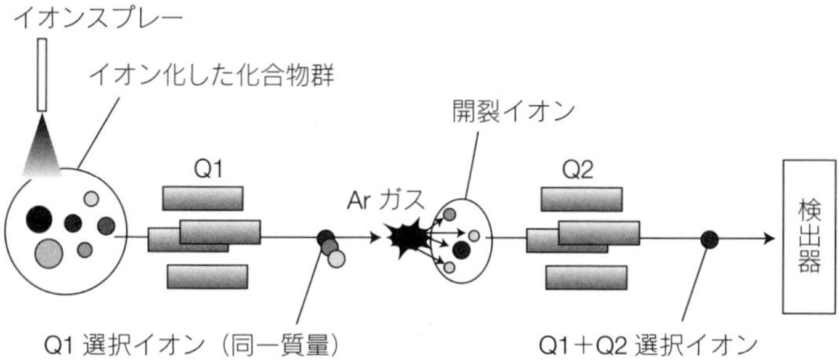

図 7　タンデム四重極型質量分析装置の高感度検出
イオン化した化合物群から標的のイオンを前段の四重極（Q1）で選択する。Q1 で選択されたイオンはアルゴン（Ar）ガスと衝突して分解し，複数のフラグメントを与える。Q2 でさらに標的化合物に特徴的なイオンを選択する。この結果，選択性の高い高感度検出ができる。

前処理方法の自動化と同時に，高感度化にも取り組んだ。機器選定に際し，質量分析装置の中で最も高感度解析に適したタンデム四重極型質量分析装置（TQMS）を用いた UPLC-TQMS を導入した（原理は図 7 参照）。通常のメタボローム解析では，非ターゲット解析に適した他の質量分析装置を利用し，検出可能なピークを網羅的に検出する。このため，あらかじめ標的を絞らずに測定が開始できる。一方，TQMS を用いた解析ではあらかじめ各対象化合物を用いて最適な検出条件を決定する必要がある。

そこでまず，われわれの研究グループで収集した約 1000 個の標準化合物の，TQMS での最適検出条件を調べた。これらの標準化合物は，原著論文や公開されている生物の代謝経路マップに基づいて収集したものである。自動分注機で 96 穴プレートに移した標準化合物を自動的に質量分析装置に導入し，約 1000 化合物のそれぞれについて，24 種類の MS 分析条件すべてを試して，最も感度が高い最適条件を決定した。さらに標準化合物を UPLC に流して，それぞれの保持時間を決定した。

実際の植物試料は多数の化合物の混合物であり，UPLC に導入された混合物は，各化合物それぞれの保持時間に依存して，順次 UPLC から溶出して MS に導入される。TQMS は，各化合物の溶出されるタイミングに合わせて最適条件を高速に切り替えながら複数の化合物を高感度に検出することが可能である。筆者らの初期の分析系では，300 化合物ほどが検出可能であった

(Akiyama *et al.*, 2008; Sawada *et al.*, 2009a)（http://prime.psc.riken.jp/)。現在は検討を重ね，700化合物程度が検出可能になった。これらには，さまざまな植物種に共通するアミノ酸などの一次代謝産物に加え，各植物種に特徴的に含まれるフラボノイドなどの二次代謝産物が含まれている。ただし，検出可能な700化合物のうち約150化合物は検出条件が「オーバーラップ」しており，実際の混合物試料を分析した場合にUPLCによる分離とTQMSによる分離でも区別できない代謝物の組合せがあることがわかっている。

これらの改良によって，標準化合物に基づく高速，高感度，広範囲測定が可能になった。実際にさまざまな植物試料を測定した結果，これまでのところアブラナ科，イネ科，マメ科，ナス科の種子，根，茎，葉からそれぞれ約200種程度の代謝産物を検出した。この結果，それぞれの科に特徴的な代謝物蓄積パターンを見出すことができ，植物の大規模バイオリソースに適用可能な分析系が確立できた。すでにワイドターゲット解析を用いた分析例とそのデータは公開済みである（Sawada *et al.*, 2009b; Sawada *et al.*, 2009c)。

おわりに

本稿で紹介したようにメタボローム解析はまさに発展途上であり，“何をやってもその手法の第一人者になる可能性がある”という段階にある。このなかで筆者らは，最も実用的なメタボローム解析手法を確立したと自負している。

次の研究展開を考えるうえでは，解析の定性的側面と定量的側面を明確に区別する必要がある（図3参照)。特に，植物の代謝産物の90％以上は未同定であり，メタボローム解析を利用して未知代謝物を同定する方法の構築が必要である。具体的には，非ターゲット解析によるメタボロームデータから未同定の代謝産物の構造を推定し，入手可能な標準化合物の構造と比較するのが第一歩である。しかし，多くの代謝産物は標準化合物として入手できない。この場合は，文献情報を参照し，標的代謝産物の手がかりを調べる必要がある。一例としてわれわれの研究グループの松田史生研究員（現神戸大・准教授）は非ターゲット解析で代謝産物を検出し，あらかじめ作成した文献情報データベースを照会して代謝物を推定する手法の構築に成功している(Matsuda *et al.*, 2008)。関連情報の拡充により検出代謝物同定の精度，範囲ともに向上することが期待される。

今後，文献情報と非ターゲット解析での検出情報をワイドターゲット解析に適応すれば，標準化合物がない代謝物についても検出・同定でき，ウルトラワイドターゲット解析が可能となると考えている。また，ワイドターゲット解析を利用した情報リソースは，公開されている植物バイオリソースを中心に爆発的に増加する。先行する他のオーム解析のデータと関連させ，生合成研究における新発見につながることを期待している。

参考文献

Akiyama, K., Chikayama, E., Yuasa, H., Shimada, Y., Tohge, T., Shinozaki, K., Hirai, M. Y., Sakurai, T., Kikuchi, J. & Saito, K. 2008. PRIMe: a Web site that assembles tools for metabolomics and transcriptomics. *In Silico Biology* **8**: 0027.

Hirai, M. Y., Sawada, Y., Kanaya, S., Kuromori, T., Kobayashi, M., Klausnitzer, R., Hanada, K., Akiyama, K., Sakurai, T., Saito, K. & Shinozaki, K. 2010. Toward genome-wide metabolotyping and elucidation of metabolic system: metabolic profiling of large-scale bioresources. *Journal of Plant Research* **123**: 291-298.

Lu, Y. & Last, R. L. 2008. Web-Based Arabidopsis Functional and Structural Genomics Resources *The Arabidopsis Book*: 1-14

Matsuda, F., Yonekura-Sakakibara, K., Niida, R., Kuromori, T., Shinozaki, K. & Saito, K. 2008. MS/MS spectral tag (MS2T) -based annotation of non-targeted profile of plant secondary metabolites *Plant Journal*. Accepted Article Online.

Sawada, Y., Akiyama, K., Sakata, A., Kuwahara, A., Otsuki, H., Sakurai, T., Saito, K. & Hirai, M. Y. 2009a. Widely targeted metabolomics based on large-scale MS/MS data for elucidating metabolite accumulation patterns in plants. *Plant Cell Physiology* **50**: 37-47.

Sawada, Y., Kinoshita, K., Akashi, T., Aoki, T. & Ayabe, S. 2002. Key amino acid residues required for aryl migration catalysed by the cytochrome P450 2-hydroxyisoflavanone synthase. *Plant Journal* **31**: 555-564.

Sawada, Y., Kuwahara, A., Nagano, M., Narisawa, T., Sakata, A., Saito, K. & Hirai, M. Y. 2009b. Omics-based approaches to methionine side-chain elongation in Arabidopsis: characterization of the genes encoding methylthioalkylmalate isomerase and methylthioalkylmalate dehydrogenase. *Plant Cell Physiology* in press.

Sawada, Y., Toyooka, K., Kuwahara, A., Sakata, A., Nagano, M., Saito, K. and Hirai, M.Y. 2009c. Arabidopsis Bile Acid: Sodium Symporter Family Protein 5 Is Involved in Methionine-derived Glucosinolate Biosynthesis. *Plant Cell Physiology*.

第14章　ゲノムワイドな多型情報を利用した分子集団遺伝学：特に自然選択の検出について

土松隆志（チューリヒ大学理学部）

はじめに

分子集団遺伝学とは，生物集団内のDNA変異の構成や頻度を定量的に取り扱う学問である。分子集団遺伝学の手法を用いることで，集団の個体数増加・減少，分化・交雑，自然選択の強さや時期などのさまざまな進化的イベントの詳細を定量的に推定することができる。近年，ゲノム全体を網羅する（“ゲノムワイドな”）塩基配列・分子マーカーデータの蓄積にともない，分子集団遺伝学の方法論は急速な進歩を遂げている。新しい統計的な手法やデータセット，それらを用いた研究が日々論文として出版されていく一方で，このような最近の進展をまとめている日本語の総説はいまだ多くはない。

本総説では，なかでも自然選択の検出に関する分子集団遺伝学的手法について，いくつかの研究例とともに簡単に紹介してきたい。さらに興味を持たれた方は，この総説を足がかりに，原著論文やより詳しい英語総説をあたっていただければと思う。自然選択の分子集団遺伝学的な検出全般に関する総説として，Kreitman（2000），Nielsen（2005），Wright & Gaut（2005），Nielsen *et al.*（2007），Thornton *et al.*（2007）を勧めたい。Futuyma（2009）の第12章，岸野・浅井（2003）の第I部5節も初学者にはわかりやすい解説である。

1．分子集団遺伝学：種内の遺伝的変異を定量的に解析する

ひとつの種の中には，一般に非常に多くの遺伝的な変異が蓄積されている。たとえば，ヒトの集団においてある2個体をランダムに選び，塩基配列を比較したとき，平均で0.1％（1,000塩基に1つ）程度の塩基置換が見られることが知られている（Jorde & Wooding, 2004）。ヒトゲノム全体のサイズは約30億塩基対であるため，0.1％の塩基置換は約300万塩基対もの膨大な量に

相当する。この値は種によって少しずつ異なり，たとえばアブラナ科のシロイヌナズナでは約 0.5% である（Nordborg *et al.*, 2005）。

このような種内の遺伝的変異を定量的に取り扱う学問が集団遺伝学である。遺伝する性質であれば原理的には何であっても集団遺伝学で取り扱うことが可能であり，実際集団遺伝学の勃興期には花色などの遺伝形質がしばしば用いられていた。しかしながら，現在は分子生物学の技術を野生生物に利用して DNA 情報を得ることが極めて容易になりつつあり，形態形質などに比べて圧倒的に情報の多い DNA を用いた集団遺伝学，すなわち「分子」集団遺伝学が，Kreitman（1983）による先駆的な研究以来主流となっている。

遺伝的変異の頻度や構成は，分集団間の遺伝的交流や個体数変動，近親交配の程度やそれぞれの遺伝子座の受ける自然選択の種類と強さなど，さまざまな進化的プロセスの影響を受けて変化することが知られている。分子集団遺伝学の手法は，遺伝的変異のパターンを記述・解析して，過去に起きた個体数変動・移動・自然選択などを推定することを可能にする。遺伝的変異のパターンを記述する集団遺伝学の方法論は古くから発展してきたが，得られた塩基配列情報から進化的プロセスを定量的に推定する方法論の発達が近年めざましい。これはコアレセント理論*1†とよばれる新しい集団遺伝学の理論の普及によるところが大きい。本総説では，塩基配列データから過去の自然選択を検出する基本的な考え方を説明した後，コアレセント理論に基づいて自然選択の強さやその時期を定量的に推定する研究を紹介していきたい。

＊1：サンプリングされた塩基配列データの系譜を遺伝子系図 gene genealogy として解析し，さまざまな進化的パラメーターを定量的に推定する集団遺伝学的手法（Kingman, 1982; Hudson, 1983; Tajima, 1983）。大きな特徴として，現在から時間を遡ってサンプルデータの共通祖先をたどる “backward-in-time” な手法であること，与えられたパラメーターに従う塩基配列のデータセットをシミュレーションによって，大量かつ高速に生成できることが挙げられる。これにより，得られた塩基配列のパターンがどのような進化モデル（個体数増加・自然選択など）によく当てはまるかを定量的に解析することが可能になった。英文での教科書・総説として Wakeley（2008），Hein *et al.*（2005），Nordborg（2001），Rosenberg & Nordborg（2002）などがある。また，山道・印南による日本生態学会誌における一連の論文は，コアレセント理論について日本語で解説した数少ない総説である（山道・印南，2009; 2010a, b）。

2. 塩基配列データから過去の自然選択を検出する

1990 年代までの非モデル生物における自然選択の研究は野外や実験室内で表現型を観察する生態学的なアプローチが主だったが，集団内の DNA 変異のパターンを調べることで自然選択を推定する分子集団遺伝学的研究も近年盛んになりつつある。この手法は，あらゆる生物のさまざまな形質を司る遺伝子について適用可能である。特に，適応度測定†に長期間を要する性質など，野外での表現型の直接観察が難しかったものに対しても適用可能である点が重要であろう（Futuyma, 2009）。

2.1. 自然選択検出の基本的な考え方

自然選択がある遺伝子にはたらいたもとで期待される遺伝子系図と，その系図に従う塩基多型のパターンの例を**図 1** に示した。**図 1 -a** は中立進化において期待される遺伝子系図の例である。現生集団でサンプリングされた個体の最も近い共通祖先（Most Recent Common Ancestor: MRCA）を＊で示した。中立進化の下では，この標本集団においては 7 個の突然変異が見られる。

一方，**図 1 -b** はごく最近方向性選択†（正の自然選択）がこの遺伝子にはたらいたもとで期待される遺伝子系図のパターンである。方向性選択とは，ある対立遺伝子を持つ個体の適応度が他のものよりも高いために，その対立遺伝子の集団中の頻度が増していく一方向的な自然選択のことである。☆がこの遺伝子に起きた有利な突然変異とすると，この突然変異を持つ対立遺伝子が急速に増加し，固定に近づくと考えられる。結果として，MRCA は中立進化のときよりも最近になり，サンプリングされた標本集団中の突然変異の数が減少する。そのうえ，それらの多くは集団中の頻度が低いマイナーな変異である。これは，最近に選択・固定が起きたため，新しい変異が集団に広がるのに十分な時間がまだ経っていないからである。方向性選択がはたらく遺伝子の周辺におけるこのような多様性の減少を選択的一掃 selective sweep とよぶ。

図 1 -c は，平衡選択†がこの遺伝子にはたらいているもとで期待される遺伝子系図のパターンである。平衡選択とは，集団中の多様性を積極的に維持しようとする方向の自然選択であり，少数者有利の「負の頻度依存選択†」や，

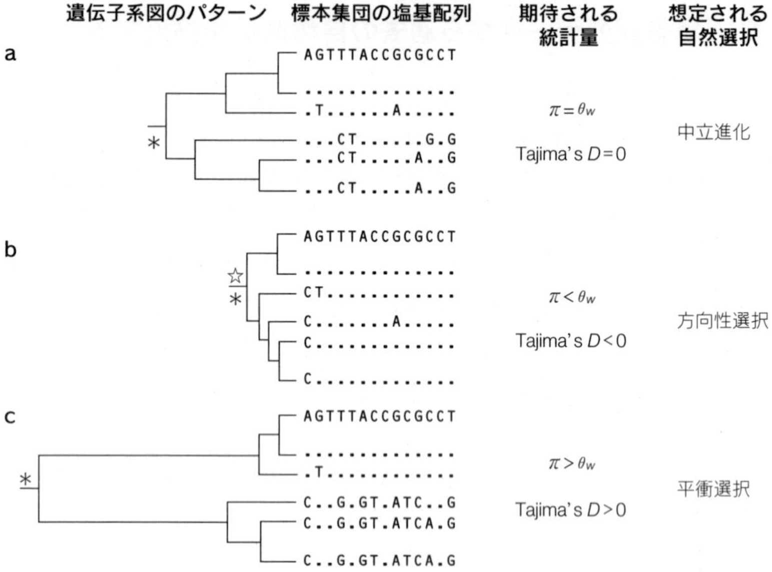

図 1　遺伝子系図のパターンは自然選択がはたらくことで変化する。a は中立進化のとき，b は方向性選択がはたらいたとき，c は平衡選択がはたらいているときにそれぞれ期待される遺伝子系図である。「.」はそのサイトにおいて参照配列（それぞれの系図の一番上にある配列）と同じ塩基を持つことを意味する。現生集団でサンプリングされた個体の最も近い共通祖先 (Most Recent Common Ancestor: MRCA) を＊で示した。b における☆はこの遺伝子に起きた有利な突然変異を示す。それぞれの遺伝子系図のもとでとる各統計量の値も示した。

ヘテロ接合体の適応度が高い「超優性」などの状況がこれに含まれる。このような状況のもとでは，複数の対立遺伝子がそれぞれある程度の頻度を保ちながら長期にわたり共存すると考えられる。その結果として，遺伝子系図における MRCA が中立進化のときよりも古くなり，サンプリングされた標本集団の中の突然変異の数が増加する。また，集団中で中間的な頻度で共有されている突然変異の数が中立進化のときより多くなることも特徴である。

このように，遺伝子に自然選択がはたらいた場合には，遺伝子系図の形が変化して，突然変異の数やその集団中の頻度に影響をもたらす。よって，要約統計量によってこれらのパターンを記述し，中立進化で期待される分布を帰無仮説として比較することで，その遺伝子にはたらいた自然選択を検出できるだろう。これが分子集団遺伝学的手法の基本的な考え方である。

2.2. 塩基多型のパターンを記述する統計量

塩基配列の集団内多型を定量するための尺度として，θ_w（population mutation rate）と π（塩基多様度 nucleotide diversity）の 2 つの基本統計量がよく知られている（Watterson, 1975; Tajima, 1983）。θ_w が突然変異のあるサイトを集団中の頻度に関係なくカウントした数に基づく統計量であるのに対し，π は配列をペアワイズで比較した際の塩基の違いの平均値であり，変異の集団中の頻度に影響される統計量である。中立進化の下では，θ_w と π の期待値は等しくなる。一方，頻度の低いマイナーな変異が集団中に多いとき，π は θ_w よりも小さくなる。これは**図 1**-b のようなときに対応するので，方向性選択が起きているとき，π は θ_w よりも小さくなると言い換えることもできる。逆に，比較的頻度の高い変異が集団中に多くある時は，π は θ_w よりも大きくなる。これは**図 1**-c のようなときに対応するので，平衡選択が起きている時に π は θ_w よりも大きくなると言い換えることができる。

π と θ_w の差をその標準偏差で基準化した統計量として，Tajima's D が知られている（Tajima, 1989）。集団サイズが一定と仮定すると，中立進化のもとでは D の期待値は 0 になり，方向性選択の下では負の，平衡選択のもとでは正の値をとる（**図 1**）。中立進化の下で D は平均 0・分散 1 の分布に従うと考えられるので，興味のある遺伝子について Tajima's D を計算し，中立進化の下で期待される分布において外れ値（たとえば分布の 5% 点の外側）となるかを検定することで，その遺伝子にはたらいた自然選択の有無を調べることができる。このような集団中の多型情報に基づく自然選択の検定法として，他に Fu & Li（1993）の方法や HKA test（Hudson *et al.*, 1987）などがよく用いられている*2。ここで述べた統計量や検定は DnaSP 5.0 などのソフトウェアで計算・実行することが可能である（Librado & Rozas, 2009）。

*2：ただし，HKA テスト（Hudson *et al.*, 1987）には集団内の多型情報だけでなく集団間・種間の分化（divergence）の情報も取り入れられている。

3. ゲノムワイドな多型情報を用いた自然選択の検出

3.1. 集団動態の効果と自然選択の効果の区別

1990年代は，前節のように個々の遺伝子の配列の変異を調べて中立進化からのずれをTajima's *D*などで検出する研究が多かったが，ゲノムワイドな多型情報が蓄積されていくにつれて，この方法の問題点が見えてきた。図2-aに示したようにゲノム全体のTajima's *D*の分布を調べてみたところ，理論が前提とする0を平均値とした分布とはほど遠く，ゲノム全体として分布が0以下もしくは0以上に偏っていることが多いことがわかったのである。

ゲノムの大部分の領域は中立進化をしていると考えられるにもかかわらず，なぜ分布が偏るのであろうか。これは，個々の遺伝子にはたらく自然選択の効果だけではなく，個体数増加・減少，分化・交雑などの集団動態demographyの背景も，多型のパターンに影響を与えるからである。ポイントは，自然選択の効果は個々の遺伝子およびその近傍にのみ影響を与えるのに対し，集団の歴史の効果はゲノム全体に影響を与える点である。たとえば，集団に強いボトルネック効果†（ビン首効果）†がはたらいたときには，ゲノム全体で塩基多様度が減少し，結果としてTajima's *D*の分布が全体として0以下に偏ることになる。

このような状況では，平均0・分散1の分布からの逸脱を基準に自然選択の有無を検出する従来の手法は，多数の擬陽性･擬陰性を生む可能性がある。たとえば，集団サイズ一定の仮定の下で期待される平均0の分布を基準にして方向性選択の有無を検定するときには，$D=-2.0$が分布の5%点であったとしよう（図2-b）。このとき，興味のある遺伝子の*D*が-2.0よりも小さければ，この遺伝子に自然選択がはたらいたと結論づけることになる（図2-b）。ここで，個体をサンプリングした集団のサイズが実は一定ではなく，最近に強いボトルネックを受けていたとする。すると，ゲノム全体の*D*の分布がボトルネックの効果により著しく負に偏ることが予想される。このとき，分布の5%点は$D=-2.0$よりもさらに小さくなる（図2-c）。つまり，$D=-2.0$を閾値として検定すると，実際には自然選択を受けていない遺伝子も自然選択を受けたと判定してしまう可能性があるということである。言い換えると，ボトルネック効果は方向性選択の検出において擬陽性を生む要因である。なおこれとは逆に，集団がいくつかに分集団化されているような

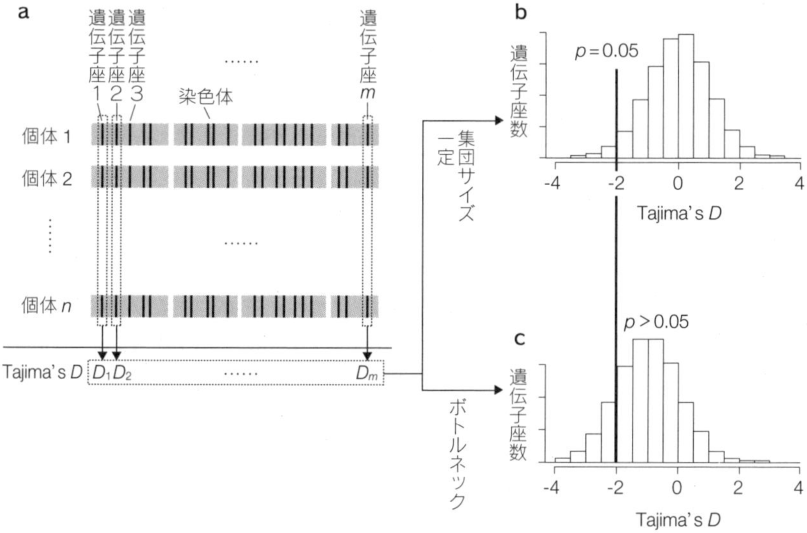

図2　自然選択の検出においてゲノム全体の多型情報を考慮に入れる重要性。a：統計量（ここではTajima's D）のゲノム全体の分布を算出する。集団中のn個体すべてについてm個のゲノム上に散在する遺伝子座の塩基配列情報を得る。m個の遺伝子座それぞれについてTajima's Dを計算することで，b，cのようなゲノム分布を描くことができる。自殖などで純系となった生物を想定し，各個体は1種類の対立遺伝子を持つと仮定した。b：集団サイズ一定の仮定の下で期待されるTajima's Dのゲノム分布の例。c：ボトルネックが生じたときに期待されるTajima's Dのゲノム分布の例。bの分布における5%点（$p=0.05$）であった$D=-2.0$は，ボトルネックが生じたときには$p>0.05$となる。詳しくは本文を参照。

状況では，Dの分布が全体として正の値に偏る。この場合，分集団構造は平衡選択の検出において擬陽性を生む要因である。

3.2. 統計量のゲノム分布との比較の実際

このように，個々の遺伝子に自然選択がはたらいているかどうかを検定するためには，まずゲノム全体の統計量の分布を知り，興味のある遺伝子が分布の外れ値になるかどうかを調べる必要がある。ここでは，モデル植物であるシロイヌナズナを例に挙げ，その実際を見てみよう。

ゲノム全体の統計量の分布とはいっても，完全なゲノム配列が個々の個体について必須なわけではない。シロイヌナズナにおいては，種の分布を網羅するさまざまな地点からサンプリングされた96系統について，ゲノム上に散在した500 bp程度の領域計876か所のシーケンスが報告されている（Nordborg *et al.*, 2005）。これらそれぞれについて図2-aのようにTajima's *D*を計算したところ，その分布は0よりも著しく負に偏っていた。ゲノム全体で見られるこのパターンは，シロイヌナズナ集団が最近大きく分布を拡大させたことに起因すると考えられている（Nordborg *et al.*, 2005; François *et al.*, 2008）。ここで，Tajima's *D*などの統計量がゲノム全体の分布から乖離する遺伝子には自然選択がはたらいたと考えられる。π・Tajima's *D*などがゲノム分布よりも有意に大きな遺伝子として，デンプン合成にかかわる酵素遺伝子*SSI*（*SOLUBLE STARCH SYNTHASE I*）などが得られた（Cork & Purugganan, 2005; Reininga *et al.*, 2009）。こういった遺伝子が野外での適応に具体的にどのように寄与しているかについては，今後の生態学的・生化学的研究が待たれる。

なお，連鎖不平衡 linkage disequilibriumとよばれる指標を基準にした自然選択の検出法も一般的である（Kim & Nielsen, 2004; シロイヌナズナにおける例としてToomajian *et al.*, 2006; ヒトにおける例としてTishkoff *et al.*, 2007; 詳しくは脚注を参照*3）。シロイヌナズナの例では，ペアワイズハプロタイプ共有（Pairwise Haplotype Sharing: PHS）とよばれる統計量で連鎖不平衡の程度がゲノムワイドに定量され，開花にかかわる*FRI*遺伝子周辺にゲノム分布に比して極めて長い連鎖不平衡が見られることがわかった。開花時期はシロイヌナズナの種内で大きな変異があることが知られており，*FRI*遺伝子に見られた自然選択の痕跡は，開花時間に関する地域集団レベルの局所適応†にかかわっている可能性がある*4。

これらの手法を応用すれば，自分の興味のある遺伝子に自然選択がはたらいたかどうかを調べるだけではなく，ゲノム全体に設計されたマーカーについて自然選択のはたらいた領域を網羅的にスキャンするといったことも可能になる。このような研究は現在ヒトにおいてもっとも進んでいる。HapMapとよばれるプロジェクトで報告されたヒト集団における大量のSNP（1塩基多型）を用いることで，最近に起きた方向性選択が引き起こした選択的一掃がゲノム全体にわたって調べられた（Voight *et al.*, 2006）。その結果，肌の色，脳の発達・形成，アルコール分解，マンノース・スクロース・ラクトースなど炭化水素代謝にかかわる遺伝子などに自然選択がはたらいてきたことが明らかになった。また，精子の形成や運動性，卵子の活性にかかわる遺伝子など，配偶子形成やその活性にかかわる遺伝子が多くリストアップされた。これらは，配偶者をめぐる競争や対立に関与している可能性もあり，進化生態学的にも興味深い遺伝子である。これらの結果はウェブサイト上で公開されており，任意のゲノム領域について自然選択のシグナルの強さを調べることができる*5。Voight *et al.* (2006) に限らず，ヒト集団における自然選択検出の研究は非常に盛んであり，その成果をまとめたレビューも数多い（Sabeti *et al.*, 2006; Oleksyk *et al.*, 2010 ほか）。自然選択のゲノムスキャンの研究例はヒト以外ではまだ多くないが，たとえばトウモロコシ（Wright *et al.*, 2005）やシロイヌナズナ（Toomajian *et al.*, 2006; Clark *et al.*, 2007）などではいくつかの報告がある。

4. 選択の強さや時期を定量的に推定する

興味を持つ遺伝子が，統計量のゲノム分布において外れ値になるかどうかを見ることによって，その遺伝子にはたらく自然選択の有無を検定することができる。しかしながら，この方法から示唆されるのは自然選択の関与の有無だけであり，それがどれくらいの強さで，いつ起きたのかはわからない。近年，Kim & Stephan（2002）による Composite Likelihood Ratio（CLR）

＊3：2 つの座位間の対立遺伝子に見られる非独立（相関）関係のことを連鎖不平衡とよぶ。たとえば，座位 1 において塩基 A と塩基 C が $k:l$ の頻度で，座位 2 で塩基 G と塩基 T が $m:n$ の頻度でそれぞれ分離している状況を考える。座位 1 と 2 が独立の場合，2 つの座位の対立遺伝子の組み合わせの頻度は AG : AT: CG : CT = $km:kn:lm:ln$ になることが期待される。2 つの座位間の組み合わせがこの期待値から外れる状況が連鎖不平衡である。一般的には，2 つの座位間の染色体上の距離が近いときに連鎖不平衡が見られる。連鎖不平衡は座位間の組み換えによって解消される。
一方，方向性選択を受けた（受けている）遺伝子の周辺ゲノム領域は連鎖不平衡が強くなることが知られている。これは，ある染色体上に有利な突然変異が生じたとき，その近傍に位置する座位の変異も（それ自体は中立であるにもかかわらず）連鎖によって増加することから起きる。組み換えによってこの連鎖不平衡は徐々に解消されるものの，自然選択が非常に強くかつ最近であれば，有利な突然変異の周辺に強い連鎖不平衡が観察されるはずである。近傍の変異が有利な突然変異に連れ立つように増加することから，方向性選択がもたらす連鎖不平衡はヒッチハイキング hitchhiking† とよばれている（Maynard-Smith & Haigh, 1974）。

＊4：集団間分化や局所適応にかかわる遺伝子座の探索に特化した手法として，F_{ST}† とよばれる集団間分化の指標をベースにした解析もよく用いられている（Beaumont & Nichols, 1996; Beaumont & Balding, 2004）。

＊5：Haplotter: http://pritch.bsd.uchicago.edu/data.html

testをはじめ，コアレセントシミュレーション†に基づいてこれらの値を推定する方法が提案されており，以下簡単に説明したい。Pavlidis *et al.* (2008) は，CLR testなどについて初学者にもわかりやすく解説した優れた総説である。なお本節では，より研究の進んでいる方向性選択の定量的な検出法に絞って話を進める。平衡選択がゲノムの多型のパターンに与える影響については，たとえばCharlesworth (2006) によるレビューを参照されたい。

4.1. 塩基多様度の「谷」

自然選択はゲノム上の特定の領域の塩基多様度に影響を与えるので，選択のターゲットになった遺伝子の周辺を調べると，あたかも塩基多様度が「谷」のようにくぼんだ状態になっていると考えられる（図3)。この谷の形（大きさや深さ）は有利な突然変異の染色体上の位置・自然選択の強さ・組み換え率・集団サイズ・選択を受けた時期などのいくつかのパラメーターに影響を受ける。たとえば，自然選択圧が強い（変異型と野生型の適応度の差が大きい）ほど，ヒッチハイキング†により塩基多様度の下がる染色体の範囲は広くなると考えられる。これは，組み換えによる塩基多様度の復帰よりも有利な対立遺伝子の固定のスピードの方がずっと速いために起きる。また，有利な突然変異に近い位置のマーカーであればあるほど，ヒッチハイキングの影響をより強く受け，塩基多様度は下がると考えられる。これらをふまえて，与えられた組み換え率・集団サイズのもとで，有利な突然変異の染色体上の位置やはたらいた自然選択の強さを推定するのがKim & Stephan (2002) によって提案されたCLR testである。コアレセントシミュレーション†に基づいて自然選択を定量的に検出する手法はいくつか知られているが，染色体上の塩基多様度の変化のパターンに着目して解析する方法としてはKim & Stephan (2002) によるCLR testが代表的である。必要なデータは，集団中の数十個体について，飛び飛びになった数百～数千bp程度の塩基配列断片である（図3)。たとえば，興味のある遺伝子の両近傍数個の遺伝子についてそれぞれの部分配列があれば，この解析が行える。配列の密度は高いほど検出力や解析の精度は上がる (Jensen *et al.*, 2008)。

CLR testはまず，自然選択の有無のより精密な検定を行うことができる。選択的一掃のような「谷」のパターンは，組み換え率や集団サイズの値によっては中立なプロセスにおいても観測されうる。特に組み換え率が低いとき

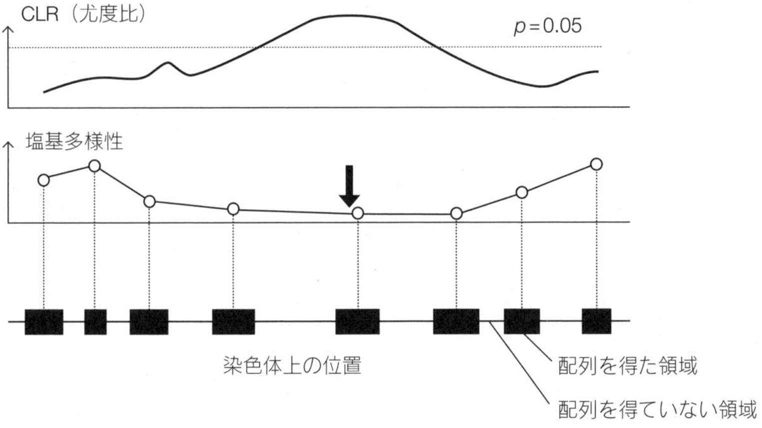

図 3 Kim & Stephan(2002) による Composite Likelihood Ratio(CLR)test の概念図。あるゲノム領域について，数百～数千 bp 程度の断片配列を数カ所取得し，塩基多様度の「谷」のパターンを得る。塩基多型の空間的パターン，組換え率などのパラメーターをもとに，自然選択の有無に関する統計量（CLR；尤度比）を推定する。ここから選択圧の強さ・有利な突然変異の位置（矢印）も推定する。

や集団サイズが小さいときは，この傾向が顕著である。CLR test は，与えられた組み換え率などのパラメーターのもとで，得られた塩基配列のパターンが中立進化で観測される確率を定量的に計算することができる。中立進化で多型のパターンが説明できない（選択がはたらいた）ときには，自然選択の強さ（$2Ns$; N は有効な集団サイズ，s は選択係数），有利な突然変異の位置についての最尤推定値が意味を持つ。なお，CLR test は集団動態の効果は考慮に入れておらず，集団サイズ一定の仮定を置いている。そのため，得られたパターンが集団動態の効果で説明できるかどうかを検定する Goodness-Of-Fit（GOF）test（Jensen *et al.*, 2005）もあわせて用いるのが一般的である。

4.2. 選択の起きた時期の推定

CLR test と同様，コアレセントシミュレーションによって自然選択の起きた時期を推定する手法も提案されている（Przeworski, 2003）。最近に起きた強い自然選択であるほど，ゲノム上で塩基多様度が低下した領域は長く，またその低下の度合いも大きくなると考えられる。これは，有利な対立遺伝子の固定後には，組換えによって周辺領域の塩基多様度が徐々に復帰していくためである。

4.3. シロアシネズミにおける体色の進化

最後に，これらの分子集団遺伝学的手法を駆使して野生生物の適応進化のプロセスを鮮やかに解き明かした実証例を紹介したい。アメリカ・ネブラスカ州の砂丘に生息するシロアシネズミ *Peromyscus maniculatus* は，周りの集団に比べて明るい色の体毛を持っていることが知られている。明るい色の体毛を持つことは，白砂の砂丘においては保護色になって生存に有利であると考えられてきた。Linnen *et al.* (2009) はまず，この体色変化は *Agouti* とよばれる遺伝子のシスエレメントの変異あるいはアミノ酸欠失によってもたらされたことを明らかにした。これらの変異は砂丘集団以外の周りの集団では見られなかった。

Linnen *et al.* (2009) はさらに，*Agouti* 遺伝子周辺の塩基配列を集団遺伝学的に解析した。その結果，この遺伝子周辺ではっきりとした塩基多様度の低下（「谷」）が認められた。そこで，Kim & Stephan (2002) の手法によって CLR test を行ったところ，塩基多様度の谷のパターンは中立進化では説明できないこと，GOF test (Jensen *et al.*, 2005) によってそのパターンは個体数変動などの集団動態の効果でも説明できないことが明らかになった。CLR test により推定された自然選択圧の強さは選択係数 s で 0.0028-0.0104 だった*6。実は，この研究より前に砂丘のシロアシネズミについてフクロウを用いた捕食実験が行われており，その実験からは $s=0.102$ というかなり強い選択圧が検出されていた。この実験は野外環境とは異なる閉鎖系で行われたため，選択圧は多少過大評価されていると考えられるものの，この値の差は *Agouti* 以外の遺伝子も体色進化にかかわっていることを示唆するかもしれない。最後に，Przeworski (2003) の手法を用いて自然選択の起きた時期を推定したところ，砂丘の形成年代（8,000 ～ 10,000 年前）よりも有意に最近に起きたことが明らかになった。

これらの結果を総合すると，砂丘の形成後，祖先集団には存在しなかった新しい突然変異が自然選択によって砂丘集団で急速に固定した，というシナリオが考えられる。近年，急速な適応には祖先集団にもともと存在する変異

(standing genetic variation) の寄与が重要であるという知見がいくつか報告されているが（総説として Barrett & Schulter, 2008），著者らは，*Agouti* 遺伝子の事例はそのパターンに従わないものであると結論づけている。

5. 展望：非モデル生物のゲノミクスへ向けて

分子集団遺伝学による自然選択の研究は，現在のところヒト・シロイヌナズナ・ショウジョウバエなどのモデル生物における例がほとんどである。これらの研究を行うためには基本的にゲノムワイドな多型情報が前提であり，遺伝情報の未整備ないわゆる非モデル生物においてはまだ敷居が高いのが現状であろう。

それでも，いくつかの非モデル生物群では，ゲノムワイドな分子マーカーの開発と，本格的な分子集団遺伝学・ゲノミクスへの取り組みがすでに始まっている。たとえば，Loren Rieseberg のグループは，野生ヒマワリ *Helianthus* の雑種形成・種分化・環境適応のプロセスの解明のために早くからゲノミクスに挑戦してきた。彼らは，EST *7 † 由来の大量のマイクロサテライトマーカー（EST-SSR）を開発し，F_{ST} † などを基準に自然選択のゲノムスキャンを行っている（Edelist *et al.*, 2006; Kane & Rieseberg, 2007; Sapir *et al.*, 2007 など）。ポイントは，マーカーが EST 由来なので，そのマーカーを含む遺伝子の配列情報をただちに得ることができた点である。

EST-SSR などに加えて，今後は Illumina 社による Genome Analyzer，ABI 社による SOLiD，Roche 社による 454 などのいわゆる次世代シーケンサーが非モデル生物の分子集団遺伝学・ゲノム研究を牽引する武器となることは疑いない。いずれの次世代シーケンサーも，数十～数百 bp の短い塩基配列を並列処理で大量に解読することができる（手法の解説として Mardis, 2008 など）。本総説で述べてきたように，分子集団遺伝学研究の基本になるのはゲノム上に散在する大量の配列断片の多型情報である。ゲノムの特定の数百～数万か所の領域のみを特異的に増幅する target enrichment とよばれる技術も進みつつあり（Mamanova *et al.*, 2010），次世代シーケンサーと組み

＊6：変異型の相対適応度が野生型に対して 0.28 ～ 1.04% 程度高いということ。
＊7：Expressed Sequence Tag の略。ある器官で発現する mRNA の網羅的な断片配列情報。

合わせることで，分子集団遺伝学のためのデータの取得も今後容易になっていくだろう。モデル生物で蓄積されてきた分子集団遺伝学の実証的・理論的な知見をさまざまな野生生物に活用して，適応進化や多様性生物学の研究が

同義置換率・非同義置換率の比から方向性選択を検出する手法

本稿では，集団中の多型の頻度や構成から自然選択を推定する分子集団遺伝学的な手法について述べている。一方で，タンパク質コード領域における同義置換（アミノ酸を変化させない塩基置換）率（Ks）·非同義置換（アミノ酸を変化させる塩基置換）率（Ka）の比（Ka/Ks比）を用いた分子進化学的な解析から自然選択を検出する手法も一般的であり，このコラムの中で簡単に触れておきたい。なお，この手法はタンパク質をコードするゲノム領域（エクソン）のみにしか適用することができない。

中立進化のもとでは，同義置換率（Ks）と非同義置換率（Ka）は等しくなることが期待される一方（Ka/Ks ＝ 1），アミノ酸配列を保存するような負の自然選択がはたらいている下では，Ka/Ks ＜ 1になることが予想される。また，アミノ酸の変化が有利になるような状況（方向性選択）であれば，Ka/Ksは1よりも大きくなると考えられる。

この考えに基づいて，さまざまな遺伝子のKa/Ksが計算された。しかしながら，ほとんどの遺伝子においてKa/Ks >1の方向性選択は検出されなかった（Yang, 2000)。このなかには，免疫系からの攻撃を受けるウイルスの遺伝子など，明らかに方向性選択を受けているはずの遺伝子も含まれていた。それにもかかわらずKa/Ks >1とならない原因として，遺伝子のほとんどの部分は保存的であり，ごく一部の座位が方向性選択を受けていたとしても，遺伝子全体でKa/Ksを計算すると平均化されて1よりも小さくなってしまう点が考えられた（Yang, 2000)。

この問題を解決するために開発されたのが，座位単位でKa/Ksの値を最尤推定する手法PAML: Phylogenetic Analysis by Maximum Likelihoodである（Yang, 2007; アルゴリズムの平易な解説としてYang, 2000)。PAMLは，選択圧のかかり方が遺伝子の中でも一様でないことを考慮に入れ，座位レベルでの選択圧を推定する。PAMLは現在非常に広く利用されており，たとえば，オオムギの病害抵抗性にかかわる遺伝子において，病原菌との相互作用にかかわるロイシンリッチリピート部位に自然選択が有意に強くかかっていることが明らかになった（Seeholzer *et al*., 2010ほか)。PAMLは，系統樹上のどの位置で方向性選択が起きたのかを検出することもでき，進化生態学的な仮説の検証にも役立つかもしれない。

加速していくことを期待したい。

謝辞

本稿に貴重なコメントをくださった小林正樹氏（チューリヒ大）および査読者のお2人に感謝いたします。

引用文献

Barrett, R. D. H. & Schluter, D. 2008. Adaptation from standing genetic variation. *Trends in Ecology and Evolution.* **23**: 38-44.

Beaumont, M. A. & Nichols, R. A. 1996. Evaluating loci for use in the genetic analysis of population structure. *Prodeedings of the Royal Society of London Series B* **263**: 1619-1626.

Beaumont, M. A. & Balding, D. J. 2004. Identifying adaptive genetic divergence among populations from genome scans. *Molecular Ecology.* **13**: 969-980.

Charlesworth, D. 2006. Balancing selection and its effects on sequences in nearby genome regions. *PLoS Genetics.* **2**: e64.

Clark, R. M., Schweikert, G., Toomajian, C., Ossowski, S., Zeller, G., Shinn, P., Warthmann, N., Hu, T. T., Fu, G., Hinds, D. A., Chen, H., Frazer, K. A., Huson, D. H., Schölkopf, B., Nordborg, M., Rätsch, G., Ecker, J. R. & Weigel, D. 2007. Common sequence polymorphisms shaping genetic diversity in *Arabidopsis thaliana*. *Science* **317**: 338-342.

Cork, J. M. & Purugganan, M. D. 2005. High-diversity genes in the Arabidopsis genome. *Genetics* **170**: 1897-1911.

Edelist, C., Lexer, C., Dillmann, C., Sicard, D. & Rieseberg, L.H. 2006. Microsatellite signature of ecological selection for salt tolerance in a wild sunflower hybrid species, *Helianthus paradoxus*. *Molecular Ecology.* **15**: 4623-4634.

François, O., Blum, M. G. B., Jakobsson, M. & Rosenberg, N. A. 2008. Demographic history of European populations of *Arabidopsis thaliana*. *PLoS Genetics.* **4**: e1000075.

Fu, Y.-X. & Li, W.-H., 1993. Statistical tests of neutrality of mutations. *Genetics* **133**: 693-709.

Futuyma, D. J. 2009. Evolution 2nd ed. Sinauer.

Hudson, R. R. 1983. Properties of a neutral allele model with intragenic recombination. *Theoretical Population Biology.* **23**: 183-201.

Hein, J., Schierup, M. H. & Wiuf, C. 2005. Gene genealogies, variation and evolution: a primer in coalescent theory. Oxford University Press, New York.

Hudson, R. R., Kreitman, M. & Aguade, M. 1987. A test of neutral molecular evolution based on nucleotide data. *Genetics* **116**: 153-159.

Jensen, J. D., Kim, Y., Bauer DuMont, V., Aquadro, C. F. & Bustamante, C. D. 2005. Distinguishing between selective sweeps and demography using DNA polymorphism data. *Genetics* **170**: 1401-1410.

Jensen, J. D., Thornton, K. R. & Aquadro, C. F. 2008. Inferring selection in partially sequenced regions. *Molecular Biology and Evolution.* **25**: 438-446.

Jorde, L. B. & Wooding, S. P. Genetic variation, classification and 'race'. 2004. *Nature Genetics.* **36**: S28-S33.

Kane, N. C., & Rieseberg, L.H. 2007. Selective sweeps reveal candidate genes for adaptation to drought and salt tolerance in common sunflower, *Helianthus annuus*. *Genetics* **175**: 1823-1834.

Kim, Y. & Stephan, W. 2002. Detecting a local signature of genetic hitchhiking along a recombining chromosome. *Genetics* **160**: 765-777.

Kim, Y. & Nielsen, R. 2004. Linkage disequilibrium as a signature of selective sweeps. *Genetics* **167**: 1513-1524.

Kingman, J. F. C. 1982. The coalescent. *Stochastic Processes and their Applications* **13**: 235-248.

Kreitman, M. 1983. Nucleotide polymorphism at the alcohol dehydrogenase gene region of *Drosophila melanogaster*. *Nature* **304**: 412-417.

Kreitman, M. 2000. Methods to detect selection in populations with applications to the human. *Annual Review of Genomics and Human Genetics.* **1**: 539-559.

Librado, P. & Rozas, J. 2009. DnaSP v5: a software for comprehensive analysis of DNA polymorphism data. *Bioinformatics* **25**: 1451-1452.

Linnen, C. R., Kingsley, E. P., Jensen, J. D. & Hoekstra, H. E. 2009. On the origin and spread of an adaptive allele in deer mice. *Science* **325**: 1095-1098.

Mamanova, L., Coffey, A. J., Scott, C. E., Kozarewa, I., Turner, E. H., Kumar, A., Howard, E., Shendure, J. & Turner, D. J. 2010. Target-enrichment strategies for next-generation sequencing. *Nature Methods* **7**: 111-118.

Mardis, E. R. 2008. The impact of next-generation sequencing technology on genetics. *Trends in Genetics*. **24**: 133-141.

Maynard-Smith, J. & Haigh, J. 1974. The hitch-hiking effect of a favorable gene. *Genetics Rescearch*. **23**: 23-35.

Nielsen, R. 2005. Molecular signatures of natural selection. *Annual Reviews of Genetics.* **39**: 197-218.

Nielsen, R., Hellmann, I., Hubisz, M., Bustamante, C. & Clark, A. G. 2007. Recent and ongoing selection in the human genome. *Nature Reviews Genetics*. **8**: 857-868.

Nordborg, M. 2001. Coalescent theory. In: Balding D. J. Bishop, M. & Cannings, C. (eds) Handbook of statistical genetics. John Wiley & Sons, Ltd., West Sussex: 179-212.

Nordborg, M., Hu, T. T., Ishino, Y., Jhaveri, J., Toomajian, C., Zheng, H., Bakker, E., Calabrese, P., Gladstone, J., Goyal, R., Jakobsson, M., Kim, S., Morozov, Y.,

Padhukasahasram, B., Plagnol, V., Rosenberg, N. A., Shah, C., Wall, J. D., Wang, J., Zhao, K., Kalbfleisch, T., Schulz, V., Kreitman, M. & Bergelson, J. 2005. The pattern of polymorphism in *Arabidopsis thaliana*. *PLoS Biology*. **3**: e196.

Oleksyk, T. K., Smith, M. W. & O'Brien, S. J. 2010. Genome-wide scans for footprints of natural selection. *Philosophical transaction of the Royal Society B*. **365**: 185-205.

Pavlidis, P., Hutter, S. & Stephan, W. 2008. A population genomic approach to map recent positive selection in model species. *Molecular Ecology*. **17**: 3585-3598.

Przeworski, M. 2003. Estimating the time since the fixation of a beneficial allele. *Genetics* **164**: 1667-1676.

Reininga, J. M., Nielsen D. & Purugganan, M. D. 2009. Functional and geographical differentiation of candidate balanced polymorphisms in *Arabidopsis thaliana*. *Molecular Ecology*. **18**: 2844-2855.

Rosenberg, N. A & Nordborg, M. 2002. Genealogical trees, coalescent theory and the analysis of genetic polymorphisms. *Nature Reviews Genetics*. **3**: 380-390.

Sabeti, P. C., Schaffner, S. F., Fry, B., Lohmueller, J., Varilly, P., Shamovsky, O., Palma, A., Mikkelsen, T. S., Altshuler, D. & Lander, E. S. 2006. Positive natural selection in the human lineage. *Science* **312**: 1614-1620.

Sapir, Y. Moody, M. L., Brouillette, L. C., Donovan, L. A. & Rieseberg, L. H. 2007. Patterns of genetic diversity and candidate genes for ecological divergence in a homoploid hybrid sunflower, *Helianthus anomalus*. *Molecular Ecology*. **16**: 5017-5029.

Seeholzer, S., Tsuchimatsu, T., Jordan, T., Bieri, S., Pajonk, S., Yang, W., Jahoor, A., Shimizu, K. K., Keller, B. & Schulze-Lefert, P. 2010. Diversity at the *Mla* powdery mildew resistance locus from cultivated barley reveals sites of positive selection. *Molecular Plant-Microbe Interactions*. **23**: 497-509.

Tajima, F. 1983. Evolutionary relationship of DNA sequences in finite populations. *Genetics* **105**: 437-460.

Tajima, F. 1989. Statistical method for testing the neutral mutation hypothesis by DNA polymorphism. *Genetics* **123**: 585-595.

Thornton, K. R., Jensen, J. D., Becquet, C. & Andolfatto, P. 2007. Progress and prospects in mapping recent selection in the genome. *Heredity* **98**: 340-348.

Tishkoff, S. A., Reed, F. A., Ranciaro, A., Voight, B. F., Babbitt, C. C., Silverman, J. S., Powell, K., Mortensen, H. M., Hirbo, J. B., Osman, M., Ibrahim, M., Omar, S. A., Lema, G., Nyambo, T. B., Ghori, J., Bumpstead, S., Pritchard, J. K., Wray, G. A. & Deloukas, P. 2007. Convergent adaptation of human lactase persistence in Africa and Europe. *Natural Genetics*. **39**: 31-40.

Toomajian C, Hu, T. T., Aranzana, M. J., Lister, C., Tang, C., Zheng, H., Zhao, K., Calabrese, P., Dean, C. & Nordborg, M. 2006. A non-parametric test reveals selection for rapid flowering in the *Arabidopsis* genome. *PLoS Biology*. **4**: e137.

Voight, B. F., Kudaravalli, S., Wen, X. & Pritchard, J. K. 2006. A map of recent positive selection in the human genome. *PLoS Biology*. **4**: e72.

Wakeley, J. 2008. Coalescent theory: an introduction. Roberts and Company Publishers,

Greenwood Village.

Watterson, G. A. 1975. On the number of segregating sites in genetical models without recombination. *Theoretical Population Biology*. **7**: 256-276.

Wright, S. I., Bi, I. V., Schroeder, S. G., Yamasaki, M., Doebley, J. F., McMullen, M. D., & Gaut, B. S. 2005. The effects of artificial selection on the maize genome. *Science* **308**: 1310-1314.

Wright, S. I. & Gaut, B. S. 2005. Molecular population genetics and the search for adaptive evolution in plants. *Molecular Biology and Evolution*. **22**: 506-519.

Yang, Z. 2000. Maximum likelihood estimation on large phylogenies and analysis of adaptive evolution in human influenza virus A. *Journal of Molecular Evolution* **51**: 423-432.

Yang, Z. 2007. PAML 4: Phylogenetic Analysis by Maximum Likelihood. *Molecular Biology and Evolution*. **24**: 1586-1591.

岸野洋久・浅井潔　2003.　生物配列の統計　核酸・タンパクから情報を読む（統計科学のフロンティア　9）岩波書店

山道真人・印南秀樹　2009.　始めよう！エコゲノミクス (3) 集団内変異データが語る過去：解析手法と理論的背景（その1）．日本生態学会誌 **59**: 339-349

山道真人・印南秀樹　2010a.　始めよう！エコゲノミクス (4) 集団内変異データが語る過去：解析手法と理論的背景（その2）．日本生態学会誌 **60**: 137-148

山道真人・印南秀樹　2010b.　始めよう！エコゲノミクス (5) 自然選択の検出（その1）．日本生態学会誌 **60**: 293-302

用語解説

（50音順） **島田貴士**（京都大学）
中野亮平（京都大学）
廣田　峻（九州大学）
深野祐也（九州大学）

〔英字〕

BAC ライブラリー（Bacterial artificial chromosome library）

ゲノムを100kb程度の断片に分割し，それぞれを細菌人工染色体（BAC）に組み込んだもの，またはそれらのBACを保持した大腸菌集団。大腸菌を培養することで，PCRでは増やせない長さのDNAを安定して増やすことができるため，ゲノム解読などに利用されている。

de novo

ラテン語で「新規に」を意味する言葉。生物学において，「*de novo* ～」と表記される場合，「元々はなかったものが，新たに合成された～」という意味として使われる。

DNA メチル化（DNA methylation）

DNA配列の中で，ある塩基がDNAメチル化酵素によりメチル化される現象。DNAメチル化により，メチル化領域，ないしその近傍の遺伝子発現が大きく変化することがある。真核生物ではシトシンのメチル化が重要とされている。

EST（Expressed Sequence Tag）

抽出したmRNAをcDNA化し，その配列の一部（配列タグ）を読んだもの。ある遺伝子の配列タグが現れる頻度は，その遺伝子の発現量をある程度反映している。

F_{ST}

集団間での遺伝的分化の程度を示す指標で，固定係数や遺伝子分化係数とよばれる。SNPやマイクロサテライトのような遺伝マーカーを用いて推定される。0から1の間をとり，値が大きくなるほど集団間の遺伝的分化が大きいことを意味する。

H_{e}

ある遺伝子座において観察された対立遺伝子頻度から推定される，ある集団からランダムに対立遺伝子を2つ選んだとき，その2つが異なる確率。「ヘテロ接合度の期待値」ともよばれ，遺伝的変異の程度を示す尺度として用いられる。

〔ア行〕

アノテーション（Annotation）

一般に注釈のこと。遺伝子に関して用いる場合は，既知の実験事実や配列の相同性から推定された遺伝子機能の情報を指すことが多い。遺伝子データベース上において検索することができ，機能未知の場合はその旨が記入される。

安定化選択・方向性選択・分断選択

（Stabilizing selection, Directional selection, Disruptive selection）

集団内で中間的な形質値をもつ個体が最も有利となるような選択のことを「安定化選択」といい，これに対して，形質値が集団平均から増加あるいは減少するようにはたらく選択を「方向性選択」，形質値が集団平均から離れるほど有利になるような選択を「分断選択」という。

1塩基多型（Single Nucleotide Polymorphism，SNP）

系統あるいは個体ごとの塩基配列の違いを塩基多型といい，そのうち1塩基のみの置換が起こっている多型のことを1塩基多型という。位置によってはアミノ酸置換や遺伝子発現の変化を引き起こす。

遺伝子オントロジー（Gene Ontology, GO）

遺伝子の機能に関して記述するための統一された語彙のこと。すべての語は，生物学的プロセス（Biological process），細胞の構成要素（Cellular compornent），分子機能（Molecular function）のいずれかに属する。遺伝子オントロジーとして登録された語彙を用いることで，同義語による混乱を避けつつ，大量の遺伝子データを体系的に解析することができる。

遺伝子流動（Gene flow）

1つもしくは複数の地理的に離れた集団の遺伝子プールから，別の集団の遺伝子プールへ，移入や交配によって対立遺伝子が移動すること。遺伝子流動によって集団間の遺伝的な変異は減少しうる。

遺伝的浮動（Genetic drift）

自然選択によらずに，集団中の対立遺伝子頻度がランダムに変化すること。集団サイズが無限大で自然選択がなければ，対立遺伝子頻度は世代を経ても一定である。ただし，実際の集団サイズは有限であるため，対立遺伝子頻度は世代ごとにばらつく。集団サイズが小さいほどこのばらつきは大きくなり，遺伝的浮動の効果のみでも対立遺伝子の消失が起こりうる。

エクソンシャッフリング（Exon shuffling）

相同組換えあるいはトランスポゾンによりエクソンの組み合わせの変化が起

こり，それによって新たな遺伝子が作られるという進化上の仮説。一つのエクソンが一つの機能要素をコードしていることが多いことに基づく。

オミクス（Omics）

さまざまな情報全体を総合的，網羅的に解析すること。具体的には，ゲノム（Genome），プロテオーム（Proteome），メタボローム（Metabolome）などの「〜オーム（-ome）」について解析することを，ゲノミクス（Genomics），プロテオミクス（Proteomics），メタボロミクス（Metabolomics）など「〜オミクス（-omics）」という。

〔カ行〕

局所適応（Local adaptation）

分布の辺縁部では分布の中心と比較して環境が異なることが多い。そのような局所的な環境に適応した形質が進化することを「局所適応」という。局所適応は種分化をもたらしうる重要な過程であると考えられている。

クローニング（Cloning）

元は同一の遺伝子型を持つ生物集団（クローン）を作製するという意味であった。そこから派生し，ある特定の遺伝子領域を単離するという意味でも使われるようになった。

軍拡競走（Arms race）

共進化の過程のひとつで，捕食者―被食者や宿主―寄生者間などの敵対的な2種類の生物が，攻撃・防衛などの形質をお互いに進化させること。国家間の軍拡競争に類似していることから名づけられた。

形質転換（Transformation）

細胞内に入った外来DNAが遺伝情報として取り込まれ，生物の遺伝形質が変化すること。一部の生物では，目的の遺伝子を含むDNAを導入し，遺伝形質を人為的に変化させることが可能である。

コアレセントシミュレーション（Coalescent simulation）

コアレセント理論（Coalescent theory）に基づいて塩基配列をシミュレーションすることで，進化的パラメーターを推定し，その塩基配列にはたらいた自然選択や過去の個体数変動などを定量的に推定する方法。

コンティグ（Contig）

ゲノムDNAなどの長い領域が複数の短い断片に分割され，それらが相互に重複しながら全領域をカバーしている状態。また，その短い断片そのもののこと。重複部分を指標にコンティグから全配列を再現できる。

〔サ行〕

最適戦略（Optimal strategy）

生物が示す行動や形質を戦略，適応度を利益と見なした時に，各個体の利益を最大化するような戦略のこと。繁殖のタイミングや花の大きさなどの量的形質も戦略にあたる。

進化的安定戦略（Evolutionarily Stable Strategy, ESS）

個体の示す戦略で，もし集団中の大部分の個体がその戦略を採用した時に，他のどんな戦略であろうとも集団中に広まることのできないような戦略。すべての個体が進化的安定戦略をとった場合を進化的に安定な状態（Evolutionarily stable state）とよぶ。

創始者効果（Founders effect）

少数の個体からなる隔離された集団が新しく生じた時に，元の集団に比べて遺伝的な変異が小さく，遺伝子頻度の異なる集団が形成されること。創始者効果は，遺伝的浮動の極端な例である。

〔タ行〕

中立遺伝子（Neutral gene）

対立遺伝子間の適応度の差（selection coefficient, s）と有効集団サイズ（Effective population size，N）の積が1に比べて小さいような遺伝子。このような遺伝子では，自然選択よりも遺伝的浮動が集団中の対立遺伝子頻度の変化の原因となる。集団の地理的構造や，系統関係を推定するのに適している。

低分子 RNA（Small RNA）

20数塩基の1本鎖または2本鎖のRNAで，自身はタンパク質をコードしていない。相同な配列を持つmRNAに結合し，翻訳阻害やmRNAの分解を引き起こすことで，遺伝子の発現を抑制する。人工的に細胞内に導入することで，遺伝子発現を抑制することができる（RNA干渉，RNA interference，RNAi）。

適応度（Fitness）

ある個体の将来の世代の遺伝子プールに対する相対的な貢献度。他個体と比較した時より多く子を残す個体は，集団の遺伝的形質により大きな影響を与えると考えられる。適応度を直接測定することは困難であるため，それと相関するような値として，生涯で残した子の数などが指標に使われることが多い。

トレードオフ（Trade-off）

ある形質が増加すれば，他の形質が減少するという関係にあること。最適戦略モデルでは，卵サイズと卵数，成長と繁殖など，さまざまな形質間でトレードオフがあると仮定される。

〔ナ行〕

二次代謝産物（Secondary metabolite）

成長に必須な一次代謝産物（Primary metabolite）から，さまざまな化学反応によって作られる化合物を二次代謝産物とよぶ。二次代謝産物は，生物の成長には直接関与しないが，ホルモン，抗菌物質，シグナル伝達物質などとして，固有の生理機能を発揮するものがある。

〔ハ行〕

パラミューテーション（Paramutation）

ある表現型［A］を示す対立遺伝子 A と，その表現型を示さない対立遺伝子 a をヘテロ接合で持った場合（Aa），対立遺伝子 a が対立遺伝子 A に対して抑制的にはたらき，期待される［A］の表現型を示さなくなる現象。メンデルの法則に従わない遺伝方式。

ヒッチハイキング効果（Hitchhiking effect）

ある有利な対立遺伝子に対する選択によって，その遺伝子座と密接に連鎖した周囲の遺伝子座の対立遺伝子頻度が変化すること。ヒッチハイキング効果によって，たとえ中立な遺伝子座であっても対立遺伝子頻度が変化する。

頻度依存選択（Frequency-dependent selection）

集団における表現型や遺伝子型の頻度によって，その適応度が決まること。正の頻度依存選択では集団内で多数を占めるものが，負の頻度依存選択では少数のものが高い適応度をもつ。

プロモーター領域（Promoter region）

転写開始点の上流に位置する塩基配列で，遺伝子の転写抑制に必要な領域。

平衡選択（Balancing selection）

集団中の多様性を維持しようとするような選択。そのメカニズムとしては，少数が有利となる負の頻度依存選択やヘテロ接合体が高い適応度をもつ超優性などが挙げられる。

ボトルネック（Bottleneck）

ある集団もしくは種において，短期間のうちに個体数が大きく減少すること。個体数が減少した時に，遺伝的浮動がはたらいて遺伝的変異が失われ，個体数が回復しても遺伝的な多様性が回復しないことをボトルネック効果（Bottleneck effect）とよぶ。

ホモログ，オーソログ，パラログ（Homolog, Ortholog, Paralog）

共通祖先に由来し配列が類似している２つ以上の遺伝子をホモログという。そのうち異なる種の間で類似しており種分化によってできたものをオーソログといい，同一ゲノム上にあり遺伝子重複によってできたものはパラログとよぶ。

責任編集者・執筆者一覧（五十音順）

Daniel J. Kliebenstein（Department of Plant Sciences, University of California, Davis：第 8 章担当）

あいかわしんいちろう
相川慎一郎（神戸大学大学院理学研究科：第 4 章担当）

おおばやし　たけし
大林　武（東北大学大学院情報科学研究科：第 10 章，第 11 章担当）

かわごえてつひろ
川越哲博（京都大学生態学研究センター：コラム 3 担当）

きのした　てつ
木下　哲（奈良先端科学技術大学院大学：コラム 2，第 6 章担当）

くどう　ひろし
工藤　洋（京都大学生態学研究センター：第 4 章担当）

さいしょうだいすけ
最相大輔（岡山大学資源植物科学研究所：コラム 1 担当）

さわだゆうじ
澤田有司（理化学研究所・植物科学研究センター：第 13 章担当）

しまだたかし
島田貴士（京都大学大学院理学研究科：用語解説担当）

しみずけんたろう
清水健太郎（チューリヒ大学理学部：第 5 章担当）

すがのしげお
菅野茂夫（京都大学大学院理学研究科：第 12 章担当）

たなかけんた
田中健太（筑波大学菅平高原実験センター：第 2 章担当）

たけうち
竹内やよい（総合研究大学先導科学研究科：第 5 章担当）

つちまつたかし
土松隆志（チューリヒ大学理学部：第 3 章，第 14 章担当）

なかのりょうへい
中野亮平（京都大学大学院理学研究科：用語解説担当）

ながの　あつし
永野　惇（京都大学生態学研究センター：第 8 章日本語訳，第 11 章，第 12 章，コラム 4 担当，責任編集者）

なかむら
中村みゆき（奈良先端科学技術大学院大学：コラム 2 担当）

ひらいまさみ
平井優美（理化学研究所・植物科学研究センター：第 9 章，第 13 章担当）

ひろた　しゅん
廣田　峻（九州大学システム生命科学府：用語解説担当）

ふかのゆうや
深野祐也（九州大学システム生命科学府：用語解説担当）

ほり　きよすみ
堀　清純（農業生物資源研究所：コラム 1 担当）

もりながしんいち
森長真一（東京大学大学院総合文化研究科：第 1 章担当，責任編集者）

よしだけんたろう
吉田健太郎（財団法人岩手生物工学研究センター：第 7 章担当）

生物名索引

Arabidopsis
—— *arenosa* 11, 117
—— *halleri* 11
—— subsp. *gemmifera* → ハクサンハタザオ，イブキハタザオ
—— *lyrata* (L.) O'kane & Al-Shehbaz セイヨウミヤマハタザオ
—— subsp. *lyrata* → セイヨウミヤマハタザオ
—— subsp. *petraea* → オウシュウミヤマハタザオ
—— *strigosa* 152
—— *suecica* 11
—— *thaliana* (L.) Heynh シロイヌナズナ
Arabis
—— *gemmifera* Matsum. → ハクサンハタザオ
—— var. *alpicola* H. Hara → イブキハタザオ
Avena pilosa 152
Nicotiana attenuata Torr. ex S. Watson 210
Oryza
—— *longistaminata* 151
—— *punctata* 151
—— *sativa* → イネ
Populus
—— *angustifolia* James 208
—— *fremontii* S. Wats 208
イネ *Oryza sativa* 151, 159, 236
イネいもち病菌 159
イブキハタザオ *Arabidopsis halleri* subsp. *gemmifera*, *Arabis gemmifera* var. *alpicola* 9
ウツボカズラ 123
オウシュウミヤマハタザオ *Arabidopsis lyrata* subsp. *petraea* 29
ガーターヘビ 210
キャベツ *Brassica oleracea* L. 208
コカイタネツケバナ *Cardamine kokaiensis* 9
サメハダイモリ 210
シロアシネズミ *Peromyscus maniculatus* 356
シロイヌナズナ *Arabidopsis thaliana* (L.) Heynh. 9, 25, 68, 113, 145, 184, 211, 217, 340
——の生活環 92
——遺伝子破壊株 237
セイヨウミヤマハタザオ *Arabidopsis lyrata* (L.) O'kane & Al-shehbaz, *Arabidopsis lyrata* subsp. *lyrata* 29, 211
ダイズ 218, 236
タバコ 210
トウモロコシ 113
ハクサンハタザオ *Arabidopsis halleri* subsp. *gummifera*, *Arabis gemmifera* 9, 71, 95
ホソバウンラン *Linaria vulgaris* Mill 115

事項索引

【英数字】

1,000 ドルゲノムプロジェクト 295
16S rDNA 領域 126
1 塩基多型（SNP）single nucleotide polymorphism 39, 56, 237, 364 → 1 塩基多型
1 塩基置換多型 1 塩基多型
2 塩基エンコーディング法 302
454 Genome Sequencer FLX → シーケンサー
454 社 45 → Roche 社
5500 SOLiD → シーケンサー sequencer
—— xl → シーケンサー

A

aCGH array-based comparative genome hybridization 276
AFLP 56
Applied Biosystems 社 296
ArrayExpress → シーケンサー
ATTED → データベース
ATTED-II → データベース
AVR 164

B

BAC ライブラリー bacterial artificial chromosome library 363
Bioanalyzer 281

BL-SOM 法→ 一括学習自己組織化マップ法
b プロモーター 220

C

CE-MS → キャピラリー電気泳動－質量分析法
ChIP-Seq 解析 318
ChIP（クロマチン免疫沈降）318
Composite Likelihood Ratio（CLR）test 353

D

ddm1 115
DEMETER 149
de novo 363
——ゲノムシーケンシング 304
DNA マーカー 56
DNA マイクロアレイ→ マイクロアレイ
DRM2 148

E

EcoTILLING 法 161
EST expressed sequence tag 226, 357, 363

F

F_2 集団 56
Fgenesh 167
FIE 144
FIS2 144
FLC（flowering locus C）遺伝子座 93, 116
シロイヌナズナの—— 104
foundation species 207
F_{ST} → 遺伝子分化係数
FT 42
FT-ICR → フーリエ変換イオンサイクロトロン共鳴
FWA 148

G

GC → ガスクロマトグラフィー
GenBank → データベース
Gene Ontology → 遺伝子オントロジー
Genome Analyer II → Illumina GA
GFP 222
GO → 遺伝子オントロジー
goodness-of-fit（GOF）test 355
GS20 → Roche 454 Genome Sequencer 20
GS junior → シーケンサー
GUS 220

H

h^2 → 狭義の遺伝率
H^2 → 広義の遺伝率
Halcyon Molecular 社 324
haplogroup 70
He 363
H_E →遺伝的多様性
Helicos BioSciences Corporation 社 317
HeliScope → シーケンサー
HiSeq 1000 → シーケンサー
HiSeq 2000 → シーケンサー
HPLC → 高速液体クロマトグラフィー

I

Illumina GA→ シーケンサー
Illumina 社 299
Indexing 313
Ion Torrent → シーケンサー

K

Ka → 非同義置換率
Ka/Ks 358
Ks → 同義置換率

L

LC → 液体クロマトグラフィー
LC-MS → 液体クロマトグラフィー－質量分析法
Life Technologies 社 301
lowess 法→ 重み付き局所回帰法
LTER long-term ecological research 48

M

MAMP microbe-associated molocular patter 158
MEA 144, 148
met1 115
MIAME → データベース
MiSeq 312
most recent common ancestor（MRCA）347
MRCA → most recent common ancestor
Muliplexing 313

N

NCBI 167
NCBI GEO → MIAME, データベース

O

O- アセチルセリン（OAS）220
OAS → O- アセチルセリン
oligo dT プライマー 282
Oxford Nanopore Technologies 社 324

P

PacBio RS → シーケンサー
Pacific Biosciences 社 320
PAMP pathogen-associated molocular patter 158
pex22 168
pex33 167
polar nuclei activation hypothesis → 極核活性化説
poly A 配列 282
population mutation rate 349
PRIMe 236

Q

QTL → 量的形質遺伝子座
quantile 法→ 分位点法

R

RAPD 56

RdDM → RNA-directed DNA methylation
RIN RNA integrity number 282
RNA-directed DNA methylation（RdDM） 111
Roche 454 Genome Sequencer 20 → シーケンサー
Roche 社 296

S

s → 選択係数
S-locus 70
SCR 69
siRNA 成合生経路 114
SNP → 1 塩基多型
Solexa 社 299
SRK 69
SSR 56

T

Tajima's D 349
target-enrichment 310
targeted capture 310
TRACE 167

U

UPLC-TQMS 341
UPLC Ultra Performance Liquid Chromatography 338

V

V_A →相加的遺伝分散
V_E →環境分散
V_G →遺伝分散
V_I →非相加的遺伝分散

X

X 染色体の不活性化 109

【ア行】

アクセッション 232
アセチル化 111
アセンブル assemble 306
アソシエーション解析 60
アノテーション annotation 307, 330, 364
アポミクシス 143
安定化選択（負の自然選択） stabilizing selection 66, 364

硫黄同化経路 221
一分子シーケンサー→ シーケンサー
一分子リアルタイムシーケンシング 320
一括学習自己組織化マップ（BL-SOM）法 228, 230
遺伝子オントロジー（GO） gene ontology 287, 364
遺伝子型－環境交互作用 34
遺伝子型分散 53
遺伝子間相互作用→ エピスタシス
遺伝子組換え技術 210
遺伝子分化係数（F_{ST}） coefficient of gene differentation 14, 42, 357, 363
遺伝子流動 gene flow 13, 28, 364
遺伝的多様性（H_E） genetic diversity 16, 42
遺伝的な分化 genetic differentation 14
遺伝的浮動 genetic drift 28, 364
遺伝的変異 genetic variation 207
遺伝分散（V_G） 28
遺伝要因 53
遺伝率
　狭義の——（h^2） narrow meaning heritability 28, 29, 55
　広義の——（H^2） broad meaning heritability 28, 54
移動平均 100
移入荷重 migration load 28
伊吹山 11
イン・ヴィヴォ *in vivo* 89
イン・ヴィトロ *in vitro* 89
イン・ナチュラ *in natura* 90
インプリント遺伝子 145

液体クロマトグラフィー－質量分析法（LC-MS） 223, 234
液体クロマトグラフィー（LC） liquid chromatography 331
エクソンシャッフリング exon shuffling 118, 364
エコゲノミクス→ ゲノミクス
エピジェネティクス 109
エピスタシス（遺伝子間相互作用） epistasis 28, 189, 192
エフェクター 157
エマルジョン 297
　—— PCR 297
塩基多様度 nucleotide diversity 349

オーソログ ortholog 367
オミクス omics 30, 36, 224, 365
　ゲノミクス genomics 30, 223
　　エコ—— ecogenomics 11
　　環境—— environmental —— 124
　　機能—— functional —— 223
　　群集—— community —— 124
　　進化生態機能ゲノム学 evolutionary ecological functional genomics 10
　　生態ゲノム学 ecological genomics 11
　　ポスト—— 223
　　メタ—— 123
　トランスクリプトミクス transcriptomics 223
　プロテオミクス proteomics 30, 223
　メタボロミクス

metabolomics 30, 223, 329
ワイドターゲット―― 340
重み付き局所回帰法（lowess 法）285
オリゴ dT 分子 319

【カ行】

階層的クラスタリング→ クラスタリング
ガスクロマトグラフィー（GC）186, 330
花成促進経路 93
過敏感反応 157
カラシ油配糖体→ グルコシノレート
環境ゲノミクス→ ゲノミクス
環境分散（V_E）28, 53
環境要因 53
頑強性→ ロバストネス
関連解析 160, 176

気温 90
季節消長→ フェノロジー
機能遺伝子 functional gene 13
機能解析 20
分子生物学的な―― 20
野外生物学的な―― 20
機能ゲノミクス→ ゲノミクス
逆位 74
逆遺伝学 36
キャピラリー電気泳動－質量分析法（CE-MS）223, 234
狭義の遺伝率→ 遺伝率
共発現 194, 230, 232
局所適応 local adaptation 28, 365
極核活性化説 polar nuclei activation hypothesis 150
距離による隔離 isolation by distance 46
近交弱勢 68

区間マッピング法 58
組換え近交系群 56
クラスタリング 287
階層的―― 287
グルコシノレート（カラシ油配糖体）glucosinolate 37, 184, 208, 228
――系 184
クローニング cloning 144, 365
マップベース―― 144
クロマチン 105, 110
軍拡競走 arms race 365
群集ゲノミクス→ ゲノミクス

形質転換 transformation 220, 365
系統解析 188
ゲーム理論 65
ゲノミクス→ オミクス
ゲノミックアレイ→ マイクロアレイ
ゲノムインプリンティング 109, 144

コアレセントシミュレーション coalescent simulation 365
コアレセント理論 346
広義の遺伝率→ 遺伝率
高山帯 12
高速液体クロマトグラフィー（HPLC）186, 331
HPLC-PDA 334
HPLC-PDA-MS 335
高標高 11
候補遺伝子アプローチ 39
古細菌群集 124
個体群生態学 population ecology 47
固定係数→ 遺伝子分化係数
コンティグ contig 306, 365
コンフリクト仮説 parental conflict theory 153

【サ行】

サーカディアンリズム 118
細菌 124
最適戦略 optimal strategy 19, 365
細胞記憶 104, 109, 116
サイレンシング 117
サザンハイブリダイゼーション 119
サンガー法（ジデオキシ法）Sanger's sequencing method 21, 125, 293

シーケンサー sequencer
454FLX 166
454 Genome Sequencer FLX 296
5500 SOLiD 312
――xl 312
ArrayExpress 288
GS junior 312
HeliScope 317
HiSeq 1000 312
HiSeq 2000 312
Illumina GA 299
Ion Torrent 323
PacBio RS 320
Roche 454 Genome Sequencer 20（GS20）293
一分子―― 317, 318
次々世代―― 317
次世代―― next generation ―― 21, 142, 293
454 社の―― 45
――における配列のマッピング mapping 310
――による定量精度 309
第 2 世代―― 293
第 3 世代―― 317
第 4 世代―― 317
自家不和合性 68, 71
ジグザグモデル 158
自殖 67
システム生物学 181
シス領域 42
自然選択 natural selection 17, 27 → 頻度依存選択，分断選択，平衡選択，方向性選択

正の——→ 方向性選択
負の——→ 安定化選択，平衡選択
自然変異 natural variation 211
実験誤差
技術的誤差 technical error 279
生物学的誤差 biological error 279
質的形質 51
ジデオキシ法→ サンガー法
シミュレーションモデル 81
集団遺伝学 population genetics 47
集団間の遺伝的分化指数→ 遺伝子分子係数
集団構造 77
集団生物学 population biology 47
集団動態 demography 350
種間関係 209
種間交雑 117, 150
種子貯蔵タンパク質 218
春化処理（バーナリゼーション）vernalization 34, 90, 110
条件依存性 196
冗長度 305
植物病原菌 157
進化生態学 64, 65
進化生態機能ゲノム学→ ゲノミクス genomics
進化的安定戦略（ESS）evolutionarily stable strategy 19, 366
進化的に中立な遺伝子→ 中立遺伝子

スモ化 111
スルホ基転移反応 230

生活史スケジュール 32
正規化 284
生態ゲノム学→ ゲノミクス
性比 65
生物間相互作用 191
生物群集 207
節足動物群集 208
セレクティブ・スウィープ → 選択的一掃
全ゲノム関連解析 186
選択係数（s）356
選択差 selection differential 29
選択的一掃（セレクティブ・スウィープ）selective sweep 45, 347
全転写産物 212
全反射顕微鏡（TIRF）318

相加的遺伝分散（VA）28
創始者効果 founders effect 17, 366

【タ行】

ターゲット解析 337
代謝産物 metabolite 329, 330
低分子 223
二次—— secondary metabolite 230, 366
対立遺伝子間の相加効果 54
タイリングアレイ→ マイクロアレイ
多型解析 161
タンデム四重極型質量分析装置（TQMS）341
タンニン 208

窒素同化経路 221
抽出した核酸の品質 281
抽薹 92
中立遺伝子（進化的に中立な遺伝子）neutral gene 13, 42, 366

抵抗性遺伝子 158
低分子 RNA small RNA 109, 114, 366
データそのものから仮説を構築する data-driven hypothesis generation 233
データベース
ATTED 232, 246
ATTED-II 228, 252
GenBank 330
MIAME 287
NCBI GEO 287
適応度 fitness 366
——地形 191, 192
デプス→ 深さ

同義置換 74
——率（Ks）358
統計パッケージ R 287
トライコーム tricome 12
トランス因子 44
トランスクリプトーム 182, 212, 225, 227
——解析 318
トランスクリプトミクス→ オミクス
トランスポゾン 109, 113, 118
トレードオフ trade-off 19, 366

【ナ行】

ナノポア 324

ニコチン 210
日長 90

ヌクレオソーム 110

【ハ行】

バーナリゼーション→ 春化処理
バイサルファイト処理 323
倍数体交雑 152
胚乳 145
——崩壊 150
ハイブリダイゼーション 275
パイロシーケンシング 297
波形（クロマトグラム）333
箱ひげ図 box plot 284
パラミューテーション paramutation 110, 113, 367
パラログ paralog 367

ヒートマップ 287
ヒストン 110

——修飾 109
微生物学 124
非相加的遺伝分散（V_I）28
非ターゲット解析 337
ヒッチハイキング効果 hitchhiking effect 354, 367
非同義置換 74
——率（Ka）358
ヒドロキシメチル化シトシン 323
非病原力 164
——遺伝子 158
表現型可塑性 phenotipic plasticity 9, 12, 34
表現型分散 53
頻度依存選択 frequency-dependent selection 367 → 自然選択
正の—— 43
頻度分布（ヒストグラム）52

フーリエ変換イオンサイクロトロン共鳴（FT-ICR）/MS 分析 226
フェノロジー（季節消長）98
深さ（デプス）depth 305
ブリッジ PCR 299
部分機能化 sub-functionalization 198
フラボノイド 230
プロテオミクス→ オミクス
プロモーター promoter 75
——領域 —— region 113, 367
分位点法（quantile 法）285
分子集団遺伝学 76, 345
分集団化 350
分断選択 disruptive selection 364 → 自然選択
分離集団 55

平行進化 parallel evolution 10
平衡選択 balancing selection 183, 347, 367 → 自然選択, 自然選択
ヘテロクロマチン 110
ベンジルアセトン 210
変動選択 190 → 自然選択

訪花頻度 83
方向性選択（正の自然選択）directional selection 347, 364 → 自然選択
方向性選択 directional selection 66
ホームサイトアドバンテージ 31
ポストゲノミクス→ ゲノミクス
母性効果 31
ボトルネック bottleneck 367
——効果（ビン首効果）bottleneck effect 17, 350
ホモログ homolog 367
——遺伝子 241
ポリコーム複合体 116

【マ行】

マイクロアレイ microarray（ゲノミックアレイ genomic array, タイリングアレイ tilling aray）15, 37, 38, 115, 230, 243, 247, 251, 267, 275
DNA —— 275
マイクロサテライト micro satellite 13
DNA —— 25
マクロアレイ 226
マップベースクローニング → クローニング

メイトペア（mate pair）法 307
メタゲノミクス→ ゲノミクス
メタボライト→ 代謝産物
メタボローム 182, 225, 227, 329, 330
メタボロミクス→ オミクス
メチル化 111
——シトシン 323
DNA メチル化 109, 363

モジュール構造 192
戻し交雑集団 56

【ヤ行】

優性効果 54
ユビキチン化 111

【ラ行】

ラン run 294, 317

リアルタイム定量 PCR 98
リード read 294, 317
リシーケンス re-sequence 278, 310, 318
リバーシブルターミネーター法 301
リボシル化 111
硫酸イオン欠乏 219
両賭け戦略 190
量的形質 51
——遺伝子座（QTL）quantitative trait loci 51, 186
——マッピング 33, 186
リン酸化 111

連鎖不平衡 linkage disequilibrium 194, 352

ロゼット 92
ロバストネス（頑強性）236

【ワ行】

ワイドターゲット解析 337
ワイドターゲットメタボロミクス→ メタボロミクス

種生物学会（**The Society for the Study of Species Biology**）

植物実験分類学シンポジウム準備会として発足。1968 年に「生物科学第 1 回春の学校」を開催。1980 年，種生物学会に移行し現在に至る。植物の集団生物学・進化生物学に関心を持つ，分類学，生態学，遺伝学，育種学，雑草学，林学，保全生物学など，さまざまな関連分野の研究者が，分野の枠を越えて交流・議論する場となっている。「種生物学シンポジウム」（年 1 回，3 日間）の開催および 学会誌の発行を主要な活動とする。

●**運営体制**（2010 ～ 2012 年）

会　　長：角野　康郎（神戸大学）
副 会 長：川窪　伸光（岐阜大学）
庶務幹事：小林　　剛（香川大学）
会計幹事：布施　静香（兵庫県立人と自然博物館）
学 会 誌：英文誌　Plant Species Biology（発行所：Blackwell Publishing）
　　編集委員長／大原　雅（北海道大学）
　和文誌　種生物学研究（発行所：文一総合出版，本書）
　　編集委員長／藤井　伸二（人間環境大学）
学会ＨＰ：http://www.speciesbiology.org

ゲノムが拓く生態学
遺伝子の網羅的解析で迫る植物の生きざま

2011 年 7 月 31 日　初版第 1 刷発行

編●種生物学会
責任編集●永野 惇・森長真一

カバー・表紙デザイン●村上美咲

発行者●斉藤　博
発行所●株式会社　文一総合出版
〒 162-0812　東京都新宿区西五軒町 2-5
電話●03-3235-7341
ファクシミリ●03-3269-1402
郵便振替●00120-5-42149
印刷・製本●奥村印刷株式会社

定価はカバーに表示してあります。
乱丁，落丁はお取り替えいたします。
ISBN978-4-8299-1087-0　Printed in Japan